21 世纪普通高等院校新材料专业特色教材

混凝土及其制品工艺学

陈立军 张春玉 赵洪凯 主编

中国建材工业出版社

图书在版编目(CIP)数据

混凝土及其制品工艺学/陈立军,张春玉,赵洪凯主编.
—北京:中国建材工业出版社,2012.8(2019.1重印)
21世纪普通高等院校新材料专业特色教材
ISBN 978-7-5160-0186-8

Ⅰ.①混…　Ⅱ.①陈…②张…　③赵…　Ⅲ.①混凝土
—工艺学—高等学校—教材　Ⅳ.①TU528

中国版本图书馆CIP数据核字(2012)第134331号

内 容 简 介

《混凝土及其制品工艺学》是根据教育部高等学校无机非金属材料专业指导委员会要求的无机非金属材料工程专业(技术性)人才培养的教学内容和知识结构框架编写的。本教材共分八章,分别为绪论,普通混凝土的组成材料,混凝土的性能与应用,混凝土的配合比设计及质量控制,混凝土的搅拌、输送、成型和养护,混凝土制品生产工艺,特殊性能混凝土和其他混凝土,混凝土材料试验。同时,介绍混凝土的发展过程和发展趋势。

本教材可作为高校材料专业的教材,也可供相关专业工程技术人员参考使用。

混凝土及其制品工艺学

陈立军　张春玉　赵洪凯　主编

出版发行:中国建材工业出版社
地　　址:北京市海淀区三里河路1号
邮　　编:100044
经　　销:全国各地新华书店
印　　刷:北京雁林吉兆印刷有限公司
开　　本:787mm×1092mm　1/16
印　　张:23.25
字　　数:577千字
版　　次:2012年8月第1版
印　　次:2019年1月第2次
定　　价:52.00元

本社网址:www.jccbs.com.cn
本书如出现印装质量问题,由我社发行部负责调换。联系电话:(010)88386906

前　言

　　混凝土及其制品是经济发展和社会进步的重要基础材料,其需求量为我国之最。随着我国经济建设的快速发展和全球低碳经济的逐步兴起,以及水泥、混凝土工业技术和理念的不断进步,大力加强混凝土技术教育,及时更新、补充和完善水泥混凝土教材的知识体系和基本概念,深入认识混凝土及其制品生产工艺、组成、结构、性能和使用性能之间的相互关系,其意义十分重大。为此,《混凝土及其制品工艺学》的编写,在注重教材内容基础性和完整性的同时,加大拓展性和探索性。结合最新的国家标准、规范和研究成果,突出混凝土的耐久性问题,强调基本概念的细化,以及水泥组成结构与混凝土建筑性能之间的联系。力求体现混凝土化学成分和孔结构变化范围大的特殊性,及其对混凝土性能影响规律的复杂性,并试图揭示其变化规律的周期性和重复性。尽力满足混凝土技术教育和我国基础建设发展的形势需要。

　　本教材的特点主要体现在以下几个方面:

　　1. 注意习惯性思维和不完善用语的改变。国际混凝土界的著名教授 P. K. Mehta 指出:"混凝土世界与人类世界一样是非线性的,且在非线性中还有着不连续性"。其观点深刻表达了混凝土世界的多变性和复杂性。为了描述混凝土水泥浆体内部孔隙的尺寸范围(包括 7 个数量级)有多么宽广,Mehta 教授列出了相似的范围:以人的身高(相当于 CSH 中的层间孔)为起点,经过类似埃菲尔铁塔、珠穆朗玛峰等 6 个级别的变化后,以火星直径(相当于浆体中带入的气孔)为终点。在如此巨大的孔径变化范围内,同时伴随着混凝土化学组成和环境条件的变化,混凝土性能和使用性能的变化不是简单的线性,已是不争的事实。在不同的内部结构和外部环境条件下,其变化规律应具有不同的周期性和重复性。因此,我们应注意改变一些习惯性的思维和不完善的用语,例如"混凝土密实度越大或水胶比越小,耐久性越好"以及"增加混凝土密实度,改善混凝土孔结构"等等,这对于未用引气剂的混凝土和不能确保混凝土达到超密实的情况是十分重要的。

　　2. 强调耐久性概念的细化和耐久性评价方法的适用条件。鉴于混凝土耐久性的影响因素非常广泛和复杂,为了相对简化所研究的问题,人们在研究混凝土的耐久性时,通常针对规定的试验条件和某一方面的研究内容,如抗渗性、抗冻性或耐化学腐蚀性等。即使这样仍是非常复杂的问题。以抗冻性为例,国家标准《普通混凝土长期性能和耐久性能试验方法标准》(GB/T 50082—2009)采用三种混凝土抗冻性能试验方法——慢冻法、快冻法和单面冻融法(盐冻法),并明确规定了每种试验方法的适用条件。然而,目前每种试验方法得到的试验结果之间的对应关系仍不十分明确;对于不同孔结构的混凝土,仍然不能完全用一种试验条件下的抗冻性结果去代替和判断另一种试验条件下的抗冻性。因此,需要将混凝土笼统的抗冻性概念细化为不同环境条件下的抗冻性(即在抗冻性概念前面加环境条件作定语,在抗渗性概念前面则加渗透驱动力作定语),并明确强调各种抗冻性概念的试验方法及其适用条件,不可

3. 强调耐久性病害综合症和整体论思想。影响混凝土耐久性的各种内部作用和外部作用是紧密联系在一起的，它们互相制约、互相影响，将这些作用分割开来进行研究不符合实际情况。由于规定的试验条件与实际的环境条件差异较大，所得结论很多是不可采纳的，甚至是错误的。越来越多的工程事例证明，多种破坏因素的综合作用，是加速混凝土建筑破坏和混凝土质量劣化的重要原因。因此，P. K. Mehta 教授在世纪之交主张舍弃还原（分解）论方法，代之以整体（综合）论研究方法。中国科学院院士吴中伟先生也曾明确指出还原论的缺点，并在1987 年就建议水泥与水泥基材料的科学研究工作近期宜以宏观（粗观）为主，以亚微观（细观）、微观研究作为验证和解释。要真正解决混凝土耐久性问题，有效延长混凝土的使用寿命，必须运用整体论的科学思想，着重研究综合破坏作用下的混凝土耐久性问题——混凝土耐久性病害综合症；弄清各种因素的主次、先后及其交互作用。

4. 注重水泥组成结构与混凝土建筑性能之间的联系。目前，我国的水泥生产企业与混凝土生产企业多数仍分别归属建材和建筑两个行业，这一差别导致水泥生产技术与混凝土生产技术的不连贯、不协调。技术人员对两个行业间的互相了解不充分，配合不默契，不容易最佳地使水泥的组成结构满足混凝土建筑性能的要求。因此，本教材相对加强了水泥组成结构与混凝土建筑性能之间关系的探讨，以求对现状能够有所改进。

5. 完善混凝土孔结构的分类方法，同时提出高性能混凝土的孔结构种类。并通过对混凝土组成结构演变过程与发展趋势的叙述、分析和探讨，指出绿色混凝土的主要发展途径。

6. 强调水泥混合材与混凝土掺合料的概括分类及优化组合，从而有利于改善混凝土的综合性能，同时改善不同组成的胶凝材料与外加剂的适应性。

参加本教材编写的人员及分工如下：陈立军负责编写第 1 章、第 2 章（不包括外加剂一节）和前言；张春玉负责编写第 5 章、第 6 章、第 7 章和第 2 章外加剂一节；赵洪凯负责编写第3 章、第 4 章和第 8 章；本教材的编写大纲由冯乃谦教授补充和审定。全教材由陈立军负责统稿，赵洪凯、张春玉协助整理。

由于编写人员的水平有限，错误和不当之处在所难免，恳请业内专家、学者和读者加以批评并指正。

编　者
2012 年 5 月

目　　录

第1章　绪　　论 ……………………………………………………………………………… 1

1.1　混凝土的定义、分类及特点 …………………………………………………………… 1

1.1.1　混凝土的定义及分类 ……………………………………………………………… 1

1.1.2　混凝土的特点 ……………………………………………………………………… 2

1.2　混凝土材料的研究内容 ………………………………………………………………… 2

1.3　混凝土的发展概况及趋势 ……………………………………………………………… 3

1.3.1　混凝土的发展概况 ………………………………………………………………… 3

1.3.2　混凝土的发展趋势 ………………………………………………………………… 5

1.4　混凝土及其制品的主要工艺过程 ……………………………………………………… 6

1.5　混凝土基本概念的细化及其相互关系 ………………………………………………… 7

1.5.1　混凝土强度概念的细化及其与耐久性的关系 …………………………………… 7

1.5.2　混凝土渗透性概念的细化及其相互关系 ………………………………………… 7

1.5.3　混凝土抗冻性概念的细化及其相互关系 ………………………………………… 8

思考题 ………………………………………………………………………………………… 9

第2章　普通混凝土的组成材料 ……………………………………………………………… 10

2.1　水泥 ……………………………………………………………………………………… 10

2.1.1　水泥的品种与组分材料 …………………………………………………………… 10

2.1.2　水泥的质量标准 …………………………………………………………………… 12

2.1.3　水泥的组成结构与建筑性能 ……………………………………………………… 13

2.2　集料 ……………………………………………………………………………………… 20

2.2.1　集料的质量与性能 ………………………………………………………………… 20

2.2.2　细集料的技术要求 ………………………………………………………………… 22

2.2.3　粗集料的技术要求 ………………………………………………………………… 24

2.2.4　再生混凝土集料 …………………………………………………………………… 25

2.3　混凝土用水 ……………………………………………………………………………… 26

2.4　外加剂 …………………………………………………………………………………… 26

2.4.1　混凝土外加剂的定义和分类 ……………………………………………………… 27

2.4.2　外加剂的作用 ……………………………………………………………………… 29

2.4.3　减水剂 ……………………………………………………………………… 31

2.4.4　引气剂与引气减水剂 ……………………………………………………… 40

2.4.5　早强剂 ……………………………………………………………………… 45

2.4.6　缓凝剂与缓凝减水剂 ………………………………………………………… 48

2.4.7　其他外加剂 …………………………………………………………………… 50

2.4.8　使用外加剂注意事项 ………………………………………………………… 51

2.5　掺合料 ……………………………………………………………………………… 53

2.5.1　掺合料的概括分类与优化组合 ……………………………………………… 53

2.5.2　粉煤灰 ………………………………………………………………………… 54

2.5.3　矿渣微粉 ……………………………………………………………………… 56

2.5.4　硅灰 …………………………………………………………………………… 58

2.5.5　其他矿物掺合料 ……………………………………………………………… 59

思考题与习题 ………………………………………………………………………… 60

第3章　混凝土的性能与应用 ………………………………………………………… 61

3.1　新拌混凝土的性能 ……………………………………………………………… 61

3.1.1　拌合物的工作性及其主要内容 ……………………………………………… 61

3.1.2　拌合物工作性的检测方法 …………………………………………………… 61

3.1.3　拌合物工作性的影响因素及选择 …………………………………………… 64

3.2　混凝土的早期性能 ……………………………………………………………… 70

3.2.1　早期收缩 ……………………………………………………………………… 70

3.2.2　早期开裂 ……………………………………………………………………… 73

3.2.3　对策 …………………………………………………………………………… 75

3.3　混凝土的力学性能 ……………………………………………………………… 77

3.3.1　混凝土的强度及影响因素 …………………………………………………… 77

3.3.2　混凝土的形变 ………………………………………………………………… 86

3.4　混凝土的耐久性 ………………………………………………………………… 89

3.4.1　混凝土的抗冻性 ……………………………………………………………… 89

3.4.2　混凝土的抗渗性 ……………………………………………………………… 95

3.4.3　混凝土的碳化 ………………………………………………………………… 96

3.4.4　混凝土的耐磨性 ……………………………………………………………… 97

3.4.5　混凝土的化学侵蚀 …………………………………………………………… 98

3.4.6　混凝土的碱－集料反应 ……………………………………………………… 100

3.4.7　混凝土中钢筋的锈蚀 ………………………………………………………… 101

3.4.8　混凝土耐久性病害综合征 …………………………………………………… 105

3.5　混凝土的其他性能 …………………………………………………… 111

　3.5.1　混凝土的热学性能 …………………………………………… 111

　3.5.2　混凝土的电学性质 …………………………………………… 113

　3.5.3　混凝土的声学性能 …………………………………………… 115

思考题与习题 ……………………………………………………………… 116

第4章　混凝土的配合比设计及质量控制 ………………………………… 117

4.1　普通混凝土的配合比设计 …………………………………………… 117

　4.1.1　混凝土配合比设计的规范要求 ……………………………… 117

　4.1.2　混凝土配合比设计步骤 ……………………………………… 122

　4.1.3　混凝土配合比设计实例 ……………………………………… 130

4.2　普通混凝土质量控制 ………………………………………………… 133

　4.2.1　强度的评定方法 ……………………………………………… 133

　4.2.2　过程控制措施 ………………………………………………… 135

思考题与习题 ……………………………………………………………… 147

第5章　混凝土的搅拌、输送、成型和养护 …………………………… 149

5.1　混凝土的搅拌工艺 …………………………………………………… 149

　5.1.1　混凝土的原材料加工、储存和输送 ………………………… 149

　5.1.2　混凝土拌合物制备工艺 ……………………………………… 157

5.2　混凝土拌合物的输送 ………………………………………………… 166

　5.2.1　运输方法及选择原则 ………………………………………… 166

　5.2.2　运输设备及性能 ……………………………………………… 167

5.3　混凝土的浇注工艺 …………………………………………………… 168

　5.3.1　混凝土的浇注目的 …………………………………………… 168

　5.3.2　混凝土的浇注工艺 …………………………………………… 168

　5.3.3　混凝土的浇注设备 …………………………………………… 171

5.4　密实成型工艺 ………………………………………………………… 171

　5.4.1　振动密实成型工艺 …………………………………………… 172

　5.4.2　离心脱水密实成型工艺 ……………………………………… 178

　5.4.3　真空脱水密实成型工艺 ……………………………………… 182

　5.4.4　悬辊密实成型工艺 …………………………………………… 183

　5.4.5　其他密实成型工艺 …………………………………………… 185

5.5　混凝土养护工艺 ……………………………………………………… 185

　5.5.1　养护重要性 …………………………………………………… 185

　5.5.2　养护方法 ……………………………………………………… 186

5.5.3 热养护中的体积变形 ……………………………………… 189

5.5.4 常温常压热养护 …………………………………………… 192

5.5.5 高压湿热养护 ……………………………………………… 195

思考题与习题 ………………………………………………………… 199

第6章 混凝土制品生产工艺 …………………………………………… 200

6.1 概述 ……………………………………………………………… 200

6.1.1 混凝土制品的分类 ………………………………………… 200

6.1.2 混凝土制品的生产工艺 …………………………………… 202

6.1.3 混凝土制品的生产组织方法 ……………………………… 203

6.2 常见混凝土制品生产工艺举例 ………………………………… 206

6.2.1 混凝土板材生产工艺 ……………………………………… 206

6.2.2 预应力混凝土管、桩材生产工艺 ………………………… 210

6.2.3 混凝土墙材生产工艺 ……………………………………… 228

思考题与习题 ………………………………………………………… 240

第7章 特殊性能混凝土和其他混凝土 ………………………………… 241

7.1 高性能混凝土 …………………………………………………… 241

7.1.1 高性能混凝土发展背景及历程 …………………………… 242

7.1.2 高性能混凝土用原材料及其选用 ………………………… 243

7.1.3 高性能混凝土的性能 ……………………………………… 244

7.1.4 超密实高性能混凝土配合比设计 ………………………… 245

7.1.5 超密实高性能混凝土在施工中需注意的问题 …………… 247

7.2 纤维增强混凝土 ………………………………………………… 247

7.2.1 概述 ………………………………………………………… 247

7.2.2 纤维增强混凝土的基本原理 ……………………………… 249

7.2.3 钢纤维增强混凝土 ………………………………………… 252

7.2.4 玻璃纤维增强混凝土 ……………………………………… 255

7.2.5 聚丙烯纤维增强混凝土 …………………………………… 256

7.2.6 碳纤维增强混凝土 ………………………………………… 258

7.3 聚合物混凝土 …………………………………………………… 259

7.3.1 概述 ………………………………………………………… 259

7.3.2 聚合物的混凝土分类 ……………………………………… 259

7.3.3 聚合物的混凝土的特性 …………………………………… 260

7.4 轻集料混凝土 …………………………………………………… 265

7.4.1 概述 ………………………………………………………… 265

　7.4.2　轻集料分类 ··· 265

　7.4.3　轻集料混凝土特性 ·· 267

7.5　大体积混凝土 ··· 270

　7.5.1　概述 ··· 270

　7.5.2　温度裂缝的技术控制措施 ······································ 271

7.6　道路混凝土 ·· 274

　7.6.1　概述 ··· 274

　7.6.2　混凝土路面技术要求和材料要求 ······························ 275

　7.6.3　水泥混凝土路面施工 ·· 279

7.7　喷射混凝土 ·· 280

　7.7.1　喷射混凝土的用途 ·· 280

　7.7.2　喷射混凝土的原材料选择 ······································ 281

　7.7.3　喷射混凝土施工 ·· 281

　7.7.4　喷射混凝土特性 ·· 284

7.8　水下浇筑混凝土 ·· 285

　7.8.1　概述 ··· 285

　7.8.2　水下浇筑混凝土原材料选择 ···································· 285

　7.8.3　水下浇筑混凝土的性能 ··· 286

思考题与习题 ··· 287

第8章　混凝土材料试验 ··· 288

8.1　混凝土原材料试验 ··· 288

　8.1.1　水泥性能试验 ··· 288

　8.1.2　集料性能试验 ··· 293

　8.1.3　外加剂性能试验 ·· 306

8.2　混凝土拌合物性能试验 ·· 341

　8.2.1　混凝土拌合物和易性试验 ······································ 341

　8.2.2　混凝土拌合物毛体积密度试验 ································· 345

　8.2.3　混凝土拌合物含气量试验 ······································ 346

8.3　硬化混凝土性能试验 ··· 349

　8.3.1　抗压强度试验 ··· 349

　8.3.2　抗折强度试验 ··· 352

　8.3.3　弹性模量试验 ··· 353

参考文献 ··· 360

发展出版传媒　　服务经济建设

传播科技进步　　满足社会需求

我们提供

图书出版、图书广告宣传、企业定制出版、团体用书、
会议培训、其他深度合作等优质、高效服务。

编辑部
010-68342167

图书广告
010-68361706

出版咨询
010-68343948

图书销售
010-68001605

jccbs@hotmail.com　　　www.jccbs.com.cn

中国建材工业出版社
China Building Materials Press

（版权专有，盗版必究。未经出版者预先书面许可，不得以任何方式复制或抄袭本书的任何部分。举报电话：010-68343948）

第1章 绪 论

1.1 混凝土的定义、分类及特点

1.1.1 混凝土的定义及分类

凡由胶凝材料、集料和水(或不加水)按适当的比例配合、拌制成混合物,经一定时间后硬化而成的人造石材,称为混凝土。

混凝土的种类很多,其分类方法也很多。根据材料科学的四要素(生产方法、组成结构、性能和使用性能),混凝土可进行如下分类:

1. 按生产方法分类

可分为:预拌混凝土(商品混凝土)、泵送混凝土、喷射混凝土、压力灌浆混凝土(预填集料混凝土)、造壳混凝土(裹砂混凝土)、碾压混凝土、挤压、离心、真空脱水混凝土、热拌混凝土等。

2. 按组成结构分类

① 按所用胶凝材料的化学组成可分为:

水泥混凝土、沥青混凝土、聚合物水泥混凝土、聚合物胶结混凝土、聚合物浸渍混凝土、水玻璃混凝土、硅酸盐混凝土、石膏混凝土等。

② 按所用掺合料组成可分为:

粉煤灰混凝土、硅灰混凝土、磨细高炉矿渣混凝土、纤维混凝土等。

③ 按混凝土的主要孔径尺寸可分为:

超密实混凝土:以超微孔(半径 $r < 10nm$)为主要孔隙的混凝土。其孔隙内部冰点极低且不会产生碳化收缩等现象。

高密实混凝土:以微毛细孔($10nm < r < 100nm$)为主要孔隙的混凝土。其孔隙内部冰点较低,但会出现毛细孔凝结现象(系指对平液面不饱和的蒸汽在毛细孔中液化的现象)和毛细孔压力增大的现象(注:毛细孔凝结和毛细孔压力是毛细孔所具有的两个重要性质。毛细孔凝结现象可使混凝土孔隙内部的含湿量增大,但在大气中只有微毛细孔才能产生毛细孔凝结现象,大毛细孔不仅不吸收潮湿空气中的水分,其中原有的水分反而会被排入空气中;毛细孔压力可使混凝土的自收缩和毛细孔压力渗透性增大,造成混凝土早期裂缝增多,接触液体时的渗透深度加大,而毛细孔压力的大小亦与毛细孔半径呈反比关系,且始终具有使液体由外部渗入内部的作用方向,当液体由毛细孔一端渗入达到另一端时,毛细孔压力会改变作用方向)。

中密实混凝土:以大毛细孔($100nm < r < 1000nm$)为主要孔隙的混凝土。其孔隙内部不易

1

出现毛细孔凝结现象和毛细孔压力增大的现象。

非密实混凝土:以非毛细孔($r > 1000\text{nm}$)为主要孔隙的混凝土。

引气型混凝土:以孔径 $20 \sim 200\mu\text{m}$ 的气孔切断联通的微毛细孔和大毛细孔,从而减轻毛细孔压力和水压力(在每一段毛细孔中毛细孔压力都有正、反两个作用方向,其反向压力可抵抗水压力)引起的渗透现象;并可增加储备孔(被气体充填的孔隙)的相对数量,降低毛细孔凝结现象,提高混凝土在大气中的抗冻性。

3. 按性能分类

按混凝土表观密度可分为:

普通混凝土:干表观密度 $2000 \sim 2800\text{kg/m}^3$,由天然砂石作集料制成。是土建工程中最常用的混凝土。

轻混凝土:干表观密度小于 2000kg/m^3,由陶粒等轻质多孔集料配制的混凝土,或不采用集料而掺入加气剂或泡沫剂制成多孔结构的混凝土。

重混凝土:干表观密度大于 2800kg/m^3,由特别密实和特别重的集料配制的混凝土。具有不透过 X 射线和 γ 射线的性能。

按混凝土 28d 抗压强度(f_{cu})可粗略分为:低强混凝土、中强混凝土、高强混凝土和超高强混凝土等。

4. 按使用性能或用途分类

可分为结构混凝土(即普通混凝土)、防水混凝土、耐热混凝土、耐酸混凝土、装饰混凝土、大体积混凝土、膨胀混凝土、防辐射混凝土、道路混凝土以及高性能混凝土等。

1.1.2　混凝土的特点

混凝土是当代用量最大的建筑材料,它有如下优点:

(1)材料来源丰富,配制灵活,造价低廉。

(2)混凝土拌合物具有良好的可塑性和流动性,易于浇注成型。

(3)混凝土组成材料之间的匹配性好。如混凝土与钢筋有牢固的粘结力,且与钢筋的线膨胀系数基本相同。

(4)抗压强度高,配制合理即有良好的耐久性。

(5)耐火性好,且可代替钢、木结构,能节省大量钢材和木材。

(6)环保性好,混凝土可利用各种工业废渣,是一种较好的环境协调材料。

混凝土材料也存在如下不足之处:

(1)自重大,比强度小。

(2)抗拉强度低,脆性大,容易开裂。

(3)导热系数大,保温性差。

(4)硬化较慢,生产周期长。

1.2　混凝土材料的研究内容

任何材料都包括四个要素,即生产方法、组成结构、性能和使用性能,混凝土材料的研究内容就是对这四个要素及其相互关系进行研究。

首先要研究的是混凝土材料的生产技术,包括混凝土原材料的生产技术和品种选择,混凝土的配方设计,混凝土生产的工艺及工业装备的选择等。目前,混凝土生产技术本身仍然是一门经验性很强的实验科学,还没有达到以理论为指导的目标成品设计的水平。因此,需要继续加强研究混凝土的生产原料、方法、手段与混凝土组成结构的相互关系。如:混凝土原材料的化学组成、颗粒组成及成型方法等与混凝土的微观结构、细观结构和宏观结构的关系。尤其是水泥及其掺合料的颗粒组成与混凝土孔结构的关系,以及在有减水剂或压力成型的情况下两者之间的关系,一直缺乏足够充分的研究。

同时要重点研究混凝土材料的组成结构与性能及使用性能的关系。特别是当混凝土的组成结构差别较大时,混凝土的性能及使用性能随之发生变化的规律要重点研究。掌握这种变化规律,是根据混凝土的使用要求设计混凝土组成结构的关键所在。如:混凝土的化学组成、孔结构与混凝土耐久性的关系。从根本上讲,混凝土的耐久性多半是孔结构控制的。要结合胶凝材料和混凝土组成结构的发展、演变过程及其相应的使用寿命进一步加强应用基础研究,认真分析、总结其中的相互关系,逐步建立和完善相应的理论。

第三要研究混凝土材料性能检验、测试与质量评估的方法和手段。尤其是对混凝土耐久性的检测和评价方法,还存在很多需要研究的问题。如:混凝土在不同环境条件下的抗冻性或抗渗性(首先应该在概念上进行细化和区分)应该采用不同的检测和评价方法,同时要逐步建立起不同组成结构的混凝土与不同的环境条件下抗冻性或抗渗性之间的对应关系。从而达到根据环境条件和使用要求设计混凝土组成结构的目的。

1.3 混凝土的发展概况及趋势

1.3.1 混凝土的发展概况

早在公元前,古罗马人就利用石灰与火山灰混合料浆加入石渣、砖块、天然卵石等制成混凝土。利用这种混凝土建成的各种建筑,如著名的万神庙、古罗马竞技场等已有 2000 年左右的历史,至今其整体结构或主要部分依然完好。与之类似,我国也有利用石灰与火山灰筑造的部分长城和城墙,而且进一步利用人造火山灰——烧黏土或红砖粉拌合石灰,在明代和清代建成各种储水和输水建筑,其功效也经过数千年和数百年的考验。所不同的是古罗马火山灰本身含有约 10% 的 Na_2O 和 K_2O(与石灰混合后实质就是最原始的碱激发水泥),而我国和世界上大多数国家的火山灰都不含有那么多的 Na_2O 和 K_2O。因此,世界上大多数石灰火山灰混凝土,都不具有快速的凝结硬化能力和较高的早期强度。随着历史的发展,石灰火山灰胶凝材料逐步被天然水泥和波特兰水泥所取代。对比混凝土所用胶凝材料种类的变化过程,可知其实质是矿物组成由基本独立的活性 CaO 和活性 SiO_2、Al_2O_3 矿物体系向合成的活性硅铝酸钙矿物体系的转变,也是其化学成分当中 CaO 含量与 $SiO_2 + Al_2O_3$ 含量之比大体上由低向高的转变。结果使混凝土得到了更优良的工作性、凝结时间和早期强度,失去的却是数百年和数千年的使用寿命,同时还伴随着烧成能耗和碳排放量的增加。

现代混凝土不仅与古代混凝土组成结构的差别很大,而且现代混凝土本身的组成结构也在不断变化。现代混凝土的发展历史已有 200 年左右。其起始年代以 1824 年英国的一个施工人员约瑟夫·阿斯普丁提出的波特兰水泥专利,和 1825 年俄国建筑工程师出版的第一本关于水泥的专著为主要标志。至今,现代混凝土和水泥的生产技术一直在不断地发展,特别是在近几十年内出现了很大的变化。如今混凝土材料的化学组成、矿物组成和颗粒组成乃至水的掺量,都已经不同于当初混凝土工业发明的、世界性通用的 20MPa 混凝土。

20 世纪 30 年代末,美国发明了松脂类引气剂和纸浆废液减水剂,使混凝土的耐久性和易性得到前所未有的提高,昭示着外加剂使用和流动性混凝土时代的开始。20 世纪 60 年代,日本和德国相继开发、研制成功奈系高效减水剂和三聚氰胺树脂系高效减水剂。使用高效减水剂时,在相同水胶比的条件下,可以使混凝土的坍落度成倍提高,即使是水胶比很低的高性能混凝土,仍能使混凝土坍落度达到 200mm 或 250mm。在混凝土中掺入外加剂的做法并非现代才有。罗马建筑告诉我们,当时的混凝土中经常加入鸡蛋白或动物血,来改善混凝土的工作性和耐久性。唐宋以来用桐油、牛马血、糯米汁、羊桃藤汁掺入石灰砂浆中提高防水与耐久性。近代的各种增强混凝土,掺加混合材与各种外加剂,都是用来改善性能,以达到增强、耐久、经济等目的。

目前,一些工业发达国家,已基本在全部混凝土中掺用外加剂,其中必掺的外加剂是引气剂,只有在少数的特种混凝土中不掺引气剂,如日本、美、英等许多国家就是这样。我国在 20世纪 50 年代就已经使用外加剂了。在 70 年代中叶,又掀起了一个使用和研制外加剂的高潮,但与国外发达国家相比仍有很大差距。尤其是引气剂的使用情况,目前与发达国家的使用情况几乎是相反的,只在少数的混凝土中掺用了引气剂,还没有达到在大多数混凝土中掺用引气剂。

伴随着混凝土外加剂的发展,20 世纪 30 年代,美国开始采用集中拌合混凝土的大型化生产方式,奠定了近代预拌混凝土工业的基础。40 年代,德国发明了聚合物混凝土,改善了混凝土的脆性,提高了抗渗和抗蚀能力。60 年代,美国发明了聚合物浸渍混凝土;苏联开发了钢丝网水泥;中国采用玻璃纤维增强水泥。此后,世界各国相继开发钢纤维、碳纤维、聚合物纤维作为增强材料,使混凝土的抗裂性提高了一大步。

在近代混凝土技术发展的同时,现代硅酸盐水泥的生产也在发生变化,为了追求水泥的高早期强度,水泥企业不断提高水泥中硅酸三钙的含量和粉磨细度,以便加速混凝土模板的周转,提高生产效率和竞争力,但也给混凝土带来了负面影响。不仅混凝土的后期强度增幅很低,而且影响耐久性。尤其是在国内外混凝土减水剂普遍使用的情况下,使混凝土组成结构的改变更加明显,从而导致混凝土的性能发生了显著变化。例如,高强混凝土的技术发展经过 3个阶段:第一阶段采用振动加压等方法降低水胶比;第二阶段采用高效减水剂降低水胶比,期间伴随着水泥矿物组成和粉磨细度的变化;第三阶段采用高效减水剂和细磨掺合料甚至包括超细硅灰复掺提高强度,不仅使混凝土的密实度进一步提高,而且改善了胶凝材料的化学组成(降低了胶凝材料的 CaO 与 $SiO_2 + Al_2O_3$ 含量之比)。三个阶段生产的高强混凝土,其组成结构都有较大变化(使混凝土由中等密实结构逐步达到高密实和超密实结构),混凝土的 28d 强度也不断提高。因此,高强混凝土的概念也在不断变化。

国际上 20 世纪 50 年代的高强混凝土为 35MPa,70 年代为 50MPa,80 年代为 60MPa,90 年代为 80MPa。我国《普通混凝土配合比设计规程》(JGJ 55—2011)和《建筑材料术语标准》

（JGJ/T 191—2009）将高强混凝土定义为：强度等级不低于 C60 的混凝土。我国已建成逾 150m 的超高层建筑已有 100 幢，其中一批使用了 C60 泵送混凝土，最高达 110MPa。现在人们已经能够配制 150MPa 的混凝土；配制 200MPa 的活性粉末混凝土（掺入纤维，去除粗骨料，增大堆积密度和均质性）。活性粉末混凝土在薄壁钢管的约束下，抗压强度可提高至 375MPa；使用金属粉末取代砂子时，混凝土的抗压强度甚至可达 800MPa。

然而，在混凝土强度不断提高的进程当中，混凝土的耐久性并非全部得到了提高，其中甚至还有降低的现象，特别是强度提高的初级和中级阶段。从 20 世纪 70 年代起，发达国家已有投入使用的诸多基础建设和重大工程，出现了过早破坏的问题。如美国有 25.3 万座混凝土桥梁，桥面板使用不到 20 年就开始破裂。英国英格兰的中环城快车道上有 8 座高架桥，全长 21km，总造价只有 2800 万英镑，而 2004 年修补费用达 1.2 亿英镑，接近造价的 5 倍。我国房屋与基础设施的使用年限低于世界平均水平，且远远达不到设计的要求。有的公路桥梁甚至仅使用 3～5 年就出现破损，个别的桥梁建成后尚未投入使用已需要维修，甚至边建边修，大大缩短了混凝土结构的服役寿命。其内在原因与水泥中 C_3S 含量和粉磨细度的盲目提高以及混凝土水胶比的不适当变化都有必然的联系。

为了提高混凝土的耐久性，1968 年以来，日本、美国、加拿大、法国、德国等国家大力投入开发和研究高性能混凝土。1990 年，美国国家标准与技术研究院（NIST）和 ACI201 委员会将其定名为"HPC"，它否定了过去过于偏重强度的发展道路，美国学者认为：HPC 是一种易于浇注、捣实、不离析，能长期保持高强度、高韧性和体积稳定性，在严酷条件下寿命很长的混凝土。我国学者及专家认为：高性能应体现在工程力学特性、新拌混凝土施工特性、使用寿命和节能利废（经济学特性）的综合能力之上。然而，在哪种应用环境下哪种结构的混凝土才具有最佳的技术经济性能，以及如何采用切实可行的手段使各种混凝土具有相对的高性能，目前尚需不断深入的研究。

现今混凝土的耐久性指标有些被定在 30 年到 50 年，有些情况被定为一百年到数百年，波动幅度有增大的趋势。其最低使用寿命的确定已明显低于当初全世界混凝土工业通用的 20MPa 混凝土，实际上还有更低的情况；但最高使用寿命的确定却超过当初的 20MPa 混凝土。混凝土使用寿命与混凝土组成结构的对应关系，以及混凝土生产技术（包括外加剂的使用、水泥矿物组成、掺合料组成和粉磨细度等）与混凝土组成结构的相互关系，还需结合混凝土组成结构和生产技术的演变过程及其实际寿命，进行更深入的研讨和详细的总结。

1.3.2 混凝土的发展趋势

对照混凝土使用寿命的波动与混凝土组成结构的变化，以及混凝土外加剂的使用、水泥矿物组成和粉磨细度等因素的变化情况，可以逐步了解混凝土生产技术、组成结构和使用寿命三者之间的相互关系。古罗马混凝土和我国古代的石灰火山灰混凝土，以其合理的化学成分、矿物组成、颗粒组成及施工方法使其使用寿命达数千年之久，其组成结构的合理之处非常值得现代混凝土借鉴。现代混凝土较短的使用寿命及其出现的某些过早破坏现象，与其组成结构的不合理有着必然的联系。然而，现代混凝土优异的早期强度和工作性也是时代的需要；从生态环保的角度出发，现代混凝土的使用寿命不应仅满足几十年的使用要求，但也不是所有混凝土都要有上千年的使用寿命。因此，未来混凝土的组成结构取现代混凝土和古代混凝土两者之长、补两者之短是必然的发展趋势,也是维持生态平衡、实现绿色混凝土的必由之路。

根据不同的需要预测混凝土的发展方向,包括:快硬、高强、轻质、高耐久性、多功能、节能、环保等。但并非任何混凝土都要集这些特点于一身,各种性能混凝土的组成结构和生产方法不可能完全相同;要使同一种混凝土在任何情况下都具有最佳的性价比也不现实。但无论任何用途和性能的混凝土都应以绿色为核心,这是混凝土最重要的发展方向。要针对不同的需要确保不同混凝土的最佳性价比和生态效益。

综合古今混凝土组成结构的特点和优势,强化互补,绿色混凝土组成结构的发展途径主要包括以下 3 个方面:

1. 中密实混凝土(即以大毛细孔为主要孔隙的混凝土)。应重点研究古代混凝土和现代混凝土所用胶凝材料的化学成分、矿物组成、颗粒组成和外加剂的区别及其作用效果,以及混凝土孔结构的差别及相应的使用寿命,并根据用途和性能的需要进行优势互补。例如:合理控制水泥矿物组成和粉磨细度;优化混凝土掺合料组成、细度及其与外加剂的配合,控制适当的水胶比等。确保混凝土胶凝组分当中具有合理的 $CaO/(SiO_2 + Al_2O_3)$ 比值与孔结构,从而提高混凝土的使用寿命,同时避免烧成、粉磨能耗和外加剂(合理的颗粒组成可以少掺甚至不掺减水剂和引气剂)的浪费。另外,还应研究开发硅酸盐水泥与碱激发水泥优势互补的复合技术(类似苏联的低需水性水泥)。

2. 引气混凝土(以孔径 20~200μm 的气孔切断联通的微毛细孔和大毛细孔)。应在混凝土胶凝材料的化学成分、矿物组成优化基础之上,推广应用高效引气剂或引气减水剂,实现其与不同胶凝材料的合理匹配,达到最佳的引气量和气孔分布。对于胶凝材料的颗粒组成不理想、混凝土水胶比受强度等因素控制而不宜调整,不能确保混凝土达到中密实或超密实结构的情况下,引气混凝土是提高混凝土耐久性的必由之路。

3. 超密实混凝土(以超微孔为主要孔隙的混凝土,为保证绝大多数孔隙半径 < 10nm,宜控制最可几孔半径或平均半径 < 5nm)。应在混凝土胶凝材料的化学成分、矿物组成优化基础之上,研究采用加入高效外加剂、超细粉和现代纤维材料复合制备混凝土的技术。实现无机和有机化学的结合,无定形和胶体的结合,粉体与纤维的结合,使混凝土获得更高的强度、耐久性和性价比。

1.4　混凝土及其制品的主要工艺过程

经过混凝土原材料的选择及其配合比设计、试验以后,混凝土及其制品生产工艺的主要过程为:混凝土拌合物制备和质量检验与控制——混凝土的运输与输送——混凝土结构与制品的成型——混凝土的养护——混凝土工程质量检验与验收。

混凝土拌合物的制备过程分为现场制备和预拌制备两种方法。现场制备是传统的方法,已经逐渐被预拌的工艺所取代。预拌混凝土工艺是一种工厂化的集中的生产方式,具有工艺合理、设备先进、计量精确、控制较严的优势,有条件生产高技术混凝土,生产效率较高,对环境的影响较低,已经成为混凝土拌合物制备工艺的主要方法。

1.5　混凝土基本概念的细化及其相互关系

混凝土材料是由气液固三相构成的一种复杂、多孔的非均质体。其结构组成从宏观到微观的每一个层次和每一相的变化都会导致材料性能的变化,而且混凝土结构随时间和环境发生的变化也比其他无机材料更加明显(如水化产物和孔内水分的变化)。因此,研究混凝土材料的组成结构对其性能和使用的影响要比其他均质无机材料复杂得多。至今混凝土生产技术的理论仍不够成熟,混凝土材料的一些基本概念还不十分清晰和完善,有些概念的区别还未引起人们足够的重视。对于不同组成结构的混凝土和不同的环境条件,这些概念之间的相互关系又是复杂多变的,容易使人产生概念的混淆和认识的片面,有时甚至可能导致错误的操作。其中,需要强调的主要有以下几个方面。

1.5.1　混凝土强度概念的细化及其与耐久性的关系

混凝土材料的强度与其他大多数材料的强度有一个重要的区别,就是混凝土强度与时间的相关性十分密切,而且不同组成结构的混凝土强度与时间的相关性又完全不同。通常,混凝土的强度是指 28d 抗压强度,而混凝土的最高强度一般是 5 年强度。在很多情况下,这两种强度并不成正比关系。也就是说,28d 抗压强度相对较高的混凝土,其 5 年强度却存在相对较低的情况;而 28d 抗压强度相对较低的混凝土,其 5 年强度也存在相对较高的情况。如果说混凝土的强度与耐久性有关,且 5 年强度与耐久性有较好的相关性,那么 28d 抗压强度与耐久性的相关性则是不确定的。因此,在讨论混凝土强度与耐久性的关系时,阐述混凝土强度的概念一定要强调具体的龄期。也就是说应当将笼统的强度概念细化为具体的龄期强度,并且时刻谨记各龄期强度之间、尤其是早期强度与长期强度之间变化不定的对应关系。

混凝土强度与耐久性的关系一直是人们关注的热点。在组成结构和环境条件均相同的情况下,混凝土的强度与耐久性之间有一定的对应关系。但这两种性能随着混凝土组成结构和环境条件的变化,可能发生相似或相反的变化。即使强度等级完全相同的混凝土,因其组成结构和所处环境条件都有可能不同,故其强度与耐久性的对应关系也会发生变化。目前,这种变化规律尚未被完全掌握,所以我们无法在较大的组成结构变化范围内和不同的环境条件下,根据混凝土的 28d 强度推断混凝土的使用寿命。

1.5.2　混凝土渗透性概念的细化及其相互关系

混凝土的渗透性是一个非常笼统和复杂的概念,它不仅包括气体和液体的渗透性,而且包括各种驱动力作用下的渗透性。

根据混凝土产生液体渗透作用的驱动力,可以将混凝土渗透性概念进一步细化为以下三个概念:一是液体在毛细孔压力作用下渗入混凝土的性能,被称为毛细孔压力渗透性(或者称为常压渗透性);二是混凝土在液体压力(或重力)作用下渗入混凝土的性能,被称为水压力渗透性;三是在不同离子浓度的渗透压力作用下渗入混凝土的性能,被称为浓度差渗透性(或者称为离子渗透性)。在不同的情况下,混凝土渗透性的三种含义对混凝土耐久性的影响不同。其中,水压力渗透性和毛细孔压力渗透性之间的相关性是变化的,而且在很多情况下是相反的;离子渗透性与毛细孔压力渗透性之间的对应关系也是不确定的。

此外,根据三种驱动力对混凝土渗透性的影响效果,还可以将混凝土渗透性划分为两个方面:一是渗入性,二是渗漏性,两者的关系在很多情况下也是相反的。毛细孔压力能够增大混凝土的渗入性,却减小混凝土的渗漏性(毛细孔压力能随着渗透深度的变化而转变方向);水压力和离子渗透压力既能够增大混凝土的渗入性,也能增大其渗漏性(因为两种压力的作用方向不会发生变化)。其中,对混凝土耐久性有重要影响的是渗入性而不是渗漏性。因此,研究混凝土渗透性时,应将重点放在其渗入性方面。

不同的渗透性概念之间既有区别也有联系,其相互关系会随着混凝土孔结构的变化而发生变化,即在特定情况下会呈正比或反比关系。如:对于以毛细孔为主要孔隙的混凝土而言,水压力渗透性和毛细孔压力渗透性一般呈反比关系。即混凝土内部的毛细孔越细,其水压力渗透性越小,但其毛细孔压力渗透性反而越大。此时,这两种性能之间决不能互相代替和表示。对于引气混凝土而言,由于引入气泡的直径(主要为 $20 \sim 200 \mu m$)远大于毛细孔的直径,使连通的毛细孔变成了间断的毛细孔。此时,毛细孔压力的作用方向在每一小段毛细孔当中都是变化的。毛细孔压力在每一小段毛细孔当中的反向作用,能够同时降低混凝土的毛细孔压力渗透性和水压力渗透性,从而使两者的相关性趋于一致。使用引气混凝土既能减小混凝土的渗入性,也能减小混凝土的渗漏性。所以,在评价混凝土的渗透性时,应慎重考虑不同的渗透性概念及其随孔结构变化的相互关系。

1.5.3 混凝土抗冻性概念的细化及其相互关系

混凝土抗冻性测试和评价方法当中存在的一个较大缺陷,就是实验的环境条件与实际环境条件往往是不一致的,而混凝土在实验环境条件下抗冻性的相对高低,常被用来判断混凝土在实际环境条件下抗冻性的相对高低。这反映出不同环境条件下抗冻性的概念还不明确,它们之间的区别和复杂的变化关系也未被认识清楚,因而未引起人们足够的重视。

混凝土的抗冻性根据其所处的环境条件,一般可以分为三种情况:一是完全处于水中的抗冻性,二是暴露于大气中的抗冻性,三是暴露于大气中同时又接触水面的抗冻性。已有研究表明,不同环境条件下,混凝土抗冻性之间的对应关系并不是固定不变的,而是随着混凝土孔结构状态的变化而发生变化的。这种对应关系的变化有时会相差较大、甚至相反,即在某种环境条件下相对抗冻的混凝土,在另外一种环境条件下却可能相对不抗冻。

在使用条件下,导致混凝土抗冻性变化的主要因素有两个:一是混凝土内部的孔结构,二是外界的环境条件。两个影响因素单独或同时发生变化,都会影响混凝土的抗冻性。这就决定了具有不同孔结构的混凝土在不同环境条件下,其抗冻性变化规律具有复杂性。由于孔结构的不同,有些混凝土在不同环境条件下的抗冻性可能呈正比关系,也有些混凝土在不同环境条件下的抗冻性可能呈反比关系。如:对于以毛细孔为主要孔隙的混凝土而言,其大毛细孔只有直接与液体接触时才能被液体填满,在大气中大毛细孔不仅不吸收潮湿空气中的水分,其中原有的水分反而会被排入空气中,从而使在大气中的混凝土孔隙内部含水率(即饱和度)相对较低,在水中的混凝土孔隙内部含水率相对较高;其微毛细孔在大气中,因能产生毛细孔凝结现象而使孔隙内部含有较高的水分,甚至使硬化水泥石整体(包括水化产物和孔隙)在湿空气中的含水率相对较高,而在水中的含水率相对较低(当然,含水率会随着水泥石在水中和湿空气中的存放时间及空气湿度等因素的变化而变化,使混凝土的安全无虞期不同,同时影响混凝土的抗冻性)。故以大毛细孔为主要孔隙的混凝土相对以微毛细孔为主要孔隙的混凝土,在大气中的抗冻性一般会相对较好,在水中的抗冻性通常会相对较差,两者存在相反的情况。而对于引气混凝土而言,由于引入的气泡不仅能降低混凝土在水中的渗入性和渗漏性,而且同时能降低混凝土在大气中的毛细孔凝结现象,故引气混凝土在水中的抗冻性与在大气中的抗冻性,一般应呈正比关系。

更重要的是在不同环境条件下抗冻性即使呈正比关系的混凝土,由于环境条件和混凝土孔结构的不同,抗冻性的比例关系也不一样。已有研究表明,普通混凝土在室内试验与自然状态下的抗冻性比例关系为 1:10.6,引气混凝土的抗冻性在这两种条件下的比例关系为 1:13.6。由此可知,引气混凝土的室外与室内抗冻性比值大于普通混凝土的室外与室内抗冻性比值。也就是说引气混凝土与普通混凝土相比,室内抗冻性相同时,室外抗冻性却相对较高;室内抗冻性相对较低时,室外抗冻性却可能相同或相对较高。

在没有准确的实验数据确切地表明其他各种混凝土(如非引气型高强混凝土)在不同环境条件下抗冻性比例关系的情况时,对于不同孔结构的混凝土,我们不能也无法用某一种环境条件下抗冻性的相对高低,去判断处于其他环境条件下的抗冻性。因此,需要将混凝土笼统的抗冻性概念细化区分为不同环境条件下的抗冻性,并明确各种抗冻性概念之间的区别和联系。不能轻易用某一种环境条件下的抗冻性概念代替或表示处于其他环境条件下的抗冻性概念。

思考题

1.1 混凝土的分类方法有哪几种?毛细孔的两个重要性质是什么?主要孔径尺寸不同的混凝土性能有什么不同?

1.2 你对混凝土的发展过程和发展趋势有什么看法?

1.3 你对耐久性概念和耐久性的评价方法有什么看法?

第 2 章 普通混凝土的组成材料

混凝土的组成材料主要是水泥、水、细集料和粗集料,同时还包括适量的掺合料和外加剂,有时还可以加入适量的纤维。另外,混凝土的制备过程中,不可避免要带入少量的空气,或有意引入空气(如采用引气剂),它对混凝土的结构和性能也有很大影响。因此,空气也可以称为混凝土组成材料的组分之一。

为了生产优质经济的混凝土,使其同时满足强度、耐久性、工作性和经济性四方面的要求,首要的基本条件就是选择适宜的原材料(水泥、外加剂、矿物掺合料、砂石集料等),其次是选择适宜的混凝土配合比和施工方法。原材料的选择是保证混凝土工程质量的基础和关键。

普通混凝土的组成及其各组分材料如表 2-1 所示。

表 2-1　普通混凝土组成及其各组分材料

组成部分	水泥净浆胶凝材料				矿物填充材料	
	水泥胶体	未水化水泥颗粒	凝胶孔、微毛细孔和大毛细孔	空隙	细集料（砂）	粗集料（石）
	水泥		水和蒸汽空气混合气体	蒸汽空气混合气体		
占混凝土总体积的百分数（%）	10～15		15～20	1～3	20～33	35～48
	22～35			1～3	66～78	

普通混凝土是由粗、细集料作为填充材料,水泥净浆作为胶凝材料构成的。前者占总体积的70%左右。占总体积30%左右的水泥净浆又可分为水泥胶体、凝胶孔、毛细孔、空隙和未水化的水泥颗粒等。在大气环境中,凝胶孔和微毛细孔通常充满着自由水,大毛细孔和空隙通常充满蒸汽空气混合气体;与水接触时,大毛细孔和空隙也可以被水充填。水泥净浆的质量即组成结构对于混凝土的性能起决定性的作用,集料的质量对于混凝土的性能也有很大的影响。

2.1 水泥

《水泥的命名、定义和术语》(GB/T 4131—1997)中将水泥定义为:加水拌成塑性浆体,能胶结砂、石等适当材料并能在空气和水中硬化的粉状水硬性胶凝材料。《通用硅酸盐水泥》(GB 175—2007/XG1—2009)国家标准第 1 号修改单中将通用硅酸盐水泥定义为:以硅酸盐水泥熟料和适量的石膏及规定的混合材制成的水硬性胶凝材料。

2.1.1 水泥的品种与组分材料

水泥的品种很多,按矿物成分分类可分为硅酸盐水泥、铝酸盐水泥、硫铝酸盐水泥、氟铝酸盐水泥、铁铝酸盐水泥以及少熟料或无熟料水泥等;按用途和性能分类可分为通用水泥、专用水泥和特种水泥三大类。

2.1.1.1　通用水泥的品种和组分

GB175—2007/XG1—2009 规定,通用硅酸盐水泥按混合材料的品种和掺量分为硅酸盐水泥、普通硅酸盐水泥、矿渣硅酸盐水泥、火山灰质硅酸盐水泥、粉煤灰硅酸盐水泥和复合硅酸盐水泥六大品种。各品种的组分和代号应符合表 2-2 的规定。

表 2-2　通用硅酸盐水泥的组分材料和代号　　　　　　　　　　　　　　　%

品种	代号	组分				
		熟料 + 石膏	粒化高炉矿渣	火山灰质混合材料	粉煤灰	石灰石
硅酸盐水泥	P·Ⅰ	100	—	—	—	—
	P·Ⅱ	≥95	≤5	—	—	—
		≥95	—	—	—	≤5
普通硅酸盐水泥	P·O	≥80 且 <95		>5 且 ≤20		
矿渣硅酸盐水泥	P·S·A	≥50 且 <80	>20 且 ≤50			
	P·S·B	≥30 且 <50	>50 且 ≤70			
火山灰质硅酸盐水泥	P·P	≥60 且 <80		>20 且 ≤40		
粉煤灰硅酸盐水泥	P·F	≥60 且 <80			>20 且 ≤40	
复合硅酸盐水泥	P·C	≥50 且 <80		>20 且 ≤50		

2.1.1.2　水泥的组分材料

硅酸盐水泥的组分材料主要有:

1. 硅酸盐水泥熟料:由主要含 CaO、SiO_2、Al_2O_3、Fe_2O_3 的原料,按适当比例磨成细粉烧至部分熔融所得以硅酸钙为主要矿物成分的水硬性胶凝物质。通常由硅酸三钙(C_3S)、硅酸二钙(C_2S)、铝酸三钙(C_3A)、铁铝酸四钙(C_4AF)四种矿物组成。其中硅酸钙矿物不小于 66% ,氧化钙和氧化硅质量比不小于 2.0。

2. 石膏:天然石膏或工业副产品石膏。天然石膏应符合《天然石膏》(GB/T 5483—2008)中规定的 G 类或 M 类二级(含)以上的石膏或混合石膏。工业副产石膏即以硫酸钙为主要成分的工业副产物,采用前应经过试验证明对水泥性能无害。

3. 活性混合材料:系指符合《用于水泥中的粒化高炉矿渣》(GB/T 203—2008)、《用于水泥和混凝土中的粒化高炉矿渣粉》(GB/T 18046—2008)、《用于水泥中的粉煤灰》(GB/T 1596—2005)、《用于水泥中的火山灰质混合材料》(GB/T 2847—2005)标准要求的粒化高炉矿渣、粒化高炉矿渣粉、粉煤灰、火山灰质混合材料。火山灰质混合材料按其成因,分成天然和人工的两大类。

4. 非活性混合材料:活性指标分别低于 GB/T 203—2008、GB/T 18046—2008、GB/T 1596—2005、GB/T 2847—2005 标准要求的粒化高炉矿渣、粒化高炉矿渣粉、粉煤灰、火山灰质混合材料;石灰石和砂岩,其中石灰石中的三氧化二铝含量应不大于 2.5% 。

5. 窑灰:从水泥回转窑窑尾废气中收集下的粉尘。符合《掺入水泥中的回转窑窑灰》(JC/T 742—2009)的规定。

6. 助磨剂:水泥粉磨时允许加入助磨剂,其加入量应不大于水泥质量的 0.5% ,助磨剂应符合《水泥助磨剂》(JC/T 667—2004)的规定。

2.1.2 水泥的质量标准

2.1.2.1 水泥的物理指标

1. 凝结时间

硅酸盐水泥初凝不少于45min,终凝不多于390min。

普通硅酸盐水泥、矿渣硅酸盐水泥、火山灰质硅酸盐水泥、粉煤灰硅酸盐水泥和复合硅酸盐水泥初凝不少于45min,终凝不多于600min。

2. 安定性

沸煮法合格。

3. 强度

水泥强度是评定水泥质量的重要指标,通常把28d以前的强度称为早期强度,28d及其后的强度则称为后期强度。不同品种不同强度等级的通用硅酸盐水泥,其不同龄期的强度应符合表2-3的规定。

表2-3　通用硅酸盐水泥不同龄期的强度

品种	强度等级	抗压强度(MPa)		抗折强度(MPa)	
		3d	28d	3d	28d
硅酸盐水泥	42.5	≥17.0	≥42.5	≥3.5	≥6.5
	42.5R	≥22.0		≥4.0	
	52.5	≥23.0	≥52.5	≥4.0	≥7.0
	52.5R	≥27.0		≥5.0	
	62.5	≥28.0	≥62.5	≥5.0	≥8.0
	62.5R	≥32.0		≥5.5	
普通硅酸盐水泥	42.5	≥17.0	≥42.5	≥3.5	≥6.5
	42.5R	≥22.0		≥4.0	
	52.5	≥23.0	≥52.5	≥4.0	≥7.0
	52.5R	≥27.0		≥5.0	
矿渣硅酸盐水泥 火山灰质硅酸盐水泥 粉煤灰硅酸盐水泥 复合硅酸盐水泥	32.5	≥10.0	≥32.5	≥2.5	≥5.5
	32.5R	≥15.0		≥3.5	
	42.5	≥15.0	≥42.5	≥3.5	≥6.5
	42.5R	≥19.0		≥4.0	
	52.5	≥21.0	≥52.5	≥4.0	≥7.0
	52.5R	≥23.0		≥4.5	

4. 细度(选择性指标)

硅酸盐水泥和普通硅酸盐水泥的细度以比表面积表示,不小于300m²/kg;矿渣硅酸盐水泥、火山灰质硅酸盐水泥、粉煤灰硅酸盐水泥和复合硅酸盐水泥的细度以筛余表示,80μm方孔筛筛余不大于10%或45μm方孔筛筛余不大于30%。

2.1.2.2 水泥的化学指标

通用硅酸盐水泥的化学指标应符合表2-4的规定。

表 2-4　通用硅酸盐水泥的化学指标　　　　　　　　　%

品种	代号	不溶物（质量分数）	烧失量（质量分数）	三氧化硫（质量分数）	氧化镁（质量分数）	氯离子（质量分数）
硅酸盐水泥	P·I	≤0.75	≤3.0	≤3.5	≤5.0	≤0.06
	P·II	≤1.50	≤3.5			
普通硅酸盐水泥	P·O	—	≤5.0			
矿渣硅酸盐水泥	P·S·A	—	—	≤4.0	≤6.0	
	P·S·B	—	—			
火山灰质硅酸盐水泥	P·P	—	—	≤3.5	≤6.0	
粉煤灰硅酸盐水泥	P·F	—	—			
复合硅酸盐水泥	P·C	—	—			

在表 2-4 中,如果硅酸盐水泥和普通硅酸盐水泥的压蒸试验合格,则水泥中氧化镁的含量（质量分数）允许放宽至 6.0%。如果矿渣硅酸盐水泥、火山灰质硅酸盐水泥、粉煤灰硅酸盐水泥和复合硅酸盐水泥中氧化镁的含量（质量分数）大于 6.0% 时,需进行水泥压蒸安定性试验并合格。当对水泥的氯离子含量（质量分数）有更低要求时,该指标由买卖双方协商确定。

2.1.2.3　碱含量（选择性指标）

水泥中碱含量按 $Na_2O + 0.658K_2O$ 计算值表示。若使用活性集料,用户要求提供低碱水泥时,水泥中的碱含量应不大于 0.60% 或由买卖双方协商确定。

2.1.3　水泥的组成结构与建筑性能

水泥的使用性能,也称建筑性能,主要是指水泥用于砂浆和混凝土时的和易性、强度和耐久性,以及凝结时间、体积稳定性、均匀性等一系列符合工程需要的性能。水泥的建筑性能主要取决于水泥的组成结构及其应用环境。

2.1.3.1　水泥组成结构对混凝土和易性的影响

1. 水泥矿物组成对和易性的影响

混凝土的和易性包括流动性、黏聚性和保水性这三种含义,它们是互相矛盾又互相依存的整体。水泥矿物组成当中的 C_3S 和 C_3A 含量越多,水泥的凝结硬化速度越快,在同样时间内会导致水泥浆体的流动性相对变差,使混凝土的坍落度损失增加,在这方面不利于混凝土的和易性;而 C_2S 的含量越多,C_3S 和 C_3A 的含量越少则相对有利。

2. 水泥混合材组成对和易性的影响

水泥混合材种类繁多,根据混合材对水泥性能的影响,概括的分类方法有三种:一是根据水泥混合材的活性程度,可以大致分为活性混合材与惰性混合材;二是根据混合材的化学成分,可以概括分为酸性、中性和碱性混合材;三是根据混合材的吸水性高低,可以粗略分为低吸水性、中吸水性、高吸水性和特高吸水性混合材。具有不同性质的混合材,对混凝土和易性的影响差异很大。

（1）混合材的酸碱性对和易性的影响

混合材的酸碱性与其表面的亲水性和憎水性密切相关。由于液态水中具有大量断裂的氢键（室温下,水的氢键大约有 50% 断开）,致使水分子的表面电荷不饱和而带有一定的正电性,所以电负性较强的酸性掺合料相对电负性较弱的碱性掺合料,表面的亲水性较大、憎水性较小。亲水性材料的表面易被水润湿,且水能通过毛细管作用而被吸入材料内部;憎水性材料表面不易被水润湿,且能阻止水分渗入毛细管中,从而降低材料的吸水性。因此,水泥混合材的酸性愈强,吸附水分的能力也随之增强。在混合材比表面积(包括颗粒孔隙内部的比表面积)相同的条件下,由于颗粒表面及内部吸水量的增大,混凝土拌合物保持相同流动性的需水量也大,对混凝土流动性的影响自然是不利的。但对提高混凝土的黏聚性和保水性则是有利的。反之,混合材的碱性越强,其亲水性和吸水性越小,用这类混合材制备的水泥混凝土流动性相对较好,但黏聚性和保水性则较差。

(2)混合材的活性和吸水性对和易性的影响

一般来讲,混合材的活性越高,其表面能也越大,对水分子的化学吸附和物理吸附能力都更强,因而在固体颗粒表面的每一个吸附活性中心点都会吸附更多的水分子。那么在材料酸碱性和比表面积相同的情况下,要使水分完全布满包裹颗粒的内表面和外表面,就需要吸附更多数量的水,才能保证混凝土的流动性不致降低。可见,混合材的活性越高,水泥混凝土的流动性越差,但黏聚性和保水性则越好。

混合材的吸水性可以分为化学吸水性和物理吸水性。混合材的化学吸水性与其化学活性和酸碱性有关;混合材的物理吸水性则与混合材的致密程度(表观密度)、粉磨细度(比表面积)、颗粒级配及表面形态等密切相关。控制适当的化学吸水性,可以通过掺合料活性与惰性、酸性与碱性的合理搭配得以实现;而控制适当的物理吸水性,实际就是控制掺合料的致密程度、粉磨细度、颗粒级配及形态的优化组合,从而保证混凝土具有优良的流动性、黏聚性和保水性。

3. 水泥颗粒组成对和易性的影响

水泥的颗粒组成,包括水泥熟料与混合材的粉磨细度及颗粒级配。水泥的粉磨细度越细,比表面积越大,其物理吸水性越强,在配制混凝土时,不利于提高混凝土的流动性,但有利于提高混凝土的黏聚性和保水性。合理的颗粒级配既能保证水泥浆体具有较小的孔隙率,又能保证水泥颗粒具有合适的比表面积,使硅酸盐水泥具有适宜的标准稠度用水量(一般在23% ~ 31% 之间)。标准稠度用水量每增加1%,普通混凝土用水量就要增加6 ~ 8kg/m³。因此,颗粒级配合理的水泥,在配制混凝土时,对混凝土的流动性、黏聚性和保水性都是有利的。

2.1.3.2 水泥组成结构对混凝土强度的影响

1. 水泥矿物组成对强度的影响

水泥矿物组成对强度、水化速率和水化热的影响如下:

(1)硅酸三钙(C_3S)水化较快,28d 强度可达其一年强度的70% ~ 80%,就28d 或一年强度而言,是四种矿物中最高的。其含量通常为50%,有时甚至高达60%以上。含量越高,水泥的 28d 强度越高,但水化热也越高。

(2)硅酸二钙(C_3S)水化较慢,早期强度低,1 年以后,赶上 C_3S;其含量一般为 20% 左右。含量越高,水泥的长期强度越高,且水化热也越小。

(3)铝酸三钙(C_3A)水化迅速,放热多,凝结很快,如不加石膏等缓凝剂,易使水泥急凝,硬化也很快,它的强度 3d 内就大部分发挥出来,故早期强度较高,但绝对值不高,以后几乎不再增长,甚至倒缩。所以,其含量应控制在一定的范围内。

（4）铁铝酸四钙（C_4AF）早期强度类似 C_3A，而后期还能不断增长，类似于 C_2S。C_3A 与 C_4AF 之和占 22% 左右。

2. 水泥混合材组成对强度的影响

（1）混合材酸碱性、活性对强度的影响

有研究表明，水泥混合材的酸性和活性对提高水泥和混凝土的 28d 强度有利；而混合材的惰性和碱性对提高水泥和混凝土的 3d 和 7d 强度有利，如表 2-5 所示。

表 2-5　掺合料种类和组合方式对水泥强度的影响

组别	水泥配比（%）				抗折强度（MPa）			抗压强度（MPa）		
	熟料石膏	矿渣	沸石	石灰石	3d	7d	28d	3d	7d	28d
1	70	30	—	—	4.3	5.7	8.5	21.3	33.7	58.4
2	65	27	8	—	3.6	5.3	8.2	18.2	27.0	58.7
3	65	22	8	5	4.2	6.2	8.9	21.6	36.5	61.1

表 2-5 中的矿渣、沸石和石灰石分别代表了碱性活性混合材、酸性活性混合材和碱性惰性混合材，是最常用的三种典型混合材。从中可以看出碱性矿渣与酸性沸石复合（第 2 组），在混合材总量增加 5%（相对第 1 组）的情况下，28d 抗压强度仍然有所提高，但 3d 抗压强度明显降低。这是因为大多数掺合料的活性主要来自其中的 SiO_2 和 Al_2O_3 这些酸性氧化物，它们能够与水泥水化物当中胶结强度最低的 $Ca(OH)_2$ 发生二次水化反应，生成强度较高的 CSH 凝胶。所以，随着二次水化生成的 CSH 凝胶逐渐增多，对提高水泥的 28d 强度及更长龄期的后期强度有较好的效果。如果混合材的活性和酸性越强，会使二次水化速度相应加快，明显提高水泥强度的水化龄期也会相应提前。但因酸性和活性混合材的加入量一般较多，相对减少了水泥用量和水泥一次水化物生成数量在胶凝材料当中的比例，故对水泥混凝土早期强度往往具有降低作用。

从表 2-5 中还可以看出在矿渣与沸石复合的基础上，以少量惰性碱性石灰石取代等量矿渣（第 3 组），3d 抗压强度明显提高（相对第 2 组提高 18.7%）；28d 抗压强度也有提高，但提高的幅度（相对第 2 组提高 4.1%）远不如 3d 抗压强度。其作用机理主要是由于这类惰性和碱性微粉填充物（如石灰石或硬化的水泥石）的存在，为碱性硅酸盐水泥浆体的水化和硬化提供了许多起"晶种"作用的结点，从而加速了发生在水泥水化产物薄膜上的核晶作用，促进了薄膜的破裂和水泥颗粒的继续水化与硬化。而水泥一次水化产物形成速度的加快，必然对水泥早期强度的增长起促进作用。

因此，将酸性混合材与适量碱性混合材合理组合，活性混合材与适量惰性混合材合理组合，不仅能够提高混凝土的早期强度，而且能够提高混凝土的后期强度。

（2）混合材吸水性对强度的影响

混合材的化学吸水性和物理吸水性的高低，实质上是其化学活性、酸碱性、颗粒的致密程度、粉磨细度及表面形态等物化性能的综合表现。高吸水性掺合料和低吸水性掺合料的合理组合，一方面可以使混凝土拌合物保持良好的和易性，适当降低混凝土的水胶比，从而有利于混凝土强度的提高；另一方面也可以使混凝土拌合物保持适当的酸碱性和化学活性，以及合理的颗粒级配等等，进一步改善混凝土的各龄期强度。

3. 水泥颗粒组成对强度的影响

水泥的粉磨细度越细,水泥的早期强度越高,但后期强度增长率越低。一些试验和资料表明:$3 \sim 30\mu m$ 的水泥颗粒具有良好的水化活性,对强度起主要作用;小于 $3\mu m$ 的细颗粒对凝结时间和早期强度有利;$10 \sim 30\mu m$ 的颗粒对 $7 \sim 28d$ 的强度增长有重要作用;大于 $40\mu m$ 的颗粒基本上起微集料的作用,水化十分缓慢。

2.1.3.3　水泥组成结构对混凝土耐久性的影响

1. 水泥矿物组成对混凝土耐久性的影响

(1)水泥矿物组成对水化产物结构稳定性的影响

水泥矿物组成中高 C_3S 含量会导致水泥水化产物中钙硅比的提高,使水化产物的结构稳定性下降。现有研究已经证明,在水泥水化物的诸组分中,钙硅比值较小的水化硅酸钙凝胶具有相对较好的结构稳定性,而 $Ca(OH)_2$ 是相对不稳定的。C_2S 与 C_3S 相比,水化生成的水化硅酸钙凝胶的钙硅比相对较低,同时生成的 $Ca(OH)_2$ 数量也相对较少。因此,水泥的矿物组成当中,C_2S 的含量越多,C_3S 的含量越少,越有利于提高水泥混凝土的化学结构稳定性,从而有利于混凝土的耐久性。而水泥中的 C_3A 非常容易与硫酸盐反应形成膨胀性的水化产物,故其含量过高会破坏混凝土的结构稳定性,对混凝土耐久性非常不利。

(2)水泥矿物组成对混凝土收缩性能影响

① 水泥矿物组成对化学收缩的影响

在硅酸盐水泥水化过程当中,水泥－水体系的总体积随着水化反应的进行是不断减少的,这种现象称为化学收缩。发生化学收缩的原因是由于水化反应前后反应物的平均密度小于生成物的平均密度,而导致生成物的总体积小于反应物的总体积。化学收缩主要在早期增长的幅度较大,随着水化龄期的延长化学收缩增长的幅度逐渐减小。

研究发现水泥熟料中四种矿物的化学收缩作用,无论是绝对值或相对值,其大小都按下列次序排列:

$$C_3A > C_4AF > C_3S > C_2S$$

对硅酸盐水泥来说,每 $100g$ 水泥水化的减缩总量为 $7 \sim 9mL$。如果每 $1m^3$ 混凝土中水泥用量为 $250kg$,则体系中减缩量将达 $20L/m^3$,可见这个数值是比较大的,它会引起混凝土孔隙率的增加,并影响耐久性。

② 水泥矿物组成对自收缩的影响

自收缩是高密实混凝土产生收缩裂缝的主要原因之一。由于化学收缩引起水泥浆体绝对体积的减小,生成物的体积不足以填充原有反应物所占有的空间体积,在各种固相颗粒的限制下,使水泥浆内部不可避免地出现未被水和固相粒子所填充的孔隙。这种孔隙的出现导致混凝土内部凹液面的生成,从而产生了毛细孔压力,在这种压力的作用下引起了混凝土的收缩,这种收缩被称为自收缩。

混凝土自收缩的大小与混凝土内部毛细孔压力的大小成正比关系。根据 Cantor 方程,毛细孔压力 p 和表面张力 γ、湿润角 θ 及孔半径 r 有如下关系:

$$p = 2\gamma\cos\theta/r \qquad\qquad (2-1)$$

化学收缩产生的未被水充满的毛细孔数量越多,毛细孔半径越小,产生的毛细孔压力也越大,混凝土的自收缩程度也就越高。因此,化学收缩是造成混凝土自收缩的起因。而化学收缩特别是早期化学收缩的幅度和混凝土内部毛细孔半径的大小则是影响自收缩程度的重要条件。

在混凝土孔结构相同的情况下,水泥矿物组成的化学收缩幅度与混凝土自收缩的幅度是成正比的,即水泥熟料中四种矿物使自收缩产生的幅度,其大小仍按下列次序排列:

$$C_3A > C_4AF > C_3S > C_2S$$

(3)水泥矿物组成对混凝土渗透性和抗冻性的影响

水泥矿物组成对化学收缩和自收缩的影响,还会引起混凝土孔隙率和孔结构的变化,进而影响混凝土的毛细孔压力渗透性、水压力渗透性和离子渗透性。其中,毛细孔压力对混凝土渗透性的影响是相当大的。据研究发现,当相对湿度在 $100\% \sim 80\%$ 时,水泥浆体内部毛细孔负压可达 $0 \sim 30\text{MPa}$,而国家标准中规定的混凝土抗渗等级所对应的水压差也仅为 $0.4 \sim 1.2\text{MPa}$。因此,在很多情况下,毛细孔压力对混凝土渗透性的影响起主要作用。

毛细孔压力影响混凝土渗透性的作用机理,与毛细孔压力影响混凝土自收缩的作用机理是相同的。随着毛细孔压力的增大,混凝土的自收缩和毛细孔压力渗透性同时增大,两者呈正比关系。因此,水泥的矿物组成当中产生化学收缩和自收缩较大的组分,如 C_3A 和 C_3S,会使混凝土的毛细孔压力渗透性相应增大。另外,对液体压力渗透性也会有不同程度的影响。

由于混凝土的毛细孔压力渗透性和毛细孔凝结现象对混凝土的大气抗冻性起着重要的作用,它不仅控制结冰时由内部水分迁移引起的水压力,而且控制结冰前的饱和度。当混凝土暴露于潮湿环境或临近水面的大气环境时,使混凝土毛细孔压力渗透性增大的矿物组分(如 C_3A 和 C_3S),更有可能使混凝土的饱和度达到或超过临界饱和度,从而降低混凝土的大气抗冻性。

2. 水泥混合材组成对混凝土耐久性的影响

(1)混合材组成对化学收缩和自收缩的影响

① 混合材酸碱性、活性对化学收缩和自收缩的影响

由于化学收缩是造成混凝土自收缩的起因,而化学收缩特别是早期化学收缩的幅度则是影响自收缩程度的重要条件之一。活性混合材能够与水泥水化析出的密度较低的 Ca(OH)_2(密度 2.23g/cm^3)发生二次水化反应,生成密度更大的 CHS 凝胶(密度 2.71g/cm^3),使水化生成物的平均密度进一步增加,从而产生二次化学收缩。混合材的活性越高,酸性越强,则与 Ca(OH)_2 发生二次水化的速度越快,早期的化学收缩越大,使混凝土内部的凹液面出现在更细的毛细孔当中,自收缩的幅度也就越大。

另外,根据 Cantor 方程可知,毛细孔压力与毛细孔半径成反比,与组成材料的亲水性和表面能成正比。也就是说组成材料的酸性与活性越强,其亲水性和表面能越大,毛细孔压力越强,混凝土的自收缩也越大。反之,组成材料的碱性与惰性越强,毛细孔压力则越小,混凝土的自收缩也越小。

所以,当混凝土中采用较多活性高或同时呈较强酸性的掺合料时,应掺入适量磨细的惰性和碱性掺合料(如石灰石粉)复合使用。不但能降低组成材料的表面能和亲水性,增大毛细孔壁与液体的接触角,减小毛细孔压力;而且因取代了部分水泥和活性掺合料,使胶凝材料的一次化学收缩和二次化学收缩的幅度都得到减少,从而进一步减小混凝土的自收缩。

② 混合材吸水性对干燥收缩和自收缩的影响

一般情况下,水泥混合材的吸水性越大,混凝土硬化后因水分挥发而产生的干燥收缩越大,作用机理相对简单。而混合材吸水性对混凝土自收缩的影响机理则相对复杂。其中,混合材的化学吸水性对混凝土自收缩的影响,实质反映的是混合材的酸碱性和活性对混凝土自收缩的影响。因此,降低混凝土组成材料的酸性与活性,增大其碱性与惰性,从而降低组成材料的亲水性和表面能,是改善混凝土自收缩的有效手段。

混合材的物理吸水性对混凝土自收缩的影响,实际体现的是混合材的致密程度、颗粒级配及表面形态等物理性能,对混凝土孔径分布和自收缩的影响。混合材的颗粒级配及形态,直接影响混凝土拌合物的原始密实度、早期水化速度以及形成的孔隙结构,从而也会对混凝土的自收缩造成影响。较细的混合材不仅活性高,使水泥的二次水化速度得以加快,产生较大的早期化学收缩;并可能使混凝土形成较细的毛细孔结构。按照 Cantor 方程可知,毛细孔半径越细,毛细孔压力越强。这些因素无疑都会增加混凝土的自收缩。而在混凝土中采用含有较多玻璃微珠的粉煤灰作掺合料,能有效降低混凝土的自收缩。其中原因不仅是由于粉煤灰的活性稍低,二次水化速度较慢,所产生的早期化学收缩幅度较小,更重要的一个原因是由于粉煤灰含有较多表面光滑的玻璃微珠,在固相颗粒体积相同的情况下,具有相对较低的比表面积和颗粒之间的接触面积,故能使混凝土浆体形成较大的空隙体积和毛细孔孔径,从而减小混凝土的早期自收缩。

高吸水性混合材和低吸水性混合材的合理组合,不仅可以使其化学活性、酸碱性得到合理的搭配、也可以使其颗粒的致密程度、级配及表面形态得到合理的搭配,从物理和化学两个方面减小混凝土的自收缩。

(2)混合材组成对混凝土渗透性和抗冻性的影响

混合材的酸碱性、活性以及颗粒级配、形态等因素对混凝土自收缩的影响,同样影响混凝土的毛细孔压力渗透性和大气抗冻性。毛细孔压力的增加不仅会增大混凝土的自收缩,而且会增大混凝土的毛细孔压力渗透性,降低大气抗冻性。通过混合材的优化组合,在改善混凝土自收缩的同时,也会改善混凝土的毛细孔压力渗透性和大气抗冻性。

3. 水泥颗粒组成对混凝土耐久性的影响

(1)水泥颗粒组成对混凝土孔结构和抗冻、腐蚀等性能的影响

水泥颗粒级配的细化和水泥粉磨细度的提高,比表面积增大,水泥水化后的产物多为在水泥颗粒表面形成的外部水化产物,在颗粒内部形成的更为致密的水化产物相应减少。从而使水泥混凝土的孔隙结构发生了变化。研究表明,水泥颗粒组成中的细颗粒($<5\mu m$)含量相对较多,由于分散度很高,水化物充填了大部分毛细孔空间,使水泥石中的微毛细孔数量增多,大毛细孔数量明显减少,如图 2-1 所示,从而使混凝土的毛细孔凝结现象加重,增大混凝土的吸湿性特别是孔隙体积的吸湿性,使混凝土孔隙内部的湿度提高,如图 2-2 所示。

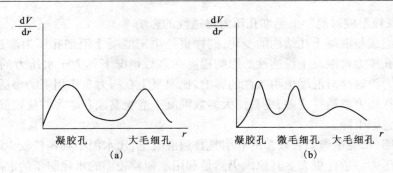

图 2-1　按孔半径分布的孔微分曲线略图

(a)粗水泥;(b)细水泥

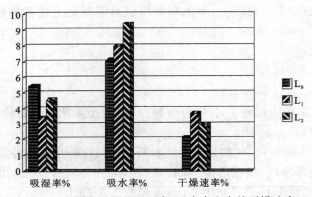

图 2-2　不同水泥石的吸湿率、吸水率和自然干燥速率

　　试验表明:在水胶比不变的情况下,含有小于 5mm 细颗粒的普通水泥(编号 L_0)与分离出细颗粒后的普通水泥(编号 L_1 和 L_2)相比,硬化 28d 后的水泥石,在水中浸泡 1d,虽然吸水率降低了 11% ~ 25% ,但在潮湿空气中放置 3d 的吸湿率增大了 20% ~ 58%;相对于水泥石孔隙体积吸湿率的增大则更加显著(因吸水率低的水泥石孔隙率一般也低);在干燥空气中放置 1d,自然干燥速率降低了 28% ~ 42% 。由于混凝土孔隙内部吸湿性的提高和排湿性的降低,在较低的环境湿度下,就有可能使混凝土孔隙内部的湿度达到足以引起破坏的程度,从而降低混凝土的大气抗冻性和抗碳化性能,加速混凝土内部钢筋的锈蚀,增大碱集料反应及其他化学腐蚀的破坏程度,最终导致混凝土耐久性的下降。

　　(2)水泥颗粒组成对混凝土干燥收缩、自收缩和水压力渗透性的影响

　　水泥颗粒组成与混凝土孔结构密切相关,而孔结构又是决定混凝土干燥收缩、自收缩和水压力渗透性的主要因素。水泥颗粒组成细化至一定程度之后,比表面积的增大不仅会增加混凝土的用水量和干燥收缩,而且会形成相对较多数量的微毛细孔和较少的大毛细孔,使混凝土的毛细孔压力加大,自收缩幅度增加,自收缩裂缝增多。结果不仅导致混凝土的各种力学性能下降,而且直接导致混凝土在压力水作用下的抗渗性下降,加速了水和各种腐蚀性液体的侵蚀速度。目前混凝土自收缩裂缝的增多,其原因与水泥粉磨细度的盲目提高和混凝土水胶比的不适当降低都有不同程度的关系。

（3）水泥颗粒组成对混凝土毛细孔压力渗透性的影响

水泥颗粒组成与混凝土孔结构的变化，同样也是决定混凝土毛细孔压力渗透性的主要因素。由于毛细孔压力对混凝土渗透性的影响程度在多数情况下远大于水压力的影响，故混凝土的毛细孔压力渗透性对混凝土耐久性的影响，比混凝土在压力水作用下的渗透性更加重要。混凝土的毛细孔压力渗透性变差，更易使大多数混凝土遭受腐蚀和冻害并使钢筋锈蚀，导致混凝土耐久性的急剧下降。

有试验表明，水泥中细颗粒较多的非引气普通混凝土，比水泥中细颗粒较少的非引气普通混凝土毛细孔压力渗透性更大。其原因仍然是利用细颗粒较多的水泥制备的混凝土中微毛细孔数量相对较多，大毛细孔数量相对较少。

但是必须强调指出，如果能够采用特殊方法和手段（如采用超高效减水剂和超细粉结合，或加压成型等）制备成超密实混凝土，水泥颗粒组成对混凝土上述各种性能的影响效果又会发生变化。

2.2　集料

普通混凝土所用集料按粒径大小分为两种，粒径大于 4.75mm 的称为粗集料，粒径小于 4.75mm 的称为细集料。

普通混凝土中所用细集料，一般是由天然岩石长期风化等自然条件形成的天然砂，也有人工砂（包括机制砂、混合砂）。根据产源不同，天然砂可分为河砂、海砂、山砂三类。按粗细程度可分为粗砂（细度模数 3.1～3.7）、中砂（细度模数 2.3～3.0）、细砂（细度模数 1.6～2.2）和特细砂（细度模数 0.7～1.5）四类。

普通混凝土通常所用的粗集料有人工碎石和天然卵石（河卵石、海卵石、山卵石）两种。按颗粒大小可分为小石（公称粒径 5～20mm）、中石（20～40mm）、大石（40～80mm）和特大石（80～150mm）四类。

2.2.1　集料的质量与性能

我国在《建设用砂》（GB/T 14684—2011）和《建设用卵石、碎石》（GB/T 14685—2011）这两个标准中，对不同类别的砂、石均提出了明确的技术质量要求。

根据国家标准规定，建筑用砂和建筑用卵石、碎石按技术要求均分为Ⅰ类，Ⅱ类，Ⅲ类。下面对其技术质量要求作一概括性介绍。

2.2.1.1　泥和泥块含量

含泥量是指集料中粒径小于 0.075mm 颗粒的含量。

泥块含量是指在细集料中粒径大于 1.18mm，经水洗、手捏后变成小于 0.60mm 的颗粒的含量；在粗集料中则指粒径大于 4.75mm，经水洗、手捏后变成小于 2.36mm 的颗粒的含量。

集料中的泥颗粒极细，会粘附在集料表面，影响水泥石与集料之间的胶结能力。而泥块会在混凝土中形成薄弱部分，对混凝土的质量影响更大。据此，对集料中泥和泥块含量必须严加限制。

2.2.1.2　有害物质含量

普通混凝土用粗、细集料中不应混有草根、树叶、树枝、炉渣、煤块等杂物，并且集料中所含硫化物、硫酸盐和有机物等的含量要符合国家规定的砂、石质量标准。对于砂,除了上面两项外,还有云母、轻物质(指密度小于 2000kg/m³ 的物质)含量也需符合国家质量标准的规定。如果是海砂,还应考虑氯盐含量。

2.2.1.3　坚固性

集料的坚固性是指在自然风化和其他外界物理化学因素作用下抵抗破裂的能力。按标准规定建筑用碎石、卵石和天然砂采用硫酸钠溶液法进行试验,砂试样经 5 次循环后其质量损失应符合国家标准的规定。人工砂采用压碎指标法进行试验,压碎指标值应小于国家标准的规定值。

2.2.1.4　碱活性

集料中若含有活性氧化硅,会与水泥中的碱发生碱 – 集料反应,产生膨胀并导致混凝土开裂。因此,当用于重要工程或对集料有怀疑时,必须按标准规定,采用化学法或长度法对集料进行碱活性检验。

2.2.1.5　级配和粗细程度

集料的级配,是指集料中不同粒径颗粒的分布情况。良好的级配应当能使集料的空隙率和总表面积均较小,从而不仅使所需水泥浆量较少,而且还可以提高混凝土的密实度、强度及其他性能。若集料的粒径分布在同一尺寸范围内,则会产生很大的空隙率,如图 2-3(a)所示;若集料的粒径分布在两种尺寸范围内,空隙率就减小,如图 2-3(c)所示。由此可见,只有适宜的集料粒径分布,才能达到良好级配的要求。

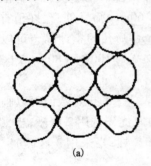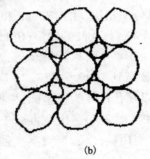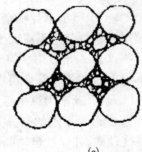

(a)　　　　　　　　　　(b)　　　　　　　　　　(c)

图 2-3　集料的颗粒级配

集料的粗细程度,是指不同粒径的颗粒混在一起的平均粗细程度。相同质量的集料,粒径小,总表面积大;粒径大,总表面积小,因而大粒径的集料所需包裹其表面的水泥浆就少。即相同的水泥浆量,包裹在大粒径集料表面的水泥浆层就厚,便能减小集料间的摩擦。

2.2.1.6　集料的形状和表面特征

集料的颗粒形状近似球状或立方体形,且表面光滑时,表面积较小,对混凝土流动性有利,然而表面光滑的集料与水泥石粘结较差。砂的颗粒较小,一般较少考虑其形貌,可是石子就必须考虑其针、片状的含量。石子中的针状颗粒是指颗粒长度大于该颗粒所属粒级平均粒径(该粒级上、下限粒径的平均值)的 2.4 倍者;而片状颗粒是指其厚度小于平均粒径 0.4 倍者。针、片状颗粒不仅受力时易折断,而且会增加集料间的空隙,所以国家标准中对针、片状颗粒含量作出规定的限量要求。

2.2.2 细集料的技术要求

2.2.2.1 细集料的颗粒级配和粗细程度

砂的级配和粗细程度是用筛分析方法测定的。砂的筛分析方法是用一套方筛孔为4.75、2.36、1.18、0.60、0.30、0.15(mm)的标准筛,将抽样所得500g干砂,由粗到细依次过筛,然后称得留在各筛上砂的质量,并计算出各筛上的分计筛余百分率(各筛上的筛余量占砂样总质量百分率),及累计筛余百分率 A_1、A_2、A_3、A_4、A_5、A_6(各筛与比该筛粗的所有筛之分计筛余百分率之和)。累计筛余和分计筛余的关系见表2-6。任意一组累计筛余($A_1 \sim A_6$)则表征了一个级配。

表2-6 分计筛余和累计筛余的关系

筛孔尺寸(mm)	分计筛余(%)	累计筛余(%)
4.75	a_1	$A_1 = a_1$
2.36	a_2	$A_2 = a_1 + a_2$
1.18	a_3	$A_2 = a_1 + a_2 + a_3$
0.60	a_4	$A_4 = a_1 + a_2 + a_3 + a_4$
0.30	a_5	$A_5 = a_1 + a_2 + a_3 + a_4 + a_5$
0.15	a_6	$A_6 = a_1 + a_2 + a_3 + a_4 + a_5 + a_6$

标准规定,砂按0.60mm筛孔的累计筛余百分率,分成三个级配区,见表2-7。砂的实际颗粒级配与表2-7中所示累计筛余百分率相比,除4.75mm和0.60mm筛号外,允许稍有超出分界线,但超出总量百分率不应大于5%。1区人工砂中(0.15mm)筛孔的累计筛余可以放宽到100%～85%,2区人工砂中(0.15mm)筛孔的累计筛余可以放宽到100%～80%,3区人工砂中(0.15mm)筛孔的累计筛余可以放宽到100%～75%。

以累计筛余百分率为纵坐标,以筛孔尺寸为横坐标,根据表2-7的规定数值可以画出砂的1、2、3三个级配区上下限的筛分曲线(图2-4)。配制混凝土时宜优先选用2区砂;当采用1区砂时,应提高砂率,并保持足够的水泥用量,以满足混凝土的和易性;当采用3区砂时,宜适当降低砂率,以保证混凝土强度。

表2-7 砂的颗粒级配区

累计筛余(%) 方筛孔(mm)	1	2	3
9.50	0	0	0
4.75	10～0	10～0	10～0
2.36	35～5	25～0	15～0
1.18	65～35	50～10	25～0
0.60	85～71	70～41	40～16
0.30	95～80	92～70	85～55
0.15	100～90	100～90	100～90

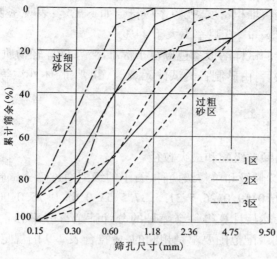

图 2-4　砂的级配区曲线

砂的粗细程度用细度模数表示,细度模数(M_x)按下式计算:

$$M_x = \frac{(A_2 + A_3 + A_4 + A_5 + A_6) - 5A_1}{100 - A_1} \qquad (2-2)$$

细度模数越大,表示砂越粗。普通混凝土用砂的细度模数范围一般为 3.7 ~ 1.6,其中 M_x 在 3.7 ~ 3.1 为粗砂,M_x 在 3.0 ~ 2.3 为中砂,M_x 在 2.2 ~ 1.6 为细砂,配制混凝土时宜优先选用中砂。M_x 在 1.5 ~ 0.7 的砂为特细砂,配制混凝土时要作特殊考虑。

应当注意,砂的细度模数并不能反映其级配的优劣,细度模数相同的砂,级配可以很不相同。所以,配制混凝土时必须同时考虑砂的颗粒级配和细度模数。

2.2.2.2　细集料的其他质量要求

建筑用砂的含泥量、石粉含量和泥块含量,以及有害物质含量和坚固性要求见表 2-8。

表 2-8　建筑用砂的质量标准

项目	等级	Ⅰ	Ⅱ	Ⅲ
含泥量(按质量计)(%)		≤1.0	≤3.0	≤5.0
黏土块(按质量计)(%)		0	≤1.0	≤2.0
云母(按质量计)(%)		≤1.0	≤2.0	≤2.0
硫化物与硫酸盐(按质量计)(%)			≤0.5	
氯化物(以氯离子质量计)(%)		≤0.01	≤0.02	≤0.06
贝壳(按质量计)(%)		≤3.0	≤5.0	≤8.0
坚固性	天然砂(硫酸钠溶液浸渍 5 个循环后,其质量损失)(%)	≤8	≤8	≤10
	人工砂(单级最大压碎指标)(%)	≤20	≤25	≤30
人工砂的石粉含量(按质量计)(%)	MB 值≤1.4 或合格		≤10	
	MB 值>1.4 或不合格	≤1.0	≤3.0	≤5.0

建筑用砂的表观密度、堆积密度、孔隙率应符合如下规定：表观密度不小于 2500kg/m³；松散堆积密度不小于 1400kg/m³；孔隙率不大于 44%。

有机物含量试验，砂的试样溶液颜色应浅于标准溶液；砂样轻物质含量应小于 1.0%。

经碱-集料反应试验后，由砂制备的试件无裂缝、酥裂、胶体外溢等现象，在规定的试验龄期膨胀率应小于 0.10%。

2.2.3　粗集料的技术要求

2.2.3.1　粗集料的颗粒级配和最大粒径

石子的级配分为连续粒级和单粒级两种，石子的级配通过筛分试验确定，一套标准筛有方孔为 2.36、4.75、9.50、16.0、19.0、26.5、31.5、37.5、53.0、63.0、75.0、90（mm）共 12 个筛子，可按需选用筛号进行筛分，然后计算得每个筛号的分计筛余百分率和累计筛余百分率（计算与砂相同）。碎石和卵石的级配范围要求是相同的，应符合表 2-9 的规定。

表 2-9　碎石或卵石的颗粒级配规定

累计筛余(%) 方筛孔(mm)／公称粒径(mm)		2.36	4.75	9.50	16.0	19.0	26.5	31.5	37.5	53.0	63.0	75.0	90
连续粒级	5～16	95～100	85～100	30～60	0～10	0							
	5～20	95～100	90～100	40～80	—	0～10	0						
	5～25	95～100	90～100	—	30～70	—	0～5	0					
	5～31.5	95～100	90～100	70～90	—	15～45	—	0～5	0				
	5～40	—	95～100	70～90	—	30～65	—	—	0～5	0			
单粒粒级	5～10	95～100	80～100	0～15	0								
	10～16		95～100	80～100	0～15								
	10～20		95～100	85～100		0～15	0						
	16～25			95～100	55～70	25～40	0～10						
	16～31.5		95～100		85～100			0～10	0				
	20～40			95～100	80～100			0～10	0				
	40～80					95～100			70～100		30～60	0～10	0

粗集料中公称粒级的上限称为该集料的最大粒径。集料粒径越大，其表面积越小，因此包裹它表面所需的水泥浆数量相应减少，可节约水泥，所以在条件许可的情况下，应尽量选用最大粒径较大的粗集料。但在实际工程上，集料最大粒径受到多种条件的限制：①混凝土粗集料的最大粒径不得超过结构截面最小尺寸的 1/4，同时，不得大于钢筋间最小净间距的 3/4。②对于混凝土实心板，集料的最大粒径不宜超过板厚的 1/3，且不得超过 40mm。③对于泵送混凝土，集料最大粒径与输送管内径之比，碎石不宜大于 1:3，卵石不宜大于 1:2.5。石子粒径过大，对运输和搅拌都不方便。④对大体积混凝土（如混凝土坝或围堤）或疏筋混凝土，有时为了节省水泥，降低收缩，可在大体积混凝土中抛入大块石（或称毛石），常称作抛石混凝土。在普通混凝土中，集料粒径大于 40mm 并没有好处，有可能造成混凝土强度下降。

2.2.3.2　强度

集料的强度是指粗集料（卵石和碎石）的强度，为了保证混凝土的强度，粗集料必须致密并具有足够的强度。碎石的强度可用抗压强度和压碎指标值表示,卵石的强度只用压碎指标值表示。

碎石的抗压强度测定,是将其母岩制成边长为 50mm 的立方体(或直径与高均为 50mm 的圆柱体)试件,在水饱和状态下测定其极限抗压强度值。碎石抗压强度一般在混凝土强度等级大于或等于 C60 时才检验,其他情况如有怀疑或必要时也可进行抗压强度检验。通常,要求岩石抗压强度与混凝土强度等级之比不应小于 1.5,火成岩强度不宜低于 80MPs,变质岩强度不宜低于 60MPa,水成岩强度不宜低于 45MPa。

碎石和卵石的压碎指标值测定,是将一定量气干状态的 10～20mm 石子装入标准筒内按规定的加荷速率,加荷至 300kN,卸荷后称取试样质量 m_0,再用 2.36mm 方孔筛筛除被压碎的细粒,称出筛上剩余的试样质量 m_1,按下式计算压碎指标值:

$$\delta_a = \frac{m_0 - m_1}{m_0} \times 100\% \tag{2-3}$$

压碎指标值越小,说明粗集料抵抗受压破碎能力越强。建筑用卵石和碎石的压碎指标值的限量见表 2-10。

表 2-10　建筑用卵石和碎石的压碎指标

项目	指标		
	Ⅰ	Ⅱ	Ⅲ
碎石压碎指标(%)	≤10	≤20	≤30
卵石压碎指标(%)	≤12	≤14	≤16

2.2.3.3　粗集料的其他质量要求

建筑用卵石、碎石的有害物质指标见表 2-11。

表 2-11　建筑用卵石、碎石的有害物质指标

项目	等级 Ⅰ	Ⅱ	Ⅲ
针片状颗粒(按质量计)(%)	≤5	≤10	≤15
泥(按质量计)(%)	≤0.5	≤1.0	≤1.5
黏土块(按质量计)(%)	0	≤0.2	≤0.5
硫化物与硫酸盐(按 SO_3 质量计)(%)	≤0.5	≤1.0	≤1.0
坚固性(硫酸钠溶液浸渍 5 个循环后,其质量损失)(%)	≤5	≤8	≤12
吸水率(%)	≤1.0	2.0	≤2.0

建筑用卵石、碎石的表观密度应不小于 2600kg/m³;连续级配松散堆积空隙率应分别符合如下规定:Ⅰ类不大于 43%,Ⅱ类不大于 45%,Ⅲ类不大于 47%。

经碱-集料反应试验后,由卵石、碎石制备的试件无裂缝、酥裂、胶体外溢等现象,在规定的试验龄期膨胀率应小于 0.10%。

2.2.4　再生混凝土集料

目前,随着全球低碳经济的逐步兴起,人们已经认识到对自然资源的过度开采与消耗,是导致人类赖以生存的大气、水、土地受到严重破坏的主要因素。21 世纪将是我国混凝土结构破坏高潮期,伴随着结构的破坏,许多建筑物不可避免地要被拆除,而在拆除建筑物产生的废料中,有一部分是可以再生利用的,且这些拆除的建筑物往往处于建筑工地现场或附近地点,如果将拆除下来的建筑废料进行破碎、分选,加工成不同粒径的碎块,制成再生混凝土集料,用到新建筑物的重建上,就能从根本上解决大部分建筑废料的处理问题,同时减少运输量和天然集料使用量。因此,研究再生集料在混凝土中的利用具有非常积极的意义。

再生集料混凝土简称再生混凝土,是指将废弃混凝土块经过破碎、清洗、分级后,按一定比例配成的再生混凝土集料,部分或全部代替砂石等天然集料(主要是粗集料)配制而成的混凝土。由于再生集料表面粗糙、棱角较多,且表面包裹着相当数量的水泥砂浆(水泥砂浆孔隙大、吸水率高),再加上混凝土块在解体、破碎过程中由于损伤累积内部存在大量微裂缝,这些因素都使其吸水率和吸水速率增大,这对配制混凝土是不利的,因此,拌制的再生混凝土的工作性能、力学性能、耐久性能等综合性能也较差。

2.3 混凝土用水

混凝土用水的基本质量要求是:不影响混凝土的凝结和硬化;无损于混凝土强度发展及耐久性;不加快钢筋锈蚀;不引起预应力钢筋脆断;不污染混凝土表面。JGJ 63—89 规定的混凝土用水中的物质含量限值见表 2-12。

表 2-12　混凝土用水中的物质含量限值

项目	预应力混凝土	钢筋混凝土	素混凝土
pH 值	>4	>4	>4
不溶物(mg/L)	<2000	<2000	<5000
可溶物(mg/L)	<2000	<5000	<10000
氯化物(以 Cl^- 计)(mg/L)	<500	<1200	<3500
硫酸盐(以 SO_4^{2-} 计)(mg/L)	<600	<2700	<2700
硫化物(以 S^{2-} 计)(mg/L)	<100	—	—

凡能饮用的水和清洁的天然水,都可用于混凝土拌制和养护。海水不得拌制钢筋混凝土,预应力混凝土及有饰面要求的的混凝土。工业废水须经适当处理后才能使用。

2.4 外加剂

混凝土外加剂(英文:Concrete admixtures)简称外加剂,是指在拌制混凝土的过程中掺入用以改善混凝土性能的物质。混凝土外加剂的掺量一般不大于水泥质量的 5%。混凝土外加剂产品的质量必须符合国家标准《混凝土外加剂》(GB 8076—2008)的规定。

在建筑材料中掺用化学物质的历史可以追溯到很久以前。据历史记载,公元前 258 年曹操曾将植物油加入灰土中建造了铜雀台;宋代将糯米汁加入石灰中修造了和洲城墙;清朝乾隆年间曾用糯米汁、石灰和牛血建造了永定河堤。糯米汁、植物油、牛血就是古代的化学外加剂。

19 世 20 年代,美国 E. W. 斯克里彻取得了用亚硫酸盐纸浆废液改善混凝土和易性,提高强度和耐久性的专利,拉开了现代混凝土外加剂的序幕。1948 年我国华北窑业公司引进美国文沙引气剂,命名为长城牌引气剂,并成功应用于天津新港工程。20 世 50 年代我国在工程中开始应用自己生产的松香热聚物和松香皂类引气剂、亚硫酸盐纸浆废液塑化剂以及氯盐类防冻剂。1962 年日本服部健一博士研制成功聚合度为 10 的萘磺酸盐甲醛缩合物并取得了专利权,这就是一直沿用至今的萘系高效减水剂。1964 年,联邦德国研制成功三聚氰胺磺酸盐甲醛缩合物高效减水剂,并用这种减水率高达 25% 以上的减水剂,成功配制了坍落度达 200mm 以上的流态混凝土。

我国对混凝土外加剂的研究已有 40 多年的历史,20 世纪 70 年代清华大学等单位合成了我国的萘磺酸盐甲醛缩合物高效减水剂 NF。至今,萘系高效减水剂已形成诸多品牌,如 FDN、LTNF、NF 等,它是我国高效减水剂的最主要品种,约占减水剂的 80% 以上。这一时期,木质素磺酸盐减水剂(主要是木钙和木钠)成为普通型减水剂的主要品种。在混凝土减水剂蓬勃发展的带动下,在商品混凝土飞速发展的推动下,我国已形成了混凝土外加剂的完整体系,除减水剂之外,尚有泵送剂、引气剂、早强剂、防冻剂、防水剂、速凝剂、缓凝剂以及膨胀剂等。这些各具不同功能的外加剂,满足了各种土木工程的不同需要,为混凝土的技术进步以及提高工程质量作出了巨大贡献。

为了规范外加剂的生产与应用,保证外加剂的质量,我国 20 世纪 80 年代开始陆续制定了一系列外加剂技术规范,主要有:《混凝土外加剂》(GB 8076—1997)、《混凝土外加剂应用技术规范》(GB 50119—2003)、《混凝土外加剂匀质性试验方法》(GB/T 8077—2000)、《混凝土泵送剂》(JC 473—2001)、《砂浆、混凝土防水剂》(JC 474—1999)、《混凝土防冻剂》(JC 475—1992)等等,并且,近年来,根据工程实际的发展,这些规范在不断完善更新。施工时要按最新发布的规范执行。

混凝土外加剂在混凝土中的广泛应用,已使其成为混凝土中不可缺少的第五组分。混凝土外加剂的特点是品种多、掺量少,在改善新拌合硬化混凝土性能中起着重要的作用,外加剂的研究和应用促进了混凝土施工新技术和新品种混凝土的发展。20 世纪 90 年代的矿物外加剂的开发应用,使混凝土进入了高性能时代,成为 21 世纪重要的建筑材料。

2.4.1　混凝土外加剂的定义和分类

2.4.1.1　混凝土外加剂的定义

混凝土外加剂是在拌制混凝土过程中掺入的,并能按要求改善混凝土性能的,一般掺量不超过水泥质量 5% 的物质。

混凝土外加剂在拌制混凝土过程中,可以与拌合水一起掺入拌合物,也可以比拌合水滞后掺入。研究认为,滞后掺入可以取得更好的改性效果。根据需要,外加剂也可以在从混凝土搅拌到混凝土浇筑的过程中,分几次掺入,以解决混凝土拌合物流动性的经时损失问题。

混凝土外加剂不包括在水泥生产过程中掺入的助磨剂等物质。

混凝土外加剂的掺量从万分之几至百分之几。除混凝土膨胀剂、防冻剂等少数外加剂外,大部分掺量都在 2% ~3% 之内。外加剂的掺量,一般情况下以水泥质量的百分比计,但在高性能混凝土中,应以胶凝材料总用量的百分比掺用。

每种外加剂按其具有一种或多种功能给出定义,并根据其主要功能命名。复合外加剂具有一种以上的主要功能,按其一种以上主要功能命名。

混凝土外加剂可以用于水泥砂浆或水泥净浆中,其主要作用与掺入混凝土中所起作用相同。

主要混凝土外加剂的名称及定义如下:

(1)减水剂:在混凝土坍落度基本相同的条件下,能减少拌合用水量的外加剂。减水率≥5%的减水剂为普通减水剂;减水率≥10%的减水剂为高效减水剂。

(2)早强剂:可加速混凝土早期强度发展的外加剂。

(3)缓凝剂:可延长混凝土凝结时间的外加剂。

(4)引气剂:在搅拌混凝土过程中能引入大量均匀分布、稳定而封闭的微小气泡的外加剂。

(5)早强减水剂:兼有早强和减水功能的外加剂

(6)缓凝减水剂:兼有缓凝和减水功能的外加剂。

(7)引气减水剂:兼有引气和减水功能的外加剂。

(8)防水剂:能够降低混凝土在静水压力下的透水性的外加剂。

(9)阻锈剂:能抑制或减轻混凝土中钢筋或其他预埋金属锈蚀的外加剂。

(10)加气剂:混凝土制备过程中因发生化学反应,产生气体,而使混凝土中形成大量气孔的外加剂。

(11)膨胀剂:能使混凝土产生一定体积膨胀的外加剂。

(12)防冻剂:能使混凝土在负温下硬化,并在规定时间内达到足够防冻强度的外加剂。

(13)泵送剂:能改善混凝土拌合物泵送性能的外加剂。

(14)速凝剂:能使混凝土迅速凝结硬化的外加剂。

2.4.1.2 混凝土外加剂的分类

1. 按主要功能分类

(1)改善混凝土拌合物流变性能的外加剂:包括各种减水剂、引气剂和泵送剂等。

(2)调节混凝土凝结时间、硬化性能的外加剂:包括缓凝剂、早强剂和速凝剂。

(3)改善混凝土耐久性的外加剂:包括减水剂、引气剂、防冻剂、防水剂和阻锈剂等。

(4)改善混凝土其他性能的外加剂:包括加气剂、膨胀剂、着色剂等。

2. 按化学成分分类

(1)无机物外加剂:包括各种无机盐类、一些金属单质和少量氢氧化物等。如早强剂中的 $CaCl_2$ 和 Na_2SO_4;加气剂中的铝粉;防水剂中的氢氧化铝等。

(2)有机物外加剂:这类外加剂占混凝土外加剂的绝大部分,种类繁多,其中大部分属于表面活性剂的范畴,有阴离子型、阳离子型、非离子型表面活性剂等。如减水剂中的木质素磺酸盐、萘磺酸盐甲醛缩合物等。有一些有机外加剂本身并不具有表面活性作用,但却可作为优质外加剂使用。

(3)复合外加剂:适当的无机物与有机物复合制成的外加剂,往往具有多种功能或使某项性能得到显著改善,这是协同效应在外加剂技术中的体现,是外加剂的发展方向之一。

2.4.2　外加剂的作用

1. 改善混凝土拌合物的性能

在改善混凝土拌合物性能方面,外加剂主要有以下作用:

(1)在和易性不变条件下减少用水量,或在用水量不变条件下大幅度提高和易性;

(2)提高拌合物的黏聚性和保水能力;

(3)减小拌合物坍落度的经时损失;

(4)延长或缩短拌合物的凝结时间;

(5)提高拌合物的可泵性,减少泵阻力;

(6)提高拌合物的含气量;

(7)减少体积收缩、沉陷或产生微量膨胀;

(8)提高拌合物的抗堵塞能力,实现自密实;

(9)降低拌合物液相冰点,使水泥在负温下水化。

2. 改善硬化混凝土的性能

在改善硬化混凝土的性能方面,外加剂主要有以下作用:

(1)改变混凝土的强度增长规律;

(2)在水泥用量不变条件下提高混凝土强度,或在混凝土强度不变条件下节约水泥;

(3)减少水泥水化热,延缓温峰出现时间;

(4)提高混凝土密实度,提高耐久性;

(5)增加混凝土含气量,提高耐久性;

(6)减小混凝土的收缩或产生微量膨胀;

(7)使混凝土在负温下硬化并在规定时间内达到抗冻临界强度;

(8)阻止混凝土中钢筋(或预埋件)的锈蚀;

(9)提高混凝土与钢筋的握裹力。

3. 混凝土外加剂的主要成分及作用见表 2-13。

表 2-13　各种外加剂的主要成分和主要作用

外加剂品种	主要作用	主要成分
早强剂	(1)提早拆模; (2)缩短养护期,使混凝土不受冰冻或其他因素的破坏; (3)提前完成建筑物的建设与修补; (4)部分或完全抵消低温对强度发展的影响; (5)提前开始表面抹平; (6)减少模板侧压力; (7)在水压下堵漏效果好	可溶性无机盐:氯化物、溴化物、氟化物、碳酸盐、硝酸盐、硫代硫酸盐、硅酸盐、铝酸盐和碱性氢氧化物 可溶性有机物:三乙醇胺、甲酸钙、乙酸钙、丙酸钙、丁酸钙、尿素、草酸、胺与甲醛缩合物
速凝剂	喷射混凝土、堵漏或其他特殊用途	铁盐、氟化物、氯化铝、铝酸盐和硫铝酸盐、碳酸钾等
引气剂	引气,提高混凝土流动性和黏聚性,减少离析与泌水,提高抗冻融性和耐久性	松香热聚物、合成洗涤剂、木质素磺酸盐、蛋白质的盐、脂肪酸和树脂酸及其盐

外加剂品种	主要作用	主要成分
减水剂和调凝剂	减水、缓凝、早强、缓凝减水、早强减水、高效减水、高效缓凝减水	（1）木质素磺酸盐； （2）木质素磺酸盐的改性物或衍生物； （3）羟基羧酸及其盐类； （4）羟基羧酸及其盐的改性物或衍生物； （5）其他物质： ① 无机盐：锌盐、硼酸盐、磷酸盐、氯化物； ② 铵盐及其衍生物； ③ 碳水化合物、多聚糖酸和糖酸； ④ 水溶性聚合物，如纤维素醚、蜜胺衍生物、萘衍生物、聚硅氧烷和磺化碳氢化合物
高效减水剂（超塑化剂）	高效减水，提高流动性或二者结合	（1）萘磺酸盐甲醛缩合物； （2）多环芳烃磺酸盐甲醛缩合物； （3）三聚氰胺磺酸盐甲醛缩合物； （4）其他
加气剂（起泡剂）	在新拌混凝土浇注时或浇筑后水泥凝结前产生气泡，减少混凝土沉陷和泌水，使混凝土更接近浇注时的体积	过氧化氢、金属铝粉，吸附空气的某些活性炭
灌浆外加剂	粘结油井、在油井中远距离泵送	缓凝剂、凝胶、黏土、凝胶淀粉和甲基纤维素；膨润土、增稠剂、早强剂、加气剂
膨胀剂	减少混凝土干燥收缩	细铁粉或粒状铁粉与氧化促进剂，石灰系，硫铝酸盐系，铝酸盐系
胶粘剂	增加混凝土粘结性	合成乳胶、天然橡胶胶乳
泵送剂	提高可泵性，增加水的黏度，防止泌水、离析、堵塞	（1）高效减水剂、普通减水剂、缓凝剂、引气剂； （2）合成或天然水溶性聚合物，增加水的黏度； （3）高比表面积无机材料：膨润土、二氧化硅、石棉粉、石棉短纤维等； （4）混凝土掺合料：粉煤灰、水硬石灰、石粉
着色剂	配制各种颜色的混凝土和砂浆	灰到黑：氧化铁黑、矿物黑、炭黑； 蓝：群青、酞青蓝； 浅红到深红：氧化铁红； 棕：氧化铁棕、富锰棕土、烧褐土：乳白、奶白、米色；氧化铁黄； 绿：氧化铬绿、酞青绿； 白：二氧化钛
絮凝剂	增加泌水速率，减少泌水能力，减小流动性，增加黏度，早强	聚合物电解质
灭菌剂和杀虫剂	阻止和控制细菌和霉菌在混凝土墙板和墙面上生长	多卤化物、狄氏剂乳液和铜化物
防潮剂	减小水渗入混凝土的速度或减小水在混凝土内从湿到干的传导速度	皂类、丁基硬脂酸、某些石油产品
减渗剂	减小混凝土的渗透性	减水剂、氯化钙
减小碱-集料反应的外加剂	减小碱-集料反应的膨胀	锂盐、钡盐，某些引气剂、减水剂、缓凝剂、火山灰质掺合料
阻锈剂	防止钢筋锈蚀	亚硝酸钠、苯甲酸钠、木质素磺酸钙、磷酸盐、氟硅酸盐、氟铝酸盐

2.4.3　减水剂

2.4.3.1　概述

1. 概念

在保持新拌混凝土和易性相同的情况下,能显著降低用水量的外加剂叫混凝土减水剂,又称为分散剂或塑化剂,它是最常用的一种混凝土外加剂。按照我国混凝土外加剂标准规定,将减水率等于或大于 5% 的减水剂称为普通减水剂或塑化剂;减水率等于或大于 10% 的减水剂则称为高效减水剂或超塑化剂(也称流化剂)。根据减水剂对混凝土凝结时间及强度增长的影响以及是否具有引气功能,又将减水剂分为缓凝减水剂、早强减水剂和引气减水剂。

目前使用的减水剂,按化学成分分类主要有木质素磺酸盐及其衍生物、高级多元醇及多元醇复合体、羟基羧酸及其盐、萘磺酸盐甲醛缩合物、三聚氰胺磺酸盐甲醛缩合物、聚氧乙烯醇及其衍生物、多环芳烃磺酸盐甲醛缩合物、氨基磺酸盐甲醛缩合物、聚羧酸盐及其共聚物等等。随着混凝土科学技术的发展,特别是为了适应大流动性混凝土的需要,还在不断开发各种聚合物电解质用作高效减水剂。

2. 减水剂用在混凝土拌合物中,可以起到三种不同的作用:

(1)在不改变混凝土组分,特别是不减少单位用水量的条件下,改变混凝土施工工作性,提高流动性。

(2)在给定工作性条件下减少拌合水和水胶比,提高混凝土强度,改善耐久性。

(3)在给定工作性和强度的条件下,减少水和水泥用量,从而节约水泥,减少干缩、徐变和水泥水化引起的热应力。

3. 发展历程

20 世纪 30 年代,美国首先使用亚硫酸盐纸浆废液作减水剂配制混凝土,以改善混凝土的和易性、强度和耐久性,40 年代和 50 年代,广泛开展了木质素系减水剂和具有相同效果的普通减水剂的研究、开发与应用工作。到了 60 年代初,高效减水剂的出现,则标志着混凝土外加剂进入了现代科学时代,随后各种高效减水剂不断开发、应用。正是混凝土减水剂及其他外加剂科学技术的进步,才推动了混凝土这种最大宗的古老建筑材料不断向高强化、高流态化及高耐久性的高性能建筑材料方向发展。

2.4.3.2　减水剂的作用机理

水泥的比表面积一般为 $317 \sim 350 m^2/kg$,90% 以上的水泥颗粒粒径在 $7 \sim 80 \mu m$ 范围内,属于微细粒粉体颗粒范畴。对于水泥-水体系,水泥颗粒及水泥水化颗粒表面为极性表面,具有较强的亲水性。微细的水泥颗粒具有较大的比表面能(固-液界面能),为了降低固液界面总能量,微细的水泥颗粒具有自发凝聚成絮团趋势,以降低体系界面能,使体系在热力学上保持稳定性。同时,在水泥水化初期,C_3A 颗粒表面荷正电,而 C_3S 和 C_2S 颗粒表面荷负电,正负电荷的静电引力作用也促使水泥颗粒凝聚形成絮凝结构,如图 2-5 所示。

混凝土中水的存在形式有三种,即化学结合水、吸附水和自由水。在新拌混凝土初期,化学结合水和吸附水少,拌合水主要以自由水形式存在。但是,由于水泥颗粒的絮凝结构会使 10% ~30% 的自由水包裹其中,从而严重降低了混凝土拌合物的流动性。减水剂掺入的主要作用就是破坏水泥颗粒的絮凝结构,使其保持分散状态,释放出包裹于絮团中的自由水,从而提高新拌混凝土的流动性。

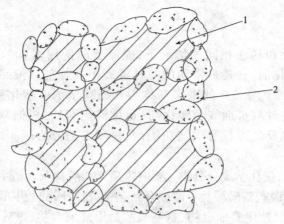

图 2-5　水泥颗粒的絮凝结构
1—游离水;2—水泥颗粒

1. 减水剂在水泥颗粒表面的吸附特性

作为水泥颗粒分散剂的减水剂,大部分是相对分子量较低的聚合物电解质,其相对分子量在 1500～100000 范围内。这些聚合物电解质的碳氢链上都带有许多极性基官能团,极性基团的种类通常有—SO_3^-,—COO^-,—OH 等。这些极性基团与水泥颗粒或水化水泥颗粒的极性表面具有较强的亲和力。带电荷的减水剂(具有—SO_3^-,—COO^- 等极性基的阴离子表面活性物质)通过范德华力或静电引力或化学键力吸附在水泥颗粒表面;带极性基(如—OH,—O—)的非离子减水剂也能通过范德华力和氢键的共同作用吸附在水泥颗粒表面。没有与水泥颗粒表面作用的极性基则随碳氢链伸入液相。

水泥颗粒或水泥水化颗粒作为固体吸附剂,由于本身性质和结构的复杂性,使减水剂在其表面的吸附既有物理吸附,也有化学吸附。并且吸附作用可以发生在毛细孔、裂缝及气孔的所有表面上。

2. 减水剂的作用机理

减水剂掺入新拌混凝土中,能够破坏水泥颗粒的絮凝结构,起到分散水泥颗粒及水泥水化颗粒的作用,从而释放絮凝结构中的自由水,增大混凝土拌合物的流动性。虽然,减水剂的种类不同,其对水泥颗粒的分散作用机理也不尽相同,但是,概括起来,减水剂分散减水机理基本上包括以下五个方面:

(1)降低水泥颗粒固液界面能

减水剂通常为表面活性剂(异极性分子),性能优良的减水剂在水泥 - 水界面上具有很强的吸附能力。减水剂吸附在水泥颗粒表面能够降低水泥颗粒固液界面能,降低水泥 - 水分散体系总能量,从而提高分散体系的热力学稳定性,这样有利于水泥颗粒的分散。因此,不但减水剂的极性基种类、数量影响其减水作用效果,而且减水剂的非极性基的结构特征,碳氢链长度也显著影响减水剂的性能。

（2）静电斥力作用

新拌混凝土中掺入减水剂后，减水剂分子定向吸附在水泥颗粒表面，部分极性基团指向液相。由于亲水极性基团的电离作用，使得水泥颗粒表面带上电性相同的电荷，并且电荷量随减水剂浓度增大而增大直至饱和，从而使水泥颗粒之间产生静电斥力，使水泥颗粒絮凝结构解体，颗粒相互分散，释放出包裹于絮团中的自由水，从而有效地增大拌合物的流动性。带磺酸根（—SO_3^-）的离子型聚合物电解质减水剂，静电斥力作用较强；带羧酸根离子（—COO^-）的聚合物电解质减水剂，静电斥力作用次之；带羟基（—OH）和醚基（—O—）的非离子型表面活性减水剂，静电斥力作用最小。以静电斥力作用为主的减水剂（如萘磺酸盐甲醛缩合物、三聚氰胺磺酸盐甲醛缩合物等）对水泥颗粒的分散减水机理如图 2-6 所示。

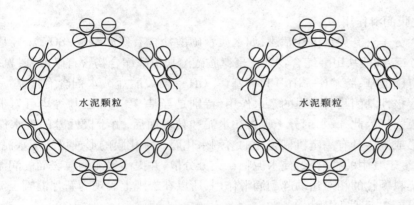

图 2-6　减水剂静电斥力分散机理示意图

（3）空间位阻斥力作用

聚合物减水剂吸附在水泥颗粒表面，则在水泥颗粒表面形成一层有一定厚度的聚合物分子吸附层。当水泥颗粒相互靠近，吸附层开始重叠，即在颗粒之间产生斥力作用，重叠越多，斥力越大。这种由于聚合物吸附层靠近重叠而产生的阻止水泥颗粒接近的机械分离作用力，称之为空间位阻斥力。一般认为所有的离子聚合物都会引起静电斥力和空间位阻斥力两种作用力，它们的大小取决于溶液中离子的浓度以及聚合物的分子结构和摩尔质量。线型离子聚合物减水剂（如萘磺酸盐甲醛缩合物、三聚氰胺磺酸盐甲醛缩合物）吸附在水泥颗粒表面，能显著降低水泥颗粒的 ζ 负电位（绝对值增大），因而其以静电斥力为主分散水泥颗粒，其空间位阻斥力较小。具有支链结构的共聚物高效减水剂（如交叉链聚丙烯酸、羧基丙烯酸与丙烯酸酯共聚物、含接枝聚环氧乙烷的聚丙烯酸共聚物等等）吸附在水泥颗粒表面，虽然其使水泥颗粒的 ζ 负电位降低较小，因而静电斥力较小，但是由于其主链与水泥颗粒表面相连，支链则延伸进入液相形成较厚的聚合物分子吸附层，从而具有较大的空间位阻斥力作用，所以，在掺量较小的情况下便对水泥颗粒具有显著的分散作用。以空间位阻斥力作用为主的典型接枝梳状共聚物对水泥颗粒的分散减水机理如图 2-7 所示。

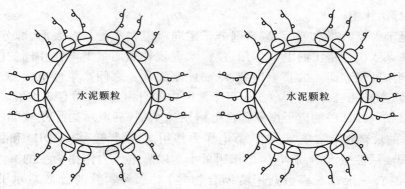

图 2-7 减水剂空间位阻斥力分散机理示意图

（4）水化膜润滑作用

减水剂大分子含有大量极性基团，如木质素磺酸盐含有磺酸基（—SO₃⁻）、羟基（—OH）和醚基（—O—）；萘磺酸盐甲醛缩合物和三聚氰胺磺酸盐甲醛缩合物含有磺酸基；氨基磺酸盐甲醛缩合物含有磺酸基、胺基（—NH₂）和羟基（—OH）；聚羧酸盐减水剂含有羧基（—COO⁻）和醚基等。这些极性基团具有较强的亲水作用，特别是羟基、羧基和醚基等均可与水形成氢键，故其亲水性更强。因此，减水剂分子吸附在水泥颗粒表面后，由于极性基的亲水作用，可使水泥颗粒表面形成一层具有一定机械强度的溶剂水化膜。水化膜的形成可破坏水泥颗粒的絮凝结构，释放包裹于其中的拌合水，使水泥颗粒充分分散，并提高水泥颗粒表面的润湿性，同时对水泥颗粒及集料颗粒的相对运动起到润滑作用，所以在宏观上表现为新拌混凝土流动性增大。

（5）引气隔离"滚珠"作用

木质素磺酸盐、腐殖酸盐、聚羧酸盐系及氨基磺酸盐系等减水剂，由于能降低液气界面张力，故具有一定的引气作用。这些减水剂掺入混凝土拌合物中，不但能吸附在固液界面上，而且能吸附在液气界面上，使混凝土拌合物中易形成许多微小气泡。减水剂分子定向排列在气泡的液气界面上，使气泡表面形成一层水化膜，同时带上与水泥颗粒相同的电荷。气泡与气泡之间，气泡与水泥颗粒之间均产生静电斥力，对水泥颗粒产生隔离作用，从而阻止水泥颗粒凝聚。而且气泡的滚珠和浮托作用，也有助于新拌混凝土中水泥颗粒、集料颗粒之间的相对滑动。因此，减水剂所具有的引气隔离"滚珠"作用可以改善混凝土拌合物的和易性。

2.4.3.3 减水剂对混凝土性能的影响

减水剂掺入混凝土中，不但影响新拌混凝土的流动性、黏聚性、保水性、凝结时间以及水泥的水化进程，而且影响硬化混凝土的强度、体积稳定性及耐久性。不同的减水剂，对混凝土性能的影响不尽相同。

1. 减水剂对新拌混凝土性能的影响

（1）和易性（工作性）

和易性是指混凝土拌合物易于施工操作（即易于拌合、运输、浇灌及振捣），并能获得质量均匀，成型密实的混凝土的性能（又称为工作性）。在其他条件相同的情况下，新拌混凝土的和易性则与减水剂的种类、掺量有着显著的关系。适量减水剂掺入混凝土拌合物中，由于其对水泥颗粒的分散作用，可使新拌混凝土黏度下降，颗粒间相对滑动容易，从而不同程度地改善新拌混凝土的和易性。

高效减水剂对新拌混凝土和易性的改善要比普通减水剂强。在一定范围内,随着减水剂掺量增大,和易性改善程度也增大。但是,对于缓凝减水剂(如木质素磺酸盐、糖钙、糖蜜等),掺量过大,会导致混凝土凝结时间过长,并可降低硬化混凝土强度;对于引气减水剂(如木质素磺酸盐、腐植酸盐等),掺量过大,会导致混凝土拌合物引气量过大,从而会降低硬化混凝土强度;对于高效减水剂(如萘磺酸盐甲醛缩合物、三聚氰胺磺酸盐甲醛缩合物等),掺量过大,会导致新拌混凝土离析、泌水严重。因此,各种品种的减水剂,均有其合适的掺量范围。在此范围内,既能改善新拌混凝土的和易性,又能提高硬化混凝土的各种性能。

(2) 减水率

在不改变水泥用量,不增加新拌混凝土和易性的情况下,减水剂掺入混凝土中,可明显地减少新拌混凝土的拌合水用量,从而可以达到提高混凝土强度的目的。此时所减少的单位用水量与基准混凝土单位用水量之百分比,则称之为减水率。为了统一,特规定"基准混凝土"作为衡量和比较的标准,因此,对于特定减水剂,其减水率大小并不是在任何混凝土配合比条件下都完全一样。倘若条件改变,则减水情况也会发生变化。因此,在实际使用时,应通过试验确定实际减水率,不要直接套用标准所测数据。

(3) 离析与泌水

水泥的化学成分、矿物组成及细度、混凝土的单位用水量、所用化学外加剂和矿物掺合料的种类及掺量等因素均影响新拌混凝土的离析与泌水性能。一般情况下,水泥的颗粒愈细,集料中所含 0.315mm 以下细颗粒愈多,矿物掺合料用量愈大,则混凝土泌水量愈小。就化学外加剂而言,减水剂对混凝土拌合物的离析与泌水性能的影响则较为显著。在减水情况下,掺入减水剂的新拌混凝土的泌水率不应大于基准混凝土(不掺减水剂)的泌水率。实际上,在减水剂与水泥适应性良好的情况下,减水剂均能显著降低新拌混凝土的离析与泌水性。但是,当减水剂与水泥适应性差,或者高效减水剂掺量过大时,则可能导致新拌混凝土离析与泌水增大,和易性变差。

(4) 凝结时间

混凝土的凝结时间是随着所采用水泥的矿物组成及细度、外加剂种类及掺量、单方混凝土用水量、矿物掺合料种类及掺量、气候条件及现场条件等情况而变化。普通缓凝型减水剂,如木质素磺酸盐、腐植酸盐、糖钙、糖蜜、蔗糖等掺入混凝土拌合物中,可延长混凝土的凝结时间。高效减水剂,如萘酸盐甲醛缩合物、三聚氰胺磺酸盐甲醛缩合物等掺入混凝土中,对混凝土没有缓凝作用,在掺入这些高效减水剂降低混凝土水胶比时,所配制的混凝土与基准混凝土的初、终凝时间基本一致。但是,当用高效减水剂配制流动性混凝土,特别是用较大掺量高效减水剂配制大流动性混凝土时,混凝土凝结时间会延长,这主要是由于混凝土拌合物流动性大所致,而并非高效减水剂本身具有缓凝作用。

(5) 对水泥水化进程的影响

水泥与水反应是放热反应,能释放出相当数量的热。掺缓凝型普通减水剂后,混凝土的水化速率会减慢,一般放热峰出现的时间会推迟,峰值会降低。然而,28d 内水泥的总发热量与不掺者大致相同。但是,当萘系、三聚氰胺系等高效减水剂掺入混凝土中,在降低水胶比的情况下,一般不会使水泥的水化速度减慢,有时反而会加快水泥的水化速度。但当用高效减水剂配制大流动性混凝土,特别是高效减水剂掺量较大时,一般也会使混凝土放热峰出现的时间推迟,峰值有所下降。

2. 减水剂对硬化混凝土性能的影响

(1)减水剂对混凝土强度的影响

强度是混凝土最重要的力学性能,这是因为任何混凝土结构物主要都是用以承受荷载或抵抗各种作用力。在一定条件下,工程上要求的混凝土的其他性能往往都与混凝土的强度存在着密切的联系。影响混凝土强度的因素很多(如水泥性质、水胶比、外加剂、掺合料、集料及混凝土养护制度等等)。

决定混凝土28d强度的重要因素是水泥浆的水胶比(W/B),随着水胶比降低,混凝土强度增大。减水剂掺入混凝土中,在保持水泥用量和新拌混凝土和易性相同的情况下,可较大幅度地降沃混凝土的水胶比,因而可显著地提高混凝土的抗压强度。一般情况下,混凝土抗压强度的增长率与减水剂的减水能力有着密切的关系。掺入低引气性的减水剂,其减水率愈大,则混凝土抗压强度愈高。减水剂使混凝土抗压强度提高的原因,除了降低水胶比以外,还由于减水剂的分散作用使混凝土的匀质性和水泥的有效利用率提高所致。但是,对于缓凝型的普通减水剂(如木质素磺酸盐、糖蜜等),若掺量过大,则可能由于过度缓凝而降低混凝土的强度;对于引气型减水剂,若掺量过大,则可能由于过度引气而抵消其减水使混凝土强度增大的作用,从而可能使混凝土强度增大很小或略有降低;对于高效减水剂,在水泥用量及混凝土和易性不变的情况下,一般地,随着减水剂掺量增大,混凝土强度逐渐增大并趋于稳定。但对于某些高效减水剂,当掺量过大时,会造成混凝土拌合物离析、泌水增大,因而可能使混凝土强度反而降低。因此,无论是从经济上,还是从技术上考虑,对于某特定混凝土工程,减水剂均有一合适掺量。

(2)减水剂对硬化混凝土干缩和徐变的影响

干缩是非荷载作用下硬化混凝土的一种体积变形,其主要取决于混凝土的单位用水量、水胶比、水泥的性质和用量、集料的品质和用量以及养护条件等等。由于减水剂的性质和使用情况不同,不同的减水剂,或在不同的使用情况下,其对混凝土的干缩呈现出不同的影响作用,甚至有时会得到相反的结果。减水剂对混凝土干缩的影响基本上存在着以下三种情况:

① 在保持混凝土用水量及强度相同的情况下,掺入减水剂用以改善混凝土的和易性,提高流动性。此时,对于普通减水剂,掺减水剂的混凝土干缩值有所增大,但增大幅度在正常性能范围内;而对高效减水剂而言,在水胶比不变的情况下,其对混凝土干缩值影响则较小。

② 在保持混凝土拌合物坍落度及水泥用量相同的情况下,掺入减水剂以减少用水量而提高混凝土强度,此时掺减水剂混凝土干缩值可能略有增大。

③ 在保持混凝土拌合物坍落度和硬化混凝土强度相同的情况下,掺入减水剂同时减少混凝土单位用水量及水泥用量。此时,掺减水剂混凝土的干缩值将小于不掺减水剂的混凝土的干缩值。

徐变是在长期荷载作用下硬化混凝土的一种体积变形。混凝土的徐变在加荷初期增加较快,随后逐渐减慢,在若干年后增加很少。当所加荷载除去后,一部分变形瞬间恢复,此瞬间恢复的变形等于混凝土在卸荷时的弹性变形,略小于加荷时的弹性变形。那些在若干天内逐渐恢复的变形,称为徐变恢复。恢复性徐变约在加荷后两个月趋于稳定,而非恢复性徐变则在相当长的时间内仍在继续增加。影响混凝土徐变的因素有环境条件(温度和湿度)、水泥品种、水胶比、集料品种及用量、试件尺寸、应力状态等等。减水剂对混凝土徐变的影响随减水剂的品种、性质以及用途不同而有所不同。总的来说,高效减水剂对流动性混凝土的徐变影响较小;掺加非引气型减水剂,由于降低了混凝土的水胶比而使强度得到提高,因而在同一龄期和施加相同应力的情况下,混凝土徐变将有所减小;掺入引气型减水剂,由于混凝土中含气量增多,则徐变将有所增大。

(3)减水剂对硬化混凝土耐久性的影响

混凝土抵抗环境介质作用并长期保持其良好的使用性能的能力称为混凝土的耐久性。长期处于各种环境介质中的混凝土,往往会遭到不同程度的损害甚至破坏。损害和破坏的原因有两个方面,即外部环境条件和混凝土内部缺陷。外部环境条件如气候的作用、极端温度的作用、磨蚀、天然或工业液体及气体的侵蚀等等;内部缺陷如混凝土不密实、碱－集料反应、集料和水泥石热性能不同所引起的热应力破坏等等。

在混凝土结构设计中,不能只重视强度对混凝土结构的影响,而忽视环境对结构的作用,否则会使混凝土结构在未达到预定的设计使用年限时,即出现钢筋锈蚀、混凝土剥落、劣化等破坏现象,需要大量资金进行修复加固甚至拆除重建,造成资金能源浪费。提高混凝土耐久性,对于延长结构寿命,减少修复工程量,提高经济效益具有重要意义。

混凝土耐久性是一项综合性能,它主要包括有抗渗、抗冻、抗侵蚀、抗碳化、碱－集料反应抑制性等。

① 减水剂对混凝土抗渗性的影响

混凝土抵抗流体(包括水、油、气)介质渗透进入其内部的能力叫做混凝土抗渗性。抗渗性是混凝土耐久性的重要指标,因此提高抗渗性是提高混凝土耐久性的有效途径。为了满足施工操作要求,在拌合混凝土时所用的水远远超过水泥水化所需的水,因此混凝土中存在着水化剩余水、早期蒸发水和泌水通道等留下的孔缝以及拌合时带入的空气(也以孔缝形式存在)等原生孔缝,尤其是界面外侧的过渡层为多孔区。混凝土结构由于荷载及其他各种原因引起体积变形,还将生成更多的次生孔隙并相互贯通形成孔缝网络。因此,混凝土是一种多孔的、在各种尺度上多相的非均质材料。混凝土的孔隙率及孔结构是影响其抗渗性的主要因素。孔结构包括不同大小孔的级配(或称孔径分布)、孔的形貌(几何特征)及孔在空间排列的状况。混凝土的孔结构比孔隙率对其抗渗性的影响更为重要。混凝土渗水的过程首先是混凝土中毛细孔的毛细现象,毛细孔吸水饱和后,才是压力水的透过。当在混凝土中引入若干直径大于毛细孔直径的细微球形孔,切断毛细孔渗水的通路时,可在一定程度上提高抗渗性。减水剂掺入混凝土拌合物中,在和易性相同的情况下,可大幅度减少拌合用水量,因而减少了水化剩余水蒸发和泌水通道等留下的孔缝,提高了混凝土的密实性,降低了孔隙率。减水剂还可细化混凝土的孔直径,改善混凝土的孔结构。若掺入具有一定引气作用的减水剂,由于分散和引气作用,提高了混凝土中孔的均匀性,特别是引入大量微小气泡阻塞了连通毛细管的通道,变开放孔为封闭孔。因此,混凝土中掺入减水剂可显著提高其抗渗性。

② 减水剂对混凝土抗冻性的影响

混凝土在反复冻融过程中破坏,是由于自由水冻结成冰时体积增大9%所形成的膨胀压力,以及过冷水发生迁移产生的渗透压力所致。而混凝土的抗冻性是指在水饱和状态下,混凝土能经受多次冻融循环而不被破坏,同时也不严重降低强度的性能。因此,混凝土的抗渗性越好,其抗冻性也就越好。混凝土的水胶比和含气量是影响其抗冻性的重要因素。水胶比越低,抗冻性越好,适当引入一定量的空气形成微气孔(混凝土适宜的含气量范围一般为 2% ~6%)更能显著地提高混凝土的抗冻性。混凝土中掺入一定量的减水剂,特别是具有一定引气作用的减水剂,在新拌混凝土和易性相同的情况下,显著降低了水胶比并能引入一定数量独立微小气泡。同时还能改善混凝土的孔结构,提高混凝土中孔的均匀性,减小气泡间隔系数。因此混凝土中掺入减水剂,特别是具有一定引气作用的减水剂,可显著提高混凝土的抗冻性。

③ 减水剂对混凝土抗碳化性能的影响

钢筋混凝土结构的耐久性与混凝土抗碳化性能密切相关。抗碳化性是指混凝土能够抵抗空气中的二氧化碳与水泥石中氢氧化钙作用,生成碳酸钙和水的能力。未碳化混凝土的 pH 值可达到 12.6 ~13,这种强碱性环境能使混凝土中钢筋表面生成一层钝化薄膜,从而保护钢筋免于锈蚀。但当混凝土和空气以及含有二氧化碳气的雨水接触后,混凝土表面层首先开始碳化,经过较长时间后,混凝土内部也逐渐发生碳化。混凝土碳化后,虽然其承载能力不会马上降低,但当深入到钢筋表面以后,混凝土就不能起到保护钢筋的作用了。当碱度降低到 pH < 11.5 时,由于进入了一定量的氧离子,使原来起保护钢筋作用的"钝化膜"遭到破坏。由于钢筋中有杂质和混凝土本身的不均匀性以及各部位所处的环境条件的差异,产生了电位差,产生电流,在钢筋中形成局部微电池,从而产生电化学腐蚀。

由于空气和水的长期作用,钢筋混凝土中钢筋将逐渐生成铁锈,铁锈的体积比原来钢筋体积增大 2 ~2.5 倍,其膨胀压导致混凝土保护层的开裂和脱落,这样又会大大加速钢筋的进一步锈蚀。更重要的是,钢筋截面减小使钢筋混凝土结构的承载能力与设计所具有的功能不断削弱,最终可能导致建筑物的破坏。当钢筋处于应力状态下时,钢筋的锈蚀作用更快,造成破坏的危险性更大。因此,混凝土的抗碳化性能对混凝土钢筋的锈蚀性具有重要的影响作用。

减水剂掺入混凝土中,在新拌混凝土和易性相同的情况下,降低水胶比,提高了混凝土的强度和匀质性,使混凝土致密,因而抗渗性提高。若减水剂具有一定引气作用,还可引入一定量微泡阻塞毛细通道,从而进一步提高抗渗性。抗渗性好的致密混凝土,可阻止二氧化碳和水汽进入,因而具有较好的抗碳化性能。所以,减水剂掺入混凝土中,可明显地提高混凝土的抗碳化能力。

2.4.3.4 普通减水剂的工程应用及技术要点

1. 工程应用普通减水剂的用途主要有:保持混凝土配合比不变,提高混凝土拌合物的和易性;保持水泥用量及和易性基本不变,提高混凝土强度及耐久性;保持和易性及混凝土 28d 强度基本相同,可降低水胶比,节约水泥。

主要工程应用包括以下方面:

(1)适用各种现浇及预制(不经蒸养工艺)混凝土、钢筋混凝土及预应力混凝土,中低强度混凝土。

(2)适用于大模板施工、滑模施工及日最低气温 5℃ 以上混凝土施工。

(3)多用于大体积混凝土、热天施工混凝土、泵送混凝土(特别是商品泵送混凝土)、有轻度缓凝要求的混凝土。

(4)作为一般减水或缓凝组分,可与其他外加剂复合制备各种复合外加剂,如早强减水剂、泵送剂、缓凝减水剂、防冻剂等。

2. 应用技术要点

（1）普通减水剂，特别是糖蜜（糖钙）类减水剂，具有较强的缓凝作用，低温下缓凝作用更强。因此，掺普通减水剂的混凝土浇筑后，需要较长时间才能形成一定的结构强度，故一般不宜单独用于有早强要求的混凝土及蒸养混凝土。当用于蒸养混凝土时必须延长静停时间或减少掺量。蒸养混凝土不宜采用腐殖酸盐减水剂。

（2）普通减水剂适用于日最低气温 5℃以上的混凝土施工，低于 5℃时应与早强剂复合使用。

（3）普通减水剂的适宜掺量为水泥质量的 0.2% ~ 0.3%，随气温升高可适当增加掺量，但不能超过 0.5%。掺量过大会导致混凝土严重缓凝，甚至不硬化等现象。

（4）普通减水剂宜以溶液形式掺入，可与拌合水同时加入搅拌机内。糖蜜类减水剂为液态时，有不均匀沉淀现象，故使用前要作适当搅拌。

（5）木钙减水剂存在着与水泥的适应性问题。而糖蜜类减水剂对不同品种水泥虽有较好适应性，但其掺量、减水率、增强率及节约水泥量，受原糖蜜中的糖分含量、水泥品种及环境温度等影响。因此，普通减水剂在实际应用时，应先做试验，根据试验结果确定减水率、增强率及节约水泥量。

2.4.3.5　高效减水剂的工程应用及技术要点

1. 工程应用高效减水剂具有较高的减水增强效果。在保持混凝土和易性及水泥用量不变的情况下，可大大降低拌合水用量，显著提高混凝土强度；在保持混凝土用水量及水泥用量不变的情况下，可大大提高混凝土拌合物的和易性。该类减水剂适用日最低气温 0℃以上的各种干硬性、塑性、流动性及预应力混凝土施工。主要工程应用包括以下方面：

（1）应用于使用一般强度等级的硅酸盐水泥及普通硅酸盐水泥配制高强（C60 及以上强度等级）及超高强（C100 及以上强度等级）混凝土。

（2）应用于配制泵送混凝土、商品泵送混凝土、大流动性（坍落度 200mm 以上）混凝土，特别是泵送高强及超高强混凝土。

（3）应用于配制低水胶比、高耐久性的高性能混凝土，特别是泵送高性能混凝土。

（4）应用于配制滑模施工自流平灌浆料，以及免振捣自密实高性能混凝土。

（5）作为主要减水成分，与其他外加剂复合，制备各种高性能、多功能复合外加剂如：缓凝高效减水剂、高效引气减水剂、高效防冻剂、高效泵送剂等。

2. 应用技术要点

（1）高效减水剂以溶液方式掺入为宜，但溶液中的水分应从总水量中扣除。

（2）在工程实践中，当高效减水剂的品种确定后，其掺量应根据使用要求、施工条件混凝土原材料等具体情况，在减水剂最佳掺量范围内进行调整。高效减水剂掺量过大，虽然减水增强效果仍有所提高，但往往会出现混凝土泌水性增大等不良现象。并且，增大高效减水剂用量，也增大了工程造价。

（3）不同品种的水泥，其细度、矿物组成及各矿物含量（特别是 C_3A 含量）、混合材种类及掺量、石膏种类及掺量、碱含量等不尽相同，因此同一种类高效减水剂对不同品种的水泥，其效果也不一样，即存在着高效减水剂与水泥的适应性问题。氨基磺酸盐系及聚羧酸盐系高效减水剂对水泥的适应性远优于改性木质素磺酸盐系、萘系及三聚氰胺系高效减水剂。在实际工程应用中，一般应事先通过试验，以取得最佳掺量及应用效果。

（4）掺氨基磺酸盐系及聚羧酸系高效减水剂的混凝土，坍落度经时损失较小，同时不影响混凝土的凝结硬化。但是，掺萘系及三聚氰胺系高效减水剂，坍落度经时损失较大，实际应用中应复配以缓凝剂或缓凝减水剂来控制坍落度的过快损失。

（5）高效减水剂最常用的推荐使用方法是与拌合水一起加入。同一种高效减水剂，不同的掺入方法，其对混凝土的塑化效果可能不一样，应根据工程的具体情况，选择合适的掺入方法。

2.4.4 引气剂与引气减水剂

2.4.4.1 概述

在混凝土搅拌过程中能引入大量均匀分布、稳定而封闭的微小气泡，起到改善混凝土和易性，提高混凝土抗冻性和耐久性的外加剂，叫做混凝土引气剂。引气剂的掺量通常为水泥质量的 0.002% ~0.01%，掺入后可使混凝土拌合物中引气量达到 3% ~5%。引入的大量微小气泡对水泥颗粒及骨料颗粒具有浮托、隔离及"滚珠"作用，因而引气剂具有一定的减水作用。一般地，引气剂的减水率为 6% ~9%，而当减水率达到 10% 以上时，则称之为引气减水剂。

目前，引气减水剂已成为工业发达国家在混凝土中普遍使用的一种外加剂，特别是日本，其使用量已占全国混凝土外加剂用量的 50% 以上。

我国从 20 世纪 50 年代开始，仿照美国的"文沙"树脂，生产松香热聚物和松脂皂，首先应用于佛子岭、梅山、三门峡等大坝混凝土以及一些港口工程混凝土。80 年代又成功开发了非松香类改良型阴离子表面活性剂引气剂，并应用于白山、丰满、桥墩、枫树岭等水利水电工程。

目前，引气剂和引气减水剂正沿着复合型高效引气剂及高性能引气减水剂方向发展。同时，引气剂及引气减水剂作为一种有效组分，还广泛应用于配制泵送剂、防冻剂等多功能复合外加剂。

2.4.4.2 引气剂的种类

引气剂是表面活性物质，但是只有少量表面活性物质可作为混凝土引气剂使用。

1. 按引气剂水溶液的电离性质，可将其分为四类，即：阴离子表面活性剂、阳离子表面活性剂，非离子表面活性剂和两性表面活性剂。

2. 按化学成分分类，则引气剂主要有以下几种类型：

（1）松香类引气剂

松香的化学成分复杂，其中含有树脂酸类、脂肪酸类及中性物质如烃类、醇类、醛类及氧化物等。

（2）合成阴离子表面活性剂类引气剂

合成阴离子表面活性剂类引气剂主要有烷基磺酸钠、烷基芳基磺酸钠和烷基硫酸钠（又称为烷基硫酸酯盐）等。

（3）木质素磺酸盐类引气剂

木质素磺酸盐是造纸工业的副产品，它在混凝土中引入空气泡的性能较差，是一种较差的引气剂，但它具有减水和缓凝作用，是一种引气缓凝减水剂，广泛作为普通减水剂和缓凝剂使用。

（4）石油磺酸盐类引气剂

该类引气剂是精炼石油的副产品。为了产生轻油，将石油用硫酸处理，生产轻油后留下的残渣中含有水溶性磺酸，再用氢氧化钠中和，即得石油磺酸钠。如用三乙醇胺中和，就得到了另一种类型的产品，即磺化的碳氢化合物有机盐。

（5）蛋白质盐类引气剂

蛋白质盐类是动物和皮革加工工业的副产品，它是由羧酸和氨基酸复杂混合物的盐所组成，这种引气剂使用的数量相当少。

（6）脂肪酸和树脂酸及其盐类引气剂

该类引气剂可由不同原材料生产。动物脂肪水解皂化可制得脂肪酸盐引气剂，其钙盐不溶于水，能在混凝土中引入少量空气，在与水泥拌合后其液相立即被钙离子饱和。

（7）合成非离子型表面活性引气剂

该类混凝土引气剂主要是聚乙二醇型非离子表面活性剂，它是由含活泼氢原子的憎水原料同环氧乙烷进行加成反应而制得。

2.4.4.3　引气剂的作用机理

1. 混凝土的引气及气泡的形成过程

混凝土的气泡是由搅拌作用产生的。在搅拌混凝土时，有两种主要作用可引入空气并形成气泡。第一种作用是涡流吸气作用。在搅拌液体形成涡流时，涡流负压区会吸入空气。被吸入涡流中的空气在剪切力的作用下，便被碎散形成大量气泡。在盘式混凝土搅拌机中，涡流由搅拌机叶片推动混合料产生；在鼓式搅拌机中，涡流主要存在于物料落下来的搅拌叶片末端。为了产生涡流，混凝土拌合物应有一定程度的流动性，但对于较干的拌合物，搅拌所产生的捏合作用，也能使一定量的空气夹带进入混凝土中。

第二种作用是集料抛落形成的三维幕引气作用：在混凝土搅拌过程中，当物料相互之间逐级下落时，粒状物料（集料）形成的三维幕便会将空气携带进入混凝土中：并在物料的重力、搅拌过程中产生的剪切力等作用下，将引入的空气碎散成气泡。

掺与不掺引气剂，在搅拌混凝土过程中引入空气并被碎散形成气泡的作用是一样的。对于未掺引气剂的混凝土，在搅拌过程中引入的空气被浆体包裹形成气泡，但当气泡互相靠近时，极易相互兼并增大，并上浮至表面，从而破灭消失。这就像剧烈搅拌清水时，虽然水中仍能引入空气并被剪切碎散形成气泡，但由于气泡极易兼并增大，并迅速浮出水面而破灭，故停止搅拌后，仍只剩下清净的水。因此，未掺引气剂的混凝土，夹带空气量少、气泡尺寸大、分布不均匀。而掺引气剂的混凝土，夹带空气量多、气泡尺寸小、分布均匀。

由上可知，引气剂的作用主要有两个方面，即一是使引入的空气易于形成微小气泡；二是防止气泡兼并增大、上浮破灭，也就是要保持微小气泡稳定，并均匀分布在混凝土中。

2. 引气剂在液 – 气界面上的吸附与排布

引气剂的界面活性作用，基本上与减水剂的界面活性作用相同，区别在于减水剂的界面活性作用主要发生在液 – 固界面，而引气剂的界面活性作用主要发生在液 – 气界面。

所谓气泡，就是液体薄膜包围着的气体。若某种液体易于成膜，且膜不易破裂，则此种液体在搅拌时就会产生许多泡沫。引气剂是表面活性物质，其由非极性基（碳氢链）和极性基

（如磺酸基—S₃OH、羧酸基—COOH、醇基—OH、醚基—O—等）构成。非极性基亲气而疏水，极性基亲水而疏气。因此，引气剂分子溶于水中后，对于液－气体系，其非极性基伸入气相，而极性基留于水中，从而吸附在气泡的液－气界面上形成定向排布。只有一个极性基的异极性表面活性物质，如十二烷基苯磺酸钠引气剂，其分子一端是极性基，另一端是非极性基，吸附在气泡表面的定向排布。

正是由于引气剂分子在气泡表面的这种定向吸附与排布作用，才使得吸附了引气剂的微小气泡难于兼并增大，从而能够稳定地均匀分布在混凝土中。

3. 引气剂的作用机理

在混凝土搅拌过程中，空气引入并被剪切碎散成微小气泡。溶于液相中的引气剂此过程中定向吸附排布在气泡表面，从而防止微小气泡兼并增大，上浮破灭。在混凝土中，引气剂或引气减水剂对微小气泡的稳定作用机理主要包括以下四个方面。

（1）降低液－气界面张力作用。

（2）气泡表层液膜之间的静电斥力作用。

（3）水化膜厚度及机械强度增大作用。

（4）微细固体颗粒沉积气泡表面形成的"罩盖"作用。

2.4.4.4　引气剂对混凝土性能的影响

1. 引气剂对新拌混凝土性能的影响

（1）和易性

掺入引气剂或引气减水剂后，混凝土拌合物中会引入大量均匀分布的、相互独立的类球形微小气泡。这些球状气泡的滚动作用、浮托作用以及在外力作用下可压缩、易变形作用，极大地改善和提高了混凝土拌合物的和易性和稳定性。

引气剂对集料粒形不好的混凝土、人工砂混凝土、轻集料混凝土以及贫水泥混凝土的和易性改善效果更为显著。

掺入引气剂后，混凝土拌合物和易性得到改善，则在混凝土配合比设计上具有以下优点：

① 在用水量相同的情况下，由于引气剂具有一定的减水作用，故引气混凝土坍落度高于非引气混凝土；

② 在坍落度和单位水泥用量相同的情况下，掺入引气剂可减少单位用水量。其减少量随集料最大尺寸，配合比不同而变化。一般地，在坍落度不变的情况下，含气量增大 1%，水胶比减少 2% ~ 4%。

（2）泌水与离析

掺入引气剂或引气减水剂，除了因减水作用使混凝土拌合物的泌水性降低外，在混凝土中引入的大量均匀分布的微小气泡，使整个体系的液－气界面大幅度增加，因而与不掺引气剂的混凝土相比，引气混凝土的黏度增大，尤其当部分异极性引气剂分子吸附在水泥颗粒或水泥水化颗粒表面使其憎水化后，这些固体粒子间的引力便会增大，因而会进一步增大水泥浆的黏度。水泥浆黏度增大，则混凝土拌合物泌水性显著减小。泌水所带来的最严重问题之一是使混凝土内部泌出的水再进入混凝土的表面层，形成多孔和弱的表面区，特别易产生沉降收缩。因此，引入适量空气泡还可降低沉降收缩。

离析是指固体物料不均匀沉降，它足以大到破坏混凝土的均匀性，已成为技术上的难题。

离析既可在凝固过程中发生,也可以在混凝土运输、溜槽、泵送和其他作业中发生。引气混凝土的离析比非引气混凝土小,但引气不能解决集料级配不好,过贫混凝土和混凝土处理不恰当等引起的离析问题。

(3)抹面性能

有经验的饰面工有时感到,由于引气混凝土没有大量泌水,故更难施工。有一些引气混凝土发黏,易附着在抹面工具上,使施工困难。但如果使用合适的工具(一般用镁质或铝制工具),并且适当延长开始作业时间,引气混凝土就没有这些问题。实际上,由于泌水性小,更能保证引气混凝土表面的耐久性。

(4)混凝土的凝结时间

一般情况下,引气剂不影响混凝土的凝结时间。

2. 引气剂对硬化混凝土性能的影响

(1)硬化混凝土表观密度

引气剂显著影响混凝土表观密度。随着混凝土含气量增大,混凝土的表观密度减小。一般而言,含气混凝土的表观密度与非含气混凝土的表观密度之比等于 1 减去含气混凝土中的含气量。

(2)混凝土的力学性能

引气对混凝土的强度是不利的。当单掺引气剂时,与不掺的基准混凝土相比,在水泥用量及坍落度相同的情况下,每增加 1% 含气量,混凝土 28d 抗压强度下降 2% ~3% ;在水泥用量和水胶比不变的情况下,混凝土 28d 抗压强度则下降 4% ~6% 。当掺引气减水剂时,由于其减水率增大,在水泥用量与坍落度相同的情况下,因减水使混凝土强度的增长量可部分或全部抵消因引气使混凝土强度的降低量。所以混凝土强度可能不降低甚至有所提高。当混凝土的含气量一定时,抗压强度的降低,还受集料粒形、最大粒径和单位水泥用量等因素的影响。粗集料的最大粒径愈大,则混凝土强度降低愈小。而在贫水泥混凝土中,由引气所引起的强度降低可以忽略不计。

在水泥与水胶比不变的情况下,每增加 1% 的含气量,混凝土的抗弯强度约下降 2% ~3% ,并且粘结强度也有所降低。

与非引气混凝土相比,引气混凝土的弹性模量降低,含气量对弹性模量的影响与对抗压强度的影响相近,即在引气情况下,一般不改变强度与弹性模量之间的关系。

(3)混凝土的收缩与徐变

引气作用会增大混凝土的收缩,但减水作用又可减小收缩。因此,一般来说,单掺引气剂的混凝土收缩会增大,但增大不多。掺引气减水剂的混凝土,由于减水率较大,故引气基本不影响混凝土的收缩,或稍有增减。引气剂对混凝土的徐变没有太大的影响。

(4)混凝土的耐久性

① 混凝土的抗渗性

由于引气剂和引气减水剂具有一定的减水作用,所以引气混凝土用水量减少,拌合物的离析和泌水性降低,这样使混凝土中连通的大毛细孔,即水分迁移的主要通道减少,因而混凝土的抗渗性有所提高。同时,引气剂引入大量封闭的微小气泡,占据了混凝土中的自由空间,破坏了毛细管的连续性,这也使混凝土的抗渗性得到了改善。尤其是引气减水剂还使水泥颗粒分散均匀,因而改善了混凝土的匀质性,提高了混凝土的密实性,这样也显著地提高了混凝土的抗渗性。

② 混凝土的抗化学腐蚀性及抗碳化性

引气剂或引气减水剂提高了混凝土的抗渗性,从而降低了侵蚀气体和液体的侵入作用,因此,与抗渗性有关的混凝土抗化学腐蚀性(如抗硫酸盐侵蚀性)和抗碳化性均有所改善。

由于引气混凝土中大量气孔为膨胀反应物提供了容纳空间,因而在一定程度上可缓解膨胀应力,所以引气剂或引气减水剂可提高混凝土抗碱 - 集料反应能力:

③ 混凝土的抗冻性

掺有引气剂的混凝土,大大延长了其在受冻融循环反应作用条件下的使用寿命,这种抗冻性的改善不是百分之几十,而是几倍,甚至十几倍提高:

混凝土受到冻融循环作用时,由于混凝土气孔中非结晶水浸入水被冻结,产生 9% 的体积膨胀,因而产生膨胀压力。同时水结成冰产生的体积膨张还会使未结冰的自由水产生迁移,当迁移受到约束时就会产生渗透压力。在膨胀压力和渗透压力作用下,混凝土薄弱部位会产生裂缝。如此反复循环,裂缝发展最终造成混凝土破坏,当混凝土中掺入引气剂或引气减水剂后,引入大量均匀分布的微小气泡,由于气泡的可压缩性,因而可缓解结冰产生的膨胀压力。同时,气泡还可容纳自由水的迁入,因而可大大缓解渗透压力,因此引气剂或引气减水剂可显著地提高混凝土的抗冻性。

引气混凝土抗冻性与耐久性的改善程度与引气剂的种类,混凝土的含气量以及气泡分布特征有很大关系。要使混凝土的抗冻性能良好,气泡间距 L 最好控制在 $200\mu m$ 以下。掺引气减水剂比单掺引气剂对混凝土的抗冻性增长更为有利。当含气量在 $3\% \sim 6\%$ 的范围内时,混凝土的耐久性随含气量的增加而大幅度提高,但超过 6% 以后,随着含气量继续增加,耐久性反而降低。

2.4.4.5 引气剂的工程技术要点:

在引气剂的性能符合标准要求的条件下,混凝土的引气量及气孔分布特征不但受引气剂种类及掺量的影响,而且受其他许多因素的影响,因此,使用引气剂时需要注意下列事项:

1. 引气剂配制溶液时,必须充分溶解,若有絮凝现象则应加热使其溶解或适当加入乳化剂。

2. 混凝土原材料的性质,混凝土拌合物的配比及拌合、装卸、浇注、环境温度,必须尽量保持平衡,才能使混凝土含气量的波动尽量小。当施工条件有变化时,要相应增加或减少引气剂用量。

3. 对含气量有考核要求的混凝土,施工时需要有规律地间隔时间进行现场测试,以控制含气量。并且在浇注时要检测含气量,以避免在运输、装卸等过程中含气量损失产生误差。

4. 由于近年来在施工中普遍采用高频振捣棒(频率 12000 ~ 19000 次/分钟),振捣力大大增加。在强大的振动作用下,混凝土中气泡大量逸出,致使含气量下降。因此,在施工中要保持不同部位振捣时间均匀,并且同一部分振捣时间不宜超过 20s。在实验室试验的振捣方式和时间长短要尽可能与现场一致。

5. 掺引气剂或引气减水剂的混凝土含气量增大,从而引起混凝土体积增大,故应在配合比设计中予以考虑,以保证混凝土的制成量和在比较试验中单位水泥用量不变。因此,在用假定容重法或绝对体积法计算配合比时,可根据湿容重或含气量的大小对配合比进行适当调整,以避免每立方米混凝土中实际水泥用量不足。

2.4.5　早强剂

2.4.5.1　混凝土早强剂概念

混凝土早强剂是指能提高混凝土早期强度的外加剂,多在冬季施工(最低气温不低于 $-5℃$)或者紧急抢修时采用。混凝土早强剂对混凝土后期强度并无显著影响。

2.4.5.2　混凝土早强剂分类

早强剂按照其化学成分,可分为无机系、有机系和复合系三大类。最初是单独使用无机早强剂,后来为无机与有机复合使用,现在已发展为早强剂与减水剂复合使用,这样既保证了混凝土减水、增强、密实的作用,又充分发挥了早强剂的优势。

1. 无机系早强剂:

属于这一类的主要是一些无机盐类,可分为氯化物系、硫酸盐系、碳酸盐系、亚硝酸盐系、铬酸盐系等。无机早强剂是目前用量最大的早强剂原料,常用品种主要是氯盐中的氯化钙和硫酸盐中硫酸钠及硫代硫酸钠等。

2. 有机系早强剂:如三乙醇胺、三异丙醇胺、甲酸钙等。以三乙醇胺应用较多。

3. 复合早强剂:复合早强剂是早强剂的发展方向之一,如将三乙醇胺与氯化钙、亚硝酸钠、石膏等组分按一定比例混合,可以取得比单一组分更好的早强效果和一定的后期增强作用。

4. 常用的早强剂有以下三种:

(1)氯化物系早强剂

如 $CaCl_2$,效果好,除提高混凝土早期强度外,还有促凝、防冻效果,价低,使用方便等优点,一般掺量为 1% ~ 2%,缺点是会使钢筋锈蚀。在钢筋混凝土中,$CaCl_2$ 掺量不得超过水泥用量的 1%,通常与阻锈剂 $NaNO_2$ 复合使用。

(2)硫酸盐系早强剂

如硫酸钠,又名元明粉,为白色粉末,适宜掺量为 0.5% ~ 2%,多为复合使用,如 NC,是硫酸钠、糖钙与青砂混合磨细而成的一种复合早强剂。

(3)有机物系早强剂

有机物系列早强剂主要有三乙醇胺、三异丙醇胺、甲醇、乙醇等等,最常用的是三乙醇胺。三乙醇胺为无色或淡黄色透明油状液体,易溶于水,一般掺量为 0.02% ~ 0.05%,有缓凝作用,一般不单掺,常与其他早强剂复合使用。

2.4.5.3　早强剂对混凝土性能的影响

1. 对新拌混凝土性能的影响

一般认为,无机盐及有机早强剂略有减水作用,对混凝土拌合物的黏聚性有所改善。掺早强剂的混凝土其凝结时间稍有提前或无明显变化。早强剂本身无引气性,但使用较为普遍的木钙与早强剂复合的早强减水剂可使混凝土的含气量提高到 3% ~ 4%。而早强剂与高效减水剂复合一般不会增加混凝土含气量。

2. 对硬化混凝土性能的影响

(1)对混凝土强度的影响

早强剂对混凝土的早期强度有十分明显的影响,1d、3d、7d 强度都能大幅度提高。但对混凝土长期性能的影响不一致,有的后期强度提高,有的后期强度降低。对单组分早强剂而言,在相同的掺量下,混凝土强度的提高一般都较掺复合早强剂的低,尤其是 28d 强度。早强减水剂由于加入了减水剂,可以通过降低水胶比来进一步提高早期强度,同时也可以弥补掺早强剂混凝土后期强度的不足,使 28d 强度也有所提高。

(2)对混凝土收缩性能影响

无机盐类早强剂对早期水化的促进作用,使水泥浆体在初期有较大的水化物表面积,产生一定的膨胀作用,使整个混凝土体积略有增加,而后期的收缩与徐变也会有所增大。早期的不够致密的水化物结构影响了混凝土的孔隙率、结构密实度,这样在后期就会造成一定的干缩,特别是掺氯化钙早强剂的混凝土。

(3)对混凝土耐久性的影响

在无机盐类早强剂中,氯化物与硫酸盐是常用的早强剂。氯化物中含有一定量的氯离子,会加速混凝土中钢筋锈蚀作用,从而影响混凝土的耐久性。硫酸盐早强剂因含有钠盐,可能会与带有活性二氧化硅的集料产生碱－集料反应而导致混凝土耐久性降低。

亚硝酸盐、硝酸盐、碳酸盐等凡含有 K^+、Na^+ 离子的都可能导致碱－集料反应。此外由于这些无机早强剂均属强电解质,在潮湿环境下容易导电,因此在电解车间、电气化运输设施的钢筋混凝土,如果绝缘条件不好,极易受到直流电的作用而发生电化学腐蚀。这些部位是不允许使用强电解质外加剂的。

另外一些溶解度较大的早强剂如 K_2SO_4、Na_2SO_4、$CaCl_2$ 等在掺量较大、早期养护条件好的情况下,因水分蒸发会在混凝土表面产生盐析现象,即"泛白"、"起霜"现象,影响了混凝土表面的美观,也不利于混凝土与装饰层的粘结。

2.4.5.4　早强剂的工程应用

凡是希望提高混凝土早期强度、加快施工进度的工程均可使用早强剂。尤其在负温、低温工程、道路桥梁及抢修、补强工程、预制构件及蒸养混凝土中有大量使用。

但如前所述,氯盐早强剂、硫酸盐早强剂如果使用不当会对工程造成耐久性等方面的影响,因此在工程应用中应注意以下一些问题。

1. 应用氯盐应注意的问题

(1)考虑到氯盐对钢筋的锈蚀作用,各国的有关标准和规范中对氯盐的用量限制日趋严格。美国混凝土协会 ACI201 委员会的文件规定,在潮湿非侵蚀性介质中使用的钢筋混凝土,其水溶性氯盐含量应小于或等于 0.15%;在侵蚀性介质中应小于 0.1%;预应力钢筋混凝土中应小于 0.06%。在氧气能扩散的条件下(混凝土不密实、有裂缝时),无论氯盐初始含量多少都会加速钢筋锈蚀。对低水胶比、密实性好的混凝土,氯化钙的允许量可达 2%。在美国许多掺氯化钙的预应力钢筋混凝土结构,使用 25~30 年也不破坏,其原因是水胶比不超过 0.4,并且混凝土振捣密实,因此氯盐存在所产生的锈蚀危险性不大。

(2)在下列钢筋混凝土结构中不得掺用氯盐:

① 预应力混凝土结构;

② 相对湿度大于 80% 环境中使用的结构、处于水位升降部位的结构、露天结构或海水中的结构;

③ 埋有不同金属的钢筋混凝土结构;

④ 与含有酸、碱等侵蚀性介质相接触的结构；

⑤ 经常处于温度为 60℃ 以上的结构,经蒸养的钢筋混凝土预制构件；

⑥ 薄壁结构、中或重级工作制吊车梁、屋架、锻锤基础等结构；

⑦ 杂散电流区域的钢筋混凝土结构。

(3)当混凝土中含有活性集料时,若掺用氯盐,将会促进碱－集料反应而导致混凝土破坏。所以含有活性集料的混凝土中不得掺用氯盐。

(4)氯盐与阻锈剂(如亚硝酸钠等)按规定比例复合使用,可以防止钢筋锈蚀。

氯盐对钢筋的锈蚀除与其含量有关外,与混凝土的水胶比、密实度也有密切关系。工程实践表明:当氯盐含量相同时,混凝土的水胶比愈低、密实度愈高、振捣愈充分,则对钢筋的锈蚀作用愈轻微。

2. 应用硫酸钠应注意的问题

(1)硫酸钠为强电解质盐类,故能激发水泥掺合料的潜在活性,对火山灰及矿渣硅酸盐水泥效果更好,硫酸钠还可以提高混凝土的抗硫酸盐性。对锌、铝涂层有腐蚀作用,用于受到直流电作用的钢筋混凝土工程中时,若绝缘不良,极易受到直流电的作用而加剧电化学腐蚀。所以,与镀锌钢材或铝、铁相接触部位的以及有外露钢筋预埋铁件而无防护措施的结构,使用直流电源或使用电气化运输设施的钢筋混凝土结构中,禁止掺用含有硫酸钠等强电解质的外加剂。

(2)硫酸钠与氢氧化钙反应后生成强碱 $NaOH$,这就增加了产生碱－集料反应的可能性。所以含有活性集料的混凝土中不得掺用硫酸钠。

(3)硫酸钠最佳掺量范围为 0.5% ~ 2.0%。试验表明,当掺量在 3% 以下时,不仅有显著的早强作用,而且后期强度也不降低。对钢筋混凝土一般应不大于 2%;对预应力钢筋混凝土,考虑到钢筋在应力状态下工作,应不大于 1%;对长期处于水中或潮湿环境中的混凝土,较高的硫酸盐掺量,还可能与水泥水化产物中的 $Ca(OH)_2$、C_3AH_6 不断反应而产生膨胀性破坏,所以其掺量应小于 1.5%。

(4)在蒸养混凝土中使用硫酸钠早强剂更应注意掺量,当掺量过多时由于大量、快速生成高硫型水化硫铝酸钙(钙矾石)而使混凝土膨胀造成裂缝破坏。

(5)硫酸钠在混凝土中使用,当掺量过大或养护条件不好时,容易在混凝土表面产生"返碱"现象,即在混凝土表面析出一层毛茸状的 $Ca(OH)_2$ 细小晶体,而影响混凝土表面的光洁程度,也不利于表面的进一步装饰处理。冬季施工或干燥天气尤其容易发生。

(6)处于高温、高湿、干湿循环,水下混凝土中,在硫酸钠掺量过大时容易生成膨胀性化合物而导致混凝土开裂和剥落,最好不要单独使用硫酸钠或是控制掺量小于 1.5%。

(7)硫酸钠使用时必须控制一定的细度,干掺要增加混凝土搅拌时间,湿掺则浓度不易过大,温度低时注意溶液中是否有硫酸钠结晶析出,混凝土浇筑后注意早期湿养护、防止析白起霜。

2.4.5.5　早强减水剂

兼具提高早期强度和减水功能的外加剂称为早强减水剂。早强减水剂是由早强剂和减水剂复合而成。减水剂可用普通减水剂或高效减水剂。常见的早强减水剂主要是木钙与硫酸钠、硫酸钙、三乙醇胺的复合剂,也有木钙与硝酸盐、亚硝酸盐的复合剂。木钙与早强剂复合以后除具有早强、减水作用外,还稍有缓凝与引气作用,这有利于提高混凝土的耐久性。我国生产的早强型减水剂的组成中,一般不用氯盐,而采用硫酸钠或三乙醇胺与减水剂复合。为了生产固体产品,还用粉煤灰或其他粉状废渣作载体。一般用木钙配制的早强减水剂的组成为:木钙 0.25%、硫酸钠 2%、三乙醇胺 0.03%、粉煤灰 2.22%(按水泥重量计);如果换算成组成百分数为:木钙 6%、硫酸钠 40%、三乙醇胺 0.6%、粉煤灰 53.6%。掺量为水泥质量的 5%。早强减水剂适用于蒸汽养护的混凝土制品,能提高蒸养后的强度,或缩短蒸养时间。

2.4.6 缓凝剂与缓凝减水剂

2.4.6.1 概述

缓凝剂是一种能延迟水泥水化反应,从而延长混凝土的凝结时间,使新拌混凝土较长时间保持塑性,方便浇注,提高施工效率,同时对混凝土后期各项性能不会造成不良影响的外加剂。按性能可分为两种:仅起延缓混凝土凝结时间作用的缓凝剂,兼具缓凝和减水作用的缓凝减水剂。

目前,木质素磺酸盐减水剂是产量最大、应用最广的缓凝减水剂。除此以外,糖蜜类、羟基羧酸类以及少数无机盐类缓凝剂和缓凝减水剂也得到了普遍使用。

缓凝剂和缓凝减水剂正随着复杂条件下的混凝土施工技术的发展而不断拓展其应用领域。在夏季高温环境下浇注或运输预拌混凝土时,采取缓凝剂与高效减水剂复合使用的方法可以延缓混凝土的凝结时间,减少坍落度损失,避免混凝土泵送困难,提高工效,同时延长混凝土保持塑性的时间,有利于混凝土振捣密实,避免蜂窝、麻面等质量缺陷。在大体积混凝土施工,尤其是重力坝、拱坝等重要水工结构施工中掺用缓凝剂可延缓水泥水化放热,降低混凝土绝对温升,并延迟温峰出现,避免因水化放热产生温度应力而使混凝土产生裂缝,危及结构安全。除了在大跨度、超高层结构等预应力混凝土构件中使用之外,还在填石灌浆施工法或管道施工的水下混凝土,滑模施工的混凝土以及离心工艺生产混凝土排污管等混凝土制品中得到广泛的应用。

近几年来,又出现了超缓凝剂,可以使普通混凝土缓凝 24h,甚至更长时间,但对混凝土后期各项性能无不良影响。超缓凝剂的开发与应用,为混凝土的多样化施工提供了新的技术手段,并促进了新工艺的出现。特别是对于超长、超高泵程混凝土施工,避免了泵送效率的降低,减少了中间设置的"接力泵",使摩天大楼的混凝土施工更为容易。在持续高温(最气温 40℃以上)条件下施工高性能混凝土,使用超缓凝剂可以避免混凝土过快凝结,二次抹面困难,混凝土表面干缩裂缝等现象的出现,更为重要的是使高水泥用量造成的高温升、高温差、高温度应力得以减小,从而有利于控制大体积混凝土出现温度应力缝。另外,超缓凝剂还为解决混凝土接槎冷缝以及高抗渗性、高气密性和防辐射混凝土施工困难等问题提供了一条新的途径。

2.4.6.2 缓凝剂和缓凝减水剂的种类

缓凝剂主要功能在于延缓水泥凝结硬化速度,使混凝土拌合物在较长时间内保持塑性。

缓凝剂种类较多,按其化学成分可分为无机缓凝剂和有机缓凝剂两大类;按其缓凝时间可分为普通缓凝剂和超缓凝剂两大类。

无机缓凝剂包括:磷酸盐、锌盐、硫酸铁、硫酸铜、硼酸盐、氟硅酸盐等。

有机缓凝剂包括:羟基羧酸及其盐,多元醇及其衍生物,糖类及碳水化合物等。

缓凝减水剂是兼具缓凝和减水功能的外加剂。主要品种有木质素磺酸盐类、糖蜜类及各种复合型缓凝减水剂等。

2.4.6.3　缓凝剂作用机理

一般来讲,多数有机缓凝剂有表面活性,它们在固－液界面上产生吸附,改变固体粒子表面性质,或是通过其分子中亲水基团吸附大量水分子形成较厚的水膜层,使晶体间的相互接触受到屏蔽,改变了结构形成过程;或是通过其分子中的某些官能团与游离的 Ca^{2+} 生成难溶性的 Ca 盐吸附于矿物颗粒表面,从而抑制水泥的水化进程,起到缓凝效果。大多数无机缓凝剂能与水泥水化产物生成复盐(如钙矾石),沉淀于水泥矿物颗粒表面,抑制水泥水化。缓凝剂的机理较为复杂,通常是以上多种缓凝机理综合作用的结果。

2.4.6.4　缓凝剂及缓凝减水剂对混凝土性能的影响

1. 对新拌混凝土性能的影响

(1)延长凝结时间

缓凝剂对混凝土凝结时间的影响与缓凝剂的种类、掺量、掺加方法以及水泥品种、混凝土配合比、使用季节和施工方法等条件有关。理想的缓凝剂应当在掺量少的情况下具有显著的缓凝作用,而且在一定掺量范围内凝结时间可调性强,并且不产生异常凝结现象。另外,尤为重要的是,缓凝剂应使混凝土初凝时间延缓较长,而初凝与终凝之间的间隔要短。

(2)改善混凝土的和易性、减少坍落度损失、减少用水量

在适宜掺量范围内,混凝土或砂浆拌合物的和易性均可获得一定的改善,其流动性能随缓凝减水剂的掺量增加而增大,泌水和离析现象得以减少,从而提高了拌合物的稳定性和均匀性,对防止混凝土和砂浆早期收缩和龟裂较为有利。但当掺量达到某一值以后,随着掺量的增加,和易性无明显改善或有降低。在混凝土和易性得到改善的同时,由于水泥水化速度的降低,混凝土可以保持较长时间的塑性,对提高混凝土施工质量,减少混凝土早期收缩裂缝以及保证泵送施工都是有利的。

(3)降低水化热峰值、延长水化放热时间

工程中使用缓凝剂的另一个重要原因在于缓凝剂的使用可以通过延长水泥水化时间,从而有效地降低水泥水化热的峰值。

由于混凝土材料的导热系数较低,所以对于大体积混凝土来说,位于中心部分的水泥水化热易于聚积、难以释放,而暴露于空气中的构件表面情况则相反。结果在构件的内部与表面之间形成了一定的温度梯度(内外温差可高达 40℃ 左右),从而产生了温度应力,当该应力大于混凝土极限抗拉强度时,极易造成混凝土开裂,严重时可造成构件的贯通性开裂,危及建筑物安全。掺加适量的缓凝剂或缓凝减水剂后,可以减缓水泥水化速度,延长混凝土初、终凝时间,使水泥水化热在较长时间内得以平缓释放,避免了大量水化热短时间内释放。这样既有利于保证混凝土保持良好的施工性能,也有利于降低大体积混凝土结构温度裂缝的控制难度。

2. 对硬化混凝土性质的影响

(1)强度

一般地讲,缓凝剂和缓凝减水剂对混凝土的作用主要是物理作用,即它们不参与水泥水化反应,也不产生新的水化产物,只是在不同程度上减缓(甚至停止)反应的进程,类似于惰性催化剂的作用。因此它们对混凝土强度的影响主要来自对硬化后结构的改变。从强度的发展来

看,适量掺加缓凝剂后的混凝土早期强度(7d左右)比未掺的要低,但一般7d后就可以赶上或超过未掺者,28d强度比未掺者有较明显的提高。90d强度仍然可以保持高于后者的趋势。

（2）干缩

造成混凝土干缩的因素比较复杂。水泥的品种、用量、用水量、集料用量以及养护条件都会对混凝土的干缩呈现不同的影响。掺入缓凝剂会使混凝土凝结硬化过程以及硬化后的孔结构不同于普通混凝土,所以也会影响混凝土的干缩性能,但影响不大。

（3）耐久性

一般来说,混凝土中掺入适量缓凝剂或缓凝减水剂会对耐久性有不同程度的改善。这主要是因为缓凝剂减慢了混凝土早期强度的增长,从而使水泥水化更充分,水化产物分布更趋均匀,凝胶体网架结构更致密,结构缺陷数量下降,因而提高了混凝土的抗渗性能和抗冻性能,耐久性随之得到改善。另外,缓凝减水剂因兼具减水功能,可以明显降低混凝土单位用水量,减小水胶比,使混凝土内部结构更加密实,强度进一步提高,这对提高混凝土的耐久性也十分有利。除此以外,如果使用木钙或将糖蜜类缓凝减水剂与引气剂复合使用,通过向混凝土中引入适量微小气泡,还可以阻塞连通毛细管的孔道,明显减少混凝土内部开口孔隙数量,从更大程度上提高混凝土的抗渗透性,进而提高混凝土抵抗环境中有害介质侵蚀的能力以及延缓混凝土的碳化进程。

2.4.7 其他外加剂

1. 泵送剂:能改善混凝土拌合物泵送性能的外加剂

主要作用:提高拌合物的和易性,降低泵送阻力,改善泵送性能。

适用范围:适用于工业与民用建筑及其他建筑物的泵送施工混凝土;特别适用于大体积混凝土,高层建筑和超高层建筑和滑模施工。

主要品种:普通泵送剂、高效泵送剂

2. 防冻剂:能使混凝土在负温下硬化,并在规定时间内达到足够防冻强度的外加剂。

主要作用:提高早期强度、防止混凝土受冻破坏。

适用范围:适用于负温条件下施工的混凝土。

主要品种:早强型防冻剂、防冻型防冻剂

3. 膨胀剂:能使混凝土产生一定体积膨胀的外加剂。

主要作用:防止混凝土开裂破坏,防止混凝土的渗漏破坏,增强混凝土的体积稳定性。

适用范围:补偿收缩混凝土、填充用膨胀混凝土、填充用膨胀砂浆

主要品种:硫铝酸钙类、硫酸铝 – 氧化钙类、氧化钙类

4. 防水剂:能降低混凝土在静水压力的透水性的外加剂。

主要作用:提高混凝土的密实性,防渗性。

适用范围:适用于工业与民用建筑的屋面、地下室、隧道、巷道给排水池、水泵站等有防水抗渗要求的混凝土工程。

主要品种:无机化合物类:如 $FeCl_3$、硅灰等。

有机化合物类:膨胀混凝土及其盐类,有机硅表面活性剂等。

混合物类:无机类混合物,有机类混合物等

　　复合类：上述各类与引气、减水组分等复合而成

2.4.8　使用外加剂注意事项

1. 根据工程特点选用合适的外加剂

　　几乎各种混凝土都可以掺用外加剂，但必须根据工程需要、施工条件和施工工艺等选择合适的外加剂。如一般混凝土主要采用普通减水剂，早强、高强混凝土采用高效减水剂，气温高时，掺用引气性大的减水剂或缓凝减水剂，气温低时，一般不用单一引气型减水剂，多用复合早强减水剂，为了提高混凝土的和易性，采用防水剂，高层建筑采用泵送混凝土时应使用泵送剂等，为了发挥各种外加剂的特点，不宜互为代用，如将高效减水剂作普通减水剂用，普通减水剂当早强减水剂用都是不合适的。外加剂对不同的水泥有一个适应性问题，如某些减水剂对掺硬石膏的水泥不发挥作用。

2. 注意外加剂的质量

　　关注外加剂的质量，除关注某些厂家不注意原材料质量控制，粗制滥造，以假乱真，提供伪劣产品外，对质量较好的产品也应注意某些问题，如应详细了解产品实际性能，注意生产厂家提供的技术资料和应用说明。又如目前我国减水剂牌号众多，诸多厂家未明显标示其产品品种，而且质量不一，因此，在工程应用前，应按照质量标准对选择好的减水剂进行掺减水剂混凝土性能要求（与基准混凝土相比）的检验，为了确定掺量，对液态减水剂应测定溶液密度；对粉剂减水剂应测定固体物含量。在粉剂产品中，有些由于烘干不彻底或包装不符合要求而受潮，致使产品中的固体含量大都在 75% ~80% 左右，因此在这种情况下切勿将固体物质以 100% 用作计算掺量的依据。

3. 注意水泥品种的选择

　　在原材料中，水泥对外加剂的影响最大，水泥品种不同，将影响减水剂的减水、增强效果，其中对减水效果影响更明显。高效减水剂对水泥更有选择性，不同水泥其减水率的相差较大，水泥矿物组成、掺和料、调凝剂、碱含量、细度等都将影响减水剂的使用效果，如掺有硬石膏的水泥，对于某些掺减水剂的混凝土将产生速硬或使混凝土初凝时间大大缩短，其中萘系减水剂影响较小，糖蜜类会引起速硬，木钙类会使初凝时间延长。因此，同一种减水剂在相同的掺量下，往往因水泥不同而使用效果明显不同，或同一种减水剂，在不同水泥中为了达到相同的减水增强效果，减水剂的掺量明显不同。在某些水泥中，有的减水剂会引起异常凝结现象。为此，当水泥可供选择时，应选用对减水剂较为适应的水泥，提高减水剂的使用效果。当减水剂可供选择时，应选择施工用水泥较为适用的减水剂，为使减水剂发挥更好效果，在使用前，应结合工程进行水泥选择试验。

4. 使用前进行试验

　　为了确保工程质量，根据现有的标准，如对减水剂在使用前首先要作匀质性试验，一般应测定表面张力和含固量两项，当测定表面张力有困难时，可用起泡性代替，然后进行混凝土试配，如检验减水剂混凝土的性能，一般应测定坍落度损失、减水率、含气量和抗压强度 4 项。

5. 注意掌握掺量

　　每种外加剂都有适宜的掺量，即使同一种外加剂，不同的用途有不同的适宜的掺量。掺量过大，不仅在经济上不合理，而且可能造成质量事故。如对有引气、缓凝作用的减水剂，尤其要

注意不能超掺量。如木钙掺量大于水泥质量的 0.5% ,会引入过量空气而使初凝缓慢,降低混凝土强度。高效减水剂掺量过小,失去高效能作用,而掺量过大(>1.5%),则会由于泌水而影响质量。氯盐的限制是众所周知的,过量会引起钢筋锈蚀。防冻剂的掺量与温度有关,并且根据强度效果作了掺量规定,总之,影响外加剂掺量的因素较多,如对减水剂就有掺加方法、水泥品种、拌合物的初始流动性及养护制度等。

6. 采用适宜的掺加方法

在混凝土搅拌过程中,外加剂的掺加方法对外加剂的使用效果影响较大。如减水剂掺加方法大体分为先掺法(在拌合水之前掺入)、同掺法(与拌合水同时掺入)、滞水法(在搅拌过程中减水剂滞后于水 2 ~3min 加入)、后掺法(在拌合后经过一定的时间才按 1 次或几次加入到具有一定含量的混凝土拌合物中,再经 2 次或多次搅拌)。不同的掺加方法将会带来不同的使用效果,不同品种的减水剂,由于作用机理不同,其掺加方法也不一样。如对于萘系高效减水剂,为了避开水泥中的 C_3A、C_4AF 矿物成分的选择性吸附,以后掺法为好。又如木钙类减水剂,由于其作用机理是大分子保护作用,故不同的掺加方法影响不显著。影响减水剂掺加方法的因素主要有水泥品种、减水剂品种、减水剂掺量、掺加时间及复合的其他外加剂等,均宜通过试拌确定。

7. 注意调整混凝土的配合比

一般地说,外加剂对混凝土配合比没有特殊要求,可按普通方法进行设计。但在减水或节约水泥的情况下,应对砂率、水泥用量、水胶比等作适当调整。

(1)砂率 砂率对混凝土的和易性影响很大。由于掺入减水剂后和易性能获得较大改善,因此砂率可适当降低,其降低幅度约为 1% ~4% ,如木钙可取下限 1% ~2% ,引气性减水剂可取上限 3% ~4% 。若砂率偏高,则降低幅度可增大,过高的砂率不仅影响混凝土强度,也给成型操作带来一定的困难。具体配比均应由试配结果来确定。

(2)水泥用量 混凝土中掺用减水剂均有不同程度节约水泥的效果,使用普通减水剂可节约 5% ~10% ,高效减水即可节约 10% ~15% 。用高强度等级水泥配制混凝土,掺减水剂可节约更多的水泥。

(3)水胶比 掺减水剂混凝土的水胶比应根据所掺品种的减水率确定。原来水胶比大者减水率也较水胶比小者高。在节约水泥后为保持坍落度相同,其水胶比应与没节省水泥时相同或增加约 0.01 ~0.03 。

8. 注意施工特点

如搅拌过程中要严格控制减水剂和水的用量,选用合适的掺加方法和搅拌时间,保证减水剂充分起作用。对于不同的掺加方法应有不同的注意事项,如干掺时注意所用的减水剂要有足够的细度,粉粒太粗,溶解不匀,效果就不好;后掺或干掺的,必须延长搅拌时间 1min 以上。

掺减水剂的混凝土坍落度损失一般较快,应缩短运输及停放时间,一般不超过 30min ,否则要用后掺法。在运输过程中应注意保持混凝土的匀质性,避免分层,掺缓凝型减水剂要注意初凝时间延缓,掺高效减水剂或复合剂有坍落度损失快等特点。又如,蒸养混凝土中外加剂若使用不当,混凝土表面会出现起鼓、胀裂、酥松等质量问题,强度也显著下降,因此在蒸养混凝土中要注意如下问题:选择合适的外加剂,如引气类外加剂就不宜使用;要控制外加剂掺量;要有一定的预养期和升温期;要通过试验确定恒温温度和时间。

9. 注意搅拌、运输和成型操作

在搅拌时,对于不同的掺加方法需要不同的注意事项。如干掺时必须注意所用的减水剂要有足够的细度,粉粒太粗,溶解不匀,效果就不好;后掺或干掺的,必须延长搅拌时间 1min 以上,在预制构件生产中尤其要注意这一点。在运输过程中应注意保持混凝土的匀质性,避免分层,掺缓凝型减水剂要注意初凝时间延缓,掺高效减水剂或复合剂要注意坍落度损失快等特点;掺引气型减水剂成型时,要注意振捣除气,否则会影响效果。

2.5　掺合料

混凝土掺合料是指在配制混凝土拌合物过程中,直接加入的能够改变新拌混凝土和硬化混凝土性能的矿物细粉材料。

矿物掺合料绝大多数来自工业固体废渣,它们在混凝土胶凝组分中的掺量通常大于水泥用量的 5%,细度与水泥细度相同或比水泥细度更细。混凝土掺合料作用与水泥混合材相似,在碱性或兼有硫酸盐成分存在的液相条件下,许多掺合料可发生水化反应,生成具有固化特性的胶凝物质。但由于掺合料的质量要求与水泥混合材的质量要求不完全一样,所以,掺合料对混凝土性能的影响与混合材并不完全相同。例如,利用粉煤灰水泥配制的混凝土工作性通常较差,而利用优质的 I 级粉煤灰掺合料可以配制高工作性的混凝土,用劣质的 III 级粉煤灰掺合料配制的混凝土工作性比粉煤灰水泥还差;此外,对强度和耐久性的影响也有所不同。目前,掺合料也被称为混凝土的"第二胶凝材料"或辅助胶凝材料。

在混凝土中合理使用掺合料不仅可以节约水泥,降低能耗和成本,而且可以改善混凝土拌合物的工作性,提高硬化混凝土的强度和耐久性。另外,掺合料的应用,对改善环境,减少二次污染,推动可持续发展的绿色混凝土,具有十分重要意义。

2.5.1　掺合料的概括分类与优化组合

2.5.1.1　掺合料的概括分类

由于掺合料的化学成分、矿物组成、致密程度(或孔隙结构)、颗粒形态、级配和细度各不相同,对混凝土性能的影响差别很大。根据混凝土性能的要求,在混凝土中可以只掺入一种掺合料,也可以同时掺入多种掺合料。为了方便使用和提高使用效果,将这些复杂的影响因素归纳起来,可概括为能够综合反映这些因素的三个方面,进行如下分类:

1. 根据掺合料的活性程度,将其分为活性掺合料与惰性掺合料。每一种具体的矿物掺合料则需要参照相关的国家标准进行分类。掺合料的活性程度实质反映了其化学成分、矿物组成和细度等因素的影响。

2. 根据掺合料的化学成分,在活性分类方法基础之上,将其分为酸性、中性和碱性掺合料。它可以进一步反映掺合料化学成分的影响。具体方法可以参照矿渣的碱性系数计算方法,对混凝土掺合料进行分类:

$$碱性系数(M_o) = \frac{\% \text{CaO} + \% \text{MgO}}{\% \text{SiO}_2 + \% \text{Al}_2\text{O}_3} \tag{2-4}$$

式中　$M_o > 1$，表示碱性氧化物多于酸性氧化物，称为碱性掺合料；

　　　　$M_o = 1$，称为中性掺合料；

　　　　$M_o < 1$，称为酸性掺合料。

3. 根据掺合料的吸水性高低，将其分为低吸水性、中吸水性、高吸水性和特高吸水性掺合料。具体分类方法可以参照作粉煤灰级别指标当中需水量比的高低进行划分。其中，低吸水性掺合料的需水量比为 $<95\%$，中吸水性掺合料的需水量比为 $95\% \sim 105\%$，高吸水性掺合料的需水量比为 $105\% \sim 115\%$，特高吸水性掺合料的需水量比为 $>115\%$。这一指标概括反映了掺合料的致密程度、粉磨细度（比表面积）、颗粒级配和表面形态等因素的影响。它也是混凝土掺合料优化组合时应该考虑的一个重要因素。其中，特别是掺合料的颗粒级配和表面形态不仅是影响吸水性的重要因素，而且是影响混凝土孔结构的重要因素。

2.5.1.2　掺合料的优化组合

根据掺合料的酸碱性、活性和吸水性对混凝土性能的不同影响，以及混凝土性能的具体要求，将不同类别的掺合料进行优化组合，可以使混凝土的工作性、强度和耐久性得到全面改善和提高。一般确定混凝土掺合料优势互补的组合方法有以下三个方面：

1. 酸性掺合料与碱性掺合料的合理组合。如碱性矿渣与酸性或中性粉煤灰、沸石等火山灰质掺合料的适当搭配组合。

2. 活性掺合料与惰性掺合料的合理组合。如活性矿渣、硅灰、粉煤灰以及火山灰质掺合料，与惰性石灰石或水泥石的适当搭配组合。

3. 高吸水性掺合料和低吸水性掺合料的合理组合。如结构疏松、表面粗糙的火山灰质掺合料及高吸水性粉煤灰，与结构致密的矿渣、石灰石及表面光滑的优质粉煤灰的适当搭配组合。或者是粒度较粗的掺合料与粒度较细的掺合料合理搭配组合。

常用的混凝土掺合料有粉煤灰、矿渣微粉、硅灰、沸石粉和偏高岭土等。

2.5.2　粉煤灰

粉煤灰又称飞灰，是煤燃烧排放出的一种黏土类火山灰质材料。我国粉煤灰绝大多数来自电厂，是燃煤电厂的副产品。其颗粒多数呈球形，表面光滑，色灰，密度为 $1770 \sim 2430\mathrm{kg/m^3}$，松散容积密度为 $516 \sim 1073\mathrm{kg/m^3}$。以 SiO_2 和 Al_2O_3 为主要成分，含有少量 CaO。按粉煤灰中氧化钙含量，区分为低钙灰和高钙灰。普通低钙粉煤灰 CaO 含量不超过 10%，一般少于 5%。

粉煤灰的矿物相主要是铝硅玻璃体，含量一般为 $50\% \sim 80\%$，是粉煤灰具有火山灰活性的主要组成部分，其含量越多，活性越高。

粉煤灰的颗粒形状和大小对其活性也有较大影响。一般 $5 \sim 45\mu m$ 的细颗粒愈多，活性愈高，$80\mu m$ 以上的颗粒愈多，活性愈低，粉煤灰的颗粒形状大体上可分为球状颗粒、不规则多孔颗粒和不规则颗粒三大类（图 2-8）；球状颗粒为硅铝玻璃体组成，表面较光滑。有空心的，如薄壁空心微珠（漂珠），绝热和绝缘性能良好；厚壁空心微珠（沉珠），强度很高。也有实心的，如富钙微珠、富铁微珠等，细小的玻璃微珠（特别是富钙微珠）含量愈高，粉煤灰的活性也愈高，并且其需水量比较小；不规则多孔颗粒主要是多孔碳粒和硅铝多孔玻璃体，其含量愈多，粉煤灰的需水量比增高，活性下降，尤其是未燃炭粒较多，影响会更大；不规则颗粒主要是结晶矿物及其碎片和玻璃体碎屑。

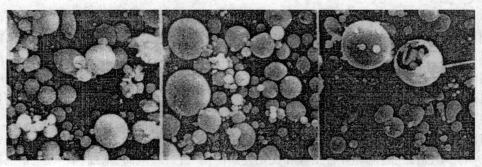

图 2-8　粉煤灰颗粒的扫描电镜图像

　　根据《用于水泥和混凝土中的粉煤灰》(GB/T 1596—2005)规定,用于拌制混凝土和砂浆的粉煤灰应符合表 2-14 中的技术要求。

表 2-14　拌制混凝土和砂浆用粉煤灰技术要求

技术要求		级别		
		I	II	III
细度(45μm 方孔筛筛余)(%)	≤	12.0	25.0	45.0
需水量比(%)	≤	95	105	115
烧失量(%)	≤	5.0	8.0	15.0
三氧化硫(%)	≤	3.0		
含水率(%)	≤	1.0		
游离氧化钙(%)　≤	无烟煤或烟煤灰	1.0		
	褐煤或次烟煤灰	4.0		
安定性检验	褐煤或次烟煤灰	合格		

　　粉煤灰的品质指标直接关系到其在混凝土中的作用效果。粉煤灰需水量比是粉煤灰质量的重要指标,是以对比胶砂(250g 水泥 + 750g 标准砂 + 125mL 水)为对比基准,测定试验胶砂(175g 水泥 + 75g 粉煤灰 + 750g 标准砂)流动度达到 130 ~ 140mm 时的加水量与 125mL 之比。需水量比值越低,其矿物减水效应越显著,并可间接表明粉煤灰中的多孔颗粒及不规则颗粒或炭粒较少;粉煤灰细度越细,其微细集料效应越显著,通常其化学活性也较高;烧失量主要是含碳量,未燃尽的碳粒是粉煤灰中的有害成分,碳粒多孔,比表面积大,吸附性强,强度低,带入混凝土中后,不但影响混凝土的需水量,还会导致外加剂用量大幅度增加;对硬化混凝土来说,碳粒影响了水泥浆的粘结强度,成为混凝土中强度的薄弱环节,易增大混凝土的干缩值;它不仅自身是惰性颗粒,还是影响粉煤灰形态效应最不利的颗粒。因此,烧失量也是粉煤灰品质中的一项重要指标。

　　近几十年来,环境法规逐步完善,要求电厂考虑向大气减排 SO_x 和 NO_x 的污染控制措施。这对粉煤灰的品质是有影响的。用以减少烟气中 SO_x 的脱硫工艺,使粉煤灰中的 CaO 和 $CaSO_4$ 含量增加。这样,虽然可以提高粉煤灰的活性,但也增加了可以引起粉煤灰安定性不良的因素。

　　粉煤灰在混凝土中的作用分为物理作用和化学作用两方面。优质粉煤灰(I 级粉煤灰)属于低需水性的酸性活性掺合料。由于其中玻璃微珠的含量高,多孔碳粒少,烧失量和需水量比低,对减少新拌混凝土的用水量、增大混凝土的流动性,具有优良的物理作用效果。而其硅铝玻璃体在常温常压条件下,可与水泥水化生成的氢氧化钙发生化学反应,生成低钙硅比的C－S－H凝胶。故采用优质粉煤灰取代部分水泥后,可以改善混凝土拌合物的和易性;降低混凝土凝结硬化过程的水化热;提高硬化混凝土的抗化学侵蚀性,抑制碱－集料反应等耐久性能。虽然粉煤灰混凝土的早期强度有所下降,但28d后的长期强度可赶上,甚至超过不掺粉煤灰的混凝土。

目前,粉煤灰混凝土已被广泛应用于土木、水利建筑工程,以及预制混凝土制品和构件等方面。如大坝、道路、隧道、港湾,工业和民用建筑的梁、板、柱、地面、基础、下水道、钢筋混凝土预制桩、管等。

2.5.3　矿渣微粉

矿渣微粉是水淬粒化高炉矿渣经磨细加工后形成的微粉材料。由于冶炼生铁种类、矿石成分和熔剂类型的不同,矿渣的化学成分可以在很大的范围内波动。一般为:CaO30% ~ 50%,$SiO_2$26% ~ 42%,$Al_2O_3$7% ~ 20%,MgO1% ~ 18%,FeO0.2% ~ 1%,MnO0.1% ~ 1%,S1% ~ 2%。矿物组成主要为硅酸盐与铝酸盐玻璃体和少量硅酸一钙或硅酸二钙等矿物。

一般可根据矿渣的主要化学组成,按公式(2-4)计算碱性系数(M_o),按公式(2-5)计算质量系数(K),将矿渣分成酸性或碱性等类别:

公式(2-4)中M_o > 1,表示碱性氧化物多于酸性氧化物,称为碱性矿渣;

$\quad\quad M_o = 1$,称为中性矿渣;

$\quad\quad M_o < 1$,称为酸性矿渣。

$$质量系数(K) = \frac{CaO + MgO + Al_2O_3}{SiO_2 + MnO + TiO_2} \qquad (2-5)$$

公式(2-5)中 CaO、MgO、Al_2O_3、SiO_2、MnO、TiO_2 为相应氧化物的质量百分数。质量系数一般不得小于1.2。

矿渣的活性取决于它的化学成分、矿物组成和粉细度。若矿渣中 CaO、Al_2O_3 含量高,SiO_2含量低时,矿渣活性高。通常矿渣粉的比表面积越大,其活性越高。国标 GB/T 18046—2008 中用活性指数 A 表示其强度活性:

活性指数 A =（掺50%磨细矿渣 ISO 胶砂抗压强度/100% 纯水泥 ISO 胶砂抗压强度）×100%,分别以 A_7 和 A_{28} 表示。

根据国家标准《用于水泥和混凝土中的粒化高炉渣粉》(GB/T 18046—2008)规定,矿渣粉的技术要求见表2-15。

表 2-15　矿渣粉技术指标

技术要求	级别		
	S105	S95	S75
密度(g/cm³) ≥	2.8		
比表面积(m²/kg) ≥	500	400	300

续表

技术要求		级别		
		S105	S95	S75
活性指数（%）　≥	7d	95	75	55
	28d	105	95	75
流动度比（%）　　≥			95	
含水量（质量分数）（%）　≤			1.0	
三氧化硫（质量分数）（%）　≤			4.0	
氯离子（质量分数）（%）　≤			0.06	
烧失量（质量分数）（%）　≤			3.0	
玻璃体含量（质量分数）（%）　≥			85	
放射性			合格	

　　一般矿渣粉属于碱性活性掺合料，其颗粒多为不规则形状（图 2-9），早期活性一般高于粉煤灰，对混凝土流动性增大的效果比不上优质粉煤灰，但优于劣质粉煤灰。

　　矿渣粉对混凝土工作性的影响与矿渣粉的细度关系很大。矿渣粉对混凝土泌水量和泌水速度的影响主要取决于矿渣粉的细度。当矿渣粉比水泥细，并代替相同体积组分时，泌水减少；反之，当矿渣粉较粗时，泌水量和泌水速度可能增加。

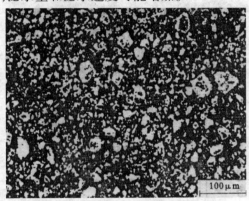

图 2-9　磨细矿渣粉的扫描电镜图像

　　与不掺矿渣粉的基准混凝土相比，掺矿渣粉混凝土 7d 前的早期强度有所降低；但后期强度的增长率较高，尤其对提高混凝土的抗折强度有利。

　　矿渣粉能优化混凝土组成结构，减少体系内 $Ca(OH)_2$ 的含量，抑制碱 – 集料反应，降低水化热，提高混凝土抗硫酸盐腐蚀能力，使混凝土的耐久性能得到较大改善。

　　矿渣微粉作为混凝土掺合料取代水泥，可取得较好的经济效益和节能效果，全面改善和提高混凝土的综合性能。

　　大掺量矿渣粉在大体积混凝土工程、地下混凝土工程、水下混凝土工程和海水混凝土工程等方面的应用具有很大的优势，适宜于配制高强度、高性能混凝土以及道路、桥梁等对抗折强度要求较高的混凝土工程。

2.5.4 硅灰

硅灰也称气相沉积二氧化硅、微细二氧化硅、二氧化硅微粉,也可以简称为凝聚态硅灰或硅粉。它是电弧炉冶炼金属硅和硅铁合金时的副产品,是极细的球形颗粒(图 2-10),主要成分为无定形 SiO_2。其相对密度为 2.2 左右,松散容积密度为 250 ~ 300kg/m³。用氮气吸附法测定的比表面积达 20 ~ 35m²/g,平均粒径小于 0.1μm,比水泥颗粒小两个数量级。由于其粒径非常细小,巨大的比表面积使其具有很高的火山灰活性,但掺入混凝土中会导致混凝土的需水量大幅度增加。硅灰的需水量比可达 134%,火山灰活性指标高达 110%。

图 2-10　凝聚态硅灰的扫描电镜图像

当生产含硅量在 75% 或以上的合金时,所得的副产品中非晶态 SiO_2 含量为 85% ~ 95%;当生产含硅量在 50% 的硅 – 铁合金所得的副产品中,SiO_2 含量则要低得多,火山灰活性也较差。根据 GB/T 21236—2007 硅粉检测标准,二氧化硅微粉共分五个牌号,即:SF96、SF93、SF90、SF88、SF85(SF 取自二氧化硅微粉英文名称 Silica Fume 的缩写。数字为二氧化硅质量分数)。各种牌号的技术要求见表 2-16,如有特殊要求,由供需双方协商确定。

表 2-16　硅灰的技术指标

检验项目		技术指标				
		SF96	SF93	SF90	SF88	SF85
SiO_2(%)	≥	96.0	93.0	90.0	88.0	85.0
Al_2O_3(%)	≤	1.0	1.0	1.5	—	—
Fe_2O_3(%)	≤	1.0	1.0	2.0	—	—
$CaO + MgO$(%)	≤	1.0	1.5	2.0	—	—
$K_2O + Na_2O$(%)	≤	1.0	1.5	2.0	—	—
C(%)	≤	1.0	2.0	2.0	2.5	2.5
Cl^-(%)	≤	0.1	0.1	0.1	0.2	0.3
pH 值		4.5 ~ 7.5	4.0 ~ 8.5	4.0 ~ 8.5	4.0 ~ 8.5	—
灼烧减量(%)	≤	1.0	3.0	3.0	4.0	6.0
水分(%)	≤	1.0	2.0	2.5	3.0	3.0

续表

检验项目		技术指标				
		SF96	SF93	SF90	SF88	SF85
比表面积(m^2/g)	≥	15				
45μm 筛选余量(%)	≤	2.0	3.0	3.0	5.0	10.0
火山灰活性指数(28d)(%)	≥	85				
需水量比(%)	≤	125				

硅灰作为混凝土掺合料取代水泥,需与高效减水剂一起使用,方能发挥优异的火山灰效应和微细集料填充效应,能改善混凝土拌合物的黏聚性和保水性,可降低水化热,抑制碱－集料反应,提高混凝土抗侵蚀能力。尤其是混凝土中掺入硅灰后,能大幅度提高其早期和后期强度。以 10%硅灰等量取代水泥,混凝土强度可提高 25%以上,使其成为超高强混凝土的优异掺合料。

一般硅灰的掺量控制在 5%～10%之间,并用高效减水剂来调节需水量。目前在国内外,常利用硅灰配制 100MPa 以上的特高强混凝土。

2.5.5　其他矿物掺合料

2.5.5.1　天然沸石粉

沸石粉是沸石岩经磨细后形成的一种粉状建筑材料。天然沸石是一种经长期压力、温度、碱性水介质作用而沸石化了的凝灰岩,属于火山灰材料,有 30 多个品种,用作混凝土矿物掺合料的主要是斜发沸石和丝光沸石。沸石粉的主要化学成分是 $SiO_2$60%～70%,$Al_2O_3$10%～30%,可溶硅 5%～12%,可溶铝 6%～9%。

沸石的晶体结构是由原始结构单位[SiO_4]$^{4-}$ 和[AlO_4]$^{5-}$ 中的 Si^{4+} 或 Al^{3+} 分别连成的直线构成的次生结构单元组成的多面体所构成。这些多面体就是沸石结构中的"笼"。沸石的性质与其笼的类别密切相关,笼之间可以彼此相通,形成各式不同的通道体系(孔道网络)。由于沸石具有许多开放性的通道和庞大的比表面积以及与石灰的反应能力较强等特点,所以是一种良好的火山灰质材料。掺入水泥中能与水泥水化后产生的 $Ca(OH)_2$ 作用生成含水的硅酸钙凝胶和铝酸钙凝胶,提高水泥的水化程度,减少孔隙率,使水泥石结构更加密实。试验表明,在水灰比不变情况下掺 15%～20%的沸石粉,混凝土强度等于或高于不掺的试样,掺量超过 20%,则引起强度下降。

沸石粉可显著提高混凝土拌合物的黏聚性和保水性;掺入沸石粉对降低混凝土的碱含量,防止或抑制混凝土的碱－集料反应效果显著。沸石粉可以配制高强和超高强混凝土。此外,还可用沸石(脱水)作发泡剂生产发泡混凝土等。

2.5.5.2　偏高岭土

偏高岭土是在一定温度和条件控制下煅烧的高岭土,具有较高的火山灰活性。在 600℃下煅烧的高岭土首先脱水成偏高岭石($Al_2O_3 \cdot 2SiO_2$),然后一部分分解成无定形 Al_2O_3 和 SiO_2 产物,还保留一部分无水铝硅酸盐结晶,属于火山灰质矿物掺合料。煅烧后的高岭土火山灰活性与其结构密切相关。只有在其矿物脱水相处于无定形介稳态时,结构中可溶出的

SiO_2 和 Al_2O_3 数量最多,其活性最高;因此控制煅烧温度是很重要的。当煅烧温度过高时,由于脱水相致密化并转变为结晶相,其活性急剧下降。

Caldarone MA 和 Gruber KA 分别用 8.5% 的偏高岭土和 8.5% 的硅灰等量取代水泥配制混凝土,水胶比均为 0.4,高效减水剂(另掺相同量的普通减水剂)的掺量和拌合物达到的坍落度为:无掺合料的对比混凝土,高效减水剂掺量 0.9%,坍落度 216mm;掺偏高岭土的混凝土,高效减水剂掺量 1.2%,坍落度 248mm;掺硅灰的混凝土:高效减水剂掺量 1.8%,坍落度 248mm。试验结果表明,偏高岭土的需水量小于硅灰,而增强效果与硅灰相差无几。偏高岭土掺合料是一种较具开发前景的高强混凝土掺合料。

2.5.5.3 细磨石灰石粉、石英砂粉

在常温常压条件下,细磨石灰石粉、石英砂粉等活性很低的矿物掺合料属于惰性掺合料,主要利用其形态效应和微细集料效应来改善混凝土的工作性能和降低温升。细磨石灰石粉具有微弱的化学活性,它能与水泥中的 C_3A 反应生成水化碳铝酸钙($C_3A \cdot 3CaCO_3 \cdot 32H_2O$)。在混凝土中掺入 2% 磨细石灰石粉,有利于提高早期强度。另外,混凝土中掺入适量磨细的惰性和碱性(即憎水性)石灰石粉,能够降低组成材料的亲水性,增大毛细孔壁与液体的接触角,减小毛细孔压力,而且因取代了部分水泥和活性掺合料,使胶凝材料的一次化学收缩和二次化学收缩的幅度都得到减少,从而有效地改善混凝土的自收缩现象。

在使用惰性掺合料时应注意:①掺合料的硫酸盐和硫化物含量,折算为 SO_3 时不得超过 3%;②在配合比设计强度有富余时,为节约水泥,可用等量置换,其掺量不宜超过水泥用量的 15%;③为提高混凝土坍落度,可用外掺法,其掺量不宜超过水泥用量的 20%;④细磨石英砂在混凝土常规工艺中是惰性材料,但在高压蒸汽养护工艺条件下,当细磨石英砂的 SiO_2 含量较高(大于 65%),细度又等于或小于水泥时,将与水泥发生水热合成作用,生成托勃莫来石,在置换率为 1:1,内掺量为 30%~40% 时,混凝土的强度大幅度提高,此时,细磨石英砂成为蒸压混凝土制品的活性掺合料。

思考题与习题

2.1　混凝土的组成材料有哪些?其硬化结构包括哪些组成部分?

2.2　通用硅酸盐水泥按混合材料的品种和掺量分为哪些品种?

2.3　水泥混合材组成对混凝土和易性、强度和耐久性有哪些影响?

2.4　水泥矿物组成对混凝土和易性、强度和耐久性有哪些影响?

2.5　水泥颗粒组成对混凝土和易性、强度和耐久性有哪些影响?

2.6　简述集料的技术性质与混凝土性能的关系。

2.7　什么是混凝土外加剂?主要混凝土外加剂的名称及定义是怎样的?

2.8　试述减水剂分散减水机理。

2.9　什么是混凝土引气剂?引气剂的作用机理是什么?

2.10　使用外加剂注意事项有哪些?

2.11　什么是混凝土掺合料?常用的混凝土掺合料有哪些?

2.12　水泥混合材与混凝土掺合料的概括分类与优化组合方法是怎样的?

第3章 混凝土的性能与应用

3.1 新拌混凝土的性能

结构物在施工过程中使用的是尚未凝结硬化的水泥混凝土，即新拌混凝土。新拌混凝土是不同粒径矿质集料分散在水泥浆体中的一种复合分散系，具有黏性、塑性等特性。新拌混凝土在运输、浇筑、振捣和表面处理等工序中在很大程度上制约着硬化后混凝土的性能，故研究其特性具有十分重要的意义。

3.1.1 拌合物的工作性及其主要内容

新拌混凝土拌合物工作性（和易性）是指混凝土拌合物易于施工操作（搅拌、运输、浇灌、捣实）并能获得质量均匀、成型密实的混凝土的性能。工作性是一项综合的技术性质，包括流动性、黏聚性和保水性三方面的含义。

流动性是指混凝土拌合物在本身自重或外力作用下能产生流动，并均匀密实地填满模板的性能。流动性好的混凝土操作方便，易于捣实、成型。

黏聚性是指混凝土拌合物在施工过程中，其组成材料之间具有一定的黏聚力，不致产生分层和离析现象的性能。在外力作用下，混凝土拌合物各组成材料的沉降不相同，如配合比例不当，黏聚性差，则施工中易发生分层（即混凝土拌合物各组分出现层状分离现象）、离析（即混凝土拌合物内某些组分分离、析出现象）等情况，致使混凝土硬化后产生"蜂窝"、"麻面"等缺陷，影响混凝土强度和耐久性。

保水性是指混凝土拌合物在施工过程中，具有一定的保水能力，不致产生严重泌水的性能。泌水性又称析水性，是指从混凝土拌合物中泌出部分水的性能。保水性不良的混凝土，易出现泌水，水分泌出后会形成连通孔隙，影响混凝土的密实性；泌出的水还会聚集到混凝土表面，引起表面疏松；泌出的水积聚在集料或钢筋的下表面会形成孔隙，从而削弱了集料或钢筋与水泥石的粘结力，影响混凝土质量。

由此可见，混凝土拌合物的流动性、黏聚性、保水性有其各自的内容，而彼此既互相联系又存在矛盾。所谓工作性就是这三方面性质在一定工程条件下达到统一。

3.1.2 拌合物工作性的检测方法

从工作性的定义看出，工作性是一项综合技术性质，很难用一种指标能全面反映混凝土拌合物的工作性。通常是以测定拌合物流动性为主，而黏聚性和保水性主要通过观察的方法进行评定。

国家标准《普通混凝土拌合物性能试验方法标准》GB/T 50080—2002 规定,根据拌合物的流动性不同,混凝土流动性的测定可采用坍落度与坍落扩展度法或维勃稠度法。

坍落度试验方法适用于集料最大粒径不大于40mm、坍落度值不小于10mm 的混凝土拌合物测定;维勃稠度试验方法适用于最大粒径不大于40mm、维勃稠度在5～30s 的混凝土拌合物稠度测定,维勃稠度大于30s 的特干硬性混凝土拌合物的稠度可采用增实因数法来测定(见国家标准 GB/T 50080—2002)。

1. 坍落度与坍落扩展度试验

坍落度试验方法是由美国查普曼首先提出的,目前已为世界各国广泛采用。标准坍落度筒的构造和尺寸如图 3-1 所示,该筒为钢皮制成,高度 $H = 300mm$,上口直径 $d = 100mm$,下底直径 $D = 200mm$。试验时湿润坍落度筒及底板,在坍落度筒内壁和底板上应无明水。底板应放置在坚实水平面上,并把筒放在底板中心,然后用脚踩住两边的脚踏板,坍落度筒在装料时应保持固定的位置。

把按要求取得的混凝土试样用小铲分三层均匀地装入筒内,使捣实后每层高度为筒高的三分之一左右。每层用捣棒插捣 25 次。插捣应沿螺旋方向由外向中心进行,各次插捣应在截面上均匀分布。插捣底层时,捣棒应贯穿整个深度,插捣第二层和顶层时,捣棒应插透本层至下一层的表面;浇灌顶层时,混凝土应灌到高出筒口。插捣过程中,如混凝土沉落到低于筒口,则应随时添加。顶层插捣完后,刮去多余的混凝土,并用抹刀抹平。

清除筒边底板上的混凝土后,垂直平稳地提起坍落度筒。坍落度筒的提离过程应在 5～10s 内完成;从开始装料到提坍落度筒的整个过程应不间断地进行,并应在 150s 内完成。

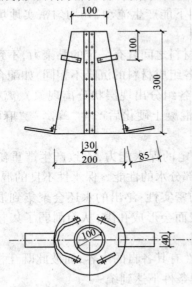

图 3-1　坍落度试验用坍落度筒

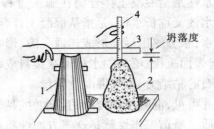

图 3-2　坍落度测定示意图
1—坍落度筒;2—拌合物;3—木尺;4—钢尺

提起坍落度筒后,测量筒高与坍落后混凝土试体最高点之间的高度差,即为该混凝土拌合物的坍落度值,如图 3-2 所示;坍落度筒提离后,如混凝土发生崩坍或一边剪坏现象,则应重新取样另行测定;如第二次试验仍出现上述现象,则表示该混凝土工作性不好,应予记录备查。

观察坍落后的混凝土试体的黏聚性及保水性。黏聚性的检查方法是用捣棒在已坍落的混凝土锥体侧面轻轻敲打,此时如果锥体逐渐下沉,则表示黏聚性良好;如果锥体倒塌、部分崩裂或出现离析现象,则表示黏聚性不好。保水性以混凝土拌合物稀浆析出的程度来评定,坍落度筒提起后如有较多的稀浆从底部析出,锥体部分的混凝土也因失浆而集料外露,则表明此混凝土拌合物的保水性能不好;如坍落度筒提起后无稀浆或仅有少量稀浆自底部析出,则表示此混凝土拌合物保水性良好。

当混凝土拌合物的坍落度大于 220mm 时,用钢尺测量混凝土扩展后最终的最大直径和最小直径,在这两个直径之差小于 50mm 的条件下,用其算术平均值作为坍落扩展度值;否则,此次试验无效。如果发现粗集料在中央集堆或边缘有水泥浆析出,表示此混凝土拌合物抗离析性不好,应予记录。

新拌混凝土按坍落度分为四级,见表 3-1。

表 3-1　混凝土按坍落度的分级

级别	名称	坍落度(mm)	级别	名称	坍落度(mm)
T_1	低塑性混凝土	10 ~ 40	T_3	流动性混凝土	100 ~ 150
T_2	塑性混凝土	50 ~ 90	T_4	大流动性混凝土	≥160

2. 维勃稠度试验

维勃稠度试验方法是瑞典 V. 皮纳(Bahmer)首先提出的,因而用他名字首母 V – B 命名。维勃稠度计,其构造如图 3-3。将容器牢固地用螺母固定在振动台上,放入坍落度筒,把漏斗转到坍落度筒上口,拧紧螺钉,使坍落度筒不能漂离容器底面。按坍落度试验方法,分三层装拌合物,每层捣 25 次,抹平筒口,提取筒模,仔细地放下圆盘,读出滑棒上刻度,即坍落度。拧紧螺钉,使圆盘顺利滑向容器,开动振动台和秒表,通过透明圆盘观察混凝土的振实情况,一到圆盘底面为水泥浆所布满时,即刻停表和关闭振动台,秒表所记时间,即表示混凝土混合料的维勃时间,时间精确至 1s。

仪器每测试一次,必须将容器、筒模及透明盘洗净擦干,并在滑棒等处涂薄层黄油,以便下次使用。

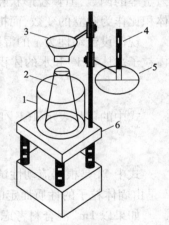

图 3-3　维勃稠度计
1—容器;2—坍落度筒;3—漏斗;
4—侧杆;5—透明圆盘;6—振动台

新拌混凝土按维勃稠度分为四级,见表 3-2。

表 3-2　混凝土按维勃稠度的分级

级别	名称	维勃稠度(s)	级别	名称	维勃稠度(s)
V_0	超干硬性混凝土	≥31	V_2	干硬性混凝土	20 ~ 11
V_1	特干硬性混凝土	30 ~ 21	V_3	半干硬性性混凝土	10 ~ 5

3. 坍落度损失试验

拌合物按规定进行坍落度试验得初始坍落度值后,立即将全部拌合料装入铁桶或塑料桶内,用盖子或塑料布密封。存放 30min 后将桶内物料倒在拌料板上,用铁锨翻拌两次,进行坍落度试验得出 30min 坍落度保留值;再将全部物料装入桶内,密封再存放 30min,用上法再测定一次,得出 60min 坍落度保留值;按上述方法直到测完 5h 的坍落度值。最后绘制混凝土拌合物坍落度随时间变化曲线。

3.1.3 拌合物工作性的影响因素及选择

3.1.3.1 拌合物工作性的影响因素

混凝土混合料的工作性取决于各组分的特性及其相对含量。水泥净浆的流动性决定于水胶比。当集料加进水泥浆中,混合料变得干硬,若需保持原来的流动性,集料加得愈多时,水胶比必须愈大。一定配比的干料,随着水量的增加,流动性增大,最后导致粘结性能的破坏,发生严重的离析和泌水。可见混合料各组分对工作性的影响是互相关联的,而其中水的作用则是主要的。影响因素主要是内因与外因,内因是组成材料的质量及其用量,外因是环境条件(温度、湿度和风速)以及时间等方面。以下我们将分别予以讨论。

1. 组成材料质量及其用量

(1)混合料的单位用水量对流动性的影响

液体和固体粒子的混合物的黏度是液体黏度 η_0 和固体粒子形状、大小、化学组成以及加入量等的函数,但颗粒形状和大小等的影响,一般难以用数值表示。故仅把固体粒子对液体的体积比作为独立的变数,而把颗粒形状和大小的影响作为参数考虑。

现假设流动性为 y 的混凝土混合料中,固体粒子以 $\mathrm{d}V_s$ 增加时,流动性变化为 $\mathrm{d}y$,$\mathrm{d}y$ 随固体粒子总体积 V_s 和水的体积 W 之比的增量 $\mathrm{d}(V_s/W)$ 及流动性 y 成正比,故可表示为:

$$\mathrm{d}y = -ky\mathrm{d}(V_s/W) \tag{3-1}$$

式中的负号表示 $\mathrm{d}(V_s/W)$ 增加时,$\mathrm{d}y$ 减少。积分得式(3-2):

$$y = Y_0 e^{-k(V_s/W)} \tag{3-2}$$

式中 Y_0 是根据流动性试验方法而定的常数,其含意为 $V_s = 0$ 时的流动性,即水的流动性。k 是由固体粒子的性质而定的常数。

如果以 $1\mathrm{m}^3$ 混合料考虑,则

$$W + V_s = 1 \tag{3-3}$$

所以(3-2)式可写为

$$y = Y_0 e^{-k(1-W/W)} \tag{3-4}$$

或

$$\ln \frac{y}{Y_0} = k\left(1 - \frac{1}{W}\right) \tag{3-5}$$

若用坍落度表示流动性,假设单位加水量为 W_0 时,混合料的坍落度为 y_0,根据式(3-5)为

$$\ln \frac{y_0}{Y_0} = k\left(1 - \frac{1}{W_0}\right) \tag{3-6}$$

如假设除单位加水量以外,其他条件没变化,则可用上式消去式(3-5)中的 k,成为:

$$\ln\left(\frac{y}{Y_0}\right) = \left[\frac{W_0}{1 - W_0} \cdot \ln\left(\frac{y_0}{Y_0}\right)\right]\left(\frac{1}{W} - 1\right) \tag{3-7}$$

$\ln y$ 与 $\frac{1}{W}$ 成直线关系。

关于单位用水量和流动性的关系,在很大的范围内符合流动性的变化率和单位用水量的变化率成正比的关系,因此也可表示为

$$\frac{\mathrm{d}y}{y} = n\left(\frac{\mathrm{d}W}{W}\right) \tag{3-8}$$

积分得:

$$y = kW^n \tag{3-9}$$

n 是由流动性实验方法而定的仪器常数。以坍落度表示流动性时,$n = 10$ 很符合实验值。k 是由材料特性、搅拌方法等定的常数。如假设 $W = W_0$ 时,$y = y_0$,则:

$$y = y_0\left(\frac{W}{W_0}\right) \tag{3-10}$$

根据实验,在集料固定的情况下,如果单位用水量一定,在实际应用范围内,单位水泥用量即使变化,流动性混合料的坍落度大体上保持不变,这一规律通常称为固定加水量定则,或称需水性定则。这意味着如果其他条件不变,即使水泥用量有某种程度的变化,在式(3-5)、式(3-9)中的 k 值没有多大影响,因而对流动性没有多大影响。但实际上 k 值多少是有变化的,所以固定加水量定则是不严密的。但这个定则用于混凝土配合比设计时,是相当方便的,既可以通过固定单位用水量,变化水胶比,得到既满足混合料工作性的要求,又满足混凝土强度要求的设计。

总的来说,在组成材料确定的情况下,单位用水量增加使混凝土拌合物的流动性增大。当水胶比一定时,若单位用水量过小,则水泥浆数量过少,集料颗粒间缺少足够的粘结材料,黏聚性较差;反之,流动性增加,而黏聚性将随之恶化,会由于水泥浆过多而出现泌水、分层或流浆现象,同时还会导致混凝土产生收缩裂缝,使混凝土强度和耐久性严重降低。

(2)混合料的水胶比、集浆比和集胶比对工作性的影响

单位混凝土中集浆比(单位混凝土拌合物中集料体积和水泥浆体绝对体积之比)一定,水泥浆用量一定,水胶比(水与所有胶凝材料的质量比)即决定水泥浆稠度。实际为了使混凝土拌合物流动性增加而增加水,务必保持水胶比不变,否则将显著降低混凝土质量。单位体积混凝土拌合物中,水胶比保持不变,水泥浆数量越多,拌合物的流动性愈大。但过多会造成流浆现象。但过少不足以填满集料的空隙和包裹集料表面,则拌合物黏聚性变差,甚至产生崩坍现象。满足工作性前提下,强度和耐久性要求,尽量采用大集浆比以节约水泥。

在式(3-2)中,固体总体积 V_s 是集料的绝对体积 a 和胶凝材料的绝对体积 B 之和,所以代入,得

$$y = Y_0 e^{-k((a+B)/W)} \tag{3-11}$$

或
$$\ln \frac{y}{y_0} = -k\left(\frac{a+B}{W}\right) = -k\left(\frac{B}{W}\right)\left(1 + \frac{a}{B}\right) \qquad (3\text{-}12)$$

由式(3-12)可以看出,混合料的流动性和水胶比、集胶比$\left(\frac{a}{B}\right)$之间存在着一定的关系。例如,如果水胶比保持不变,减少集胶比,则等式(3-12)右边绝对值变小,等式左边y值增大。如果保持集胶比不变,减少水胶比(公式中体现胶水比B/W增加),则等式右边绝对值变大,等式左边y值减小,实际上意味着单位加水量减少,流动性降低。

当要保持流动性不变时,任何集胶比的改变都要引起水胶比的变化。这种关系也可以从瑞典阿勒森德逊(Alexanderson)所得的曲线(图3-4)看出。当集料体积率很大时,需要的水胶比趋近于无限大,也就是说水泥要充分稀释到像纯粹的水一样,此时集料的体积含量称为集料极限值,此值是曲线的渐近线。这在理论上可以认为是能够达到规定的流动性时集料的最大量。在集料体积为零的另一端,表示能达到所规定流动性的纯水泥浆的水胶比,称水泥浆水胶比极限值。很明显,此值也决定于所要求的流动性,愈干硬,水胶比愈小。

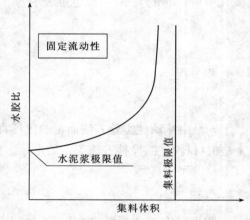

图3-4　集料体积对水胶比的影响

(3)砂率对混合料工作性的影响

砂率是指细集料质量占集料总质量的百分数。试验证明,砂率对混合料的工作性有很大的影响。根据试验资料(表3-3)表明,砂率对混合料坍落度的影响有极大值的变化。

细集料影响工作性的原因目前还不十分清楚。但一般认为适当含量的细集料颗粒组成的砂浆在混合料中起着润滑的作用,减少粗集料颗粒之间的摩擦阻力。所以在一定的含砂率范围内,随着含砂率的增加,润滑作用愈加显著,混合料的塑性黏度降低,流动性提高。但是当含砂率超过一定范围后,细集料的总表面积过分增加,需要的润湿水分增大,在一定加水量条件下,砂浆的黏度过分增加,从而使混合料流动性能降低。所以对于一定级配的粗集料和水泥用量的混合料,均有各自的最佳含砂率,使得在满足工作性要求的条件下的加水量最少。

表 3-3　砂率对混凝土坍落度的影响

序号	每立方米混凝土混合料材料用量(kg)				含砂率(%)	坍落度(mm)
	水泥	砂	砾石	水		
1	241	664	1334	156.8	33	0
2	241	705	1293	156.8	35	35
3	241	765	1232	156.8	38	50
4	241	794	1203	156.8	39.5	30
5	241	826	1178	156.8	41	15
6	241	868	1135	156.8	43	10

注:采用水胶比为0.65(不加掺合料),水泥标准稠度为23.6%。

混凝土拌合物合理砂率是指用水量和水泥用量一定情况下,能使混凝土拌合物获得最大的流动性,又能保持黏聚性和保水性能良好的砂率。

(4)水泥与集料对混合料工作性的影响

以上我们讨论了各组分的相对含量对混合料工作性的影响。此外,组分本身的特性对混合料的工作性也有影响。

① 水泥

不同品种的水泥、不同的水泥细度、不同的水泥矿物组成及混合掺料,其需水性不同。需水性大的水泥比需水性小的水泥配制的混合料,在相同的流动性条件下,需要较多的加水量。水泥的需水性以标准稠度的用水量表示,如表 3-4 所列。

表 3-4　不同水泥的需水性

水泥品种	标准稠度用水量(%)	水泥品种	标准稠度用水量(%)
普通硅酸盐水泥	21 ~ 27	矾土水泥	31 ~ 33
火山灰质硅酸盐水泥	30 ~ 45	石灰 – 火山灰水泥	30 ~ 60
矿渣硅酸盐水泥	26 ~ 30	石灰 – 矿渣水泥	28 ~ 40

可知普通硅酸盐水泥中掺入矿渣、火山灰等掺料都对水泥的需水性有影响,其中以火山灰的影响最为显著,这是因为它具有吸附及湿胀性能的缘故。采用火山灰质硅酸盐水泥配制的混合料,加水量要比用普通硅酸盐水泥增加 $15 \sim 20 \text{kg/m}^3$。水泥的矿物组成中,以铝酸钙的需水性为最大,而硅酸二钙的需水性为最小。因此矾土水泥的需水性比普通硅酸盐水泥的高。

水泥的细度愈细,则比表面增加,为了获得一定稠度的净浆,其需水量也增加。但一般说来,由于在混合料中水泥含量相对比较少,因此水泥的需水性对混合料工作性的影响并不十分显著。

② 集料

集料在混合料中占据的体积最大,因此它的特性对混合料工作性的影响也比较大。这些特性包括级配、颗粒形状、表面状态及最大粒径等。

级配好的集料空隙少,在相同水泥浆量的情况下,可以获得比级配差的集料更好的工作性。但在多灰混合料中,级配的影响将显著减少。

集料级配中,$0.3 \sim 10 \text{mm}$ 之间的所谓中等颗粒的含量对混合料工作性的影响更为显著。如果中等颗粒含量过多,即粗集料偏细,细集料偏粗,那么将导致混合料粗涩、松散,工作性差;如果中等颗粒含量过少,会使混合料黏聚性变差并发生离析。

集料的最大粒径愈大,其表面积愈小,获得相同坍落度的混合料所需的加水量愈少,但不呈线性关系。例如有些资料说明,集料的最大粒径每增加一级(如由 20mm 增加到 40mm),混合料的需水性可降低 $10 \sim 15 \text{kg/m}^3$。普通砂浆的需水性在 $200 \sim 300 \text{kg/m}^3$ 之间,而普通混凝土则在 $130 \sim 200 \text{kg/m}^3$ 之间,后者的需水性小得多,其原因就在于集料表面积减少。

扁平和针状的集料,对混合料的流动性不利。卵石及河砂表面光滑而成蛋圆形,因此使混合料的需水性减少,碎石和山砂表面粗糙且成棱角形,增加了混合料的内摩擦阻力,提高了需水性。

多孔集料,一方面由于表面多孔,增加了混合料的内摩擦阻力;另一方面由于吸水性大,因此需水性增加。例如,普通混凝土的需水性为 130～200kg/m³,而炉渣混凝土则为 200～300kg/m³,浮石混凝土则为 300～400kg/m³。

（5）外加剂

采用级配好的集料、足够的水泥用量以及合理用水量的混凝土拌合物,具有良好的工作性,但是级配不良,颗粒形状不好的集料和水泥用量不足引起的贫混凝土和粗涩的混凝土拌合物工作性下降,掺加外加剂可以使工作性得到改善。

掺加引气剂或减水剂,可以增加混凝土的工作性,减少混凝土的离析和泌水,引气剂产生的大量的不连通的微细气泡,对新拌混凝土的工作性有良好的改善作用,可增加混凝土拌合物的黏性、减少泌水、减少离析并易于抹面。对于贫混凝土,用级配不良的集料或易于泌水的水泥拌制的混凝土,掺加引气剂则更为有利。例如,对于贫混凝土掺入外加剂不仅可以改善工作性,还可增加强度。矿渣水泥混凝土泌水严重,掺加引气剂后,混凝土拌合物的黏聚性得到改善,浇注完毕的混凝土表面的泌水现象亦减少到最小。

掺加粉煤灰可以改善混凝土的工作性,粉煤灰的球形颗粒以及无论是采用超量取代或是等量取代都可使混凝土拌合物中胶凝材料浆体增加,使混凝土拌合物更具有黏性且易于捣实。

2. 环境条件和时间的影响（外因）

（1）环境条件

引起混凝土拌合物工作性降低的环境因素主要有:温度、湿度和风速。对于给定组成材料性质和配合比例的混凝土拌合物,其工作性的变化,主要受水泥的水化率和水分的蒸发率所支配。因此,混凝土拌合物从搅拌到捣实的这段时间里,温度的升高会加速水化率以及水由于蒸发而损失,这些都会导致拌合物坍落度的减小。混合料的工作性也受温度的影响（图3-5）。显然在热天,为了保持一定的工作性必须比冷天增加混合料加水量。同样,风速和湿度因素会影响拌合物水分的蒸发率,因而影响坍落度。对于不同环境条件下,要保证拌合物具有一定的工作性,必须采用相应的改善工作性的措施。

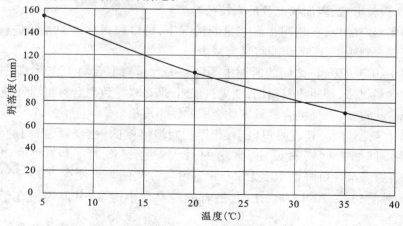

图3-5 温度对坍落度的影响(曲线为集料最大粒径38mm)

（2）时间

混凝土拌合物在搅拌后，其坍落度随时间的增长而逐渐减小，称为坍落度损失。图 3-6 给出了坍落度时间变化曲线的一个例子。由于混合料流动性的这种变化，因此浇筑时的工作性更具有实际意义，所以相应地将工作性测定时间推迟至搅拌完后十五分钟更为适宜。

拌合物坍落度损失的原因，主要是由于拌合物中自由水随时间而蒸发、集料的吸水和水泥早期水化而损失的结果。混凝土拌合物工作性的损失率，受组成材料的性质（如水泥的水化和发热特性、外加剂的特性、集料的孔隙率等）以及环境因素的影响。

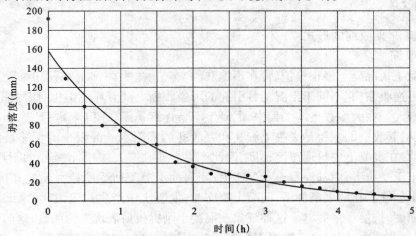

图 3-6 坍落度和拌合后时间的关系（配合比 1：2：4,0.775）

3.1.3.2 拌合物的工作性的调整与选择

1. 拌合物工作性的调整

（1）当混凝土流动性小于设计要求时，为了保证混凝土的强度和耐久性，不能单独加水，必须保持水胶比不变，增加水泥浆用量。

（2）当坍落度大于设计要求时，可在保持砂率不变的前提下，增加砂石用量，实际上减少水泥浆数量，选择合理的浆集比。

（3）改善集料级配，既可增加混凝土流动性，也能改善黏聚性和保水性。

（4）掺减水剂或引气剂，是改善混凝土工作性的有效措施。

（5）尽可能选用最优砂率，当黏聚性不足时可适当增大砂率。

2. 拌合物工作性的选择

应根据结构物的断面尺寸、钢筋配置以及机械类型与施工方法来选择。

对断面尺寸较小形状复杂或配筋特密的结构，则应选用较大的坍落度，易浇捣密实。反之对无筋厚大结构，钢筋配置稀，易于施工的结构，尽量选较小坍落度以节约水泥。

当所采用的浇筑密实方法不同时，对拌合物流动性的要求也不同。例如：振动捣实对流动性的要求较人工捣实为低。在离心成型时，就要求拌合物具有一定的流动性，以使组分均匀。

混凝土混合料的黏聚性是它抵抗分层离析的能力，黏聚性主要取决于它的细粒组分的相对含量。对于贫混凝土，特别要注意细集料和粗集料的比例，以求获得具有一定黏聚性的配合比。

在选定流动性指标以后,根据需水性定则,选择单位体积混凝土的用水量,在集料级配良好的条件下,当集料最大粒径为一定时,混凝土混合料的坍落度(流动性)取决于单位体积混凝土的用水量,而与水泥用量(在一定范围内)的变化无关。

3.2 混凝土的早期性能

3.2.1 早期收缩

3.2.1.1 早期收缩的形式

1. 干燥收缩

干燥收缩是指混凝土停止养护后,在不饱和的空气中失去内部毛细孔和凝胶孔的吸附水而发生的不可逆收缩,它不同于干湿交替引起的可逆收缩。随着环境中相对湿度的降低,水泥浆体的干缩增大。在大多数土木工程中,混凝土不会连续暴露在使 C－S－H 失去结构水的相对湿度下,故引起收缩的主要是失去毛细孔和凝胶孔的吸附水。混凝土的干缩是由表面逐步扩展到内部的,在混凝土中呈现湿度梯度,因此产生表面收缩大、内部收缩小的不均匀收缩,致使表面混凝土承受拉力,内部混凝土承受压力;当表面混凝土所受的拉力超过其抗拉强度时,混凝土便产生裂缝。在约束条件下,混凝土收缩时,混凝土中产生拉应力,如果该拉应力大于其最大抗拉强度时,便产生裂缝。这种现象在混凝土刚拆模后表现尤为明显,这时混凝土的强度很低,干缩却非常大,同时由于混凝土拆模后和空气接触使周围空气温度上升,由此导致周围空气的湿度降低,进一步加大了混凝土干缩。

混凝土内部存有自由水、结合水、化合水和层间水等各种形式,它们在内外湿度梯度的失去过程是不一样的。在初期,首先是大孔和大毛细孔($R > 1000$Å)先失水,但是这种水的失去并不会引起收缩。然后,半径小于 1000Å 的毛细孔开始失去水分。这种水分的失去就会由于毛细孔压力而产生收缩。当失去一部分水后在毛细孔中就会形成凹液面。单个毛细孔的毛细孔压力如式(3-13)所示。

$$P = \frac{2\sigma}{r} \tag{3-13}$$

式中 σ 为表面张力,周围环境湿度越低,形成凹液面的半径就越小,毛细孔压力就越大。毛细孔压力、表面张力和环境相对湿度的关系可由式(3-14)决定:

$$P = \frac{2\sigma}{r} = 1300 \ln\left(\frac{1}{\phi}\right) \tag{3-14}$$

式中 ϕ 就是相对湿度,毛细孔在混凝土中各向随机分布,因而使得混凝土各向受压而使之收缩。随着湿度的进一步降低(低于60%),吸附在水化硅酸钙凝胶体表面的吸附水会蒸发出来而使得凝胶体相互靠近最终产生不可恢复的收缩,当湿度降低到45%时水化硅酸钙凝胶体结构的层间水也会失去,这种水的失去将使混凝土大大收缩,而且这种收缩也是不可恢复的。

2. 化学收缩

水泥水化后,固相体积增加,但水泥体系的绝对体积减小。所有的胶凝材料在水化后都有这个减缩作用,大部分硅酸盐水泥在水化后体积总减少量为 7% ~9%。在硬化前,所增加的固相体积填充原来被水所占据的空间,使水泥密实,而宏观体积减缩;在硬化后,则宏观体积不变而水泥 – 水体积减缩后形成内部孔隙。因此,这种化学减缩在硬化前不影响硬化混凝土的性质。化学减缩和水泥的组成有关。

化学收缩和水化程度成正比,高性能混凝土存在大量未水化水泥颗粒,尽管其单位体积胶凝材料用量较大,其化学收缩和普通混凝土相比仍然较小。但如掺用活性很高的矿物掺和料(如硅灰或超细矿渣),则化学收缩会在一定范围内随其掺量的增加而增加。

3. 塑性收缩

塑性收缩发生在硬化前的塑性阶段,是指塑性阶段混凝土由于表面失水速率大于泌水速率而产生的收缩,多见于道路、地坪、楼板等大面积的工程,以夏季有风的情况下施工最为普遍。混凝土在新拌的状态下,拌合物中颗粒间充满水,如果养护不足,表面失水速率超过内部水向表面迁移的速率时,则会造成毛细管中产生负压,使浆体产生塑性收缩。塑性收缩常伴随着不可见裂缝的发展。

高性能混凝土的水胶比低,自由水分少,辅助胶凝材料对水有更高的敏感性,在上述工程中容易发生塑性收缩而引起的表面开裂。影响塑性收缩开裂的外部因素是风速、环境温度、凝结时间和相对湿度等,内部因素是水胶比、辅助胶凝材料、浆集比、混凝土的温度;延缓混凝土凝结速率等措施都能控制塑性收缩,最有效的方法是终凝前(开始常规养护)保持混凝土表面的湿润,如在表面覆盖塑料薄膜、喷洒养护剂等。

4. 温度收缩

温度收缩主要是混凝土内部温度由于水泥水化而升高,最后又冷却到环境温度时产生的收缩。其大小与环境温度、混凝土浇筑温度、混凝土的热膨胀系数、混凝土最高温度和降温速率有关。降低温升、减小降温速率、提高混凝土的抗拉强度、使用热膨胀系数低的集料(石灰岩、辉长岩),有利于减少冷缩和防止开裂。高性能混凝土中大量辅助胶凝材料的使用,使混凝土的绝热温升得到了有效降低(硅粉除外)。混凝土中温度升高主要发生浇筑以后几个小时内。在相同的胶凝材料用量条件下,与纯水泥混凝土比较,尽管硅粉混凝土总放热量较低,但温升却较高,其原因是它早期放热速度快。

5. 碳化收缩

空气中含 CO_2 约为 0.04%,在相对湿度合适的条件下,CO_2 能和混凝土表面由于水泥水化生成的水化物很快地起反应,称为碳化,伴随有体积收缩,称为碳化收缩。碳化收缩是不可逆的。

碳化收缩导致混凝土中 $Ca(OH)_2$ 含量的减少,从而引起水泥浆体中的碱度下降,继而其他水化物也可发生碳化反应,拌有水分的损失,也引起体积收缩,并且进而可使 $C–S–H$ 的钙硅比减小。

碳化反应伴随的收缩是相对湿度的函数,无论是单纯的碳化,还是由于干缩的同时发生的碳化,或者干燥及其后碳化产生的收缩,都在相对湿度 45% ~65% 时最大,应当尽量避免。普通混凝土的碳化速度与水胶比近似成线性关系。掺入辅助胶凝材料部分代替水泥后,在相同的水胶比下,碳化速率增加,降低混凝土的水胶比,则可达到相近的碳化速率。

6. 自收缩

自收缩是指在恒温绝湿的条件下混凝土初凝后因胶凝材料的继续水化引起自干燥而造成

的混凝土宏观体积的减少。自收缩最早是在 1934 年由 Lyman 提出,到 1940 年 H. E. Divis 定义了自收缩。在当时的水胶比比较大,测到的混凝土自收缩值为 50×10^{-6},这和干燥收缩几乎少了一个数量级,因此在当时没有引起足够的重视,但是随着今天高强高性能混凝土的发展,自收缩的作用越来越明显。

混凝土自收缩机理比较复杂,还没形成很成熟的理论,现在比较认同的是毛细管张力学说。根据定义可知自收缩在低水胶比的高性能混凝土表现明显,由于未水化的胶凝材料的继续水化需要水分,当无水或是水化耗水速率大于外界水迁移速率时在混凝土内部就会发生水分迁移,因而内部孔隙形成凹液面,这种凹液面的形成就会在混凝土内部产生拉力,从而产生收缩,这种收缩就是自收缩。毛细孔压力可以通过 LaPlace 定律计算出:

$$P_v - P_e = 2\sigma\cos\frac{\alpha}{r} \tag{3-15}$$

式中　σ——气 - 液界面表面张力;

　　α——固 - 液接触角;

　　P_e——水压力;

　　P_v——水蒸气压力;

　　r——毛细孔半径。

计算表明,当水泥浆体中内部湿度由 100% 降低到 80% 时,毛细孔压力从 0 增加到 30MPa。

3.2.1.2　胶凝材料对混凝土早期收缩的影响

混凝土属于多相复合材料,每一种成分由于自身特性对混凝土收缩影响权重也各不相同。同时由于混凝土材料的不均匀性,组成结构也较为复杂,因而只能定性分析每一组分对混凝土结构收缩的影响。

1. 水泥

水泥的矿物组成、细度和用量会影响到水化放热量、放热速率、化学收缩量等,从而对混凝土的早期收缩开裂产生至关重要的影响。因此,一般通过选择适宜的矿物组成和调整水泥的细度,来降低水泥的水化热。水泥矿物组成中铝酸三钙(C_3A)和硅酸三钙(C_3S)含量高的,其水化热较高。为减少水泥的水化热,需降低熟料中 C_3A 和 C_3S 的含量。同时在不影响水泥活性的情况下,水泥细度不宜过细,这样可减少混凝土的收缩应力。此外,在保证混凝土强度等级、工作性、耐久性的情况下,应限制水泥单位用量,以减少水泥的发热总量,从而降低混凝土内部的最高温度及所引起的温度应力。

2. 集料

集料作为混凝土材料组成中体积含量最大的组分,在混凝土中所占的体积可达 60% ~ 70%,一般不发生反应,具有较高的弹性模量,会抑制水泥浆体收缩的开展。集料对收缩的影响主要表现在两个方面:一是集料作为混凝土结构的骨架,可抑制水泥浆体的收缩行为;二是集料体积份额较大,一定程度上影响混凝土中水分的湿扩散作用,从而导致水泥石的收缩发生改变。在配合比设计阶段,应尽量扩大粗集料的粒径,采用级配良好的中粗砂,优化集料级配,同时在配合比相同条件下,采用热膨胀系数比较低的碎石。

3. 矿物掺合料

矿物掺合料掺入混凝土中可减少水泥用量,从而降低水泥发热量并延缓其放热时间,这有利于减缓混凝土的温升过程。矿物掺合料产生的火山灰效应、微集料效应和形态效应有助于混凝土内部各组分更加合理分布堆积,使混凝土中总的孔隙率降低,孔结构进一步的细化,分布更加合理,使硬化后的混凝土更加致密,相应的收缩值也减少,有利于防裂。但有些矿物掺合料也可延缓混凝土强度发展或增大干缩,这需要通过相关试验研究来确定。

4. 外加剂

随着混凝土技术的发展,外加剂已经逐渐成为混凝土中不可替代的重要组分。外加剂品种繁多,其影响也不尽相同:减水剂能改善混凝土的和易性,降低水胶比,提高混凝土强度或在保持混凝土一定强度时减少水泥用量,降低水化热对防止开裂十分有利;缓凝剂具有抑制水泥水化的作用,它延缓了水化热升温峰值出现的时间,从而延长了水化放热的时间,使混凝土内部的水化热缓慢而又充分地向外释放。在总放热量不变条件下,混凝土内部热量积聚得越少,则产生的升温峰值便越低,有利于防止开裂;引气剂对改善混凝土的工作性、耐久性皆十分有利,此外还能在一定程度上增加混凝土的抗裂性能。但值得注意的是,外加剂掺量不能过大,否则会产生负面影响。简言之,掺入适宜的外加剂能有助于降低收缩,但需注意其掺量。

3.2.2 早期开裂

高强混凝土密实度高,水胶比低,由于这种混凝土自收缩大且主要发生在早期,往往导致混凝土在硬化期间产生大量微裂缝。混凝土中裂缝的存在使混凝土抵抗外界物质侵蚀的能力降低,混凝土的耐久性和寿命将大大下降,有的因严重开裂而造成工程质量事故,从而使混凝土结构并不像人们所想象的那么耐久。因此,研究如何控制或减少高性能混凝土的早期开裂性能就显得非常重要。影响混凝土早期开裂的因素非常复杂,混凝土是一种非均质的复合材料,其抗拉强度远低于抗压强度,所以在混凝土内部产生的拉应力大于抗拉强度时,就产生裂缝。

人们通常将混凝土在浇筑数天后就出现的开裂现象称之为早期开裂。所谓混凝土的早期开裂,有人认为是 1d 内的开裂,有人认为是 3d 内的开裂,但认为 1d 内的开裂者居多。

新拌混凝土塑性变刚性的阶段是极限应变值最小的阶段,是混凝土最容易开裂的阶段。在混凝土凝结阶段,还没有荷载作用(自重除外),如果不考虑基础下沉,那么应变主要来源于混凝土失水引起的塑性收缩应变、水泥水化所引起的化学减缩与自收缩以及水泥水化热引起的温度应变等因素。

1. 塑性干缩裂缝

塑性收缩也称硬化前或凝结前收缩,新拌混凝土在凝结过程中由于泌水速度小于蒸发干燥速度,表面的混凝土已相当稠硬不能流动,没有足够塑性,强度不足以抵抗因收缩受到限制所引起的应力改变时,塑性干缩裂缝产生;出现裂缝后,混凝土体内的水分蒸发进一步加快,裂缝宽度迅速扩展,这种裂缝常见于浇筑后混凝土构件的外露表面干燥收缩裂缝。混凝土进入硬化阶段后,由于毛细孔水分蒸发,毛细孔的表面张力使混凝土产生收缩应变,当该应变超过混凝土抗拉强度时,干燥收缩裂缝产生。

影响混凝土塑性收缩的主要因素是风速、相对湿度、气温和混凝土本身温度。高风速、低相对湿度、高气温和高的混凝土温度将使混凝土失水加剧,从而增加塑性收缩。从这些数据可以看出,降低环境风速和温度,提高环境湿度,均有利于减少混凝土的塑性收缩。混凝土的塑性收缩在夏季最为严重。事实上,只要加强早期养护,塑性开裂是可以避免的。

2. 化学减缩裂缝与自收缩

混凝土化学减缩裂缝与自收缩也是它早期易开裂的另一原因。水泥与水起化学反应时,固相体积逐渐增加,而水泥－水体系的总体积逐渐减少,留下一定数量的减缩孔,因此水泥浆体的减缩与水化程度有关,水化程度越高化学减缩越大。水泥与水发生反应,其生成物的体积总和小于反应物的体积,这部分体积差由毛细管等孔隙所取代。这种收缩是不可恢复的,对于大体积混凝土影响较明显。温度较高、水泥用量较大和水泥细度较细时,其值亦增大。

混凝土的自收缩其实质是由水泥水化时的化学减缩所引起的。混凝土的自收缩小于水泥的化学减缩,可能是化学减缩受到集料的抑制以及游离水对减缩孔填充的缘故。有人认为,水胶比大于 0.4 的混凝土不会产生自收缩。据此,可以认为 C30～C40 混凝土基本上是不会产生自收缩的,或者说自收缩不是 C30～C40 混凝土早期开裂的主要原因,只有低水胶比的高强混凝土才产生较严重的自收缩。在低水胶比的高强混凝土中,由于水泥水化快加上没有游离水的补充可能产生较严重的自收缩。在混凝土浇筑后就盖湿麻袋可为减缩孔提供水分从而减少化学减缩引起的混凝土自收缩。

3. 水泥水化热引起的温度应变

温度应力是水泥工作者容易忽视的问题。Springenschmid 认为,混凝土 2/3 的应力来自于温度变化,1/3 来自干缩和湿胀。水泥水化热是混凝土早期温度应力的主要来源。水化热对大体积混凝土如大型房屋的基础底板和水利工程堤坝会引起不良影响。由于混凝土导热系数小,不容易散热,水泥水化放出的热量可使大体积混凝土内部温度升高 20～70℃以上,混凝土内外温差的应变就会产生应力而导致裂缝。混凝土的热膨胀系数随集料不同而变化,通常在 $(6～12)×10^{-6}/℃$ 范围。对含天然砂和集料的混凝土,其热膨胀系数可认为是 $10×10^{-6}/℃$。若混凝土内部温升为 25℃(或外部降低 25℃),则可产生的温度应变为 $250×10^{-6}$,假定混凝土的弹性模量为 $2.1×10^{4}MPa$,那么在温度应变完全受约束所产生的拉应力为 5.3MPa,按抗拉强度为抗压强度 10% 计,足可使 C40 混凝土开裂,因此热应变对混凝土的开裂,特别是早期开裂影响很大。从减少混凝土早期温度应变出发,应尽量减少水泥水化热。国内外混凝土专家要求混凝土 1d 强度不大于 12MPa 或 12h 强度不大于 6MPa,其实质是降低早期水化速率和水化热,减少自收缩和温度应变所产生的应力。有些施工人员反映细度太细、强度太高的水泥配制的混凝土容易开裂,其实质也是这些水泥早期水化快,水化热大,使混凝土自收缩大和温度应力大的结果。对水胶比小的混凝土,自收缩和温度的影响更甚。混凝土成型后盖湿麻袋养护不开裂是因为它起到保湿保温的作用。

4. 混凝土的均匀性

在混凝土的拌合过程中,在外力的作用下,混凝土的各种组分的分布趋于均匀。但从混凝土浇筑开始到混凝土失去流动性的过程中,由于混凝土中各组分的密度不同,将使混凝土的均匀性受到破坏。混凝土结构的不均匀性,必然导致混凝土中薄弱环节的出现。在外力或内应力的作用下,在这些薄弱环节的部位将出现裂缝。混凝土在塑性阶段的沉降裂缝,有些就是由于混凝土的均匀性受到破坏所致。硬化前的新拌混凝土集料下沉和泌水使钢筋底部形成空隙、钢筋顶部混凝土开裂。

5. 矿物掺合料的影响

有关研究表明,矿物掺合料对混凝土耐久性的提高有很大的帮助。但是,由于对矿物掺合料性能不甚了解,盲目地大量使用矿物掺合料,也是造成混凝土开裂的原因之一。例如大掺量粉煤灰会使混凝土的早期强度下降,在养护不当时,混凝土容易在早期出现开裂现象;一些超细的矿物掺合料(如矿渣微粉和硅灰)在低水胶比下使用时,会造成混凝土较大的自缩;矿渣微粉越细,其活性越高,不利于降低混凝土的温升,混凝土产生的早期收缩也越严重。矿渣等粉状掺合料,一般都会增加混凝土的自收缩和干缩值,混凝土由于自收缩而在早期出现裂缝的情况也经常出现。

以上分析了可能使混凝土产生裂缝的原因。但是,由于混凝土本身的复杂性以及混凝土与周围环境相互作用的复杂性,混凝土裂缝的产生一般不是由单一的因素造成的,它的形成往往是多种因素共同作用的结果,简单地将混凝土裂缝的出现归结为材料选用不当或环境恶劣是不可取的。正确的观点是将混凝土置于其所处的环境中,从混凝土自身组成和结构、所处的环境、与环境的相互作用等方面,系统考察各种可能使混凝土产生裂缝的原因,经过周密的分析,从中找出致使混凝土产生裂缝的主要因素。

3.2.3　对策

混凝土结构裂缝发生的原因很复杂,也是不可避免的,混凝土裂缝的防治重点在于"防",而不在于"治"。裂缝发生后,必须先查明裂缝产生的原因,判明裂缝的类型,才能选择正确的处理方法,同时要通过合理设计混凝土配合比、正确选用原材料、合理设计建筑结构、加强施工监控、严格遵守施工技术规程、提高施工技术水平,这样才有可能最大程度减少混凝土裂缝的产生,把裂缝宽度控制在设计范围内,尽量减少裂缝造成的危害。

1. 合理设计施工配合比

设计最优配合比。根据最少的水泥用量、适当的堆积密度和水胶比原则,选用适宜的材料,可以减少混凝土收缩,提高混凝土的抗裂性。不同的配合比,混凝土的收缩差异较大。因此,通过优化混凝土的配合比,可以减少混凝土收缩,从而减少裂缝。

(1)砂率的选择

适当砂率的选择对控制混凝土的裂缝有积极作用,混凝土的干燥收缩随砂率的增大而增大。由于砂率减小使粗集料含量增大,在相同条件下混凝土的弹性模量较高,收缩量较小,而且由于粗集料对收缩的约束作用,可减少开裂的可能。

(2)水胶比的选择

随着对强度要求的提高,要求更小的水胶比,除了加入高效减水剂外,水泥用量也相应增大,而导致早期水化过快、早期强度高,这些作用都加剧了混凝土早期塑性开裂。

(3)选用中低水化热水泥

水泥的品种和细度均会影响混凝土的收缩,Tazawa 研究早强水泥的自收缩较大,如含 C_3A 高的水泥配制的混凝土的自收缩大。水泥细度越高,相应的水化速度也越快。中低水化热水泥可使水泥在拌合过程中水化热释放较小,显著减少混凝土升温,如选用矿渣硅酸盐水泥、火山灰质硅酸盐水泥、非早强型水泥。

（4）选择合适的集料

一般认为,在混凝土中主要是水泥浆收缩而集料起限制作用。因此,集料的形状、含量、弹性模量和含泥量对混凝土自身收缩有较大影响。选用含泥量小、针片状少且级配良好的石子和细度模数在 2.3 以上的砂子,可有效降低集料的空隙率,减少水泥浆的用量,达到减小收缩的目的。

（5）掺合料的选择

掺合料在高性能混凝土中使用非常普遍,目前最常用的混凝土掺合料为粉煤灰、硅粉和矿渣粉,但不同的掺合料对混凝土收缩性能的影响程度不同。有研究认为,粉煤灰在水泥混凝土中可取代一定量的水泥,降低了水泥用量,由于其"活性效应",即粉煤灰与水泥的水化产物 $Ca(OH)_2$ 进行"二次水化",生成凝胶体的速度远远低于水泥,使混凝土的早期强度降低,后期强度增长快。早期强度越小,则早期收缩值、弹模也越小,有利于减小早期开裂风险。即在混凝土中加入优质粉煤灰,掺入量一般为水泥用量的 20% 左右,掺入缓凝型减水剂,用量为水泥用量的 1.0% 左右。通过采用双掺技术,减少水泥用量,降低水化热并使混凝土在常温下延长初凝时间。

和粉煤灰相类似,矿渣也可取代一定量的水泥,作用类似于粉煤灰。另外,当液体中减水剂由于水化反应消耗而降低时,吸附在矿渣细粉颗粒表面的减水剂通过解吸迁移到液相中,有效地维持了液相中减水剂的浓度,减缓了拌合物的初凝速度,因此掺磨细矿渣掺合料配制的混凝土具有一定的缓凝效果,使混凝土的早期强度降低,早期强度越小,则早期收缩值、弹模也越小,有利于减小早期开裂风险。

2. 调整混凝土其他材料组成

（1）掺入纤维

大量的工程实践证明,解决混凝土因塑性收缩、干燥收缩等原因而引起微裂纹的有效手段之一就是发展纤维混凝土。在混凝土中加入较低掺量的纤维,可减少和防止混凝土在浇筑后早期硬化阶段的塑性收缩裂缝和微裂纹;也可以减少和防止混凝土硬化后期产生干缩裂缝及温度变化引起的微裂纹,从而改善混凝土的防渗、抗冻、抗冲击等性能。这是由于纤维的比表面积大,与砂浆产生的黏聚力也大,在浆体中起到了一定的骨架连接作用。

（2）引气剂

通过掺加引气剂,混凝土中存在大量的微小的气泡,而气体的引入,显著地改变了硬化浆体的毛细孔结构,形成了大量封闭孔,切断了毛细管的通路,同时在水泥颗粒表面形成了憎水性膜,从而降低了毛细管的抽吸作用和由于毛细孔收缩压力引起的塑性干缩变形。另一方面,气体的引入,增强了早期混凝土的塑性,使混凝土在早期具有较小的弹性模量,微小气泡对水泥浆体的支撑作用,对混凝土塑性收缩压力起到了一定抵销和缓解作用,所以说合适的含气量可以减小早期开裂的风险。

（3）减缩剂

减缩剂是 20 世纪 80 年代专门为减少混凝土干燥收缩和自收缩而开发出来的一种新型化学外加剂,它通过降低混凝土内部毛细孔溶液的表面张力,改善混凝土的孔结构,从而减小混凝土的收缩。此后,美国、日本开发了多种减缩剂新产品,主要分为三类:聚醚类、聚乙二醇类及低级醇环氧乙烷加成物类。这些产品用于混凝土中可使混凝土早期及后期的收缩率低 40% ~60%。

（4）掺入聚合物颗粒法

国外有学者采用在水泥基材料中加入一种超吸附的聚合物颗粒（SPA）,以达到减小自生收缩的目的。在搅拌过程中,SPA 吸水形成宏观含水物,随着水泥的水化,被 SPA 吸附的自由水可以释放出来减缓自干燥。实验室的试验结果表明,SPA 对减小水泥砂浆的自生收缩效果明显,但目前尚未用于混凝土。

3. 浇筑时的控制措施

(1)充分考虑钢筋分散应力的作用,即控制裂缝扩展,减少裂缝宽度和数量。适当配筋,钢筋将约束混凝土的塑性变形,从而分担混凝土的内应力,推迟裂缝的出现。提高混凝土的极限拉伸。从有利于抗裂的角度使用构造用筋。所谓"适当",就是配筋应做到细、密,尤其对于板墙和薄壁结构效果较佳。

(2)夏季施工应注意降低混凝土的入模温度,重要的是尽量提前在混凝土处于塑性阶段开始采取降温措施。在混凝土降温阶段,无论是冬季还是夏季,应采取合理的保温保湿制度。应特别控制混凝土内部温度降速太快。应尽早开始湿养护,而且应该是不间断浇水。浇水周期充足而不是随意延长。

(3)加强混凝土的浇灌振捣,提高密实度。

(4)混凝土尽可能晚拆模,拆模后混凝土表面温度不应下降 15℃ 以上。

(5)采用两次振捣技术,改善混凝土强度,提高抗裂性。在混凝土初凝前进行二次振捣,在初凝后进行二次压光抹面。Mehta 认为,对尚处于塑性状态的混凝土施加二次振动,可减少面积大而薄的工程的沉降裂缝和塑性收缩裂缝。二次振动还可改善混凝土与钢筋之间的粘结,缓解粗集料四周的塑性收缩力,从而增进混凝土的强度。

4. 改善早期养护措施

养护时间应根据温度控制和保证湿度的原则。混凝土的水泥水化速度非常快,如果持续有外来水分保证水化反应,则混凝土内的毛细管将不会形成弯月面,因而可消除自生收缩。好的早期养护方法,可以最大限度地避免自生收缩和干燥收缩的发生。在混凝土养护的后期,即使发生一定的干燥,但由于混凝土本身已具有足够高的抗拉强度,可减小高性能混凝土因收缩而引发开裂的可能。《混凝土结构工程施工质量验收规范》(GB 50204—2002)第 7.4.7 条规定:"应在混凝土浇注完毕后 12h 以内对混凝土加以覆盖并保湿养护;混凝土浇注养护时间不得少于 14d,浇水次数应能保持混凝土处于潮湿状态;采用塑料布覆盖养护的混凝土,其敞开的全部产品应覆盖严密,并保持塑料布内有凝结水"。

3.3　混凝土的力学性能

3.3.1　混凝土的强度及影响因素

3.3.1.1　混凝土的强度

强度是混凝土最重要的力学性质,因为混凝土结构物主要用以承受荷载或抵抗各种作用力。虽然在实际工程中还可能要求混凝土同时具有其他性能,如抗渗性、抗冻性等,甚至这些性能可能更为重要,但是这些性能与混凝土强度之间往往存在着密切关系。一般来说,混凝土的强度愈高,其刚性、不透水性、抵抗风化和某些侵蚀介质的能力也愈高;另一方面,混凝土强度愈高,干缩也较大,同时较脆、易裂。混凝土的强度包括抗压、抗拉、抗弯、抗剪以及握裹钢筋强度等,其中抗压强度值最大,而且混凝土的抗压强度与其他强度间有一定的相关性,可以根据抗压强度的大小来估计其他强度值。另外,工程上混凝土主要承受压力,因此混凝土的抗压强度是最重要的一项性能指标。

1. 混凝土立方体抗压强度与强度等级

按照国家标准《普通混凝土力学性能试验方法标准》(GB/T 50081—2002)规定,水泥混凝土抗压强度是按标准方法制作的 150mm×150mm×150mm 立方体试件,在标准条件(温度 20℃±2℃,相对湿度 95% 以上)下,养护到 28d 龄期,测得的抗压强度值为混凝土立方体试件抗压强度(简称立方体抗压强度),以 f_{cu}(MPa)表示,按式(3-16)计算:

$$f_{cu} = \frac{F}{A} \tag{3-16}$$

式中　f_{cu}——立方体抗压强度(MPa)

　　　f——极限荷载(N);

　　　A——受压面积(mm^2)。

以 3 个试件测值的算术平均为测定值。如任一个测定值与中值的差超过中值的 15% 时,则取中值为测定值;如有两个测定值的差值均超过上述规定,则该组试验结果无效。试验结果计算至 0.1MPa。

混凝土抗压强度以 150mm×150mm×150mm 的方块为标准试件,其他尺寸试件抗压强度换算系数如表 3-5 所示,并应在报告中注明。等混凝土强度等级 ≥C60 时,宜采用标准试件;使用非标准试件时,换算系数应由试验确定。

表 3-5　抗压强度尺寸换算系数表

试件尺寸(mm)	100×100×100	150×150×150	200×200×200
换算系数 k	0.95	1.00	1.05
集料最大粒径(mm)	30	40	60

按照国家标准《混凝土结构设计规范》(GB 50010—2010),混凝土强度等级应按立方体抗压强度标准值确定。立方体抗压强度标准值系指按标准方法制作和养护的边长为 150mm 的立方体试件,在 28d 龄期用标准试验方法测得的具有 95% 保证率的抗压强度,以 $f_{cu,k}$ 表示。

混凝土"强度等级"是根据"立方体抗压强度标准值"来确定的。强度等级表示方法是用符号"C"和"立方体抗压强度标准值"两项内容表示。例如"C40",即表示混凝土立方体抗压强度标准值 $f_{cu,k}$ 为 40MPa。普通混凝土划分为 14 个强度等级:C15、C20、C25、C30、C35、C40、C45、C50、C55、C60、C65、C70、C75 和 C80。混凝土强度等级是混凝土结构设计、施工质量控制和工程验收的重要依据。

素混凝土结构的混凝土强度等级不应低于 C15;钢筋混凝土结构的混凝土强度等级不应低于 C20;当采用强度等级 400MPa 及以上的钢筋时,混凝土强度等级不得低于 C25。预应力混凝土结构的混凝土强度等级不宜低于 C40,且不应低于 C30;当承受重复荷载的钢筋混凝土构件时,混凝土强度等级不应低于 C30。

2. 混凝土的轴心抗压强度和轴心抗拉强度

(1)轴心抗压强度

混凝土的立方体抗压强度只是评定强度等级的一个标志,它不能直接用来作为结构设计的依据。为了符合工程实际,在结构设计中混凝土受压构件的计算采用混凝土的轴心抗压强度。轴心抗压强度的测定采用 150mm×150mm×300mm 棱柱体作为标准试件,在标准养护条件下,养护至规定龄期。以立方抗压强度试验相同的加荷速度,均匀而连续地加荷,当试件接近破坏而开始迅速变形时,应停止调整试验机油门,直至试件破坏,记录最大荷载。轴心抗压强度设计值以 f_c 表示,轴心抗压强度标准值以 f_{ck} 表示。按式(3-17)计算:

$$f_{ck} = \frac{F}{A} \qquad (3-17)$$

式中　f_{ck}——混凝土轴心抗压强度(MPa);

　　　f——极限荷载(N);

　　　A——受压面积(mm^2)。

取 3 根试件试验结果的算术平均值作为该组混凝土轴心抗压强度。如任一个测定值与中值的差超过中值的 15% 时,则取中值为测定值;如有 2 个测定值与中值的差值均超过上述规定时,则该组试验结果无效,结果计算至 0.1MPa。采用非标准尺寸试件测得的轴心抗压强度,应乘以尺寸系数,对 200mm×200mm 截面试件为 1.05,对 100mm×100mm 截面试件为 0.95。试验表明,轴心抗压强度 f_c 比同截面的立方体强度值 f_{cu} 小,棱柱体试件高宽比 h/a 越大,轴心抗压强度越小,但当 h/a 达到一定值后,强度就不再降低。但是过高的试件在破坏前由于失稳产生较大的附加偏心,又会降低其抗压的试验强度值。试验表明:在立方体抗压强度 f_{cu} 为 10~55MPa 的范围内,轴心抗压强度与立方体抗压强度之比约为 0.70~0.80。

(2)轴心抗拉强度

混凝土是一种脆性材料,在受拉时很小的变形就要开裂。混凝土的抗拉强度只有抗压强度的 1/10~1/20,且随着混凝土强度等级的提高,比值降低。混凝土在工作时一般不依靠其抗拉强度,但抗拉强度对于抗开裂性有重要意义,在结构设计中抗拉强度是确定混凝土抗裂能力的重要指标。有时也用它来间接衡量混凝土与钢筋的粘结强度等。

混凝土抗拉强度采用立方体劈裂抗拉试验来测定,称为劈裂抗拉强度 f_{ts}。该方法的原理是在试件的两个相对表面的中线上,作用着均匀分布的压力,这样就能够在外力作用的竖向平面内产生均布拉伸应力(图 3-7),混凝土劈裂抗拉强度应按式(3-18)计算

$$f_{ts} = \frac{2F}{\pi A} = 0.637\frac{F}{A} \qquad (3-18)$$

式中　f_{ts}——混凝土劈裂抗拉张度(MPa);

　　　f——破坏荷载(N);

　　　A——试件劈裂面面积(mm^2)。

混凝土轴心抗拉强度 f_t 可按劈裂抗拉强度 f_{ts} 换算得到,换算系数可由试验确定。

各强度等级的混凝土轴心抗压强度标准值 f_{ck}、轴心抗拉强度标准值 f_{tk} 应按表 3-6 采用。

还需注意的是,相同强度等级的混凝土轴心抗压强度设计值 f_c、轴心抗拉强度设计值 f_t 低于混凝土轴心抗压、轴心抗拉强度标准值 f_{ck}、f_{tk}。

当混凝土强度等级低于 C30 时,以 0.02~0.05MPa/s 的速度连续而均匀地加荷;当混凝土强度等级不低于 C30 时,以 0.05~0.08MPa/s 的速度连续而均匀地加荷,当上压板与试件接近时,

调整球座使接触均衡,当试件接近破坏时,应停止调整油门,直至试件破坏,记下破坏荷载,准确至 0.01kN;劈裂抗拉强度测定值的计算及异常数据的取舍原则,同混凝土抗压强度测定值的取舍原则相同。采用本试验法测得的劈裂抗拉强度值,如需换算为轴心抗拉强度,应乘以换算系数 0.9。采用 100mm × 100mm × 100mm 非标准试件时,取得的劈裂抗拉强度值应乘以换算系数 0.85。

表 3-6   混凝土强度标准值

强度种类	混凝土强度等级													
	C15	C20	C25	C30	C35	C40	C45	C50	C55	C60	C65	C70	C75	C80
f_{ck}	10.0	13.4	16.7	20.1	23.4	26.8	29.6	32.4	35.5	38.5	41.5	44.5	47.4	50.2
f_{tk}	1.27	1.54	1.78	2.01	2.20	2.39	2.51	2.64	2.74	2.85	2.93	2.99	3.05	3.11

3. 混凝土的抗折强度

水泥混凝土抗折强度是水泥混凝土路面设计的重要参数。在水泥混凝土路面施工时,为了保证施工质量,也必须按规定测定抗折强度。

根据《普通混凝土力学性能试验方法标准》(GB/T 50081—2002)规定,抗折实验装置如图 3-8 所示。实验机应能施加均匀、连续、速度可控的荷载,并带有能使两个相等荷载同时作用在试件跨度 3 分点处的抗折实验装置。抗折强度试件应符合表 3-7 的规定。

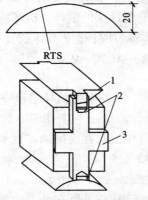

图 3-7   混凝土劈裂抗拉试验
1—垫块;2—垫条;3—支架

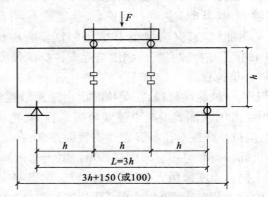

图 3-8   抗折试验装置

当试件尺寸为非标准试件时,应乘以尺寸换算系数 0.85。当混凝土强度等级 ≥ C60 时,宜采用标准试件;使用非标准试件时,尺寸换算系数应由试验确定。

表 3-7   抗折强度试件尺寸

标准试件	非标准试件
150mm × 150mm × 600mm(或 550mm)的棱柱体	150mm × 150mm × 400mm 的棱柱体

试件在标准条件下,经养护 28d 后,在净跨 450mm、双支点荷载作用下按三分点加荷方式测定其抗折强度 f_{tf},可按式(3-19)计算:

$$f_{tf} = \frac{FL}{bh^2} \tag{3-19}$$

式中 f_{tf}——混凝土的抗折强度(MPa);

F——极限荷载(N);

L——支座间距离,$L = 450mm$;

b——试件宽度(mm);

h——试件高度(mm)。

抗折强度测定值的计算及异常数据的取舍原则,同混凝土抗压强度测定值的取舍原则相同。如断面位于加荷点外侧,则该试件之结果无效;如有两根试件之结果无效,则该组结果作废。

4. 混凝土与钢筋的粘结强度(握裹强度)

路桥工程中有许多钢筋混凝土结构,在钢筋混凝土结构中,配有拉筋、压筋及构造钢筋等,要使这类复合材料安全受力,混凝土与钢筋之间必须有适当的粘结强度。

混凝土与钢筋的粘结强度主要是由于混凝土与钢筋之间的摩擦力、钢筋与水泥石之间的粘结力及变形钢筋的表面机械啮合力引起的,混凝土相对于钢筋的收缩也有影响。一般来说,粘结强度与混凝土质量有关,在抗压强度小于 20MPa 时,粘结强度与抗压强度成正比,随着抗压强度的提高,粘结强度增加值逐渐减小。此外,粘结强度还受其他许多因素的影响,如钢筋尺寸及变形钢筋种类;钢筋在混凝土中的位置(水平钢筋或垂直钢筋);加载类型(受拉钢筋或受压钢筋),以及干湿变化、温度变化等都会影响粘结强度值。

目前还没有一种适当的标准试验能准确测定混凝土的粘结强度。为了对比不同混凝土的粘结强度,美国材料试验学会(ASTM C234)提出了一种拔出试验方法,混凝土试件为边长 150mm 的立方体,其中埋入 $\phi 19mm$ 的标准变形钢筋,试件采用标准方法制做。试验时以不超过 34MPa/min 的速度对钢筋施加拉力,直到钢筋发生屈服,或混凝土劈开,或加荷端钢筋滑移超过 2.5mm。记录出现上述三种任一情况时的荷载值,用式(3-20)求混凝土与钢筋的粘结强度。

$$f_{粘} = \frac{f}{\pi dl} \tag{3-20}$$

式中　$f_{粘}$——粘结强度(MPa);

　　d——钢筋直径(mm);

　　l——钢筋埋入混凝土中长度(mm);

　　f——测定的荷载值(N)。

5. 水泥混凝土强度早期推定

我国现行交通行业标准《公路工程水泥及混凝土试验规程》(JTGE 30—2005)已将"1h 促凝压蒸法"(T 0563—2005)列入规程,该法可根据 1h 压蒸快硬试件的抗压和抗折强度,推定标准养护 28d 龄期的混凝土抗压和抗折强度。

测定压蒸试件的快硬强度:按同样的方法,测定和计算压蒸试件的快硬抗压和抗折强度。试件从拆模到强度试验结束,应在 30min 内完成。

混凝土标准养护 28d 抗折与抗压强度经验式的确定。根据压蒸试件的快硬抗折和抗压强度,采用下列事先建立的强度关系式(3-21)和式(3-22),分别推定标准养护 28d 龄期混凝土的抗压与抗折强度的推定值。

$$f_{28} = a_1 + b_1 f_{1h} \tag{3-21}$$

$$f_{b28} = a_2 + b_2 f_{b1h} \tag{3-22}$$

式中　　　f_{28}，f_{b28}——分别为标准养护 28d 混凝土试件抗压强度和抗折强度推定值（MPa）；

　　　　　f_{1h}，f_{b1h}——分别为压蒸快硬混凝土试件抗压和抗折强度测定值（MPa），

　　a_1，b_1；a_2，b_2——通过试验求得系数（与混凝土组成材料性质和压蒸养护方法有关）。

用该试验推定混凝土标准养护 28d 龄期的抗压与抗折强度，应事先建立同材料、同压蒸方法的混凝土强度推定公式，并经现场试用验证，证明其推定精度满足使用要求后，方可正式采用。

3.3.1.2　影响硬化后混凝土强度的因素

混凝土的破坏情况有三种：一是集料破坏，多见于高强混凝土；二是水泥石破坏，这种情形在低强度等级的混凝土中并不多见，因为配制混凝土的水泥强度等级大于混凝土的强度等级；三是集料与水泥石的粘结界面破坏，这是最常见的破坏形式。所以混凝土强度主要决定于水泥石强度及其与集料的粘结强度，而水泥石强度及其与集料的粘结强度又与水泥强度、水胶比、集料性质、浆集比等有密切关系。此外，还受到施工质量、养护条件及龄期的影响。

1. 材料组成

混凝土的材料组成，即水泥、水、砂、石及外掺材料是决定混凝土强度形成的内因，其质量及配合比对强度起着主要作用。

（1）水泥强度与水胶比

水泥混凝土的强度主要取决于其内部起胶结作用的水泥石的质量，水泥石的质量则取决于水泥的特性和水胶比。水泥是混凝土中的活性组分，在混凝土配合比相同的条件下，水泥强度越高，则配制的混凝土强度越高。水泥不可避免地会在质量上有波动，这种质量波动毫无疑问地会影响混凝土的强度，主要是影响混凝土的早期强度，这是因为水泥质量的波动主要是由于水泥细度和 C_3S 含量的差异引起的，而这些因素在早期的影响最大，随着时间的延长，其影响就不再是重要的了。

当用同一种水泥（品种及强度等级相同）时，混凝土的强度主要决定于水胶比。因为水泥水化时所需的结合水，一般只占水泥重量的 23% 左右，但混凝土拌合物，为了获得必要的流动性，常需用较多的水（约占水泥重量的 40% ～70%），即采用较大的水胶比，当混凝土硬化后，多余的水分就残留在混凝土中形成水泡或蒸发后形成气孔，大大地减少了混凝土抵抗荷载的有效断面，而且可能在孔隙周围产生应力集中。因此，在水泥强度等级相同的情况下，水胶比愈小，水泥石的强度愈高，与集料粘结力愈大，混凝土的强度愈高。但是，如果水胶比太小，拌合物过于干稠，在一定的捣实成型条件下，混凝土拌合物中将出现较多的孔洞，导致混凝土的强度下降。

根据各国大量工程实践及我国大量的实验资料统计结果，提出水胶比、水泥实际强度与混凝土 28d 立方体抗压强度的关系公式（3-23）

$$f_{cu,28} = \alpha_a f_b \left(\frac{B}{W} - \alpha_b \right) \tag{3-23}$$

式中　$f_{cu,28}$——混凝土 28d 龄期的立方体抗压强度（MPa）；

　　　f_b——胶凝材料 28d 胶砂抗压强度，可实测，且试验方法应按现行国家标准《水泥胶砂强度检验方法（ISO 法）》GB/T 17671—1999 执行（MPa）；

　　　B/W——胶水比；

　　α_a，α_b——回归系数，取决于卵石或碎石。

该经验公式一般只适用于流动性混凝土及低流动性混凝土，对于干硬性混凝土则不适用。

对低流动性混凝土,也只是在原材料相同,工艺措施相同的条件下,α_a、α_b 才可看做常数。如果原材料或工艺条件改变,则 α_a、α_b 也随之改变。因此必须结合工地的具体条件,如施工方法及材料质量等,进行不同水胶比的混凝土强度试验,求出符合当地条件的 α_a、α_b 值,这样既能保证混凝土的质量,又能取得较好的经济效果。根据《普通混凝土配合比设计规程》(JGJ 55—2011)提供的 α_a、α_b 系数为:采用碎石 $\alpha_a = 0.53$,$\alpha_b = 0.20$;采用卵石 $\alpha_a = 0.49$,$\alpha_b = 0.13$。利用混凝土强度公式,可以根据所采用的水泥强度等级及水胶比来估计所配制的混凝土的强度,也可以根据水泥强度等级和要求的混凝土强度等级来计算应采用的水胶比。

（2）集料特性与水泥浆用量

① 集料强度、粒形及粒径对混凝土强度的影响

集料的强度不同,使混凝土的破坏机理有所差别,如集料强度大于水泥石强度则混凝土强度由界面强度及水泥石强度所支配,在此情况下,集料强度对混凝土强度几乎没有什么影响;如集料强度低于水泥石强度,则集料强度与混凝土强度有关,会使混凝土强度下降。但过强过硬的集料可能在混凝土因温度或湿度变化发生体积变化时,使水泥石受到较大的应力而开裂,对混凝土的强度并不有利。

集料粒形以接近球形或立方形为好,若使用扁平或细长颗粒,就会对施工带来不利影响,增加了混凝土的空隙率,扩大了混凝土中集料的表面积,增加了混凝土的薄弱环节,导致混凝土强度的降低。

适当采用较大粒径的集料,对混凝土强度有利。但如采用最大粒径过大的集料会降低混凝土的强度。因为过大的颗粒减少了集料的比表面积,粘结强度比较小,这就使混凝土强度降低;过大的集料颗粒对限制水泥石收缩而产生的应力也较大,从而使水泥开裂或使水泥石与集料界面产生微裂缝,降低了粘结强度,导致混凝土后期强度的衰减。

② 水泥浆用量

水泥浆用量由强度、耐久性、工作性、成本几方面因素确定,选择时需兼顾。水泥浆用量不够时,将会导致下列缺陷:混凝土、砂浆黏聚性差,施工时易出现离析,硬化后混凝土强度低、耐久性差、耐磨性差、易起粉;集料间的水泥浆润滑不够,施工流动性差,混凝土以及砂浆难以成型密实。若水泥浆用量过多,则会导致下列质量问题:混凝土或砂浆硬化后收缩增大,由此引起干缩裂缝增多;一般来说,水泥石的强度小于集料的强度,相对而言,水泥石结构疏松、耐侵蚀性差,是混凝土中的薄弱环节。

有资料表明,在相同水胶比情况下,C35 以上混凝土的强度有随着集浆比的增大而提高的趋势。这可能与集料数量增大吸水量也增大,有效水胶比降低有关;也可能与混凝土内孔隙总体积减小有关;或者与集料对混凝土强度所起的作用得以更好地发挥有关。水泥用量大于 500kg/m^3,而水胶比很小时,混凝土后期强度还会有所衰退,这可能与集料颗粒限制水泥石收缩而产生的应力使水泥石开裂或水泥石集料之间失去粘结有关。

造成水泥用量过少的原因除施工中计量不准外,还有施工中有意减少水泥用量以及施工中拌合不匀,引起局部混凝土、砂浆含水泥量偏少,或配比不当产生离析,离析也会改变水泥在混凝土、砂浆中的分布,使局部水泥量过少。

2. 养护的温度与湿度

为了获得质量良好的混凝土,成型后必须在适宜的环境中进行养护。养护的目的是为了保证水泥水化过程能正常进行,它包括控制养护环境的温度与湿度。

周围环境的温度对水泥水化反应进行的速度有显著的影响,其影响的程度随水泥品种、混凝土配合比等条件而异。通常养护温度高,可以增大水泥早期的水化速度,混凝土的早期强度也高。但早期养护温度越高,混凝土后期强度的增进率越小。从图3-9看出,养护温度在4~23℃之间的混凝土后期强度都较养护温度在32~49℃之间的高。这是由于急速的早期水化,将导致水泥水化产物的不均匀分布,水化产物稠密程度低的区域成为水泥石中的薄弱点,从而降低整体的强度,水化产物稠密程度高的区域,包裹在水泥颗粒的周围,妨碍水化反应的继续进行,从而减少水化产物的产量。在养护温度较低的情况下,由于水化缓慢,具有充分的扩散时间,从而使水化产物能在水泥石中均匀分布,使混凝土后期强度提高。一般来说,夏天浇筑的混凝土要较同样的混凝土在秋冬季浇筑的后期强度为低。但如温度降至冰点以下,水泥水化反应停止进行,混凝土的强度停止发展并因冰冻的破坏作用,使混凝土已获得的强度受到损失。

周围环境的湿度对水泥水化反应能否正常进行有显著影响,湿度适当,水泥水化便能顺利进行,使混凝土强度得到充分发展,因为水是水泥水化反应的必要成分。如果湿度不够,水泥水化反应不能正常进行,甚至停止水化,这不仅严重降低混凝土强度(图3-10),而且使混凝土结构疏松,形成干缩裂缝,增大了渗水性,从而影响混凝土的耐久性。因为水泥水化反应进行的时间较长,因此应当根据水泥品种在浇灌混凝土以后,保持一定时间的湿润养护环境,尽可能保持混凝土处于饱水状态。只有在饱水状态下,水泥水化速度才是最大的。

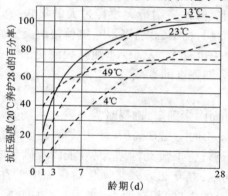

图3-9　养护温度对混凝土强度的影响

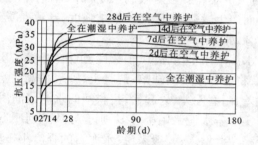

图3-10　潮湿养护对混凝土强度的影响

3. 龄期

混凝土在正常养护条件下(保持适宜的环境温度与湿度),其强度将随龄期的增加而增长。一般初期增长比例较为显著,后期较为缓慢,但龄期延续很久其强度仍有所增长。在相同养护条件下,其增长规律如图3-11。

根据混凝土早期强度推算混凝土后期强度,对混凝土工程的拆模或预计承载应力有重要意义,目前常采用的方法有:

单一龄期强度推算法:根据混凝土早期强度($f_{c,a}$),假定混凝土强度随龄期按对数规律推算后期强度($f_{c,n}$)

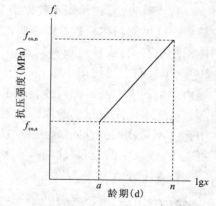

图3-11　水泥混凝土的强度随时间的增长

用式(3-24)表达:

$$f_{c,n} = f_{c,a} \frac{\lg n}{\lg a} \qquad (3-24)$$

式中　$f_{c,a}$——ad 龄期的混凝土抗压强度(MPa);

　　　$f_{c,n}$——nd 龄期的混凝土抗压强度(MPa)。

根据上式,可以利用混凝土的早期强度,估算混凝土 28d 的强度。因影响混凝土强度的因素很多,上式只适用于普通硅酸盐水泥(R 型水泥除外),且龄期 $a \geqslant 3$d 时。

关于混凝土强度预测问题是混凝土工程中重要的研究课题,国内外很多学者曾进行过大量的研究,但由于影响因素较为复杂,并未得到准确推算方法。目前多根据各地区积累经验数据推算。

4. 试验条件和施工质量

相同材料组成、制备条件和养护条件制成的混凝土试件,其力学强度还取决于试验条件。影响混凝土力学强度的试验条件主要有:试件形状与尺寸、试件湿度、试件温度、支承条件和加载方式等。

混凝土工程的施工质量对混凝土的强度有一定的影响。施工质量包括配料的准确性,搅拌的均匀性,振捣效果等。上述工序如果不能按照有关规程操作,必然会导致混凝土强度的降低。

3.3.1.3　提高混凝土强度的措施

1. 采用高强度水泥和特种水泥

为了提高混凝土强度可采用高强度等级水泥,对于抢修工程、桥梁拼装接头、严寒的冬季施工以及其他要求早强的结构物,则可采用特种水泥配制的混凝土。

2. 采用低水胶比和浆集比

采用低的水胶比,可以减少混凝土中的游离水,从而减少混凝土中的空隙,改善混凝土的密实度和强度。另一方面降低浆集比,减薄水泥浆层的厚度,充分发挥集料的骨架作用,对混凝土的强度也有一定帮助。

3. 掺加外加剂

在混凝土中掺加外加剂,可改善混凝土的技术性质。掺早强剂,可提高混凝土的早期强度;掺加减水剂,在不改变流动性的条件下,可减小水胶比,从而提高混凝土的强度。

4. 采用湿热处理方法

(1)蒸汽养护。蒸汽养护是指浇筑好的混凝土构件经 1～3h 预养后,在 90% 以上的相对湿度、60℃以上的温度的饱和水蒸气中进行养护,以加速混凝土强度的发展。普通混凝土经过蒸汽养护后,其早期强度提高很快,一般经过 24h 的蒸汽养护,混凝土的强度能达到设计强度的 70%,但对后期强度增长有影响,所以普通水泥混凝土养护温度不宜太高,时间不宜太长,一般养护温度为 60～80℃,恒温养护时间以 5～8h 为宜。用火山灰水泥和矿渣水泥配制的混凝土,蒸汽养护的效果比普通水泥混凝土好。

(2)蒸压养护。蒸压养护是将浇筑成型混凝土构件静置 8～10h,放入蒸压釜内,通入高压(≥8 个大气压)、高温(≥175℃)饱和蒸汽进行养护。在高温、高压的蒸汽养护下,水泥水化时析出的 $Ca(OH)_2$ 不仅能充分与活性氧化硅结合,而且也能与结晶状态的氧化硅结合生成含水硅酸盐结晶,从而加速水泥的水化和硬化,提高了混凝土的强度。此法比蒸汽养护的混凝土质量好,特别是对掺活性混合材料的水泥配制的混凝土,对掺有磨细石英砂混合材料的硅酸盐水泥更为有效。

5. 采用机械搅拌合振捣

混凝土拌合物在强力搅拌合振捣作用下,水泥浆的凝聚结构暂时受到破坏,降低了水泥浆的黏度和集料间的摩阻力,使拌合物能更好地充满模型并均匀密实,从而使混凝土强度得到提高。

3.3.2 混凝土的形变

混凝土的变形包括非荷载作用下的变形和荷载作用下的变形。非荷载下的变形,分为混凝土的化学收缩、干湿变形及温度变形;荷载作用下的变形,分为短期荷载作用下的变形及长期荷载作用下的变形——徐变。

3.3.2.1 非荷载作用下的变形

1. 化学收缩(自生体积变形)

在混凝土硬化过程中,由于水泥水化物的固体体积,比反应前物质的总体积小,从而引起混凝土的收缩,称为化学收缩。化学收缩是伴随着水泥水化而进行的,其收缩量是随混凝土硬化龄期的延长而增长的。增长的幅度逐渐减小。一般在混凝土成型后40多天内化学收缩增长较快,以后就渐趋稳定。

化学收缩是不能恢复的,收缩值较小,对混凝土结构没有破坏作用,但在混凝土内部可能产生微细裂缝而影响承载状态和耐久性。

2. 干湿变形(物理收缩)

干湿变形是指由于混凝土周围环境湿度的变化,会引起混凝土的干湿变形,表现为干缩湿胀。混凝土湿胀产生的原因是:吸水后使混凝土中水泥凝胶体粒子吸附水膜增厚,胶体粒子间的距离增大。湿胀变形量很小,对混凝土性能基本上无影响。但干缩变形对混凝土危害较大,干缩能使混凝土表面产生较大的拉应力而导致开裂,降低混凝土的抗渗、抗冻、抗侵蚀等耐久性能。

混凝土干缩产生的原因是:混凝土在干操过程中,毛细孔水分蒸发,使毛细孔中形成负压,产生收缩力,导致混凝土收缩;当毛细孔中的水蒸发完后,如继续干燥,则凝胶体颗粒间吸附水也发生部分蒸发,缩小凝胶体颗粒间距离,甚至产生新的化学结合而收缩。因此,干缩的混凝土再次吸水时,干缩变形一部分可恢复,也有一部分(约30%~60%)不能恢复。

混凝土干缩变形的大小用干缩率表示,它反映混凝土的相对干缩性,其值约为$(3 \sim 5) \times 10^{-4}$。在一般工程设计中,混凝土干缩值通常取$(1.5 \sim 2) \times 10^{-4}$,即每米混凝土收缩0.15~0.2mm。

当混凝土在水中硬化时,体积产生轻微膨胀,这是由于凝胶体中胶体粒子的吸附水膜增厚,胶体粒子间的距离增大所致。

干湿变形的影响因素:

(1)水泥的用量、细度及品种

水胶比不变,水泥用量愈多,干缩率越大;水泥颗粒愈细,干缩率越大。水泥品种不同,混凝土的干缩率也不同。如使用火山灰水泥干缩最大,使用矿渣水泥比使用普通水泥的收缩大。

(2)水胶比的影响

水泥用量不变,水胶比越大,干缩率越大。用水量越多,硬化后形成的毛细孔越多,其干缩也越大。水泥用量越多,混凝土中凝胶体越多,收缩量也较大,而且水泥用量多会使用水量增加,从而导致干缩偏大。

（3）集料的影响

集料含量多的混凝土,干缩率较小。集料的弹性模量越高,混凝土的收缩越小,故轻集料混凝土的收缩比普通混凝土大得多。

（4）施工质量的影响

延长养护时间能推迟干缩变形的发生和发展,但影响甚微;采用湿热法处理养护,可有效减小混凝土的干缩率。

3. 温度变形

混凝土与其他材料一样,也具有热胀冷缩的性质。温度变形是指混凝土随着温度的变化而产生热胀冷缩变形。混凝土的温度变形系数 a 为$(1 \sim 1.5) \times 10^{-5}/℃$,即温度每升高$1℃$,每$1m$混凝土胀缩$0.01 \sim 0.015mm$。因此对大体积混凝土工程,必须尽量设法减少混凝土发热量,如采用低热水泥,减少水泥用量,采取人工降温等措施。

为防止温度变形带来的危害,一般超长的钢筋混凝土结构物,应采取每隔一段长度设置伸缩缝以及在结构物中设置温度钢筋等措施。同时可采取的措施为:采用低热水泥,减少水泥用量,掺加缓凝剂,采用人工降温,设温度伸缩缝,以及在结构内配置温度钢筋等,以减少因温度变形而引起的混凝土质量问题。

3.3.2.2　荷载作用下的变形

1. 混凝土在短期作用下的变形

混凝土是一种由水泥石、砂、石、游离水、气泡等组成的不匀质的多组分三相复合材料,为弹塑性体。受力时既产生弹性变形,又产生塑性变形,其应力应变关系呈曲线,如图 3-12 所示。卸荷后能恢复的应变 $\varepsilon_弹$ 是由混凝土的弹性应变引起的,称为弹性应变;剩余的不能恢复的应变 $\varepsilon_塑$,则是由混凝土的塑性应变引起的,称为塑性应变。

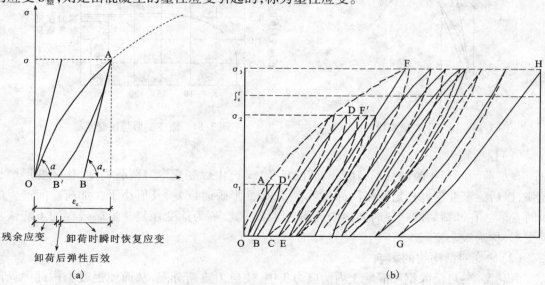

图 3-12　混凝土在重复荷载作用下的应力 - 应变曲线

混凝土的弹性模量:在应力－应变曲线上任一点的应力 σ 与其应变 ε 的比值,称为混凝土在该应力下的变形模量。影响混凝土弹性模量的主要因素有混凝土的强度、集料的含量及其弹性模量以及养护条件等。

混凝土的变形模量与弹性材料不同,混凝土受压应力－应变关系是一条曲线,在不同的应力阶段应力与应变之比的变形模量是一个变数。混凝土的变形模量有如下三种表示方法。

（1）混凝土的初始切线弹性模量（即原点模量）

如图 3-13 所示,混凝土棱柱体受压时,在应力－应变曲线的原点（图中的 O 点）作一切线其斜率为混凝土的原点模量,称为弹性模量,以 E_c 表示。$E_c = \tan\alpha_0$,式中 α_0 为混凝土应力－应变曲线在原点处的切线与横坐标的夹角。

（2）混凝土割线弹性模量

连接图 3-13 中 O 点至曲线任一点应力为 σ_c 处割线的斜率,称为任意点割线模量,在应力小于极限抗压强度30% ~40%时,应力－应变曲线接近直线。表达式为 $E_c' = \tan\alpha_1$。

（3）混凝土的切线弹性模量

在混凝土应力－应变曲线上某一应力 σ_c 处作一切线,其应力增量与应变增量之比值称为相应于应力 σ_c 时视凝土的切线模量,$E_c'' = \tan\alpha$。

2. 混凝土在长期荷载作用下的变形——徐变（Creep）

混凝土在持续荷载作用下,除产生瞬间的弹性变形和塑性变形外,还会产生随时间增长的变形,称为徐变,如图 3-14 所示。

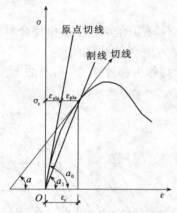

图 3-13　混凝土变形模量的表示方法

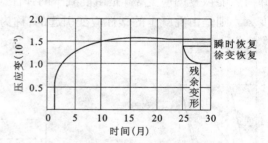

图 3-14　徐变变形与徐变恢复

（1）徐变特点

在加荷瞬间产生瞬时变形,随着时间的延长,又产生徐变变形。荷载初期,徐变变形增长较快,以后逐渐变慢并稳定下来。卸荷后,一部分变形瞬时恢复,其值小于在加荷瞬间产生的瞬时变形。在卸荷后的一段时间内变形还会继续恢复,称为徐变恢复。最后残存的不能恢复的变形,称为残余变形。

（2）徐变对结构物的影响

有利影响:可消除钢筋混凝土内的应力集中,使应力重新分配,从而使混凝土构件中局部应力得到缓和。对大体积混凝土则能消除一部分由于温度变形所产生的破坏应力。不利影响:使钢筋的预加应力受到损失(预应力减小),使构件强度减小。

(3)影响徐变因素

混凝土的徐变是由于在长期荷载作用下,水泥石中的凝胶体产生粘性流动,向毛细孔内迁移所致。影响混凝土徐变的因素有水胶比、水泥用量、集料种类、应力等。混凝土内毛细孔数量越多,徐变越大;加荷龄期越长,徐变越小;水泥用量和水胶比越小,徐变越小;所用集料弹性模量越大,徐变越小;所受应力越大,徐变越大。应力较小时($\sigma < 0.5 f_c$),为线性徐变,徐变在2年以后可趋于稳定。应力较大时($\sigma > 0.5 f_c$),为非线性徐变,非稳定徐变,$0.8 f_c$为界限强度,成为混凝土长期抗压强度,为荷载长期作用时设计的依据。受荷前养护的温湿度越高,水泥水化作用越充分,徐变就越小。采用蒸汽养护可使徐变减少 20% ~ 35% 。荷后构件所处的环境温度越高,相对湿度越小,徐变就越大。

3.4　混凝土的耐久性

混凝土抵抗环境介质作用并长期保持其良好的使用性能和外观完整性,从而维持混凝土结构的安全、正常使用的能力称为耐久性。混凝土建造的工程大多是永久性的,因此必须研究在环境介质的作用下,保持其强度的能力,亦即研究混凝土耐久性的问题。

混凝土长期处在各种环境介质中,往往会造成不同程度的损害,甚至完全破坏。造成损害和破坏的原因有外部环境条件引起的,也有混凝土内部的缺陷及组成材料的特性引起的。前者如气候、极端温度、磨蚀、天然或工业液体或气体的侵蚀等;后者如碱-集料反应、混凝土的渗透性、集料和水泥石热性能不同引起的热应力等。

3.4.1　混凝土的抗冻性

国家标准《普通混凝土长期性能和耐久性能试验方法标准》(GB/T 50082—2009)采用三种混凝土抗冻性能试验方法——慢冻法、快冻法和单面冻融法(盐冻法)。慢冻法所测定的抗冻标号是我国一直沿用的抗冻性能指标,目前在建工、水工碾压混凝土以及抗冻性要求较低的工程中还在广泛使用。近年来有以快冻法检验抗冻耐久性指标来替代的趋势,但是这个替代并不会很快实现。慢冻法采用的试验条件是气冻水融法,该条件对于并非长期与水接触或者不是直接浸泡在水中的工程,如对抗冻要求不太高的工业和民用建筑,以气冻水融"慢冻法"的试验方法为基础的抗冻标号测定法,仍然有其优点,其试验条件与该类工程的实际使用条件比较相符。

3.4.1.1　慢冻法

慢冻法适用于测定混凝土试件在气冻水融条件下,以经受的冻融循环次数来表示的混凝土抗冻性能。试验应采用尺寸为 100mm × 100mm × 100mm 的立方体试件,试件组数应符合表3-8的规定,每组试件应为 3 块。

表 3-8　慢冻法试验所需要的试件组数

设计抗冻标号	D25	D50	D100	D150	D200	D250	D300	D300 以上
检查强度所需冻融次数	25	50	50 及 100	100 及 150	150 及 200	200 及 250	250 及 300	300 及设计次数
鉴定 28d 强度所需试件组数	1	1	1	1	1	1	1	1

设计抗冻标号	D25	D50	D100	D150	D200	D250	D300	D300 以上
冻融试件组数	1	1	2	2	2	2	2	2
对比试件组数	1	1	2	2	2	2	2	2
总计试件组数	3	3	5	5	5	5	5	5

每次从装完试件到温度降至 -18℃所需的时间应在 1.5 ~ 2.0h 内,冷冻时间应在冻融箱内温度降至 -18℃时开始计算,冻融箱内温度在冷冻时应保持在 -20 ~ -18℃,冷冻时间不应小于 4h。冷冻结束后,应立即加入温度为 18 ~ 20℃的水,使试件转入融化状态,加水时间不应超过 10min。控制系统应确保在 30min 内,水温不低于 10℃,且在 30min 后水温能保持在 18 ~ 20℃,融化时间不应小于 4h。每 25 次循环宜对冻融试件进行一次外观检查。当试件的平均质量损失率超过 5%,或冻融循环已达到规定的循环次数时,或抗压强度损失率已达到 25%,可停止其冻融循环试验。

强度损失率应按式(3-25)进行计算:

$$\Delta f_e = \frac{f_{co} - f_{cn}}{f_{co}} \times 100 \tag{3-25}$$

式中 Δf_e——N 次冻融循环后的混凝土抗压强度损失率(%),精确至 0.1;

f_{co}——对比用的一组混凝土试件的抗压强度测定值(MPa),精确至 0.1MPa;

f_{cn}——经 N 次冻融循环后的一组混凝土试件抗压强度测定值(MPa),精确至 0.1MPa。

f_{co} 与 f_{cn} 应以三个试件抗压强度试验结果的算术平均值作为测定值。异常数据的取舍原则,与混凝土抗压强度测定值的取舍原则相同。

单个试件的质量损失率应按式(3-26)计算:

$$\Delta W_{ni} = \frac{W_{oi} - W_{ni}}{W_{oi}} \times 100 \tag{3-26}$$

式中 ΔW_{ni}——N 次冻融循环后第 i 个混凝土试件的质量损失率(%),精确至 0.01;

W_{oi}——冻融循环试验前第 i 个混凝土试件的质量(g);

W_{ni}——N 次冻融循环后第 i 个混凝土试件的质量(g)。

一组试件的平均质量损失率应按式(3-27)计算:

$$\Delta W_n = \frac{\sum\limits_{i}^{3} \Delta W_{ni}}{3} \times 100 \tag{3-27}$$

式中 ΔW_n——N 次冻融循环后一组混凝土试件的平均质量损失率(%),精确至 0.1。

每组试件的平均质量损失率应以三个试件的质量损失率试验结果的算术平均值作为测定值。当某个试验结果出现负值,应取 0,再取三个试件的算术平均值。当三个值中的最大值或最小值与中间值之差超过 1% 时,应剔除此值,再取其余两值的算术平均值作为测定值;当最大值和最小值与中间值之差均超过 1% 时,应取中间值作为测定值。

3.4.1.2　快冻法

快冻法适用于测定混凝土试件在水冻水融条件下,以经受的快速冻融循环次数来表示的混凝土抗冻性能。

快冻法试验所采用的试件应符合如下规定:应采用尺寸为 100mm × 100mm × 400mm 的棱柱体试件,每组试件应为 3 块;成型试件时,不得采用憎水性脱模剂;测温试件应采用防冻液作为冻融介质;测温试件的温度传感器应埋设在试件中心,不应采用钻孔后插入的方式埋设。

在标准养护室内或同条件养护的试件应在养护龄期为 24d 时提前将冻融试验的试件从养护地点取出,随后应将冻融试件放在(20 ± 2)℃水中浸泡,浸泡时水面应高出试件顶面 20 ~ 30mm。在水中浸泡时间应为 4d,试件应在 28d 龄期时开始进行冻融试验。始终在水中养护的试件,当试件养护龄期达到 28d 时,可直接进行后续试验。

在冷冻和融化过程中,试件中心最低和最高温度应分别控制在(−18 ± 2)℃和(5 ± 2)℃内,在任意时刻,试件中心温度不得高于 7℃,且不得低于 −20℃;每块试件从 3℃降至 −16℃所用的时间不得少于冷冻时间的 1/2;每块试件从 −16℃升至 3℃所用时间不得少于整个融化时间的 1/2,试件内外的温差不宜超过 28℃;冷冻和融化之间的转换时间不宜超过 10min;每次冻融循环应在 2 ~ 4h 内完成,且用于融化的时间不得少于整个冻融循环时间的 1/4。

每隔 25 次冻融循环宜测量试件的横向基频。当冻融循环出现下列情况之一时,可停止试验:达到规定的冻融循环次数;试件的相对动弹性模量下降到 60%;试件的质量损失率达 5%。

相对动弹性模量应按式(3-28)与式(3-29)计算:

$$P_i = \frac{f_{ni}^2}{f_{0i}^2} \times 100 \tag{3-28}$$

式中　P_i——经 N 次冻融循环后第 i 个混凝土试件的相对动弹性模量(%),精确至 0.1;

　　　f_{ni}——经 N 次冻融循环后第 i 个混凝土试件的横向基频(Hz);

　　　f_{0i}——冻融循环试验前第 i 个混凝土试件横向基频初始值(Hz)。

$$P = \frac{1}{3} \sum_{i=1}^{3} P_i \tag{3-29}$$

式中　P——经 N 次冻融循环后一组混凝土试件的相对动弹性模量(%),精确至 0.1。

相对动弹性模量 P 应以三个试件试验结果的算术平均值作为测定值。当最大值或最小值与中间值之差超过中间值的 15% 时,应剔除此值,并应取其余两值的算术平均值作为测定值;当最大值和最小值与中间值之差均超过中间值的 15% 时,应取中间值作为测定值。

单个试件的质量损失率计算与一组试件的平均质量损失率计算同慢冻法中的式(3-26)与式(3-27)。

3.4.1.3　单面冻融法(或称盐冻法)

盐冻法适用于测定混凝土试件在大气环境中且与盐接触的条件下,以能够经受的冻融循环次数或者表面剥落质量或超声波相对动弹性模量来表示的混凝土抗冻性能。

在制作试件时,应采用 150mm × 150mm × 150mm 的立方体试模,应在模具中间垂直插入一片聚四氟乙烯片(150mm × 150mm × 2mm),使试模均分为两部分,聚四氟乙烯片不得涂抹任何脱模剂。当集料尺寸较大时,应在试模的两内侧各放一片聚四氟乙烯片,但集料的最大粒径不得大于超声波最小传播距离的 1/3。应将接触聚四氟乙烯片的面作为测试面。试件成型后,应先在空气中带模养护(24 ±2)h,然后将试件脱模并放在(20 ±2)℃的水中养护至 7d 龄期。当试件的强度较低时,带模养护的时间可延长,在(20 ±2)℃的水中的养护时间应相应缩短。当试件在水中养护至 7d 龄期后,应对试件进行切割。试件切割位置应符合图 3-15 的规定,首先应将试件的成型面切去,试件的高度应为 110mm。然后将试件从中间的聚四氟乙烯片分开成两个试件,每个试件的尺寸应为 150mm × 110mm × 70mm,偏差应为 ±2mm。切割完成后,应将试件放置在空气中养护。非标准试件的测试表面边长不应小于 90mm;对于形状不规则的试件,其测试表面大小应能保证内切一个直径 90mm 的圆,试件的长高比不应大于 3。每组试件的数量不应少于 5 个,且总的测试面积不得少于 0.08m²。

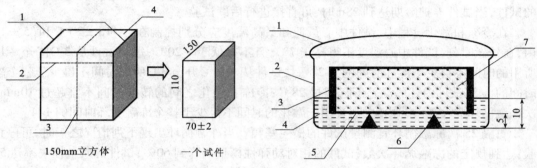

图 3-15　试件切割位置示意图(mm)　　　　图 3-16　试件盒示意图(mm)
1—聚四氟乙烯片(测试面);2、3—切割线;4—成型面　　　1—盖子;2—盒体;3—侧向封闭;
　　　　　　　　　　　　　　　　　　　　　　4—试验液体;5—试验表面;6—垫条;7—试件

　　到达规定养护龄期的试件应放在温度为(20 ±2)℃、相对湿度为(65 ±5)%的实验室中干燥至 28d 龄期。干燥时试件应侧立并应相互间隔 50mm。在试件干燥至 28d 龄期前的(2 ~4)d,除测试面和与测试面相平行的顶面外,其他侧面应采用环氧树脂或其他满足 GB/T 50082—2009 标准中单面冻融试验要求的密封材料进行密封。密封好的试件应放置在试件盒中(图 3-16),并应使测试面向下接触垫条,试件与试件盒侧壁之间的空隙应为(30 ±2)mm。向试件盒中加入试验液体(采用质量比为 97% 蒸馏水和 3% NaCl 配制而成的盐溶液)并不得溅湿试件顶面。试验液体的液面高度应由液面调整装置调整为(10 ±1)mm。加入试验液体后,应盖上试件盒的盖子,并应记录加入试验液体的时间。

　　试件预吸水时间应持续 7d,试验温度应保持为(20 ±2)℃。预吸水期间应定期检查试验液体高度,并应始终保持试验液体高度满足(10 ±1)mm 的要求。试件预吸水过程中应每隔 2 ~3d 测量试件的质量,精确至 0.1g。当试件预吸水结束之后,应采用超声波测试仪测定试件的超声传播时间初始值 t_0。将完成超声传播时间初始值测量的试件重新装入试件盒中,试验溶液的高度为(10 ±1)mm。在整个试验过程中应随时检查试件盒中的液面高度,并对液面进行及时调整。将装有试件的试件盒放置在单面冻融试验箱的托架上,当全部试件盒放入单面冻融试验箱中后,应确保试件盒浸泡在冷冻液中的深度为(15 ±2)mm,且试件盒在单面冻融试验箱的位置符合图 3-17 的规定。冻融循环制度的温度应从 20℃ 开始,并应以(10 ±1)℃/h 的速度均匀地降至(−20 ±1)℃,且应维持 3h;然后应从 −20℃ 开始,并应以(10 ±1)℃/h 的速度均匀地升至(20 ±1)℃,且应维持 1h。

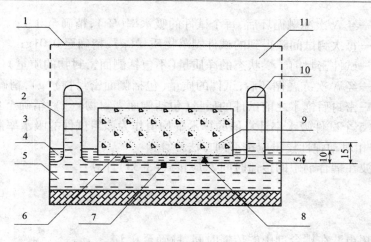

图 3-17　试件盒在单面冻融试验箱中的位置示意图(mm)
1—试验机盖;2—相邻试件盒;3—侧向密封层;4—试验液体;
5—制冷液体;6—测试面;7—测温度点(参考点);8—垫条;
9—试件;10—托架;11—隔热空气层

每 4 个冻融循环应对试件的剥落物、吸水率、超声波相对传播时间和超声波相对动弹性模量进行一次测量。当冻融循环出现下列情况之一时,可停止试验,并应以经受的冻融循环次数或者单位表面面积剥落物总质量或超声波相对动弹性模量来表示混凝土抗冻性能:达到 28 次冻融循环时;试件单位表面面积剥落物总质量大于 $1500g/m^2$ 时;试件的超声波相对动弹性模量降低到 80% 时。

试件表面剥落物的质量 μ_s 应按式(3-30)计算:

$$\mu_s = \mu_b - \mu_f \tag{3-30}$$

式中　μ_s——试件表面剥落物的质量(g),精确至 0.01g;

　　　μ_f——滤纸的质量(g),精确至 0.01g;

　　　μ_b——干燥后滤纸与试件剥落物的总质量(g),精确至 0.01g。

N 次冻融循环之后,单个试件单位测试表面面积剥落物总质量应按式(3-31)进行计算:

$$m_n = \frac{\sum \mu_s}{A} \times 10^6 \tag{3-31}$$

式中　m_n——N 次冻融循环后,单个试件单位测试表面面积剥落物总质量(g/m^2);

　　　μ_s——每次测试间隙得到的试件剥落物质量(g),精确至 0.01g;

　　　A——单个试件测试表面的表面积(mm^2)。

每组应取 5 个试件单位测试表面面积上剥落物总质量计算值的算术平均值作为该组试件单位测试表面面积上剥落物总质量测定值。

经 N 次冻融循环后试件相对质量增长 $\Delta\omega_n$(或吸水率)应按式(3-32)计算:

$$\Delta\omega_n = \frac{(\omega_n - \omega_1 + \sum \mu_s)}{\omega_0} \times 100 \tag{3-32}$$

式中　$\Delta\omega_n$——经 N 次冻融循环后,每个试件的吸水率(%),精确至 0.1;

　　　μ_s——每次测试间隙得到的试件剥落物质量(g),精确至 0.01g;

　　　ω_0——试件密封前干燥状态的净质量(不包括侧面密封物的质量)(g),精确至 0.1g;

　　　ω_n——经 N 次冻融循环后,试件的质量(包括侧面密封物)(g),精确至 0.1g;

　　　ω_1——密封后饱水之前试件的质量(包括侧面密封物)(g),精确至 0.1g。

　　每组应取 5 个试件吸水率计算值的算术平均值作为该组试件的吸水率测定值。超声波相对传播时间和相对动弹性模量应按下列方法计算:

　　(1)超声波在耦合剂中的传播时间 t_c 应按式(3-33)计算:

$$t_c = \frac{l_c}{v_c} \tag{3-33}$$

式中　t_c——超声波在耦合剂中的传播时间,精确至 0.1μ_s;

　　　l_c——超声波在耦合剂中传播的长度($l_{c1} + l_{c2}$)mm。l_c 应由超声探头之间的距离和测试试件的长度的差值决定;

　　　v_c——超声波在耦合剂中传播的速度 km/s。v_c 可利用超声波在水中的传播速度来假定,在温度为(20±5)℃时,超声波在耦合剂中传播的速度为 1440m/s。

　　(2)经 N 次冻融循环之后,每个试件传播轴线上传播时间的相对变化 τ_n 应按式(3-34)计算:

$$\tau_n = \frac{t_0 - t_c}{t_n - t_c} \times 100 \tag{3-34}$$

式中　τ_n——试件的超声波相对传播时间(%),精确至 0.1;

　　　t_0——在预吸水后第一次冻融之前,超声波在试件和耦合剂中的总传播时间,即超声波传播时间初始值(μ_s);

　　　t_n——经 N 次冻融循环之后超声波在试件和耦合剂中的总传播时间(μ_s)。

　　(3)在计算每个试件的超声波相对传播时间时,应以两个轴的超声波相对传播时间的算术平均值作为该试件的超声波相对传播时间测定值。每组应取 5 个试件超声波相对传播时间计算值的算术平均值作为该组试件超声波相对传播时间的测定值。

　　(4)经 N 次冻融循环之后,试件的超声波相对动弹性模量 $R_{u,n}$ 应按式(3-35)计算:

$$R_{u,n} = \tau_n^2 \times 100 \tag{3-35}$$

式中　$R_{u,n}$——试件的超声波相对动弹性模量(%),精确至 0.1。

　　(5)在计算每个试件的超声波相对动弹性模量时,应先分别计算两个相互垂直的传播轴上的超声波相对动弹性模量,并应取两个轴的超声波相对动弹性模量的算术平均值作为该试件的超声波相对动弹性模量测定值。每组应取 5 个试件超声波相对动弹性模量计算值的算术平均值作为该组试件的超声波相对动弹性模量值测定值。

3.4.1.4　影响混凝土抗冻性的主要因素

影响混凝土抗冻性的主要因素有:

(1)水胶比或孔隙率

水胶比大,则孔隙率大,导致吸水率增大,冰冻破坏严重,抗冻性差。

（2）孔隙特征

连通毛细孔易吸水饱和，冻害严重。若为封闭孔，则不易吸水，冻害就小。故加入引气剂能提高抗冻性。若为粗大孔洞，则混凝土一离开水面水就流失，冻害就小。故无砂大孔混凝土的抗冻性较好。

（3）吸水饱和程度

若混凝土的孔隙非完全吸水饱和，冰冻过程产生的压力促使水分向孔隙处迁移，从而降低冰冻膨胀应力，对混凝土破坏作用就小。

（4）混凝土的自身强度

在相同的冰冻破坏应力作用下，混凝土强度越高，冻害程度也就越低。此外还与降温速度和冰冻温度有关。

从上述分析可知，要提高混凝土抗冻性，关键是改善混凝土的密实性，即降低水胶比；加强施工养护，提高混凝土的强度和改善混凝土的密实性，同时也可掺入引气剂等改善孔结构。

3.4.2　混凝土的抗渗性

混凝土本质上是一种多孔性材料，混凝土的抗渗性主要与其密度及内部孔隙的大小和构造有关。混凝土内部的互相连通的孔隙和毛细管通路，以及由于在混凝土施工成型时，振捣不实产生的蜂窝、孔洞都会造成混凝土渗水。

混凝土的抗渗性采用国家标准《普通混凝土长期性能和耐久性能试验方法标准》（GB/T 50082—2009）中抗水渗透试验，一种方法为渗水高度法，用于以测定硬化混凝土在恒定水压力下的平均渗水高度来表示混凝土抗水渗透性能；另一种方法为通过逐级施加水压力测定以抗渗等级来表示的混凝土的抗水渗透性能。根据混凝土抗渗性的试验方法和混凝土的毛细孔结构特性，可知抗渗性是指混凝土抵抗水压力和毛细孔压力共同作用下渗透的性能。

3.4.2.1　渗水高度法

试模应采用上口内部直径为 175mm、下口内部直径为 185mm 和高度为 150mm 的圆台体。按《普通混凝土力学性能试验方法标准》（GB/T 50081—2002）规定的方法进行试件的制作和养护。抗水渗透试验应以 6 个试件为一组。试件拆模后，应用钢丝刷刷去两端面的水泥浆膜，并应立即将试件送入标准养护室进行养护。抗水渗透试验的龄期宜为 28d。应在到达试验龄期的前一天，从养护室取出试件，并擦拭干净，待试件表面晾干后，进行试件密封（石蜡密封或水泥加黄油密封）。试件准备好之后，启动抗渗仪，使水压在 24h 内恒定控制在 (1.2 ± 0.05) MPa，且加压过程不应大于 5min，应以达到稳定压力的时间作为试验记录起始时间（精确至 1min）。在稳压过程中随时观察试件端面的渗水情况，当有某一个试件端面出现渗水时，应停止该试件的试验并应记录时间，并以试件的高度作为该试件的渗水高度。对于试件端面未出现渗水的情况，应在试验24h 后停止试验，并及时取出试件。在试验过程中，当发现水从试件周边渗出时，应重新按规定进行密封。从抗渗仪上取出来的试件放在压力机上，将试件沿纵断面劈裂为两半。试件劈开后，应用防水笔描出水痕。测 10 个测点的渗水高度值，读数应精确至 1mm。

3.4.2.2　逐级加压法

首先应按渗水高度法的规定进行试件的密封和安装。试验时，水压应从 0.1MPa 开始，以后应每隔 8h 增加 0.1MPa 水压，并应随时观察试件端面渗水情况。当 6 个试件中有 3 个试件表面出现渗水时,或加至规定压力(设计抗渗等级)在8h内6个试件中表面渗水试件少于3个时,可停止试验,并记下此时的水压力。在试验过程中,当发现水从试件周边渗出时,应按规定重新进行密封。

混凝土的抗渗等级应以每组6个试件中有4个试件未出现渗水时的最大水压力乘以10来确定。混凝土的抗渗等级应按式(3-36)计算:

$$P = 10H - 1 \tag{3-36}$$

式中　P——混凝土抗渗等级;

　　　H——6个试件中有3个试件渗水时的水压力(MPa)。

3.4.2.3　影响混凝土抗渗性的主要因素

水胶比和水泥用量是影响混凝土抗渗透性能的最主要指标。水胶比越大,多余水分蒸发后留下的毛细孔道就多,亦即孔隙率大,又多为连通孔隙,故混凝土抵抗水压力渗透性越差。特别是当水胶比大于0.6时,抵抗水压力渗透性急剧下降。因此,为了保证混凝土的耐久性,对水胶比必须加以适当限制。为保证混凝土耐久性,水泥用量的多少,在某种程度上可由水胶比表示。因为混凝土达到一定流动性的用水量基本一定,水泥用量少,亦即水胶比大。

集料含泥量和数量高,则总表面积增大,混凝土达到同样流动性所需用水量增加,毛细孔道增多;同时含泥量大的集料界面粘结强度低,也将降低混凝土的抗渗性能。集料级配差则集料空隙率大填满空隙所需水泥浆增大,同样导致毛细孔增加,影响抗渗性能。如水泥浆不能完全填满集料空隙,则抗渗性能更差。

施工质量和养护条件是混凝土抗渗性能的重要保证。如果振捣不密实留下蜂窝、空洞,抗渗性就严重下降;如果温度过低产生冻害或温度过高产生温度裂缝,抗渗性能严重降低;如果浇水养护不足,混凝土产生干缩裂缝,也严重降低混凝土抗渗性能。

此外,水泥的品种、混凝土拌合物的保水性和黏聚性等,对混凝土抗渗性能也有显著影响。提高混凝土抗渗性的措施,除了对上述相关因素加以严格控制和合理选择外,可通过掺入引气剂或引气减水剂提高抗渗性。其主要作用机理是引入微细闭气孔、阻断连通毛细孔道,同时降低用水量或水胶比。

3.4.3　混凝土的碳化

混凝土碳化是指混凝土内水化产物$Ca(OH)_2$与空气中的CO_2在一定湿度条件下发生化学反应,产生$CaCO_3$和水的过程。碳化使混凝土的碱度下降,故也称混凝土中性化。碳化过程是二氧化碳由表及里向混凝土内部逐渐扩散的过程。因此,气体扩散规律决定了碳化速度的快慢。研究一致得出,碳化深度(X)与碳化时间(t)和CO_2浓度(m)的平方根成正比,可用式(3-37)表示:

$$X = k\sqrt{m} \cdot \sqrt{t} \tag{3-37}$$

因为大气中CO_2浓度基本相同,因此式(3-27)变为式(3-38)。

$$X = K\sqrt{t} \tag{3-38}$$

式中　　L——碳化深度(mm);

　　　　t——碳化时间(d);

　　　　K——碳化速度系数。

系数 K 与混凝土的原材料、孔隙率和孔隙构造、CO_2 浓度、温度、湿度等条件有关。在外部条件(CO_2 浓度、温度、湿度)一定的情况下,它反映混凝土的抗碳化能力强弱。值越大,混凝土碳化速度越快,抗碳化能力越差。

1. 碳化对混凝土性能的影响

碳化引起水泥石化学组成及组织结构的变化,从而对混凝土的化学性能和物理力学性能有明显的影响,主要是对碱度、强度和收缩的影响。碳化作用对混凝土的负面影响主要有两方面,一是碳化作用使混凝土的收缩增大,导致混凝土表面产生拉应力,从而降低混凝土的抗拉强度和抗折强度,严重时直接导致混凝土开裂,使得其他腐蚀介质更易进入混凝土内部,加速碳化作用,降低耐久性;二是碳化作用使混凝土的碱度降低,失去混凝土强碱环境对钢筋的保护作用,导致钢筋锈蚀膨胀,进一步加速碳化和腐蚀,严重影响钢筋混凝土结构的力学性能和耐久性能。同时,碳化作用生成的 $CaCO_3$ 能填充混凝土中的孔隙,使密实度提高;碳化作用释放出的水分有利于促进未水化水泥颗粒的进一步水化,能适当提高混凝土的抗压强度。但对混凝土结构工程而言,碳化作用造成的危害远远大于抗压强度的提高。

2. 影响混凝土碳化速度的主要因素

(1)混凝土的水胶比:前面已详细分析过,水胶比大小主要影响混凝土孔隙率和密实度。因此水胶比大,混凝土的碳化速度就快。这是影响混凝土碳化速度的最主要因素。

(2)水泥品种和用量:普通水泥水化产物中 $Ca(OH)_2$ 含量高,碳化同样深度所消耗的 CO_2 量要求多,相当于碳化速度减慢。而矿渣水泥、火山灰水泥、粉煤灰水泥、复合水泥以及高掺量混合材配制的混凝土,$Ca(OH)_2$ 含量低,故碳化速度相对较快。水泥用量大,碳化速度慢。

(3)施工养护:搅拌均匀、振捣成型密实、养护良好的混凝土碳化速度较慢。蒸汽养护的混凝土碳化速度相对较快。

(4)环境条件:空气中 CO_2 的浓度大,碳化速度加快。当空气相对湿度为 50% ~ 75% 时,碳化速度最快。当相对湿度小于 20% 时,由于缺少水环境,碳化终止;当相对湿度达 100% 或水中混凝土,由于 CO_2 不易进入混凝土孔隙内,碳化也将停止。

3. 提高混凝土抗碳化性能的措施

从前述影响混凝土碳化速度的因素分析可知,提高混凝土抗碳化性能的关键是改善混凝土的密实性,改善孔结构,阻止 CO_2 向混凝土内部渗透。绝对密实的混凝土碳化作用也就自然停止。因此提高混凝土碳化性能的主要措施为:根据环境条件合理选择水泥品种;水泥水化充分,改善密实度;加强施工养护,保证混凝土均匀密实;用减水剂、引气剂等外加剂控制水胶比或改善孔结构;必要时还可以采用表面涂刷石灰水等加以保护。

3.4.4　混凝土的耐磨性

耐磨性是路面、机场跑道和桥梁混凝土的重要性能指标之一。作为高等级路面的水泥混凝土,必须具有较高的耐磨性能。桥墩、溢洪道面、管渠、河坝等均要求混凝土具有较好的抗冲刷性能。根据现行标准《公路工程水泥及水泥混凝土试验规程》（JTG E30—2005），混凝土的耐磨性采用 150mm × 150mm × 150mm 的立方体试块，标准养护至 27 天，擦干表面水自然干燥12h，之后在（60 ± 5）℃条件下烘干恒重。然后在带有花轮磨头的混凝土磨耗试验机上，外加200N 负荷磨削 30 转，然后取下试件刷净粉尘称重，记下相应质量 m_1，该质量作为试件的初始质量。然后在 200N 负荷磨削 60 转，取下试件刷净粉尘称重，记下相应质量 m_2。按下式（3-39）计算磨损量：

$$G_c = \frac{m_1 - m_2}{0.0125} \tag{3-39}$$

式中　　G_c——单位面积磨损量（kg/m^2）；

　　　　m_1——试件的初始质量（kg）；

　　　　m_2——试件磨损后的质量（kg）；

　　0.0125——试件磨损面积（m^2）。

以 3 个试件磨损量的算术平均值作为实验结果，结果计算精确至 $0.001kg/m^2$，当其中一个试件磨损量超过平均值 15% 时，应予以剔除，取余下两个试件结果的平均值作为实验结果，如两个磨损量均超过平均值 15% 时，应重新试验。

3.4.5　混凝土的化学侵蚀

混凝土的抗侵蚀性与所用水泥的品种、混凝土的密实程度和孔隙特征有关。密实和孔隙封闭的混凝土，环境水不易侵入，故其抗侵蚀性较强。所以，提高混凝土抗侵蚀性的措施，主要是合理选择水泥品种、降低水胶比、改善混凝土的密实度和改善孔结构。

混凝土受侵蚀性介质的侵害随介质的化学性质而不同，但根据所发生的化学反应，混凝土受化学侵蚀的方式不外乎是：水泥石中某些组分被介质溶解，化学反应的产物易溶于水；化学反应产物发生体积膨胀等。下面就混凝土常遇到的几种化学侵蚀作用及防护措施分别加以讨论。

1. 硫酸盐侵蚀

某些地下水常含有硫酸盐如硫酸钠、硫酸钙、硫酸镁等。硫酸盐溶液和水泥石中的氢氧化钙及水化铝酸钙发生化学反应，生成石膏和硫铝酸钙，产生体积膨胀，使混凝土瓦解。

硫酸钠和氢氧化钙的反应式可写成：

$Ca(OH)_2 + Na_2SO_4 \cdot 10H_2O \longrightarrow CaSO_4 \cdot 2H_2O + 2NaOH + 8H_2O$

这种反应，在流动的硫酸盐水里，可以一直进行下去，直至 $Ca(OH)_2$ 完全被反应完。但如果 NaOH 被积聚，反应就可达到平衡。从氢氧化钙转变为石膏，体积增加为原来的两倍。

硫酸钠和水化铝酸钙的反应式为：

$2(3CaO \cdot Al_2O_3 \cdot 12H_2O) + 3(Na_2SO_4 \cdot 10H_2O) \longrightarrow 3CaO \cdot Al_2O_3 \cdot 3CaSO_4 \cdot 32H_2O + 2Al(OH)_3 + 6NaOH + 16H_2O$

水化铝酸钙变成硫铝酸钙时体积也有增加。硫酸钙只能与水化铝酸钙反应，生成硫铝酸钙。硫酸镁则除了能侵害水化铝酸钙和氢氧化钙外，还能和水化硅酸钙反应，其反应式为：

$3CaO \cdot 2SiO_2 \cdot aq + MgSO_4 \cdot 7H_2O \longrightarrow CaSO_4 \cdot 2H_2O + Mg(OH)_2 + SiO \cdot aq$

这一反应之所以能够进行完全,是因为氢氧化镁的溶解度很低而造成其饱和溶液 pH 值也低的缘故。氢氧化镁溶解度在每升水中仅为 0.01g,它的饱和溶液 pH 值约为 10.5。这个数值低于使水化硅酸钙稳定所要求的数值,致使水化硅酸钙在有硫酸镁溶液存在的条件下不断分解出石灰。所以硫酸镁较其他硫酸盐具有更大的侵蚀作用。

硫酸盐侵蚀的速度随其溶液的浓度增加而加快。硫酸盐的浓度以 SO_3 的含量表示,达到千分之一时,侵蚀作用被认为是中等严重,千分之二时,则为非常严重。当混凝土的一侧受到硫酸盐水的压力作用而发生渗流时,水泥石中硫酸盐将不断得到补充,侵蚀速度更大。如果存在干湿循环,配合以干缩湿胀,则会导致混凝土迅速崩解。可见混凝土的渗透性也是影响侵蚀速度的一个重要因素。水泥用量少的混凝土将更快地被侵蚀。

混凝土遭受硫酸盐侵蚀的特征是表面发白,损害通常在棱角处开始,接着裂缝开展并剥落,使混凝土成为一种易碎的,甚至松散的状态。

配制抗硫酸盐侵蚀的混凝土必须采用含 C_3A 低的水泥,如抗硫酸盐水泥。实际上已经发现,5.5% ~7% 的 C_3A 的含量,是水泥抗硫酸盐侵蚀性能好与差的一个大致界限。

采用火山灰质掺料,特别是当与抗硫酸盐水泥联合使用时,配制的混凝土对抗硫酸盐侵蚀有显著的效果。这是因为火山灰与氢氧化钙反应生成水化硅酸钙,减少游离的氢氧化钙,并在易被侵蚀的含铝化合物的表面形成晶体水化物,比常温下形成的水化硅酸盐要稳定得多,而铝酸三钙则水化成稳定的 $C_3A \cdot 6H_2O$ 的立方体,代替了活拨得多的 $C_4A \cdot 12H_2O$,变成低活性状态,改善了混凝土的抗硫酸盐性能。

2. 水及酸性水的侵蚀

淡水能把氢氧化钙溶解,甚至导致水化产物发生分解,直至形成一些没有粘结能力的 $SiO_2 \cdot nH_2O$ 及 $Al(OH)_3$,使混凝土强度降低。但是这种作用,除非水可以不断地渗透过混凝土,否则进行得十分缓慢,几乎可以忽略不计。

当水中含有一些酸性物质时,水泥石除了受到上述的浸析作用外,还会反生化学溶解作用,使混凝土的侵蚀明显加速。1% 的硫酸或硝酸溶液在数月内对混凝土的侵蚀能达到很深的程度,这是因为它们和水泥石中的 $Ca(OH)_2$ 作用,生成水和可溶性钙盐,同时能直接与硅酸盐、铝酸盐作用使之分解,使混凝土结构遭到严重的破坏。

有些酸(如磷酸)与 $Ca(OH)_2$ 作用生成不溶性钙盐,堵塞在混凝土的毛细孔中,侵蚀速度可以减慢,但强度也不断下降,直到最后破坏。

某些天然水因溶有 CO_2 及腐殖酸,所以也常呈酸性,对混凝土发生酸性侵蚀。例如某些山区管道,混凝土表面的水泥石被溶解,暴露出集料,增加了水流的阻力。某些烟筒及火车隧道,长期在潮湿的条件下,也会出现类似的破坏。

防止混凝土遭受酸性水侵蚀,可用煤沥青、橡胶、沥青漆等处理混凝土的表面,形成耐蚀的保护层。但对于预制混凝土制品来说,比较好的办法是用 SiF_4 气体在真空条件下处理混凝土。这种气体和石灰的反应是:

$$2Ca(OH)_2 + SiF_4 \longrightarrow 2CaF_2 + Si(OH)_4$$

生成难溶解的氟化钙及硅胶的耐蚀保护层。

矾土水泥因不存在氢氧化钙,同时铝胶包围了易与酸作用的氧化钙的化合物,所以耐酸性侵蚀的性能优于硅酸盐水泥。但在 pH 值低于 4 的酸性水中,也会迅速破坏。

3. 海水侵蚀

海水对混凝土的侵蚀作用可由以下一些原因引起:海水的化学作用;反复干湿的物理作用;盐分在混凝土内的结晶与聚集;海浪及悬浮物的机械磨损和冲击作用;混凝土内钢筋的腐蚀;在寒冷地区冻融循环的作用等。任何一种作用的发生,都会加剧其余种类的破坏作用。

海水是一种成分复杂的溶液,海水中平均总盐量约为 35g/L,其中 NaCl 占盐量的 77.2%,MgCl 占 12.8%,$MgSO_4$ 占 9.4%,K_2SO_4 占 2.55%,还有碳酸氢盐及其他微量成分。海水对混凝土的化学侵蚀主要是硫酸镁侵蚀。海水中存在大量的氯化物,提高了石膏和硫铝酸钙的溶解度,因此很少呈现膨胀破坏,而常是失去某些成分的浸析性破坏。但随着氢氧化镁的沉淀,减少了混凝土的透水性,这种浸析作用也会逐渐减少。

由于混凝土的毛细管作用,海水在混凝土内上升,并不断蒸发,于是盐类在混凝土中不断结晶和聚集,使混凝土开裂。干湿交替加速了这种破坏作用,因此在高低潮位之间的混凝土破坏特别严重。而完全浸在海水中的混凝土,特别是在没有水压差的情况下,侵蚀却很小。

海水中的氯离子向混凝土内渗透,使低潮位以上反复干湿的混凝土中的钢筋发生严重锈蚀,结果体积膨胀,造成混凝土开裂。因此,海水对钢筋混凝土的侵蚀比对素混凝土更为严重。

根据海岸、海洋结构各部分混凝土所受到的侵蚀作用不同,各部位可以采用不同的混凝土。例如,处在高低潮位之间的混凝土,由于干湿循环,同时遭受化学侵蚀和盐结晶的破坏作用,在严寒地区还受饱水状态下的冻融破坏。这个部位的混凝土必须足够密实,水胶比宜低,水泥用量应适当增加,可采用引气混凝土。对于浸在海水部位的混凝土,主要考虑防止化学侵蚀,因此除了要求混凝土足够密实外,可以考虑采用矾土水泥、抗硫酸盐水泥、矿渣硅酸盐水泥或火山灰质硅酸盐水泥。

4. 碱类侵蚀

固体碱如碱块、碱粉等对混凝土无明显的作用,而熔融状碱或碱的浓溶液对水泥有侵蚀作用。但当碱的浓度不大(15% 以下),温度不高(低于 50℃)时,影响很小。碱(NaOH)对混凝土的侵蚀作用主要包括化学侵蚀和结晶侵蚀两个因素。

化学侵蚀是碱溶液与水泥石组分之间起化学反应,生成胶结力不强,同时易为碱液浸析的产物。典型的反应式如下:

$$2CaO \cdot SiO_3 \cdot nH_2O + 2NaOH \longrightarrow 2Ca(OH)_2 + Na_2SiO_3 + mH_2O$$
$$3CaO \cdot Al_2O_3 \cdot 6H_2O + 2NaOH \longrightarrow 3Ca(OH)_2 + Na_2O \cdot Al_2O_3 + 4H_2O$$

结晶侵蚀是由于碱渗入混凝土孔隙中,在空气中的 CO_2 作用下形成含 10 个结晶水的碳酸钠晶体析出,体积比原有的苛性钠增加 2.5 倍,产生很大的结晶压力而引起水泥石结构的破坏。

3.4.6　混凝土的碱－集料反应

碱－集料反应是指硬化混凝土中所含的碱(Na_2O 和 K_2O)与集料中的活性成分发生反应,生成具有吸水膨胀性的产物,导致混凝土开裂的现象。吸水后将产生 3 倍以上的体积膨胀,从而导致混凝土膨胀开裂而破坏。碱－集料反应的特征是,在破坏的试样里可以鉴定出碱－硅酸盐凝胶的存在,及集料颗粒周围出现反应环。碱－集料反应引起的破坏,一般要经过若干年后才会发现,而一旦发生则很难修复。一般总碱量(R_2O)常以等当量 Na_2O 计,即 Na_2O

百分数加上 0.658 乘以 K_2O 的百分数。只有水泥中的 R_2O 含量大于 0.6% 时,集料中含有活性 SiO_2 且在潮湿环境或水中使用的混凝土工程,才会与活性集料发生碱－集料反应而产生膨胀,必须加以重视。活性集料有蛋白石、玉髓、鳞石英、方石英、酸性或中性玻璃体的隐晶质火山岩,如流纹岩、安山岩及其凝灰岩等,其中蛋白石质的二氧化硅可能活性最大。大型水工结构、桥梁结构、高等级公路、飞机场跑道一般均要求对集料进行碱活性试验或对水泥的碱含量加以限制。

在一定意义上说,由一定活性集料配制的混凝土,碱－集料反应膨胀随水泥的碱含量增加而增大;一定碱量的水泥,则集料颗粒愈小而膨胀愈大。但是发现,加入活性氧化硅的细粉则能使碱集料反应膨胀减小或消除。在较低的活性氧化硅含量范围内,对一定的碱量,活性氧化硅含量越多,膨胀越大。但当活性氧化硅含量超过一定范围后,情形就相反了。这是因为,一方面降低了每个活性颗粒(集料)表面的碱的作用量,形成的凝胶很少;另一方面由于氢氧化钙的迁移率极低,在增加了活性集料总表面积的情况下,提高了集料周界处的氢氧化钙与碱的局部浓度比,这时碱－集料反应仅形成一种无害的(不膨胀的)石灰—碱—氧化硅络合物。引气也会减少碱－集料反应膨胀,这是因为反应产物能嵌进分散孔隙中,降低了膨胀压力。

混凝土只有含活性二氧化硅的集料、有较多的碱(Na_2O 和 K_2O)和有充分的水三个条件同时具备时才发生碱－集料反应。干燥状态是不会发生碱－集料反应的,所以混凝土的渗透性同样对碱集料有很大的影响。

因此,可以采取以下措施抑制碱－集料反应:

(1)选择无碱活性的集料。

(2)在不得不采用具有碱活性的集料时,应严格控制混凝土中总的碱量。

(3)掺用活性掺合料,如硅灰、矿渣、粉煤灰(高钙高碱粉煤灰除外)等,对碱－集料反应有明显的抑制效果。活性掺合料与混凝土中的碱起反应,反应产物均匀分散在混凝土中,而不是集中在集料表面,不会发生有害的膨胀,从而降低了混凝土的含碱量,起到抑制碱－集料反应的作用。

(4)控制进入混凝土的水分。碱－集料反应要有水分,如果没有水分,反应就会大为减少乃至完全停止。因此,要防止外界水分渗入混凝土以减轻碱－集料反应的危害。

3.4.7　混凝土中钢筋的锈蚀

大量工程实践证明,在钢筋混凝土结构中,钢筋的锈蚀是影响服役结构耐久性的主要因素。新鲜的混凝土是呈碱性的,其 pH 值一般大于 12.5,在碱性环境中的钢筋容易发生钝化作用,使钢筋表面产生一层钝化膜,能够阻止混凝土中钢筋的锈蚀。但当有二氧化碳、水汽和氯离子等有害物质从混凝土表面通过孔隙进入混凝土内部时和混凝土材料中的碱性物质中和,从而导致了混凝土的 pH 值降低,甚至出现 pH < 9 的情况。在这种环境下,混凝土中埋置钢筋表面的钝化膜被逐渐破坏,在其他条件具备的情况下,钢筋就会发生锈蚀,并且随着锈蚀的加剧,会导致混凝土保护层开裂,钢筋与混凝土之间的粘结力破坏,钢筋受力截面减少,结构强度降低等,从而导致结构耐久性的降低。通常情况下,受氯盐污染的混凝土中的钢筋有更严重的锈蚀情况。

1. 混凝土中钢筋锈蚀的机理

当二氧化碳、氯离子等腐蚀介质侵入时,混凝土的碱性降低或者混凝土保护层受拉开裂等都将造成全部或局部的钢筋表面钝化状态破坏,钢筋表面的不同部位会出现较大的电位差,形成阳极和阴极,在一定的环境条件下(如氧和水的存在)钢筋就开始锈蚀。锈蚀的形式一般为斑状锈蚀,即锈蚀分布在较广的表面面积上。

混凝土中的钢筋锈蚀一般为电化学锈蚀。钢筋在混凝土结构中的腐蚀是在氧气和水分子参与的条件下,铁不断失去电子而溶于水,在钢筋表面生成铁锈,引起混凝土开裂。二氧化碳和氯离子对混凝土本身都没有严重的破坏作用,但是这两种环境物质都是混凝土中钢筋钝化膜破坏的最重要又最常遇到的环境介质。因此,混凝土中钢筋锈蚀机理主要有两种:即混凝土碳化和氯离子侵入。钢筋混凝土结构在使用寿命期间可能遇到的最危险的侵蚀介质就是氯离子。它对混凝土结构的危害是多方面的,这里只评述氯离子促进钢筋锈蚀方面的机理。

氯离子和氢氧根离子争夺腐蚀产生的 Fe^{2+},形成 $FeCl_2 \cdot 4H_2O$(绿锈),绿锈从钢筋阳极向含氧量较高的混凝土孔隙迁徙,分解为 $Fe(OH)_2$(褐锈)。褐锈沉积于阳极周围,同时放出 H^+ 和 Cl^-,它们又回到阳极区,使阳极区附近的孔隙液局部酸化,Cl^- 再带出更多的 Fe^{2+}。这样,氯离子虽然不构成腐蚀产物,在腐蚀中也不消耗,但是起到了催化作用。反应式为:

$$Fe^{2+} + 2Cl^- + 4H_2O \longrightarrow FeCl_2 \cdot 4H_2O$$

$$FeCl_2 \cdot 4H_2O \longrightarrow Fe(OH)_2 + 2Cl^- + 2H^+ + 2H_2O$$

如果在大面积的钢筋表面上有高浓度的氯离子,则氯离子引起的腐蚀是均匀腐蚀,但是在混凝土中常见局部腐蚀。首先在很小的钢筋表面上形成局部破坏,成为小阳极,此时钢筋表面的大部分仍具有钝化膜,成为大阴极。这种特定的由大阴极和小阳极组成的腐蚀电偶,由于大阴极供氧充足,使小阳极上铁迅速溶解产生深蚀坑,小阳极区局部酸化;同时,由于大阴极区的阴极反应,生成 OH^- 使 pH 值增高;氯离子提高混凝土吸湿性,使阴极和阳极之间的混凝土孔隙液欧姆电阻降低。这三方面的自发性变化,使得上述局部腐蚀电偶以局部深入的形式持续进行,这种局部腐蚀又被称为点蚀和坑蚀,如图 3-18 所示。

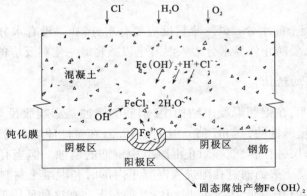

图 3-18　氯离子引起的钢筋点蚀示意图

在工程中可将混凝土结构所处的环境分为以下三种类型,对存在顺筋裂缝的钢筋混凝土构件其锈蚀存在不同特点。

（1）干燥环境

混凝土湿度梯度为内湿外干,顺筋裂缝处钢筋电位最高,作为阴极使深层钢筋及非裂缝处钢筋的锈蚀速度增加,加速其他部位产生顺筋裂缝,由于混凝土电阻较大,且各部分钢筋表面作为孤立电极时自身的阴阳极面积比较大,表面较低,使本环境下钢筋锈蚀问题较小。

（2）表面湿润环境

此环境的钢筋混凝土结构包括频繁干湿循环环境、处于雨季的暴露结构和长期潮湿环境结构等。这些构件如存在顺筋裂缝,其锈蚀的电化学特点为湿度分布梯度外湿内干,顺筋裂缝电位最低,深层钢筋及非裂缝处钢筋作为阴极使该处锈蚀速度增加,且呈现大阴极小阳极特点,并随着顺筋裂缝的增宽,锈蚀速度在较大数值的基础上以加速增长。

（3）长期浸泡环境

处于此环境的钢筋混凝土结构锈蚀的电化学特点与（2）基本相同,但是由于内外湿度相差较小,且氧气浓度差别较小,使不同部位钢筋的电位差较小。但如果顺筋裂缝宽度较大,由于混凝土湿度较大,电阻率较小,仍有可能在电位差较小的同时产生较高的"宏电流"。"宏电流"作用会导致顺筋裂缝附近钢筋锈蚀速度的较大增长。

2. 钢筋腐蚀过程

混凝土中钢筋锈蚀过程可分为以下几个阶段,如图 3-19 所示。

（1）腐蚀孕育期

从浇注混凝土到混凝土碳化层深达到钢筋,或氯离子侵入混凝土以使钢筋去钝化,即钢筋开始锈蚀为止,这段时间以 t_0 表示。

（2）腐蚀发展期

从钢筋开始腐蚀发展到混凝土保护层表面因钢筋锈胀而出现破坏（如顺筋胀裂、层裂或剥落等）,这段时间以 t_1 表示。

（3）腐蚀破坏期

从混凝土表面因钢筋锈蚀肿胀开始破坏发展到混凝土严重胀裂、剥落破坏,即已达到不可容忍的程度,必须全面大修时为止,这段时间以 t_2 表示。

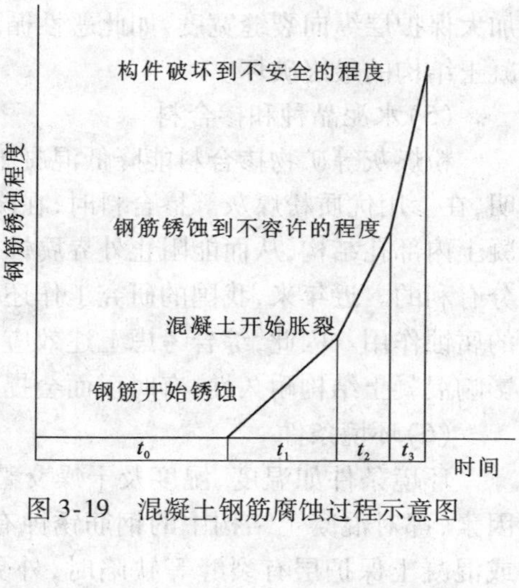

图 3-19　混凝土钢筋腐蚀过程示意图

（4）腐蚀危害期

钢筋锈蚀已经扩大到使混凝土结构区域性破坏,致使结构不能安全使用,这段时间以 t_3 表示。

一般,$t_0 > t_1 > t_2 > t_3$。

3. 影响钢筋锈蚀的因素

在通常情况下,钢筋表面的混凝土层对钢筋有物理和机械保护作用。同时,混凝土为钢筋提供的是一个高碱度的环境（pH > 12.5）,能使钢筋表面形成一层致密的钝化膜,从而长期不锈蚀。当碱性降低时,钝化膜逐渐被破坏,钢筋逐渐开始锈蚀,当 pH 低于 12 时锈蚀速度明显增大。

混凝土结构中的钢筋锈蚀受许多因素,包括钢筋位置、钢筋直径、水泥品种、混凝土密实度、保护层厚度及完好性、外部环境等影响。

（1）混凝土液相 pH 值

钢筋锈蚀速度与混凝土液相 pH 值有密切关系。当 pH 值大于 10 时,钢筋锈蚀速度很小;而当 pH 值小于 4 时,钢筋锈蚀速度急剧增加。

（2）混凝土中 Cl⁻ 含量

混凝土中 Cl⁻ 含量对钢筋锈蚀的影响极大。一般情况下,钢筋混凝土结构中的氯盐掺量应少于水泥重量的 1%（按无水状态计算）,而且掺氯盐的混凝土结构必须振捣密实,也不宜采用蒸汽养护。

（3）混凝土密实度和保护层厚度

混凝土对钢筋的保护作用包括两个主要方面:一是混凝土的高碱性使钢筋表面形成钝化膜,二是保护层对外界腐蚀介质、氧气和水分等渗入的阻止。后一种作用主要取决混凝土的密实度及保护层厚度。

（4）混凝土保护层的完好性

混凝土保护层的完好性指混凝土是否开裂、有无蜂窝孔洞等。它对钢筋锈蚀有明显的影响,特别是对处于潮湿环境或腐蚀介质中的混凝土结构影响更大。调查表明,在潮湿环境中使用的钢筋混凝土结构,横向裂缝宽度达 0.2mm 时即可引起钢筋锈蚀。钢筋锈蚀物体积的膨胀加大保护层纵向裂缝宽度,如此恶性循环的结果必将导致混凝土保护层的彻底剥落和钢筋混凝土结构的最终破坏。

（5）水泥品种和掺合料

粉煤灰等矿物掺合料能降低混凝土的碱性,从而影响钢筋的耐久性。国内外许多研究表明,在掺用优质粉煤灰等掺合料时,在降低混凝土碱性的同时能提高混凝土的密实度,改变混凝土内部孔结构,从而能阻止外界腐蚀介质和氧气与水分的渗入,这无疑对防止钢筋锈蚀是十分有利的。近年来,我国的研究工作还表明,掺入粉煤灰可以增强混凝土抵抗杂散电流对钢筋的腐蚀作用。因此,综合考虑上述效应,可以认为在混凝土结构中掺用符合标准的粉煤灰不会影响混凝土结构耐久性,有时反而会提高。

（6）环境条件

环境条件如温度、湿度及干燥交替作用、海水飞溅、海盐渗透等是引起钢筋锈蚀的外在因素,都对混凝土结构中的钢筋锈蚀有明显影响。特别是混凝土自身保护能力不符合要求或混凝土保护层有裂缝等缺陷时,外界因素的影响会更突出。许多实际调查结果表明,混凝土结构在干燥无腐蚀介质情况下,其使用寿命要比在潮湿及腐蚀介质中使用要长 2 ～ 3 倍。

（7）其他因素

除了以上因素外,钢筋应力状态对其锈蚀也有很大影响,应力腐蚀比一般腐蚀更危险。应力腐蚀不同于钢筋的蚀坑及均匀锈蚀,而是以裂缝的形式出现,并不断发展直到破坏,这种破坏又常常是毫无顶兆的突然脆断。一般来讲,钢筋的应力腐蚀分为两个阶段,即局部电化学腐蚀阶段及裂缝发展阶段。对此必须充分估计,以免钢筋发生事故性断裂。

4. 防止钢筋锈蚀的措施

根据钢筋锈蚀的基本原理以及各种因素的影响规律,可采取以下措施来保护钢筋:

（1）在结构设计时应尽量避免混凝土表面、接缝和密封处积水，加强排水，尽量减少受潮和溅湿的表面积。

（2）尽可能地增加保护层的厚度，在同样的条件下，增加保护层厚度可以延长碳化到钢筋处的时间和 Cl^- 离子扩散到钢筋表面的时间，推迟钢筋锈蚀。

（3）掺入粉煤灰或磨细矿渣粉等矿物掺合料和一些超塑化剂，减少混凝土用水量，降低水胶比；掺入矿物掺合料时应加强养护，以保证混凝土有较好的抗渗性能。

（4）采用耐腐蚀钢筋，耐腐蚀钢筋有耐腐蚀低合金钢筋、包铜钢筋、镀锌钢筋、环氧涂层钢筋、聚乙烯醇缩丁醛涂层钢筋、不锈钢钢筋等。

（5）采用阻锈剂，常用的阻锈剂有：亚硝酸钙、单氟磷酸钠以及一些有机阻锈剂。

（6）采取阴极保护，阴极保护是一种电化学保护方法，通过一些技术措施，使钢筋表面不再放出自由电子，以控制钢筋的阳极反应。

（7）对混凝土进行表面处理，通常采取真空脱水处理、表面粘贴和表面涂敷进行混凝土表面处理。

3.4.8　混凝土耐久性病害综合征

越来越多的工程事例证明，多种破坏因素的综合作用，是加剧破坏过程，造成混凝土建筑提前被破坏和混凝土质量迅速严重劣化的重要原因，因此要真正有效地解决混凝土耐久性问题，达到延长安全使用期的目的，必须着重研究综合破坏作用下的混凝土耐久性问题——混凝土耐久性综合征；弄清主次、先后，作用的叠加（也有抵消）效应。

混凝土耐久性病害是混凝土结构劣化失效的重要原因。混凝土结构劣化现象的分类如图 3-20 所示。混凝土质量与劣化现象的相互关系如图 3-21 所示。混凝土结构的劣化可以分为混凝土材料的劣化和钢筋劣化。前者表现为强度降低，混凝土开裂，表面剥落和溃散等，后者则指钢筋的锈蚀与劣化。

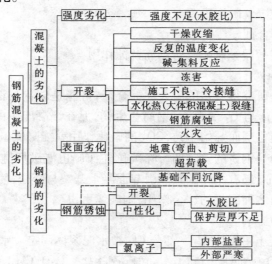

图 3-20　混凝土结构劣化现象的分类

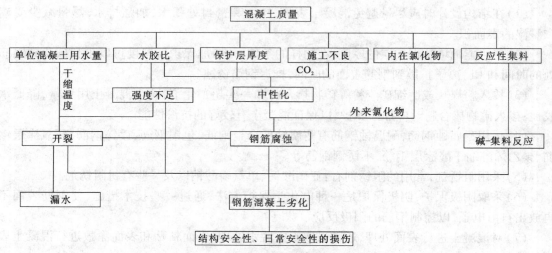

图 3-21 混凝土质量与劣化现象的相互关系

混凝土的劣化失效,往往以某一种劣化因子为先导,使混凝土损伤开裂,其他劣化因子进一步作用,劣化损伤扩大发展,直至结构失效,称之为耐久性病害综合征。预防混凝土耐久性病害综合征的主要目的是解决混凝土在设计使用寿命过程中的劣化问题。根据使用环境不同,使混凝土劣化的外力分为两种:一种是一般劣化外力,如温度、湿度、太阳辐射和混凝土的中性化;另一种是特殊劣化外力,如盐害、冻害、盐碱腐蚀、碱－集料反应等,这与混凝土结构使用的环境有关,但这可以通过原材料的选择加以预防。针对不同劣化因子可单独采取措施,例如针对混凝土盐害的预防,控制混凝土的 56d 导电量 <1000 库仑,并使混凝土结构具有足够保护层厚度;预防混凝土冻害劣化及除冰盐破坏,主要是掺入引气剂,使含气量达 4% ~6%,混凝土可达 300 次冻融循环,相对动弹性模量 >60%;硫盐、镁盐腐蚀,则通过降低水泥中的 C_3A 含量,降低水胶比和掺入矿物质超细粉。

3.4.8.1 耐久性综合征

1. 碳化对 Cl^-、硫酸盐侵蚀影响及对钢筋锈蚀作用

(1)碳化与钢筋锈蚀

最早受到重视,也是研究得最多的耐久性综合征,可能是碳化与钢筋锈蚀,是一个最常遇到的耐久性问题。有 H_2O 与 O_2 的存在,钢筋会生锈,但在混凝土中的钢筋,必须先降低周围液相的碱度,才会破坏钝化层而开始生锈,CO_2 的碳化作用就能降低碱度。碳化作用深入到钢筋表层的时间,就被认为是钢锈的安全期。除碳化外,Cl^- 也能破坏钝化层。因此盐类腐蚀也能与钢筋锈蚀成为综合征,还有不少因素能引起混凝土开裂与疏松,使 CO_2、H_2O、O_2 容易到达钢筋表面引起锈蚀,成为多种因素的综合作用,则破坏更快。

(2)碳化对 Cl^- 侵蚀影响

Cl^- 从外部进入混凝土中以后,有一部分 Cl^- 被水泥浆体固定。水泥熟料水化时和氯盐结合生成的水化物有:$3CaO \cdot Al_2O_3 \cdot CaCl_2 \cdot aq$(Friedel 盐),$CaO$、$CaCl_2 \cdot 2H_2O$。

由于部分 Cl^- 被固化,推迟了 Cl^- 向混凝土内部的扩散渗透,使混凝土保护层内部的钢筋表面上达到极限浓度值(0.4%)的时间推迟,钢筋受 Cl^- 腐蚀而生锈的时间推迟,混凝土结构

在氯盐环境下的工作寿命延长。

但是被固化在 $3CaO \cdot Al_2O_3 \cdot CaCl_2 \cdot 10H_2O$ 的氯盐也会因受碳化作用而分解,使 Cl^- 重新游离出来,并使碳化的水泥石孔隙液中的 Cl^- 浓度提高,形成 Cl^- 的浓度差而向内部扩散。

$$3CaO \cdot Al_2O_3 \cdot CaCl_2 \cdot 10H_2O + 6H^+ + 3CO_3^{2-} \longrightarrow 2Al(OH)_3 + 3CaCO_3 + CaCl_2 + 10H_2O$$

$CaCl_2$ 溶解于孔缝液中,形成 Ca^{2+} 和 Cl^-,使已碳化的水泥石孔缝液中 Cl^- 浓度提高,造成浓度差而向内部扩散。因此,可以认为碳化加速了盐害对混凝土的劣化破坏。

（3）碳化对硫酸盐侵蚀影响

SO_4^{2-} 通过扩散渗透,进入混凝土内部,与水泥石的固相发生化学反应而生成难溶的盐类矿物——钙矾石和石膏,这些矿物吸水膨胀,当内应力超过混凝土的抗拉强度时,就导致混凝土破坏。

当 SO_4^{2-} 浓度 $<1000mg/L$ 时,生成水化硫铝酸钙,水化硫铝酸钙与大量水分子结合,使固相体积比水化铝酸钙增加大约 227%,在水泥石内部引起破坏性的内应力。

当 SO_4^{2-} 浓度 $>1000mg/L$ 时,若水泥石毛细孔为饱和石灰溶液,不仅会有钙矾石形成,还会有石膏结晶析出:

$$Ca^{2+} + SO_4^{2-} \longrightarrow CaSO_4$$

$$CaSO_4 + 2H_2O \longrightarrow CaSO_4 \cdot 2H_2O$$

二水石膏体积增大 1.24 倍,使水泥石因内应力过大而破坏。硫酸盐侵蚀除了溶液中的 SO_4^{2-} 浓度外,还与溶液中的其他离子如 Cl^-、Na^+、Ca^{2+}、Mg^{2+} 的浓度有关,与碳化作用和水泥中 C_3A、C_4AF、C_3S 有关。

混凝土发生碳化反应之前,单硫型水化硫铝酸盐（AF_m）及多硫型水化硫铝酸钙（钙矾石,AF_t）以及毛细管孔隙中的 SO_4^{2-} 分布是一样的。由于碳化,在碳化区 AF_m 及 AF_t 分解,SO_4^{2-} 溶出到微管溶液中。由于 SO_4^{2-} 浓度差,微管溶液中的 SO_4^{2-} 扩散迁移到混凝土内部。当 SO_4^{2-} 扩散达到非碳化区时,再次生成 AF_m 及 AF_t 相,一直到没有浓度扩散之前继续进行。可见,由于碳化加速了混凝土微管中 SO_4^{2-} 的扩散,同时也加速了混凝土内部的钙矾石的形成,也就是加速了硫酸盐对混凝土的腐蚀破坏。

Cl^- 被水泥固化形成的氯铝酸盐（$3CaO \cdot Al_2O_3 \cdot CaCl_2 \cdot 10H_2O$）,是 AF_m 水化物系列中的一种。混凝土耐久性问题,包括硫酸盐侵蚀、碳化、Cl^- 扩散渗透与固化、钢筋锈蚀等,都与 AF_m 水化物系列的生成有关。

许多阴离子均可以与 AF_m 相互作用,按其生成的水化产物的稳定性不同,阴离子与 AF_m 相互作用的顺序不同。其顺序为 SO_4^{2-}、CO_3^{2-}、Cl^-。通常情况下,混凝土内部 SO_4^{2-}、CO_3^{2-}、Cl^- 是同时存在的,这就意味着在混凝土中,首先生成 $3CaO \cdot Al_2O_3 \cdot CaSO_4 \cdot 12H_2O$,然后是 $3CaO \cdot Al_2O_3 \cdot CaCO_3 \cdot 12H_2O$,最后是 $3CaO \cdot Al_2O_3 \cdot CaCl_2 \cdot 10H_2O$。也就是说,只有被硫酸盐和碳酸盐反应剩下的铝酸盐,才能去固化 Cl^-。因此,水泥固化 Cl^- 的能力是扣除硫酸盐和碳化影响后的相对铝酸盐含量,即有效铝酸盐含量。

混凝土结构在所处环境中,结构表面的 Cl^- 向内部扩散渗透,如上所述,直接受到碳化的影响,也受到硫酸盐侵蚀的影响。混凝土结构的碳化和硫酸盐侵蚀,都导致 Friedel 盐分解,使碳化区前沿或 SO_4^{2-} 扩散前沿,造成 Cl^- 富集,孔隙溶液中的 Cl^- 浓度增高,加速了 Cl^- 向内部的扩散渗透,如图 3-22 所示。

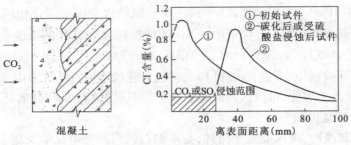

图 3-22　二氧化碳和硫酸盐侵蚀对混凝土中 Cl^- 分布的影响

由图 3-22 可见,曲线①系未受碳化或硫酸盐侵蚀的 Cl^- 向混凝土内部的扩散渗透曲线;曲线②是混凝土经过碳化或硫酸盐侵蚀后的 Cl^- 扩散渗透曲线,其峰值已向混凝土内部迁移,也就是 Cl^- 向混凝土内部进一步渗透扩散。这就是碳化、硫酸盐侵蚀和 Cl^- 扩散渗透,产生混凝土耐久性病害综合征。

2. 冻融循环与钢筋侵蚀的综合征

海水中冻融循环,也是较早被认识到的耐久性综合征。20 世纪 50 年代初,苏联和中国开始提出有冻融作用的海工混凝土应提高抗冻标号与强度,采用高强引气混凝土。在化学腐蚀条件下混凝土荷载试验,在动荷作用下的疲劳性能有显著下降。

过去 20 多年来,美国等因化冻盐的使用严重破坏了高速公路桥梁与桥面板,估计修复费用需几百亿美元。从 20 世纪 80 年代开始对冻融、盐蚀、机械作用的综合征加强了研究,成为当前混凝土耐久性的最热门的课题。在此综合征中,多种破坏因素的叠加作用十分显著,先后、主次也难于分清,对策是综合治理——引气、高强、耐蚀、防裂、提高耐疲劳性引气剂、硅灰、钢纤维、浸渍、涂层均已用上。

滨海的盐雾、地下盐分等也常与其他因素一起产生严重破坏作用。以阿拉伯海湾国家为例,昼夜温差大、高温、干旱、干湿变化大,加上海风盐雾、地下盐分等盐蚀,干缩与冷缩引起开裂,盐雾带来 Cl^- 腐蚀钢筋,SO_4^{2-} 腐蚀混凝土,不到五六年钢筋就严重锈蚀,混凝土严重开裂,必须重建。

3. 硫酸盐、镁盐、氯离子腐蚀综合征

海洋建筑,如探钻平台、海港、盐碱地区均会遇到这类问题。如北海油田平台除上述因素外,还加上狂浪浪高 30m,耐久性要求特高;青藏高原盐碱地区地下水 SO_4^{2-} 含量 >7000mg/L,Mg^{2+} >70000mg/L。随着相对含量的改变,SO_4^{2-}、Mg^{2+}、Cl^- 的作用有时叠加,有时抵消。例如:SO_4^{2-} 极限浓度,对各种波特兰水泥为 250 ~ 450mg/L,对抗硫酸盐波特兰水泥为大于 2500mg/L;对于各种波特兰水泥 Cl^- 的存在,可抵消 SO_4^{2-} 作用;Cl^- 含量 >2000mg/L,SO_4^{2-} 极限浓度从 250mg/L 增到 500mg/L;Cl^- 含量 >5000mg/L,SO_4^{2-} 极限浓度增到 1500mg/L;如是 $MgCl_2$,则 Cl^- 含量 >1500mg/L,可增到 2200mg/L;如是 NaCl,则 Cl^- 含量 >1500 ~ 2000mg/L,可增到 1500mg/L;当以 $MgSO_4$ 存在时,Mg^{2+} 含量 <4000mg/L 时,SO_4^{2-} 腐蚀作用强;Mg^{2+} 含量为 4000 ~ 6000mg/L,腐蚀大大减弱;Mg^{2+} 含量 >8000mg/L,腐蚀作用剧烈。上述作用的叠加与抵消是由于生成物的不同所致,必须弄清反应机理和产物,采取对策。对于硫酸盐类侵蚀,

过去以降低水泥中 C_3A 含量为主要对策,如抗硫酸盐水泥 C_3A 含量 $<6\% \sim 8\%$,但效果有时不稳定;近来有人主张 $C_3A/(SO_3 + Na_2O) < 3$,$SO_3/Na_2O = 1.0 \sim 3.5$,可防止强烈破坏。

4. 荷载作用对 Cl^- 扩散影响

冷发光对荷载作用下的 Cl^- 扩散进行了深入的研究,并得到了钢筋混凝土梁受拉应力区与非受力区 Cl^- 扩散系数的关系。根据多项式模型,拟合得到 60d、180d 和 300d 的回归常数分别为 6.6047×10^{-8}、12.9648×10^{-8} 及 14.2857×10^{-8}。回归常数的物理意义可以认为是单位应力或荷载水平引起的 Cl^- 扩散系数的相对增长的幅度。

可见,荷载作用下的钢筋混凝土结构,Cl^- 扩散渗透的速度比非受力状态下的 Cl^- 扩散系数大得多,也促进了钢筋混凝土结构的盐害破坏。

一般情况下,混凝土结构作用的荷载水平,也反映了结构裂缝宽度的大小。因此,日本土木工程学会按式(3-40)计算混凝土的 Cl^- 扩散系数

$$D_d = \gamma \cdot D_k + \frac{\omega}{l} \cdot \frac{\omega}{\omega_a} \cdot D_0 \qquad (3-40)$$

式中　D_d——实际的 Cl^- 扩散系数;

　　　D_k——扩散系数特征值(cm^2/a);

　　　D_0——裂缝对 Cl^- 迁移的影响因素(cm^2/a);

　　　ω——裂缝宽度(mm);

　　　ω_a——设计允许裂缝宽(mm);

　　　ω/l——裂缝宽度与间距比,混凝土材料系数(取1)。

由此可见,由于荷载作用使混凝土结构开裂或由于材料本身的收缩开裂,或者是由于施工开裂,都使混凝土 Cl^- 扩散系数增大,加速了盐害对结构的劣化破坏。

3.4.8.2　防治综合征的根本措施

由于多种因素的破坏作用,使混凝土耐久性增加了不少复杂性。从总的来看,都可认为是作用力与抵抗力这一对矛盾斗争的结果,是因时发展达到的动态平衡。采用有利于提高抵抗力的因素和减轻、延缓或阻止破坏力的因素(例如阻滞破坏作用进入混凝土内部),是从根本上增加混凝土耐久性的重要措施,也是防治耐久性综合征的根本措施。主要有两种原因:

1. 改善混凝土密实度和孔结构

(1)合理选择原材料。包括水泥、砂石材料、外加剂和掺合料的品种、成分和质量。

(2)适当控制混凝土的水胶比及水泥用量,它们是决定混凝土密实性的主要因素,它不但影响混凝土的强度,而且也严重影响其耐久性。

(3)掺入外加剂和掺合料,掺用引气剂或减水剂可改善混凝土的孔隙结构,大幅度地提高混凝土在某些环境下的抗渗性和抗冻性。掺入掺合料可减少混凝土中对耐久性有害的成分,从而提高混凝土的抗渗性和抗侵蚀性,抑制碱－集料反应。掺入外加剂和掺合料,掺用引气剂或减水剂可改善混凝土的孔隙结构,大幅度的提高混凝土的抗渗性和抗冻性。掺入掺合料可提高混凝土的密实度,减少混凝土中对耐久性有害的成分,从而提高混凝土的抗渗性和抗侵蚀性,抑制碱－集料反应。

(4)加强混凝土生产的质量控制,在混凝土的施工中,除应搅拌均匀、浇灌和振捣密实外,

应特别注意加强养护,保证与环境介质接触混凝土的密实性。

2. 减少混凝土中薄弱环节(界面过渡层)

改善混凝土密实度与改善孔结构已有大量资料证实,并被广泛采用;减少混凝土中薄弱环节则是 20 世纪 80 年代才引起重视。由于集料表面的吸附性、表面状态等对拌合用水(或表面水)的作用,形成水膜层,决定了集料 – 水泥石过渡层或过渡区(Transition Zone)的存在。它与水泥石本体存在差异,例如水化物分布、取向、形性以及孔结构等,使过渡层成为混凝土中的薄弱环节,不仅对破坏作用的抵抗力小,并且也是破坏因素进入混凝土内部加速破坏作用的捷径,在各种耐久性试验中,经常见到过渡层先被破坏,因此成为加速了破坏过程的例子。

界面过渡层内部又可划分为几个层区,模型假说基本上是:集料面 – 双膜层 – 晶体取向区 – 多孔区 – 弱效应区 – 水泥石本体。过渡层中的变化,主要表现为 $Ca(OH)_2$ 晶体的取向性、水化晶体的富集与粒度、孔分布、显微硬度等。界面结构的改善,较可行的办法有:

(1)掺加以硅灰为代表的高活性细填料,能有效地改善界面结构,并改善混凝土密实度与强度,显著增加对破坏作用的抵抗力。现在不少耐久性外加剂,多掺加硅灰、优质粉煤灰、沸石岩等。

(2)为限制膨胀,掺加膨胀剂改善界面结构,防止收缩裂缝,大大改善密实度。

3.4.8.3　抵抗耐久性病害综合征的新思路

从环境对混凝土劣化外力来分析,不管是单一因子作用或多种因子综合的劣化作用,都离不开水的作用。碳化作用需要水,Cl^- 扩散渗透需要水,硫酸盐腐蚀需要水,碱 – 集料反应需要水,冻融循环的破坏作用更需要水。因此水是混凝土耐久性病害综合征的最关键因素。如能把水源断开,混凝土就可以达到超高耐久性。

1. 混凝土结构模板

日本鹿岛公司(株)研发的 AQ 模板是一种预制纤维增强水泥模板。它是以有机纤维、水泥按一定比例混合,加入一定用水量及高效减水剂共同拌合,再通过真空脱水及加压成型而成模板的板材。用这种板材作为梁、板、柱的模板,同时模板也是结构的一部分。这种模板能抵抗各种劣化因子的侵蚀,使混凝土具有超高的耐久性。通过 Cl^- 渗透深度的检测证明,普通混凝土在 6 个月的龄期内,在盐水中渗透深度在 5mm 以上,而用 AQ 模板做成的超高耐久性混凝土,Cl^- 渗透不进混凝土内部。AQ 模板起着“防弹衣”的功能,能抵抗各种劣化因子的渗透和腐蚀。

2. 防止渗透吸水外加剂

在许多新建结构物和已有结构物中,解决盐害劣化的对策中,常常采用环氧树脂涂层,使表面形成防水表面层。但是这种表面涂层使用不到 10 年,会因紫外线作用而老化、失效,需要再次涂刷。

国外研发的防止渗透吸水的外加剂,涂刷在结构表面,能渗透进入混凝土内部 1.0 ~ 2.0mm,使混凝土表面憎水,而且耐久性优异。这种新型材料的理念是使混凝土断开水源,水分既不能从外面渗透到里面,也不能被材料吸收,从而使混凝土达到超高耐久性。

总之,综合征的各种破坏因素在特定条件下有主次、先后之分,对主因、导因,可对症施治,抓住矛盾的主要方面,予以解决,再兼及其他。对于重要的处于复杂条件下的混凝土建筑物或希望有很长的安全使用期,近年来有采用综合措施的趋势。例如日本提出耐久性达 500 年的钢筋混凝土,在当前科学技术水平下是可能办到的,问题在于经济上也要合理。

3.5　混凝土的其他性能

3.5.1　混凝土的热学性能

在实际工程中,有时需要掌握混凝土的某些热性能。例如,某些建筑物可能要求特别等级的绝热;某些混凝土板不允许因温度变化引起开裂和挠曲;一些超静定结构必须计算由温度变化引起的应力,特别是大体积混凝土结构中,必须了解由于水泥水化热引起的温度升高及分布,以便采取适当的措施。

在这里,我们只讨论混凝土的热传导性、比热、热扩散性及热膨胀性。

1. 普通混凝土的热膨胀性能

混凝土作为一种类似于多孔的材料,其热膨胀性不仅取决于水泥石和集料,而且还取决于混凝土中的含水状态。混凝土的热膨胀系数大致可以表示为水泥石和集料的膨胀系数的加权平均值,即:

$$\alpha_c = \frac{\alpha_p E_p V_p + \alpha_a E_a V_a}{E_p V_p + E_a V_a} \tag{3-41}$$

式中　α_c——混凝土的膨胀系数;

　　　α_p——水泥石的膨胀系数;

　　　α_a——集料的膨胀系数;

　　　E_p——水泥石的弹性模量;

　　　E_a——集料的弹性模量;

　　　V_p——水泥石的体积率;

　　　V_a——集料的体积率,$V_a = 1 - V_p$。

水泥石的膨胀系数大约为 $10 \sim 20 \times 10^{-6}/℃$,比集料的膨胀系数 $6 \sim 12 \times 10^{-6}/℃$ 要大,所以混凝土的膨胀系数约为 $7 \sim 14 \times 10^{-6}/℃$。一般可以说混凝土的膨胀系数是集料含量的函数(表 3-9),也是集料本身膨胀系数的函数。

表 3-9　集料含量对混凝土膨胀系数的影响

水泥∶砂	二年龄期的线胀系数($\times 10^{-5}/℃$)
1∶0(净浆)	18.5
1∶1	13.5
1∶3	11.2
1∶6	10.1

水泥石中的水分受热时,既有本身受热膨胀,又有增加湿胀压力的双重作用。一方面,水的膨胀系数为 $210 \times 10^{-6}/℃$,远比凝胶体的大,所以温度一上升,使凝胶体膨胀;另一方面毛细孔水的表面张力随温度上升而减小,加之毛细孔水本身受热膨胀和凝胶水的移入,

结果水的体积增加,水面上升到接近水泥石的表面,弯月面的曲率变小,使毛细孔内收缩压力减小,水泥石膨胀。但是这种湿胀压力的作用,在试件处于干燥状态或饱水状态时并不发生,因为这时无水的曲面存在。所以,水泥石的热膨胀系数也是湿度的函数,在相对湿度为 100% 或 0 时为最小,大约相对湿度 70% 时为最大(图 3-23)。水泥石的热膨胀系数随龄期的增加而减少,这是因为继续水化使结晶物质增加,减少了凝胶体的湿涨压力。因此,对于高压蒸养的水泥石,由于含凝胶体很少,其膨胀系数并不随湿度而变化。

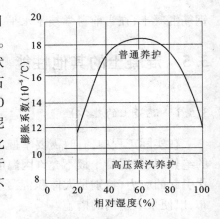

图 3-23　水泥石的线膨胀系数与
环境相对湿度的关系

2. 普通混凝土的比热

普通混凝土的比热一般在 $0.84 \sim 1.17 \text{kJ/kg} \cdot ℃$ 的范围内,随含水量的增加而显著增加。水的比热为 $4.18 \text{kJ/kg} \cdot ℃$,集料的比热为 $0.71 \sim 0.84 \text{kJ/kg} \cdot ℃$。

集料对混凝土比热的影响可以表示为式(3-42):

$$C = C_p(1 - W_a) + C_a W_a \tag{3-42}$$

式中　C——混凝土的比热$[\text{kJ}/(\text{kg} \cdot ℃)]$;

　　C_p——水泥石的比热$[\text{kJ}/(\text{kg} \cdot ℃)]$;

　　C_a——集料的比热$[\text{kJ}/(\text{kg} \cdot ℃)]$;

　　W_a——混凝土中集料的重量比。

混凝土中的干表观密度 ρ_0 和比热之间的关系可表示为式(3-43):

$$C \simeq 725/\rho_0 \tag{3-43}$$

3. 普通混凝土的热传导性能

普通混凝土的导热系数取决于它的组成,集料的种类对混凝土的导热系数有很大的影响,如表 3-10 所示。

表 3-10　混凝土及其各组分的导热系数

材料 项目	拌合用水	空气	集料	普通混凝土
导热系数 $W/(\text{m} \cdot \text{K})$	0.605	0.025	$1.71 \sim 3.14$	$2.3 \sim 3.49$

空气的导热系数非常小,为 $0.026 W/(\text{m} \cdot \text{K})$,是水的导热系数的 1/25,所以干燥的混凝土比含水状态的混凝土导热系数小,例如轻混凝土的含水量增加 10%,导热系数就增加 50%。同样,由于空气导热系数小,所以在一定范围内混凝土的密度越小导热系数越低,特别是对轻混凝土,影响更显著。

4. 普通混凝土的热扩散性能

通常用热扩散率(又称导温系数)评价材料的性能,它表明物体在受热或冷却时,物体各部分的温度趋向一致的能力。物体的热扩散率越大,在同样的受热或冷却条件下,物体

112

内各处温度愈易达到均匀。材料的热扩散率在数值上等于其导热能力与储热能力之比,即式(3-44):

$$\alpha = \frac{\lambda}{C\rho} \tag{3-44}$$

式中　α——导温系数(m^2/h);

　　　λ——导热系数$[W/(m \cdot K)]$;

　　　ρ——密度(kg/m^3);

　　　C——比热$[kJ/(kg \cdot ℃)]$。

普通混凝土的热扩散率一般在 $0.002 \sim 0.006 m^2/h$ 的范围内。影响混凝土导热系数及比热的因素,同样也影响混凝土的热扩散率,水泥净浆、砂浆以及混凝土的导温系数见表3-11。

表 3-11　水泥净浆、砂浆以及混凝土的导温系数的比较

项目 \ 组分	水泥净浆($W/C=0.30$)	水泥砂浆($W/C=0.65$)	普通混凝土($W/C=0.65$)
导温系数(m^2/h)	0.0012	0.0023	0.0034

3.5.2　混凝土的电学性质

混凝土的电学性质影响到一些混凝土结构的实际应用。用于轨枕的混凝土或是防止杂乱电流产生的混凝土都要考虑其电学性质。混凝土的电阻率还会影响到其预埋钢筋的锈蚀情况。电学性质可以用于研究新拌或硬化混凝土的性能。

在地下电缆周围,混凝土会受到一些电激发。但在通常的使用条件下,混凝土会对流经预埋钢筋的电流有很高的电阻。湿润的混凝土表现与电介质相同,其电阻率约为$100\Omega \cdot m$,即处于半导体的范围。空气中干燥的混凝土的电阻率为$10^4\Omega \cdot m$,而炉中干燥的混凝土的电阻率为$10^9\Omega \cdot m$,表明干燥的混凝土是很好的绝缘体。失水后混凝土电阻率的增加表明混凝土中电流的流动是通过电介质进行的,或者是由于自由水分中离子的运动。当毛细孔被堵塞后,电流则可以通过凝胶水进行流动。普通集料的电阻率一般较高,并且不会产生电流的流动。对于给定组分配比的混凝土,在空气中干燥时,其表面的电阻率会迅速增加,可达到内部电阻率的十多倍。

表 3-12　水胶比及湿养护时间对水泥浆体电阻率的影响

水泥品种	当量 Na_2O 含量(%)	水胶比	电阻率(100Hz,4V),($\Omega \cdot m$)		
			7d	28d	90d
低碱硅酸盐水泥	0.19	0.4	10.3	11.7	15.7
		0.5	7.9	8.8	10.9
		0.6	5.3	7.0	7.6
硅酸盐水泥	1.01	0.4	12.3	13.6	16.6
		0.5	8.2	9.5	12.0
		0.6	5.7	7.3	7.9

增加水的体积及水中离子的浓度会减小水泥浆体的电阻率,因此如图 3-24 和表 3-12 所示,水胶比会影响到水化水泥浆体和混凝土的电阻率。混凝土中水泥用量减少则会导致电阻率的增加,这是因为在给定水胶比条件下,用于导电的电介质也相对较少。不同组成的混凝土显示不同的电阻率。如掺有矿渣的混凝土会有长期的水化反应,并且使电阻率不断地增加。硅灰的掺入也会增加电阻率。因此,矿渣和硅灰的掺入有助于钢筋混凝土的防锈蚀能力的提高。

与其他孔液中的离子相同,氯离子会降低砂浆和混凝土的电阻率,有时下降幅度可达 15 倍。水胶比较高时,搅拌水中的盐分对电阻率影响较大,但对应于高强混凝土其影响则较小。在浇筑后的前几个小时内进行干燥,混凝土的电阻率会缓慢增加,然后会迅速增加直至龄期约为 1d。在这以后电阻率的增加又会变得缓慢或保持稳定。浸在海水中的混凝土的电阻率可以有很大的增长,这是由于在其表面会形成氢氧化镁和碳酸钙层。如果这种外层被去除,混凝土的电阻率又与储存在淡水中的相同。混凝土的电阻率与其所含水的体积百分数的关系可以采用非均匀导体导电率定律进行推导。但由于混凝土的用水量一般变化不大,电阻率的变化则主要取决于所用的水泥,因水泥的成分决定了自由水中的离子的量。水泥对电阻率的有关影响数据列于表 3-13 中,可见铝酸盐水泥混凝土的电阻率可达硅酸盐水泥电阻率的 10～15 倍(图 3-25)。外加剂的掺入一般不会影响混凝土的电阻率。

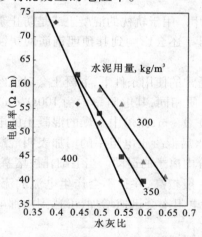

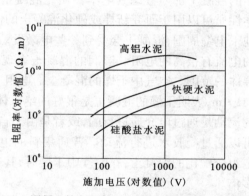

图 3-24　混凝土电阻率与水胶比的关系　　图 3-25　混凝土的电阻率(1:2:4 配比,$W/B = 0.49$,炉中干燥)

混凝土的电阻率随电压增加而增加,图 3-25 也显示这种关系。温度的增加,使混凝土的电阻率下降。大多数测定采用的电流为交流电,采用直流电时由于产生极化作用,会有不同的影响。但在 50Hz 时,采用直流电和交流电的差异并不显著。混凝土的电容随龄期增加和频率增加而减小。水胶比为 0.23(不加掺合料)的水泥净浆相对水胶比为 0.49(不加掺合料)的混凝土有较大的电容。混凝土绝缘强度的有关数据列于表 3-14 中,可见铝酸盐水泥混凝土的绝缘强度比普通混凝土的绝缘强度要高一些。另外,在空气中储存和经炉中干燥的混凝土几乎有相同的绝缘强度。

表 3-13　一些混凝土及水泥浆体的电阻率

混合比及水胶比	水泥品种	空气干燥的天数(d)	电阻率($10^3\Omega\cdot m$)			
			直流电	50Hz	500Hz	25000Hz
1:2:4 0.49	硅酸盐水泥	7	10	9	9	9
		42		31	30	30
		113	90	82	80	73
	快硬水泥	39		28	27	27
	铝酸盐水泥	5		189	173	139
		18		390	351	275
		40		652	577	441
1:2:4 0.49	硅酸盐水泥	126		59	58	58
	快硬水泥	126		47	47	46
	铝酸盐水泥	138		1236	1080	540
		182		1578	1380	1059
水泥浆体 0.23	硅酸盐水泥	9	7	6	6	6
	快硬水泥	9	5	5	5	5
	铝酸盐水泥	13	240	220	192	128

表 3-14　混合比为 1:2:4、水胶比为 0.49(不加掺合料)的混凝土绝缘强度

混凝土条件	电流	击穿	绝缘强度(10^6V/m)		
			硅酸盐水泥	快硬水泥	铝酸盐水泥
在空气中储存	正脉冲 1/44μs		1.44	1.46	1.84
在104℃下烘干，在空气中冷却	直流、负值	第一次	1.59	1.33	1.77
		第二次	1.18	1.06	1.24
		第三次	1.25	0.79	1.28
	交流(50Hz)峰值	第一次	1.43	1.19	1.58
		第二次	1.03	1.00	1.21
		第三次	1.00	0.97	0.95

3.5.3　混凝土的声学性能

对于许多混凝土建筑,其声学特性有重要的意义,这也会受到所用材料及建筑构造的影响,但在水泥混凝土技术领域仅考虑材料的作用。

混凝土可以区分有两种声学特性,即:声音的吸收和声音的传递。当声源和收听者在同一房间时,声音的吸收较为重要。当撞击到墙壁时,声波的能量会部分被吸收,部分被反射。可以将由表面吸收声能的比例定义为声音吸收系数。声音吸收系数常常对应于特定的频率。有时采用噪声减小系数以表示在 250Hz、500Hz、1000Hz、2000Hz 条件下的平均声音吸收系数。普通混凝土的声音吸收系数典型值为 0.27,而采用膨胀页岩集料混凝土的声音吸收系数典型值则为 0.45。这种差异与混凝土的微结构、孔隙率及表面组织有关。因为有气流流动时,声能会由于摩擦转变为热能,并使声音的吸收率大大增加。

当声源和收听者在相邻的房间时,声音的传递较为重要。声音的传递损失可定义为以分贝(dB)为单位测定的入射声音能量与传递声音能量(到达相邻房间)的差值。传递损失主要影响因素为每平方米隔板的单位质量。声音的频率增加也会使传递损失增加。传递损失与隔板质量之间的关系一般与所用的材料无关,但这要求不存在有连续孔隙。传递损失与隔板质量之间的关系有时也被称为是"质量定律"。图 3-26 显示这一关系,并表明混凝土墙体厚度达 150～175mm 时,可以提供足够的房间声音传递损失。孔隙的存在会增加传递损失。在同样厚度下采用双层隔板也有助于传递损失的增加。应注意的是声音的吸收和声音的传递不能同时达到要求。如轻质集料混凝土有较好的声音吸收特性,但声音传递率也较高。可以采用一边密封的方法,以保证有较高的声音吸收性能,并且限制声音的传递。

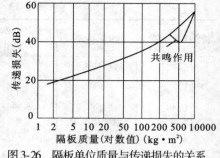

图 3-26　隔板单位质量与传递损失的关系

思考题与习题

3.1　试述影响水泥混凝土强度的主要原因及提高强度的主要措施。

3.2　简述混凝土拌合物工作性的含义,影响工作性的主要因素和改善工作性的措施。

3.3　简述坍落度和维勃稠度测定方法。

3.4　某工地施工人员拟采用下述方案提高混凝土拌合物的流动性,试问哪个方案可行?哪个不可行? 简要说明原因(1)多加水;(2)保持水胶比不变,适当增加水泥浆量;(3)加入氯化钙;(4)掺加减水剂;(5)适当加强机械振捣。

3.5　如何确定混凝土的强度等级? 混凝土强度等级如何表示? 普通混凝土划分为几个强度等级?

3.6　简述影响混凝土弹性模量的因素。

3.7　混凝土抗冻性的指标是什么? 解释 d200 的含义。

3.8　何谓碱－集料反应? 混凝土发生碱－集料反应的必要条件是什么? 防止措施怎样?

3.9　对普通混凝土有哪些基本要求? 怎样才能获得质量优良的混凝土?

3.10　试述混凝土中的四种基本组成材料在混凝土中所起的作用。

3.11　试述泌水对混凝土质量的影响。

3.12　和易性与流动性之间有何区别? 混凝土试拌调整时,发现坍落度太小,如果单纯加用水量去调整,混凝土的拌合物会有什么变化,

3.13　影响混凝土强度的内在因素有哪些? 试结合强度公式加以说明。

3.14　试简单分析下述不同的试验条件测得的强度有何不同和为何不同?

(1)试件形状不同;(2)试件尺寸不同;(3)加荷速率不同;(4)试件与压板之间的摩擦力大小不同。

3.15　试结合混凝土的应力－应变曲线说明混凝土的受力破坏过程。

3.16　何谓混凝土的塑性收缩、干缩、自收缩和徐变? 其影响因素有哪些? 收缩与徐变对混凝土的抗裂性有何影响?

第4章 混凝土的配合比设计及质量控制

4.1 普通混凝土的配合比设计

4.1.1 混凝土配合比设计的规范要求

普通混凝土是干密度为 2000~2800kg/m³ 的水泥混凝土,配合比设计的规范要求应该满足《普通混凝土配合比设计规程》(JGJ 55—2011)。混凝土的生产与配制取决于各工艺环节的技术水平和操作人员的熟练程度及生产经验的累积。在实际工作中,混凝土配合比的设计能一次性达到理论强度的概率为 17.8%,经调整后能满足施工强度要求的概率为 68.3%,试配失效概率为 12.7%。当混凝土强度增高时,常用的普通混凝土配比设计方法已不适用,须按概率分布法调配,经实际压测后方能满足生产需要。

4.1.1.1 设计流程

1. 基本流程

混凝土配合比设计的基本流程如图 4-1 所示。

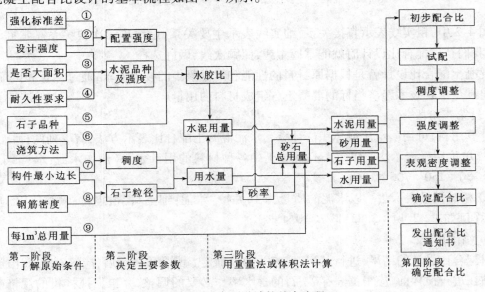

图 4-1 配合比设计的基本流程

（1）第一阶段

根据设计图纸及施工单位的工艺条件,结合当地、当时的具体条件,提出要求,为第二阶段作准备。

① 混凝土设计强度等级;

② 工程特征(工程所处环境、结构断面、钢筋最小净距等);

③ 耐久性要求(如抗冻、抗侵蚀、耐磨、碱－集料反应等);

④ 砂、石的种类等;

⑤ 施工方法等。

（2）第二阶段

选用材料,如水泥品种和强度等级、集料粒径等;选用设计参数,这是整个设计的基础。材料和参数的选择决定配合比设计是否合理。

现行混凝土配合比的 3 个基本参数是水胶比、单位用水量和砂率。混凝土配合比所要求达到的主要性能也有 3 个,是强度、耐久性及工作性。3 个基本参数和 3 个性能的关系如图 4-2 所示。

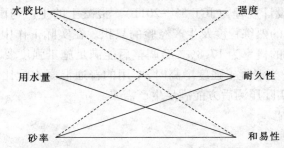

图 4-2 混凝土配合比设计的基本参数和主要性能的关系

图 4-2 中,粗实线表示直接关系,细实线表示主要关系,虚线表示次要关系。掌握了这个规律,我们在作配合比设计时就能掌握主线,照顾次线,做好选择。

混凝土配合比设计就是根据原材料的性能和对混凝土的技术要求,通过计算和试配调整,确定出满足工程技术经济指标的混凝土各组成材料的用量。

（3）第三阶段

计算用料,可用质量法或体积法计算。水泥混凝土配合比表示方法,有下列两种:

① 单位用量表示法。以每 $1m^3$ 混凝土中各种材料的用量表示(例如水泥:水:细集料:粗集料 $=330：150：706：1264$)。

② 相对用量表示法。以水泥的质量为 1,并按"水泥:细集料:粗集料;水胶比"的顺序排列表示(例如 $1：2.14：3.83；W/B=0.45$)。

（4）第四阶段

对配合比设计的结果,进行试配、调整并加以确定。配合比确定后,应签发配合比通知书。搅拌站在进行搅拌前,应根据仓存砂、石的含水率作必要的调整,并根据搅拌机的规格确定每拌的投料量。搅拌后应将试件强度反馈给签发通知书的单位。

2. 基本要求

混凝土配合比设计的目的,就是根据混凝土的技术要求、原材料的技术性能及施工条件,合理选择混凝土的组成材料,并确定具有满足设计要求的强度等级、便于施工的工作性、与使用环境相适应的耐久性和经济便宜的配合比。必要时,还要考虑混凝土的水化热、早期强度和变形性能等。强度、工作性、耐久性和经济性被称为混凝土配合比设计的四项基本要求。

(1)满足结构物设计强度的要求

不论混凝土路面或桥梁,在设计时都会对不同的结构部位提出不同的"设计强度"要求。为了保证结构物的可靠性,在配制混凝土配合比时,必须要考虑结构物的重要性、施工单位的施工水平等因素,采用一个比设计强度高的"配制强度",才能满足设计强度的要求。配制强度定得太低,结构物不安全;定得太高又浪费资金。

(2)满足施工工作性要求

按照结构物断面尺寸和要求,配筋的疏密以及施工方法和设备来确定工作性(坍落度或维勃稠度)。

(3)满足环境耐久性的要求

根据结构物所处环境条件,如严寒地区的路面或桥梁,桥梁墩台在水位升降范围等,为保证结构的耐久性,在设计混凝土配合比时应考虑适当的"水胶比"和"水泥用量"。尤其是对于未用引气剂的混凝土和不能确保混凝土达到超密实的情况,应该更加注意。

(4)满足经济的要求

在满足设计强度、工作性和耐久性的前提下,配合比设计中尽量降低高价材料(水泥)的用量,并考虑应用当地材料和工业废料(如粉煤灰等),以配制成性能优越、价格便宜的混凝土。

4.1.1.2　混凝土配比设计的规范要求

混凝土配合比设计应满足混凝土配制强度及其他力学性能、拌合物性能、长期性能和耐久性能的设计要求。混凝土拌合物性能、力学性能、长期性能和耐久性能的试验方法应分别符合现行国家标准《普通混凝土拌合物性能试验方法标准》(GB/T 50080—2002)、《普通混凝土力学性能试验方法标准》(GB/T 50081—2002)和《普通混凝土长期性能和耐久性能试验方法标准》(GB/T 50082—2009)的规定。

混凝土配合比设计应采用工程实际使用的原材料;配合比设计所采用的细集料含水率应小于 0.5% ,粗集料含水率应小于 0.2% 。

混凝土的最大水胶比应符合《普通混凝土配合比设计规程》(JGJ 55—2011)中引用现行国家标准《混凝土结构设计规范》(GB 50010—2010)的规定。混凝土结构暴露的环境类别应按表4-1的要求划分。

表4-1　混凝土结构的环境类别

环境类别	条件
一	室内干燥环境; 无侵蚀性静水浸没环境
二 a	室内潮湿环境; 非严寒和非寒冷地区的露天环境; 非严寒和非寒冷地区与无侵蚀性的水或土壤直接接触的环境; 严寒和寒冷地区的冰冻线以下与无侵蚀性的水或土壤直接接触的环境

环境类别	条件
二 b	干湿交替环境； 水位频繁变动环境； 严寒和寒冷地区的露天环境； 严寒和寒冷地区冰冻线以上与无侵蚀性的水或土壤直接接触的环境
三 a	严寒和寒冷地区冬季水位变动区环境； 受除冰盐影响环境； 海风环境
三 b	盐渍土环境； 受除冰盐作用环境； 海岸环境
四	海水环境
五	受人为或自然的侵蚀性物质影响的环境

注:1. 室内潮湿环境是指构件表面经常处于结露或湿润状态的环境；
2. 严寒和寒冷地区的划分应符合现行国家标准《民用建筑热工设计规范》GB 50176—1993 的有关规定；
3. 海岸环境和海风环境宜根据当地情况,考虑主导风向与结构所处迎风、背风部位等因素的影响,由调查研究和工程经验确定；
4. 受除冰盐影响环境是指受到除冰盐盐雾影响的环境；受除冰盐作用环境是指被除冰盐溶液溅射的环境以及使用除冰盐地区的洗车房、停车楼等建筑；
5. 暴露的环境是指混凝土结构表面所处的环境。

设计使用年限为 50 年的混凝土结构,其混凝土材料宜符合表 4-2 的规定。

表 4-2　结构混凝土材料的耐久性基本要求

环境等级	最大水胶比	最低强度等级	最大氯离子含量(%)	最大碱含量(kg/m³)
一	0.60	C20	0.30	不限制
二 a	0.55	C25	0.20	
二 b	0.50(0.55)	C20(C25)	0.15	3.0
三 a	0.45(0.50)	C35(C30)	0.15	
三 b	0.40	C40	0.10	

注:1. 氯离子含量系指其占胶凝材料总量的百分比；
2. 预应力构件混凝土中的最大氯离子含量为 0.06%；其最低混凝土强度等级宜按表中的规定提高两个等级；
3. 素混凝土构件的水胶比及最低强度等级的要求可适当放松；
4. 有可靠工程经验时,二类环境中的最低混凝土强度等级可降低一个等级；
5. 处于严寒和寒冷地区二 b、三 a 类环境中的混凝土应使用引气剂,并可采用括号中的有关参数；
6. 当使用非碱活性集料时,对混凝土中的碱含量可不作限制。

混凝土结构及构件尚应采取下列耐久性技术措施:预应力混凝土结构中的预应力筋应根据具体情况采取表面防护、孔道灌浆、加大混凝土保护层厚度等措施,外露的锚固端应采取封锚和混凝土表面处理等有效措施；有抗渗要求的混凝土结构,混凝土的抗渗等级应符合有关标准的要求；严寒及寒冷地区的潮湿环境中,结构混凝土应满足抗冻要求,混凝土抗冻等级应符合有关标准的要求；处于二、三类环境中的悬臂构件宜采用悬臂梁－板的结构形式,或在其上表面增设防护层；处于二、三类环境中的结构构件,其表面的预埋件、吊钩、连接件等金属部件应采取可靠的防锈措施；处在三类环境中的混凝土结构构件,可采用阻锈剂、环氧树脂涂层钢筋或其他具有耐腐蚀性能的钢筋、采取阴极保护措施或采用可更换的构件等措施。

除配制 C15 及其以下强度等级的混凝土外,混凝土的最小胶凝材料用量应符合表 4-3 的规定。

表 4-3 混凝土的最小胶凝材料用量

最大水胶比	最小胶凝材料用量（kg/m³）		
	素混凝土	钢筋混凝土	预应力混凝土
0.60	250	280	300
0.55	280	300	300
0.50	320		
≤0.45	330		

矿物掺合料在混凝土中的掺量应通过实验确定。采用硅酸盐水泥或普通硅酸盐水泥时,钢筋混凝土中矿物掺合料最大掺量宜符合表 4-4 的规定,预应力混凝土中矿物掺合料最大掺量宜符合表 4-5 的规定。对基础大体积混凝土,粉煤灰、粒化高炉矿渣粉和复合掺合料的最大掺量可增加 5%。采用掺量大于 30% 的 C 类粉煤灰的混凝土应以实际使用的水泥和粉煤灰掺量进行安定性检验。

表 4-4 钢筋混凝土中矿物掺合料最大掺量

矿料掺合料种类	水胶比	最大掺量（%）	
		采用硅酸盐水泥	采用普通硅酸盐水泥
粉煤灰	≤0.40	45	35
	>0.40	40	30
粒化高炉矿渣粉	≤0.40	65	55
	>0.40	55	45
钢渣粉	—	30	20
磷渣粉	—	30	20
硅灰	—	10	10
复合掺合料	≤0.40	65	55
	>0.40	55	45

注:1. 采用其他通用硅酸盐水泥时,宜将水泥混合材掺量 20% 以上的混合材量计入矿物掺合料;
2. 复合掺合料各组分的掺量不宜超过单掺时的最大掺量;
3. 在混合使用两种或两种以上矿物掺合料时,矿物掺合料总掺量应符合表中复合掺合料的规定。

表 4-5 预应力混凝土中矿物掺合料最大掺量

矿料掺合料种类	水胶比	最大掺量（%）	
		硅酸盐水泥	普通硅酸盐水泥
粉煤灰	≤0.40	35	30
	>0.40	25	20
粒化高炉矿渣粉	≤0.40	55	45
	>0.40	45	35
钢渣粉	—	20	10
磷渣粉	—	20	10
硅灰	—	10	10
复合掺合料	≤0.40	55	45
	>0.40	45	35

注:1. 采用其他通用硅酸盐水泥时,宜将水泥混合材掺量 20% 以上的混合材量计入矿物掺合料;
2. 复合掺合料各组分的掺量不宜超过单掺时的最大掺量;
3. 在混合使用两种或两种以上矿物掺合料时,矿物掺合料总掺量应符合表中复合掺合料的规定。

混凝土拌合物中水溶性氯离子最大含量应符合表 4-6 的规定,其测试方法应符合现行行业标准《水运工程混凝土试验规程》(JTJ 270—1998)中混凝土拌合物中氯离子含量的快速测定方法的规定。

表 4-6　混凝土拌合物中水溶性氯离子最大含量

环境条件	水溶性氯离子最大含量(%,水泥用量的质量百分比)		
	钢筋混凝土	预应力混凝土	素混凝土
干燥环境	0.30		
潮湿但不含氯离子的环境	0.20	0.06	1.00
潮湿且含有氯离子的环境、盐渍土环境	0.10		
除冰盐等侵蚀性物质的腐蚀环境	0.06		

长期处于潮湿或水位变动的寒冷和严寒环境以及盐冻环境的混凝土应掺用引气剂。引气剂掺量应根据混凝土含气量要求经试验确定,混凝土最小含气量应符合表 4-7 的规定,最大不宜超过 7.0% 。

表 4-7　混凝土最小含气量

粗集料最大公称粒径(mm)	混凝土最小含气量(%)	
	潮湿或水位变动的寒冷和严寒环境	盐冻环境
40.0	4.5	5.0
25.0	5.0	5.5
20.0	5.5	6.0

注:含气量为气体占混凝土体积的百分比。

对于有预防混凝土碱 – 集料反应设计要求的工程,宜掺用适量粉煤灰或其他矿物掺合料,混凝土中最大碱含量不应大于 $3.0 kg/m^3$;对于矿物掺合料碱含量,粉煤灰碱含量可取实测值的 1/6,粒化高炉矿渣粉碱含量可取实测值的 1/2。

4.1.2　混凝土配合比设计步骤

水胶比、砂率和单位用水量三个关键参数与混凝土的各项性能密切相关。其中,水胶比对混凝土的强度和耐久性起决定作用;砂率对新拌混凝土的黏聚性和保水性有很大影响;单位用水量是影响新拌混凝土流动性的最主要因素。在配合比设计中只要正确地确定这三个参数,就能设计出经济合理的混凝土配合比。

确定混凝土配合比的主要内容为:根据经验公式和试验参数计算各种组成材料的比例,得出"初步配合比";按初步配合比在试验室进行试拌,考察混凝土拌合物的施工工作性,经调整后得出"基准配合比";再按"基准配合比",对混凝土进行强度复核,如有其他要求,也应作出相应的检验复核,最后确定出满足设计和施工要求且经济合理的"试验室配合比";在施工现场,还应根据现场砂石材料的含水量对配合比进行修正,得出"施工配合比"。如果混凝土还有其他技术性能要求,除在计算和试配过程中予以考虑外,尚应增添相应的试验项目,进行试验确认。

4.1.2.1　初步配合比的确定

普通混凝土初步配合比计算步骤如下:计算出要求的试配强度 $f_{cu,o}$,并计算出所要求的水胶比值;选取每立米混凝土的用水量,并由此计算出每立方米混凝土的胶凝材料用量;选取合理的砂率值,计算出粗、细集料的用量,提出供试配用的配合比。

1. 混凝土配制强度的确定

当混凝土的设计强度等级小于 C60 时,混凝土的配制强度按式(4-1)计算:

$$f_{cu,o} \geq f_{cu,k} + 1.645\sigma \tag{4-1}$$

式中　$f_{cu,o}$——混凝土的施工配制强度(MPa);

　　　$f_{cu,k}$——设计的混凝土立方体抗压强度标准值(MPa);

　　　　σ——施工单位的混凝土强度标准差(MPa)。

当设计强度等级不小于 C60 时,配制强度应按式(4-2)确定:

$$f_{cu,o} \geq 1.15 f_{cu,k} \tag{4-2}$$

当具有近 1~3 个月的同一品种、同一强度等级混凝土的强度资料,且试件组数不小于 30 时,σ 的取值可按式(4-3)求得:

$$\sigma = \sqrt{\frac{\sum\limits_{i=1}^{n} f_{cu,i}^2 - nm_{f_{cu}}^2}{n-1}} \tag{4-3}$$

式中　$f_{cu,i}$——统计周期内同一品种混凝土第 i 组试件强度值(MPa);

　　　$m_{f_{cu}}$——统计周期内同一品种混凝土 n 组试件强度的平均值(MPa);

　　　　n——统计周期内同一品种混凝土试件总组数。

对于强度不大于 C30 级的混凝土,计算得到的 σ 不小于 3.0MPa 时,σ 取式(4-3)计算所得结果;当计算得到的 σ 小于 3.0MPa 时,σ 取 3.0MPa。对于强度等级大于 C30 且小于 C60 的混凝土,计算得到的 σ 不小于 4.0MPa 时,σ 取式(4-3)计算所得结果;当计算得到的 σ 小于 4.0MPa 时,σ 取 4.0MPa。

当没有近期的同一品种、同一强度等级混凝土强度资料时,σ 可按表 4-8 取值。

表 4-8　标准差 σ 取值表

混凝土强度等级	≤C20	C25~C45	C50~C55
σ(MPa)	4.0	5.0	6.0

【例 4-1】某多层钢筋混凝土框架结构房屋,柱、梁、板混凝土设计的结构强度为 C25 级,据搅拌站提供该站前一个月的生产水平资料如下,请计算其标准差及混凝土的配制强度。

资料:

① 组数 $n = 27$;

② 前一个月各组总强度 $\sum f_{cu,i} = 968.8$;

③ 各组强度值的总值 $\sum f_{cu,i}^2 = 36401.18$;

④ 各组强度的平均值 $m_{f_{cu}} = 36.548$;

⑤ 强度平均值的平方值乘组数 $nm_{f_{cu}}^2 = 36065.42$。

解：

（1）计算标准差，将资料各值代入式（4-2）：

$$\sigma = \sqrt{\frac{\sum\limits_{i=1}^{n} f_{cu,i}^2 - n m_{f_{cu}}^2}{n-1}} = \sqrt{\frac{36401.18 - 36065.42}{27-1}} = 3.594\,\text{MPa}\,(\text{取}\ \sigma = 3.6\,\text{MPa})$$

如没有近期的同一品种、同一强度等级混凝土强度资料时，查表4-8，则 $\sigma = 5.0\,\text{MPa}$。

（2）计算配制强度

按题意：混凝土的设计强度 $f_{cu,o} = 25\,\text{MPa}$；施工单位混凝土强度标准差 $\sigma = 3.6\,\text{MPa}$。将上列两值代入式（4-1），得：

$$f_{cu,o} \geqslant f_{cu,k} + 1.645\sigma = 25 + 1.645 \times 3.6 = 31.00\,\text{MPa}$$

配制强度亦可采用查表4-9取得。

表4-9　混凝土的配制强度

强度等级	强度标准差（MPa）					
	2.0	2.5	3.0	4.0	5.0	6.0
C7.5	10.8	11.6	12.4	14.1	15.7	17.4
C10	13.3	14.1	14.9	16.6	18.2	19.9
C15	18.3	19.1	19.9	21.6	23.2	24.9
C20	24.1	24.1	24.9	26.6	28.2	29.9
C25	29.1	29.1	29.9	31.6	33.2	34.9
C30	34.9	34.9	34.9	36.6	38.2	39.9
C35	39.9	39.9	39.9	41.6	43.2	44.9
C40	44.9	44.9	44.9	46.6	48.2	49.9
C45	49.9	49.9	49.9	51.6	53.2	54.9
C50			54.9	56.5	58.2	59.9
C55			59.9	61.5	63.2	64.9

2. 计算出所要求的水胶比（W/B）值（混凝土强度等级小于 C60 时）

$$\frac{W}{B} = \frac{\alpha_a f_b}{f_{cu,o} + \alpha_a \alpha_b f_b} \tag{4-4}$$

式中　α_a、α_b——回归系数；

$\quad\quad f_b$——胶凝材料28d胶砂抗压强度（MPa），可实测，且试验方法应按现行国家标准《水泥胶砂强度检验方法（ISO法）》（GB/T 17671—1999）；

$\quad\quad W/B$——混凝土所要求的水胶比。

（1）回归系数 α_a、α_b 通过试验统计资料确定，若无试验统计资料，回归系数可按表4-10选用。

表 4-10　回归系数 α_a、α_b 选用表

系数 \ 粗集料品种	碎石	卵石
α_a	0.53	0.49
α_b	0.20	0.13

（2）当胶凝材料 28d 胶砂强度值 f_b 无实测值时，可按式（4-5）计算：

$$f_b = \gamma_f \gamma_s f_{ce} \tag{4-5}$$

式中　γ_f、γ_s——粉煤灰影响系数和粒化高炉矿渣粉影响系数，可按表 4-11 选用；

　　　f_{ce}——水泥 28d 胶砂抗压强度（MPa），可实测，也可计算确定。

表 4-11　粉煤灰影响系数和粒化高炉矿渣粉影响系数

种类 \ 掺量（%）	粉煤灰影响系数 γ_f	粒化高炉矿渣粉影响系数 γ_s
0	1.00	1.00
10	0.85 ~ 0.95	1.00
20	0.75 ~ 0.85	0.95 ~ 1.00
30	0.65 ~ 0.75	0.90 ~ 1.00
40	0.55 ~ 0.65	0.80 ~ 0.90
50	—	0.70 ~ 0.85

注：1. 采用 I 级、II 级粉煤灰宜取上限值；
　　2. 采用 S75 级粒化高炉矿渣粉宜取下限值，采用 S95 级粒化高炉矿渣粉宜取上限值，采用 S105 级粒化高炉矿渣粉可取上限值加 0.05；
　　3. 当超出表中的掺量时，粉煤灰和粒化高炉矿渣粉影响系数应经试验确定。

当水泥 28d 胶砂抗压强度（f_{ce}）无实测值时，可按式（4-6）计算：

$$f_{ce} = \gamma_c f_{ce,g} \tag{4-6}$$

式中　γ_c——水泥强度等级值的富余系数，可按实际统计资料确定；当缺乏实际统计资料时，
　　　也可按表 4-12 选用；

　　　$f_{ce,g}$——水泥强度等级值（MPa）。

表 4-12　水泥强度等级值的富余系数（γ_c）

水泥强度等级值	32.5	42.5	52.5
富余系数	1.12	1.16	1.10

3. 选取单位用水量和外加剂用量

（1）每立方米干硬性或塑性混凝土用水量（m_{wo}）的确定

① 水胶比在 0.40 ~ 0.80 范围时，根据粗集料的品种、粒径及施工要求的混凝土拌合物稠度，其用水量可按表 4-13、表 4-14 选取。

表 4-13　干硬性混凝土的用水量　　　　　　　　　kg/m³

拌合物稠度		卵石最大公称粒径(mm)			碎石最大公称粒径(mm)		
项目	指标	10.0	20.0	40.0	16.0	20.0	40.0
维勃稠度(s)	16~20	175	160	145	180	170	155
	11~15	180	165	150	185	175	160
	5~10	185	170	155	190	180	165

表 4-14　塑性混凝土的用水量　　　　　　　　　kg/m³

拌合物稠度		卵石最大粒径(mm)				碎石最大粒径(mm)			
项目	指标	10.0	20.0	31.5	40.0	16.0	20.0	31.5	40.0
坍落度(mm)	10~30	190	170	160	150	200	185	175	165
	35~50	200	180	170	160	210	195	185	175
	55~70	210	190	180	170	220	205	195	185
	75~90	215	195	185	175	230	215	205	195

注:1. 本表用水量系采用中砂时的取值。采用细砂时,每立方米混凝土用水量可增加 5~10kg;采用粗砂时,则可减少 5~10kg。

　　2. 掺用各种外加剂或掺合料时,用水量应相应调整。

② W/B 小于 0.4 的混凝土应通过试验确定。

(2)掺外加剂时,每立方米流动性(或大流动性)混凝土用水量(m_{wo})的确定

掺外加剂时,每立方米流动性(或大流动性)混凝土用水量(m_{wo})可按式(4-7)计算:

$$m_{wo} = m'_{wo}(1 - \beta) \tag{4-7}$$

式中　m_{wo}——计算配合比每立方米混凝土的用水量(kg/m³);

　　　　m'_{wo}——未掺外加剂混凝土每立方米混凝土的用水量(kg/m³),以表 4-14 中坍落度 90mm 的用水量为基础,按坍落度每增大 20mm 用水量增加 5kg/m³,当坍落度增加 180mm 以上时,随坍落度相应增加的用水量减少;

　　　　β——外加剂的减水率(%),外加剂的减水率应经试验确定。

每立方米混凝土中外加剂用量(m_{ao})应按式(4-8)计算:

$$m_{ao} = m_{bo}\beta_a \tag{4-8}$$

式中　m_{ao}——计算配合比每立方米混凝土中外加剂用量(kg/m³);

　　　　m_{bo}——计算配合比每立方米混凝土中胶凝材料用量(kg/m³);

　　　　β_a——外加剂掺量(%),应经混凝土试验确定。

4. 胶凝材料、矿物掺合料和水泥用量

(1)每立方米混凝土的胶凝材料用量

每立方米混凝土的胶凝材料用量(m_{bo})应按式(4-9)计算,并应进行试拌调整,在拌合物性能满足的情况下,取经济合理的胶凝材料用量。

$$m_{bo} = \frac{m_{wo}}{W/B} \tag{4-9}$$

（2）每立方米混凝土的矿物掺合料用量

每立方米混凝土的矿物掺合料用量（m_{fo}）应按式（4-10）计算：

$$m_{fo} = m_{bo}\beta_f \tag{4-10}$$

式中　m_{fo}——计算配合比每立方米混凝土中矿物掺合料用量（kg/m^3）；

　　　β_f——矿物掺合料掺量（%），可结合规程确定。

（3）每立方米混凝土的水泥用量（m_{co}）应按式（4-11）计算：

$$m_{co} = m_{bo} - m_{fo} \tag{4-11}$$

式中　m_{co}——计算配合比每立方米混凝土中水泥用量（kg/m^3）。

5. 混凝土砂率的确定

砂率（β_s）应根据集料的技术指标、混凝土拌合物性能和施工要求，参考既有历史资料确定。

当缺乏砂率的历史资料时，混凝土砂率的确定应符合下列规定：

（1）坍落度小于 10mm 的混凝土，其砂率应通过试验确定。

（2）坍落度为 10～60mm 的混凝土，砂率可根据粗集料品种、最大公称粒径及水胶比按表 4-15 选取。

表 4-15　混凝土的砂率　　　　　　　　　　　　　%

水胶比（W/B）	卵石最大公称粒径（mm）			碎石最大公称粒径（mm）		
	10.0	20.0	40.0	16.0	20.0	40.0
0.40	26～32	25～31	24～30	30～35	29～34	27～32
0.50	30～35	29～34	28～33	33～38	32～37	30～35
0.60	33～38	32～37	31～36	36～41	35～40	33～38
0.70	36～41	35～40	34～39	39～44	38～43	36～41

注：1. 表中数值系中砂的选用砂率。对细砂或粗砂，可相应地减少或增加砂率；

　　2. 只用一个单粒级粗集料配制混凝土时，砂率应适当增加；

　　3. 采用人工砂配制混凝土时，砂率应适当增加。

（3）坍落度大于 60mm 的混凝土，其砂率可经试验确定，也可在表 4-15 的基础上，按坍落度每增大 20mm、砂率增大 1% 的幅度予以调整。

6. 计算粗、细集料用量

在已知混凝土用水量、胶凝材料用量和砂率的情况下，可用体积法或质量法求出粗、细集料的用量，从而得出混凝土的初步配合比。

（1）质量法

质量法又称为假定重量法。这种方法是假定混凝土拌合料的重量为已知，从而可求出单位体积混凝土的集料总用量（质量），进而分别求出粗、细集料的重量，得出混凝土的配合比。方程式如式（4-12）与式（4-13）：

$$m_{fo} + m_{co} + m_{go} + m_{so} + m_{wo} = m_{cp} \tag{4-12}$$

$$\beta_s = \frac{m_{so}}{m_{go} + m_{so}} \times 100\% \tag{4-13}$$

式中　m_{cp}——每立方米混凝土拌合物的假定重量（kg/m³），其值可取 2350～2450kg/m³；

　　　m_{go}——每立方米混凝土的粗集料用量（kg/m³）；

　　　m_{so}——每立方米混凝土的细集料用量（kg/m³）；

　　　β_s——砂率（%）。

在上述关系式中 m_{cp}，可根据本单位累积的试验资料确定。在无资料时，可根据集料的密度、粒径以及混凝土强度等级，可按表 4-16 选取。

表 4-16　混凝土拌合物的假定湿表观密度参考表

混凝土强度等级（MPa）	< C15	C20～C30	> C40
假定湿表观密度（kg/m³）	2350	2350～2400	2450

（2）体积法

体积法又称绝对体积法。这个方法是假设混凝土组成材料绝对体积的总和等于混凝土的体积，因而得式（4-13）与式（4-14），并解之。

$$\frac{m_{co}}{\rho_c} + \frac{m_{fo}}{\rho_f} + \frac{m_{go}}{\rho_g} + \frac{m_{so}}{\rho_s} + \frac{m_{wo}}{\rho_w} + 0.01\alpha = 1 \qquad (4\text{-}14)$$

式中　ρ_c——水泥密度（kg/m³），可按现行国家标准《水泥密度测定方法》（GB/T 208—1994）测定，也可取 2900～3100kg/m³；

　　　ρ_f——矿物掺合料密度（kg/m³），可按现行国家标准《水泥密度测定方法》（GB/T 208—1994）测定；

　　　ρ_g——粗集料的表观密度（kg/m³），应按现行行业标准《普通混凝土用砂、石质量及检验方法标准》（JGJ 52—2006）测定；

　　　ρ_s——细集料的表观密度（kg/m³），应按现行行业标准《普通混凝土用砂、石质量及检验方法标准》（JGJ 52—2006）测定；

　　　ρ_w——水的密度（kg/m³），可取 1000kg/m³；

　　　α——混凝土含气量百分数（%），在不使用含气型外掺剂时可取 $\alpha = 1$。

4.1.2.2　普通混凝土拌合物的试配和调整，提出"基准配合比"

混凝土试配应采用强制式搅拌机进行搅拌，并应符合现行行业标准《混凝土试验用搅拌机》（JG 244）的规定，搅拌方法宜与施工采用的方法相同。

试验室成型条件应符合现行国家标准《普通混凝土拌合物性能试验方法标准》（GB/T 50080—2002）的规定。

每盘混凝土试配的最小搅拌量应符合表 4-17 的规定，并不应小于搅拌机公称容量的 1/4 且不应大于搅拌机公称容量。

表 4-17　混凝土试配的最小搅拌量

粗集料最大公称粒径（mm）	拌合物数量（L）
≤31.5	20
40	25

在计算配合比的基础上应进行试拌。计算水胶比宜保持不变,并应通过调整配合比其他参数使混凝土拌合物性能符合设计和施工要求,然后修正计算配合比,提出试拌配合比,即为 $m_{ca} : m_{fa} : m_{wa} : m_{sa} : m_{ga}$。

4.1.2.3　检验强度,确定试验室配合比

在试拌配合比的基础上应进行混凝土强度试验,并应符合下列规定:应采用三个不同的配合比,其中一个应为确定的试拌配合比,另外两个配合比的水胶比宜较试拌配合比分别增加和减少 0.05,用水量应与试拌配合比相同,砂率可分别增加和减少 1%。

当不同水胶比的混凝土拌合物坍落度与要求值的差超过允许偏差时,可通过增、减用水量进行调整。

制作混凝土强度试件时,尚需试验混凝土的坍落度、黏聚性、保水性及混凝土拌合物的表观密度,作为代表这一配合比的混凝土拌合物的各项基本性能。

每种配合比应至少制作一组(3 块)试件,标准养护 28d 后进行试压;有条件的单位也可同时制作多组试件,供快速检验或较早龄期的试压,以便提前提出混凝土配合比供施工使用。但以后仍必须以标准养护 28d 的检验结果为准,据此调整配合比。

经过试配和调整以后,便可按照所得的结果确定混凝土的实验室配合比。由试验得出的各水胶比值的混凝土强度,绘制强度与水胶比的线性关系图或插值法计算求出略大于混凝土配制强度($f_{cu,o}$)相对应的水胶比。这样,初步定出混凝土所需的配合比。

试验室配合比用水量(m_{wb})和外加剂用量(m_a):在基准配合比的基础上,应根据确定的水胶比加以适当调整。

水泥用量(m_{cb}):以用水量除以经试验选定出来的水胶比计算确定。

粗集料(m_{gb})和细集料(m_{sb})用量:取基准配合比中的粗集料和细集料用量,按选定水胶比进行适当调整后确定。

按上述各项定出的配合比算出混凝土的表观密度计算值 $\rho_{c,c}$,如式(4-15):

$$\rho_{c,c} = m_{cb} + m_{fb} + m_{gb} + m_{sb} + m_{wb} \tag{4-15}$$

式中　$\rho_{c,c}$——混凝土拌合物湿表观密度计算值(kg/m^3);

　　　m_{cb}——实验室配合比中每立方米混凝土的水泥用量(kg/m^3);

　　　m_{fb}——实验室配合比中每立方米混凝土的矿物掺合料用量(kg/m^3);

　　　m_{gb}——实验室配合比中每立方米混凝土的粗集料用量(kg/m^3);

　　　m_{sb}——实验室配合比中每立方米混凝土的细集料用量(kg/m^3);

　　　m_{wb}——实验室配合比中每立方米混凝土的用水量(kg/m^3)。

再将混凝土的表观密度实测值除以表观密度计算值,得出配合比校正系数 δ,即式(4-16):

$$\delta = \rho_{c,t} / \rho_{c,c} \tag{4-16}$$

式中　$\rho_{c,t}$——混凝土表观密度实测值(kg/m^3)。

当混凝土表观密度实测值与计算值之差的绝对值不超过计算值的 2% 时,按上述确定的配合比即为确定的配合比,当二者之差超过 2% 时,应将混凝土配合比中每项材料用量均乘以

校正系数 δ,即为最终确定的实验室配合比。

$$\begin{cases} m'_{cb} = m_{cb} \cdot \delta \\ m'_{sb} = m_{sb} \cdot \delta \\ m'_{fb} = m_{fb} \cdot \delta \\ m'_{gb} = m_{gb} \cdot \delta \\ m'_{wb} = m_{wb} \cdot \delta \end{cases} \qquad (4\text{-}17)$$

4.1.2.4 确定"施工配合比"

试验室最后确定的配合比,是按绝干状态集料计算的,而施工现场的砂、石材料为露天堆放,都含有一定的水分。因此,施工现场应根据现场砂、石实际含水率变化,将试验室配合比换算为施工配合比。

施工现场实测砂、石含水率分别为 $a\%$、$b\%$,施工配合比 $1m^3$ 混凝土各种材料用量为:

$$\begin{cases} m_c = m'_{cb} \\ m_f = m'_{fb} \\ m_s = m'_{sb}(1 + a\%) \\ m_g = m'_{gb}(1 + b\%) \\ m_w = m'_{wb} - (m'_{sb}a\% + m'_{gb}b\%) \end{cases} \qquad (4\text{-}18)$$

配合比调整后,应测定拌合物水溶性氯离子含量,实验结果应符合规定。对耐久性有设计要求的混凝土应进行相关耐久性实验验证。

4.1.3 混凝土配合比设计实例

【例4-2】某现浇钢筋混凝土梁,混凝土设计强度等级为 C30,施工要求坍落度为 30~50mm,使用环境为无冻害的室外使用,施工单位无该种混凝土的历史统计资料,该混凝土采用统计法评定。所用的原材料情况如下:

【原始资料】:普通水泥的强度为 42.5,实测 28d 抗压强度为 46.0MPa,密度 $\rho_c = 3.10 \times 10^3 kg/m^3$;砂的级配合格,为中砂,表观密度 $\rho_s = 2.65 \times 10^3 kg/m^3$;石为 5~20mm 的碎石,表观密度 $\rho_g = 2.72 \times 10^3 kg/m^3$。

【设计要求】

(1)该混凝土的设计配合比。

(2)施工现场砂的含水率为 3%,碎石的含水率为 1% 时的施工配合比。

解题:

1. 计算初步配合比

(1)确定混凝土配制强度

按题意已知:设计要求混凝土强度 $f_{cu,k} = 30MPa$,无历史统计资料,查表 4-8 标准差 $\sigma = 5.0MPa$。混凝土配制强度:

$$f_{cu,o} = f_{cu,k} + 1.645\sigma = 30 + 1.645 \times 5.0 = 38.2MPa$$

（2）计算水胶比

① 计算胶凝材料 28d 胶砂抗压强度值

已知，水泥实测 28d 抗压强度为 $f_{ce} = 46.0\text{Mpa}$，γ_f、γ_s 查表 4-11 得 $\gamma_f = 1$、$\gamma_s = 1$，代入得：

$f_b = \gamma_f \gamma_s f_{ce} = 1 \times 1 \times 46.0 = 46.0\text{MPa}$

② 按强度要求计算水胶比

已知 $f_{cu,o} = 38.2\text{MPa}$，由表 4-10 回归系数 α_a、α_b 分别为 0.53、0.20，计算水胶比：

$$\frac{W}{B} = \frac{\alpha_a f_b}{f_{cu,o} + \alpha_a \alpha_b f_b} = \frac{0.53 \times 46.0}{38.2 + 0.53 \times 0.20 \times 46.0} = 0.57$$

（3）单位用水量（m_{wo}）

根据坍落度为 $T = 30 \sim 50\text{mm}$，砂子为中砂，石子为 5～20mm 的碎石，查表 4-14，$m_{wo} = 195\text{kg/m}^3$。

（4）计算单位用灰量（m_{co}）

按强度要求计算单位用灰量，已知混凝土单位用水量为 195kg/m³，水胶比为 0.57，混凝土单位胶凝材料用量为：

$$m_{bo} = \frac{m_{wo}}{W/B} = \frac{195}{0.57} = 342\text{kg/m}^3$$

已知本配合比设计没有掺入矿物掺合料，$m_{fo} = 0$，故 m_{co} 为 342kg/m³

（5）选定砂率（β_s）

根据已知集料采用碎石，最大粒径为 20mm，$W/B = 0.57$，查表 4-15 并经过插值法得 $\beta_s = 38\%$。

（6）计算砂石用量

① 采用质量法

已知 $m_{co} = 342\text{kg/m}^3$，$m_{wo} = 195\text{kg/m}^3$，假定拌合物湿表观密度 $m_{cp} = 2400\text{kg/m}^3$，$\beta_s = 0.38\%$，代入：

$$\begin{cases} m_{so} + m_{go} = \rho_{cp} - m_{mo} - m_{wo} \\ \dfrac{m_{so}}{m_{so} + m_{go}} \times 100\% = \beta_s \end{cases}$$

解得：$m_{so} = 708\text{kg/m}^3$，$m_{go} = 1155\text{kg/m}^3$

因此，1m³ 混凝土的各材料用量：水泥为 342kg/m³、水为 195kg/m³、砂为 708kg/m³、碎石为 1155kg/m³。

$m_{co} : m_{so} : m_{go} : m_{wo} = 342 : 708 : 1155 : 195$，即为 $1 : 2.07 : 3.38$；$W/B = 0.57$。

② 采用体积法

已知水泥的密度为 $\rho_c = 3.10 \times 10^3\text{kg/m}^3$，砂的表观密度 $\rho_s = 2.65 \times 10^3\text{kg/m}^3$，碎石的表观密度为 $\rho_g = 2.72 \times 10^3\text{kg/m}^3$，取新拌混凝土的含气量 $\alpha = 1$。代入式（4-13）与式（4-14）

$$\begin{cases} \dfrac{m_{co}}{\rho_c} + \dfrac{m_{go}}{\rho_g} + \dfrac{m_{so}}{\rho_s} + \dfrac{m_{wo}}{\rho_w} + 0.01\alpha = 1 \\ \dfrac{m_{so}}{m_{so} + m_{go}} \times 100\% = \beta_s \end{cases}$$

得：

$$\begin{cases} \dfrac{342}{3100} + \dfrac{m_{go}}{2720} + \dfrac{m_{so}}{2650} + \dfrac{195}{1000} + 0.01 \times 1 = 1\,(\mathrm{m^3}) \\[3mm] \dfrac{m_{so}}{m_{so} + m_{go}} \times 100\% = 38\% \end{cases}$$

解联立方程组得：$m_{so} = 701\mathrm{kg/m^3}$，$m_{go} = 1143\mathrm{kg/m^3}$。

因此，该混凝土的计算配合比为：

$1\mathrm{m^3}$ 混凝土的各材料用量：水泥为 $342\mathrm{kg/m^3}$、水为 $195\mathrm{kg/m^3}$、砂为 $701\mathrm{kg/m^3}$、碎石为 $1143\mathrm{kg/m^3}$。

$m_{co} : m_{so} : m_{go} : m_{wo} = 342 : 701 : 1143 : 195$，即为 $1 : 2.05 : 3.34$；$W/B = 0.57$。

2. 配合比的试配、调整与确定

（1）计算试件材料用量

试拌 $0.020\mathrm{m^3}$ 混凝土，各个材料用量为：

水泥　　　$342\mathrm{kg/m^3} \times 0.020\mathrm{m^3} = 6.84\mathrm{kg}$

水　　　　$195\mathrm{kg/m^3} \times 0.020\mathrm{m^3} = 3.90\mathrm{kg}$

砂　　　　$701\mathrm{kg/m^3} \times 0.020\mathrm{m^3} = 14.02\mathrm{kg}$

碎石　　　$1143\mathrm{kg/m^3} \times 0.020\mathrm{m^3} = 22.86\mathrm{kg}$

拌合均匀后，测得坍落度为 25mm，低于施工要求的坍落度（30～50mm），增加水泥浆 5%，测得坍落度为 40mm，新拌混凝土的黏聚性和保水性良好。经调整后各项材料用量为：水泥 7.18kg、水 4.10kg、砂 14.02kg、碎石 22.86kg。因此，基准配合比为：

$m_{ca} : m_{wa} : m_{sa} : m_{ga} = 359 : 205 : 701 : 1143$，即为 $1 : 1.95 : 3.18$；$W/B = 0.57$。

以基准配合比为基础，采用水胶比为 0.52，0.57 和 0.62 的三个不同配合比，制作强度试验试件。其中，水胶比为 0.52 与 0.62 的配合比也应经和易性调整，保证满足施工要求的和易性，同时测得其表观密度分别为 $2380\mathrm{kg/m^3}$，$2383\mathrm{kg/m^3}$，$2372\mathrm{kg/m^3}$。

（2）配合比的调整

三种不同水胶比混凝土的配合比、实测表观密度和 28d 强度如表 4-18 所列。

表 4-18　不同水胶比混凝土性能对比表

编号	水胶比	混凝土实测性能	
		表观密度（kg/m³）	28d 抗压强度（MPa）
1	0.52	2380	47.8
2	0.57	2383	40.2
3	0.62	2372	34.0

配制强度 $f_{cu,o}$ 对应的 W/B 为 0.55。因此，取水胶比为 0.55，用水量为 205kg，砂率保持不变。调整后的配合比为：水泥 $373\mathrm{kg/m^3}$，水 $204\mathrm{kg/m^3}$，砂 $680\mathrm{kg/m^3}$，碎石 $1110\mathrm{kg/m^3}$。由以上定出的配合比，还需要根据混凝土的实测表观密度 $\rho_{c,t}$ 和计算表观密度 $\rho_{c,c}$ 进行校正。

按调整后的配合比实测的表观密度为 2395kg/m³，计算表观密度为 2367kg/m³，校正系数为 δ 为：

$$\delta = \frac{\rho_{c,t}}{\rho_{c,c}} = \frac{2395}{2367} = 1.01$$

由于混凝土表观密度实测值与计算值之差的绝对值不超过计算值的 2%，所以调整后的配合比可确定为实验室设计配合比。即为：

1m³ 混凝土的各材料用量：水泥 373kg、水 205kg、砂 680kg、碎石 1110kg，即为 1∶1.82∶2.98；$W/B = 0.55$。

3. 现场施工配合比

将配合比换算为现场施工配合比时，用水量应扣除砂、石所含水量，砂、石用量则应增加、石所含水量。因此，施工配合比为：

$$\begin{cases} m_c = m'_{cb} = 373 \text{kg/m}^3 \\ m_s = m'_{sb}(1 + a\%) = 680(1 + 0.03) = 700 \text{kg/m}^3 \\ m_g = m'_{gb}(1 + b\%) = 1110 \times (1 + 0.01) = 1121 \text{kg/m}^3 \\ m_w = m'_{wb} - (m'_{sb}a\% + m'_{gb}b\%) = 205 - 680 \times 0.03 - 1110 \times 0.01 = 174 \text{kg/m}^3 \end{cases}$$

施工配合比为 $m_c : m_s : m_g : m_w = 373 : 700 : 1121 : 174$，即为 1∶1.88∶3.01；$W/B = 0.47$。

4.2　普通混凝土质量控制

混凝土的质量控制是保证混凝土结构工程质量的一项非常重要的工作。混凝土的质量是通过其性能来表达的，在实际工程中由于原材料、施工条件以及试验条件等许多复杂因素的影响，混凝土的质量总会有波动。引起混凝土质量波动的因素有正常因素和异常因素两大类，正常因素是不可避免的微小变化的因素，如砂、石材料质量的微小变化，称量时的微小误差等。这些是不可避免也不易克服的因素，它们引起的质量波动一般较小，称为正常波动。异常因素是不正常的变化因素，如原材料的称量错误等，这些是可以避免和克服的因素，它们引起的质量波动一般较大，称为异常波动。混凝土质量控制的目的就是及时发现和排除异常波动，使混凝土的质量处于正常波动状态。

混凝土的质量通常是指能用数量指标表示出来的性能，如混凝土的强度、坍落度、含气量等。这些性能在正常稳定连续生产的情况下，其数量指标可用随机变量描述。因此，可用数理统计方法来控制、检验和评定其质量。在混凝土的各项质量指标中，混凝土的强度与其他性能有较好的相关性，能较好地反映混凝土的质量情况，因此，通常以混凝土强度作为评定和控制质量的指标。混凝土强度的质量控制包括初步控制、生产控制和合格控制。

4.2.1　强度的评定方法

现行标准的规定，混凝土强度应分批进行检验评定。一个验收批的混凝土应由强度等级相同、龄期相同以及生产工艺条件和配合比基本相同的混凝土组成。

1. 统计方法评定

（1）已知标准差方法

当混凝土生产条件在较长时间内能保持一致，且同一品种混凝土的强度变异性能保持稳定时，应由连续的三组试件组成一个验收批，其强度应同时满足式（4-19）与式（4-20）要求：

$$m_{f_{cu}} \geqslant f_{cu,k} + 0.7\sigma_0 \tag{4-19}$$

$$f_{cu,min} \geqslant f_{cu,k} - 0.7\sigma_0 \tag{4-20}$$

当混凝土强度等级高于 C20 时，其强度的最小值尚应满足式（4-21）要求：

$$f_{cu,min} \geqslant 0.9 f_{cu,k} \tag{4-21}$$

当混凝土强度等级不高于 C20 时，其强度的最小值尚应满足式（4-22）要求：

$$f_{cu,min} \geqslant 0.85 f_{cu,k} \tag{4-22}$$

式中　$m_{f_{cu}}$——同一验收批混凝土立方体抗压强度的平均值（MPa）；

　　　$f_{cu,k}$——混凝土立方体抗压强度标准值（MPa）；

　　　σ_0——验收批混凝土立方体抗压强度的标准差，精确到 0.01MPa，σ_0 计算值小于 2.5MPa 时，应取 2.5MPa；

　　　$f_{cu,min}$——同一验收批混凝土立方体抗压强度的最小值，精确到 0.1MPa。

验收批混凝土立方体抗压强度标准差，应根据前一个检验期内同一品种混凝土试件的强度数据，按式（4-23）确定：

$$\sigma_0 = \sqrt{\frac{\sum_{i=1}^{n} f_{cu,i}^2 - n m_{f_{cu}}^2}{n-1}} \tag{4-23}$$

式中　$f_{cu,i}$——前一个检验期内同一品种、同一强度等级的第 i 组试件强度值，精确到 0.1MPa，该检验期不应少于 60d，也不得大于 90d；

　　　n——前一检验期内的样本容量，在该期间内样本容量不应少于 45。

（2）未知标准差方法

当混凝土生产条件不能满足前述规定，或在前一个检验期内的同一品种混凝土没有足够的数据用以确定验收批混凝土强度的标准差时，应由不少于 10 组试件组成一个验收批，其强度应同时满足式（4-24）与式（4-25）的要求：

$$m_{f_{cu}} - \lambda_1 S_{f_{cu}} \geqslant f_{cu,k} \tag{4-24}$$

$$f_{cu,min} \geqslant \lambda_2 f_{cu,k} \tag{4-25}$$

式中　$S_{f_{cu}}$——为同一验收批混凝土立方体抗压强度的标准差，0.01MPa，当 $S_{f_{cu}}$ 的计算值小于 2.5MPa 时，取 $S_{f_{cu}} = 2.5$MPa；

　　　λ_1、λ_2——合格判定系数，按表 4-19 取用。

表 4-19 混凝土强度的合格判定系数

试件组数	10 ~ 14	15 ~ 19	≥20
λ_1	1.15	1.05	0.95
λ_2	0.90	0.85	

混凝土立方体抗压强度的标准差可按式(4-26)计算：

$$S_{f_{cu}} = \sqrt{\frac{\sum_{i=1}^{n} f_{cu,i}^2 - nm_{f_{cu}}^2}{n-1}} \qquad (4-26)$$

式中 $f_{cu,i}$——第 i 组混凝土立方体抗压强度值(MPa)；

          n——一个验收混凝土试件的组数。

2. 非统计方法评定

试件少于 10 组时，按非统计方法评定混凝土强度时，其所保留强度应同时满足式(4-27)与式(4-28)要求：

$$m_{f_{cu}} \geq \lambda_3 f_{cu,k} \qquad (4-27)$$

$$f_{cu,min} \geq \lambda_4 f_{cu,k} \qquad (4-28)$$

式中 λ_3、λ_4——合格评定系数，应按表 4-20 取用。

表 4-20 混凝土强度的非统计法合格评定系数

混凝土强度等级	< C60	≥ C60
λ_3	1.15	1.10
λ_4	0.95	

当检验结果满足上述的规定时，则该批混凝土强度应评定为合格，当不能满足上述规定时，该批混凝土强度应评定为不合格。对评定为不合格批的混凝土，可按国家现行的有关标准进行处理。

4.2.2 过程控制措施

4.2.2.1 原材料质量控制

1. 水泥

(1)水泥品种与强度等级确定

水泥品种与强度等级应根据设计、施工要求以及工程所处环境确定。对于一般建筑结构及预制构件的普通混凝土,宜采用通用硅酸盐水泥;高强混凝土和有抗冻要求的混凝土宜采用硅酸盐水泥或普通硅酸盐水泥;有预防混凝土碱－集料反应要求的混凝土工程宜采用低碱水泥;大体积混凝土宜采用中、低热硅酸盐水泥或低热矿渣硅酸盐水泥,也可采用通用硅酸盐水泥;有特殊要求的混凝土也可采用其他品种的水泥。

(2)水泥质量控制

水泥质量主要控制项目应包括凝结时间、安定性、胶砂强度、氧化镁和氯离子含量,低碱水泥主要控制项目还应包括碱含量,中、低热硅酸盐水泥或低热矿渣硅酸盐水泥主要控制项目还应包括水化热。

（3）在水泥应用方面应符合以下规定：

① 宜采用旋窑或新型干法窑生产的水泥；

② 水泥中的混合材品种和掺加量应得到明示；

③ 用于生产混凝土的水泥温度不宜高于60℃。

2. 粗集料

（1）粗集料应符合现行行业标准《普通混凝土用砂、石质量及检验方法标准》（JGJ 52—2006）和国家标准《建设用卵石碎石》（GB/T 14685—2011）的规定。

（2）粗集料质量主要控制项目应包括颗粒级配、针片状含量、含泥量、泥块含量、压碎值指标和坚固性，用于高强混凝土的粗集料主要控制项目还应包括岩石抗压强度。

（3）在粗集料应用方面尚应符合以下规定：

① 混凝土粗集料宜采用连续级配；

② 对于混凝土结构，粗集料最大公称粒径不得超过相关规定，对于大体积混凝土，粗集料最大公称粒径不宜小于31.5mm；

③ 对于防裂抗渗透要求高的混凝土，宜选用级配良好和空隙率较小的粗集料，或者采用两个或三个粒级的粗集料混合配制连续级配粗集料，粗集料空隙率不宜大于47%；

④ 对于有抗渗、抗冻、抗腐蚀、耐磨或其他特殊要求的混凝土，粗集料中的含泥量和泥块含量分别不应大于1.0%和0.5%，坚固性检验的质量损失不应大于8%；

⑤ 对于高强混凝土，粗集料的岩石抗压强度应比混凝土设计强度至少高30%，最大公称粒径不宜大于25.0mm，针片状含量不宜大于5%，不应大于8%，含泥量和泥块含量应分别不大于0.5%和0.2%；

⑥ 对粗集料或用于制作粗集料的岩石，应进行碱活性检验，包括碱－硅活性检验和碱－碳酸盐活性检验；对于有预防混凝土碱－集料反应要求的混凝土工程，不宜采用有碱活性的粗集料。

3. 细集料

（1）细集料应符合现行行业标准《普通混凝土用砂、石质量及检验方法标准》（JGJ 52—2006）和国家标准《建设用砂》（GB/T 14684—2011）的规定；混凝土用海砂尚应符合现行行业标准《海砂混凝土应用技术规范》（JGJ 206—2010）的规定。

（2）细集料质量主要控制项目应包括颗粒级配、细度模数、含泥量、泥块含量、坚固性、氯离子含量和有害物质含量；人工砂主要控制项目还应包括石粉含量和压碎值指标，但可不包括氯离子含量和有害物质含量；海砂主要控制项目还应包括贝壳含量。

（3）在细集料应用方面尚应符合以下规定：

① 泵送混凝土宜采用中砂，且300μm筛孔的颗粒通过量不宜少于15%；

② 对于防裂抗渗透要求高的混凝土，宜选用级配良好和洁净的中砂，天然砂的含泥量和泥块含量应分别不大于2.0%和0.5%，人工砂的石粉含量不宜大于5%；

③ 对于有抗渗、抗冻或其他特殊要求的混凝土，砂中的含泥量和泥块含量应分别不大于3.0%和1.0%，坚固性检验的质量损失不应大于8%；

④ 对于高强混凝土，砂的细度模数宜控制在2.6~3.0范围之内，含泥量和泥块含量应分别不大于2.0%和0.5%；

⑤钢筋混凝土和预应力钢筋混凝土用砂的氯离子含量应分别不大于0.06%和0.02%；

⑥混凝土用海砂必须经过净化处理;

⑦混凝土用海砂氯离子含量不应大于 0.03% ,贝壳含量应符合表 4-21 的规定。海砂不得用于预应力钢筋混凝土;

表 4-21 混凝土用海砂的贝壳含量

混凝土强度等级	≥C60	≥C40	C35 ~ C30	C25 ~ C15
贝壳含量(按质量计,%)	≤3	≤5	≤8	≤10

⑧人工砂中的石粉含量应符合表 4-22 的规定;

表 4-22 人工砂中石粉含量

混凝土强度等级		≥C60	C55 ~ C30	≤C25
石粉含量(%)	MB < 1.4	≤5.0	≤7.0	≤10.0
	MB≥1.4	≤2.0	≤3.0	≤5.0

⑨不宜单独采用特细砂作为细集料配制混凝土;

⑩河砂和海砂应进行碱－硅活性检验,人工砂应进行碳酸盐活性的检验,有预防混凝土碱－集料反应要求的混凝土工程不宜采用有碱活性的砂。

4. 矿物掺合料

(1)用于混凝土中的矿物掺合料可包括粉煤灰、粒化高炉矿渣粉、硅灰、钢渣粉、磷渣粉;可采用两种或两种以上的矿物掺合料按一定比例混合使用。粉煤灰应符合现行国家标准《用于水泥和混凝土中的粉煤灰》(GB/T 1596—2005)的规定,粒化高炉矿渣粉应符合现行国家标准《用于水泥和混凝土中的粒化高炉矿渣粉》(GB/T 18046—2008)的规定,钢渣粉应符合现行国家标准《用于水泥和混凝土中的钢渣粉》(GB/T 20491—2006);矿物掺合料的放射性应符合现行国家标准《建筑材料放射性核素限量》(GB 6566—2010)的规定。

(2)粉煤灰的主要控制项目应包括细度、需水量比、烧失量和三氧化硫含量,C 类粉煤灰的主要控制项目还应包括游离氧化钙含量和安定性;粒化高炉矿渣粉主要控制项目应包括比表面积、活性指数和流动度比;钢渣粉的主要控制项目应包括比表面积、活性指数、流动度比、游离氧化钙含量、三氧化硫含量、氧化镁含量和安定性;磷渣粉的主要控制项目应包括细度、活性指数、流动度比、五氧化二磷含量和安定性;硅灰的主要控制项目应包括比表面积和二氧化硅含量。矿物掺合料还应进行放射性检验。

(3)在矿物掺合料应用方面尚应符合以下规定:

① 掺矿物掺合料的混凝土,宜采用硅酸盐水泥和普通硅酸盐水泥;

② 在混凝土中掺矿物掺合料时,矿物掺合料的种类和掺量应经试验确定,其混凝土性能应满足设计要求;

③ 矿物掺合料宜与高效减水剂同时使用;

④ 对于高强混凝土或有抗渗、抗冻、抗腐蚀、耐磨等其他特殊要求的混凝土,宜采用不低于 Ⅱ 级的粉煤灰;

⑤ 对于高强混凝土和耐腐蚀要求的混凝土,当需要采用硅灰时,宜采用二氧化硅含量不小于 90% 的硅灰,硅灰宜采用吨包供货。

5. 外加剂

（1）外加剂应符合国家现行标准《混凝土外加剂》（GB 8076—2008）和《混凝土外加剂应用技术规范》（GB 50119—2003）的规定。

（2）外加剂质量主要控制项目应包括掺外加剂混凝土性能和外加剂匀质性两方面，混凝土性能方面的主要控制项目有减水率、凝结时间差和抗压强度比，外加剂匀质性方面的主要控制项目有 pH 值、氯离子含量和碱含量。引气剂和引气减水剂主要控制项目还应包括含气量，防冻剂主要控制项目还应包括钢筋锈蚀试验。

（3）外加剂应用方面尚应符合以下规定：

① 在混凝土中掺用外加剂时，外加剂应与水泥具有良好的适应性，其种类和掺量应经试验确定，混凝土性能应满足设计要求；

② 高强混凝土宜采用高性能减水剂，有抗冻要求的混凝土宜采用引气剂或引气减水剂，大体积混凝土宜采用缓凝剂或缓凝减水剂，混凝土冬期施工可采用防冻剂；

③ 不得在钢筋混凝土和预应力钢筋混凝土中采用含有氯盐配制的外加剂，不得在预应力钢筋混凝土中采用含有亚硝酸盐或碳酸盐的防冻剂以及在办公、居住等建筑工程中采用含有硝铵或尿素的防冻剂；

④ 外加剂中的氯离子含量和碱含量应满足混凝土设计要求；

⑤ 宜采用液态外加剂。

6. 水

（1）混凝土用水应符合现行行业标准《混凝土用水标准》（JGJ 63—2006）的规定。

（2）混凝土用水主要控制项目应包括 pH 值、不溶物含量、可溶物含量、硫酸根离子含量、氯离子含量、水泥凝结时间差和水泥胶砂强度对比，当混凝土集料为碱活性时，主要控制项目还应包括碱含量。

（3）在混凝土用水方面尚应符合以下规定：

① 未经处理的海水严禁用于钢筋混凝土和预应力钢筋混凝土；

② 不得采用混凝土企业设备洗刷水配制集料为碱活性的混凝土。

4.2.2.2　混凝土性能技术规定

1. 拌合物性能

（1）混凝土拌合物性能应满足设计和施工要求。混凝土拌合物性能试验方法应符合现行国家标准《普通混凝土拌合物性能试验方法标准》（GB/T 50080—2002）的规定，混凝土拌合物扩展度的划分及其允许偏差应符合表 4-23、表 4-24 的规定。

表 4-23　混凝土拌合物的扩展度等级划分

等级	扩展直径（mm）
F1	≤340
F2	350～410
F3	420～480
F4	490～550
F5	560～620
F6	≥630

表 4-24 混凝土拌合物稠度允许偏差

坍落度（mm）			
设计值（mm）	≤40	50～90	≥100
允许偏差（mm）	±10	±20	±30
维勃时间（s）			
设计值（秒）	≥11	10～6	≤5
允许偏差（秒）	±3	±2	±1
扩展度（mm）			
设计值（mm）	≥350	允许偏差（mm）	±30

（2）混凝土拌合物在满足施工要求的前提下，应尽可能采用较小的坍落度；泵送混凝土拌合物坍落度不宜大于 180mm；泵送高强混凝土的扩展度不宜小于 500mm；自密实混凝土的扩展度不宜小于 600mm；混凝土拌合物的坍落度经时损失不应影响混凝土的正常施工；泵送混凝土拌合物的坍落度经时损失不宜大于 30mm/h。

（3）混凝土拌合物应具有良好的工作性，并不得离析或泌水。

（4）混凝土拌合物的凝结时间应满足施工要求和混凝土性能要求。

（5）混凝土拌合物中水溶性氯离子最大含量应符合表 4-25 的要求。混凝土拌合物中水溶性氯离子含量应按照现行行业标准《水运工程混凝土试验规程》（JTJ 270—1998）中混凝土拌合物中氯离子含量的快速测定方法进行测定。

表 4-25 混凝土拌合物中水溶性氯离子最大含量

环境条件	水溶性氯离子最大含量（%，水泥用量的质量百分比）		
	钢筋混凝土	预应力混凝土	素混凝土
干燥环境	0.3		
潮湿但不含氯离子的环境	0.2	0.06	1.0
潮湿而含有氯离子的环境、盐渍土环境	0.1		
除冰盐等侵蚀性物质的腐蚀环境	0.06		

（6）掺用引气型外加剂混凝土拌合物的含气量宜符合表 4-26 的规定，并应满足混凝土性能对含气量的要求。

表 4-26 混凝土含气量

粗集料最大公称粒径（mm）	混凝土含气量（%）
20	≤5.5
25	≤5.0
40	≤4.5

2. 力学性能

（1）混凝土的力学性能应满足设计和施工的要求，混凝土力学性能试验方法应符合现行国家标准《普通混凝土力学性能试验方法标准》（GB/T 50081—2002）的规定。

（2）混凝土强度等级应按立方体抗压强度标准值（MPa）划分为：C10、C15、C20、C25、C30、C35、C40、C45、C50、C55、C60、C65、C70、C75、C80、C85、C90、C95 和 C100。

（3）混凝土抗压强度应按现行国家标准《混凝土强度检验评定标准》（GB/T 50107—2010）的规定进行检验评定，并应合格。

3. 长期性能和耐久性能

（1）混凝土的收缩和徐变应满足设计要求，试验方法应符合现行国家标准《普通混凝土长期性能和耐久性能试验方法标准》（GB/T 50082—2009）的规定；混凝土耐久性能应满足设计要求，试验方法应符合现行国家标准《普通混凝土长期性能和耐久性能试验方法标准》（GB/T 50082—2009）的规定；混凝土的抗冻性能、抗水渗透性能和抗硫酸盐侵蚀性能的等级划分应符合表4-27的规定。

表4-27　混凝土抗冻性能、抗水渗透性能和抗硫酸盐侵蚀性能的等级划分

抗冻等级（快冻法）	抗冻标号（慢冻法）		抗渗等级	抗硫酸盐等级
F50	F250	D50	P4	KS30
F100	F300	D100	P6	KS60
F150	F350	D150	P8	KS90
F200	F400	D200	P10	KS120
> F400	> D200		P12	KS150
			> P12	> KS150

（2）混凝土抗氯离子渗透性能的等级划分应符合下列规定：

① 当采用氯离子迁移系数（RCM 法）划分混凝土抗氯离子渗透性能等级时，应符合表4-28的规定，且混凝土龄期应为84d。

表4-28　混凝土抗氯离子渗透性能的等级划分（RCM 法）

等级	RCM-Ⅰ	RCM-Ⅱ	RCM-Ⅲ	RCM-Ⅳ	RCM-Ⅴ
氯离子迁移系数 D_{RCM}（RCM 法）（ $\times 10^{-12} m^2/s$）	$D_{RCM} \geqslant 4.5$	$3.5 \leqslant D_{RCM} < 4.5$	$2.5 \leqslant D_{RCM} < 3.5$	$1.5 \leqslant D_{RCM} < 2.5$	$D_{RCM} < 1.5$

② 当采用电通量划分混凝土抗氯离子渗透性能等级时，应符合表4-29 的规定，且混凝土龄期宜为28d；当混凝土中水泥混合材与矿物掺合料之和超过胶凝材料用量的50%时，测试龄期可为56d。

表4-29　混凝土抗氯离子渗透性能的等级划分（电通量法）

等级	Q-Ⅰ	Q-Ⅱ	Q-Ⅲ	Q-Ⅳ	Q-Ⅴ
电通量 Q_S（C）	$Q_S \geqslant 4000$	$2000 \leqslant Q_S < 4000$	$1000 \leqslant Q_S < 2000$	$500 \leqslant Q_S < 1000$	$Q_S < 500$

（3）混凝土的抗碳化性能等级划分应符合表4-30 的规定。

表 4-30　混凝土抗碳化性能的等级划分

等级	T- I	T- II	T- III	T- IV	T- V
碳化深度 d (mm)	$d \geqslant 30$	$20 \leqslant d < 30$	$10 \leqslant d < 20$	$0.1 \leqslant d < 10$	$d < 0.1$

（4）混凝土的早期抗裂性能等级划分应符合表 4-31 的规定。

表 4-31　混凝土早期抗裂性能的等级划分

等级	L- I	L- II	L- III	L- IV	L- V
单位面积上的总开裂面积 C (mm^2/m^2)	$C \geqslant 1000$	$700 \leqslant C < 1000$	$400 \leqslant C < 700$	$100 \leqslant C < 400$	$C < 100$

（5）混凝土耐久性能应按现行行业标准《混凝土耐久性检验评定标准》（JGJ/T 193—2009）的规定进行检验评定,并应合格。

4.2.2.3　配合比控制

混凝土配合比设计应符合国家现行标准《普通混凝土配合比设计规程》（JGJ 55—2011）的规定;混凝土配合比应经试验验证,并应满足混凝土施工性能要求,以及强度、其他力学性能和耐久性能的设计要求。

对首次使用、使用间隔时间超过三个月或原材料发生变化的配合比应进行开盘鉴定,开盘鉴定应包括以下内容:

（1）生产使用的原材料应与配合比设计一致;

（2）混凝土拌合物性能应满足施工要求;

（3）混凝土强度满足评定要求;

（4）混凝土耐久性能满足设计要求。

在混凝土配合比使用过程中,应根据混凝土质量的动态信息及时调整配合比。

4.2.2.4　生产控制水平要求

混凝土的生产方式宜采用预拌混凝土,混凝土强度按《混凝土强度检验评定标准》（GB/T 50107—2010）进行检验评定应为合格,实测强度合格率 P 不应小于 95%;P 可按式（4-29）计算:

$$P = \frac{n_0}{n} \times 100\% \tag{4-29}$$

式中　P——统计周期内实测强度合格率（%）,精确到 0.1%;

n_0——统计周期内相同强度等级混凝土达到设计规定强度等级值的试件组数。

商品混凝土搅拌站和预制混凝土构件厂的统计周期可取一个月;施工现场集中搅拌站的统计周期可根据实际情况确定。

4.2.2.5　生产与施工质量控制

1. 原材料进场

（1）混凝土原材料进场时,供方应按规定批次向需方提供质量证明文件。质量证明文件应包括型式检验报告、出厂检验报告与合格证等,外加剂产品还应提供使用说明书。

（2）原材料进场后，应按标准规定进行进场检验。

（3）水泥应按不同品种和强度等级分批存储，并应采取防潮措施；出现结块的水泥不得用于混凝土工程；水泥出厂超过 3 个月（快硬硅酸盐水泥超过 1 个月），应进行复检，合格者方可使用。

（4）粗、细集料堆场应有防尘和遮雨设施；粗、细集料应按品种、规格分别堆放，不得混杂，不得混入杂物。

（5）矿物掺合料存储时，应有明显标记，不同矿物掺合料以及水泥不得混杂堆放，应防潮防雨，并应符合有关环境保护的规定；矿物掺合料存储期超过 3 个月时，应进行复检，合格者方可使用。

（6）外加剂的送检样品应与工程大批量进货一致，并应按不同的供货单位、品种和牌号进行标识，单独存放；粉状外加剂应防止受潮结块，如有结块，应进行检验，合格者应经粉碎至全部通过 600μm 筛孔后方可使用；液态外加剂应贮存在密闭容器内，并应防晒和防冻，如有沉淀等异常现象，应经检验合格后方可使用。

2. 计量

（1）原材料计量宜采用电子计量设备，计量设备的精度应满足现行国家标准《混凝土搅拌站（楼）技术条件》（GB 10172—1988）的有关规定，应具有法定计量部门签发的有效检定证书，并应定期校验。混凝土生产单位每月应自检一次；每一工作班开始前，应对计量设备进行零点校准。

（2）每盘混凝土原材料计量的允许偏差应符合表 4-32 的规定，原材料计量偏差应每班检查 1 次。

表 4-32　各种原材料计量的允许偏差

原材料种类	计量允许偏差（按质量计）
胶凝材料	±2%
粗、细集料	±3%
拌合用水	±1%
外加剂	±1%

（3）对于原材料计量，应根据粗、细集料含水率的变化，及时调整粗、细集料和拌合用水的称量。

3. 搅拌

（1）混凝土搅拌机应符合现行国家标准《混凝土搅拌机》（GB/T 9142—2000）的规定，混凝土搅拌宜采用强制式搅拌机。

（2）原材料投料方式应满足混凝土搅拌技术要求和混凝土拌合物质量要求。

（3）混凝土搅拌的最短时间可按表 4-33 采用；当搅拌高强混凝土时，搅拌时间应适当延长；采用自落式搅拌机时，搅拌时间宜延长 30s。对于双卧轴强制式搅拌机，可在保证搅拌均匀的情况下适当缩短搅拌时间。混凝土搅拌时间应每班检查 2 次。

表 4-33　混凝土搅拌的最短时间　　　　　　　　　　　　　　　s

混凝土坍落度（mm）	搅拌机机型	搅拌机出料量（L）		
		< 250	250 ~ 500	> 500
≤40	强制式	60	90	120
> 40 且 < 100	强制式	60	60	90
≥100	强制式	60		

注：混凝土搅拌的最短时间系指全部材料装入搅拌筒中起，到开始卸料止的时间。

（4）同一盘混凝土的搅拌匀质性应符合以下规定：混凝土中砂浆密度两次测值的相对误差不应大于 0.8%。

（5）冬期生产施工搅拌混凝土时，宜优先采用加热水的方法提高拌合物温度，也可同时采用加热集料的方法提高拌合物温度。应先投入集料和热水进行搅拌，然后再投入胶凝材料等共同搅拌，水泥不应与热水直接接触。拌合用水和集料的加热温度不得超过表 4-34 的规定。当集料不加热时，拌合用水可加热到 60℃ 以上。

表 4-34　拌合用水和集料的最高加热温度　　　　　　　　　　　℃

采用的水泥品种	拌合用水	集料
硅酸盐水泥和普通硅酸盐水泥	60	40

4. 运输

在运输过程中，应控制混凝土不离析、不分层和组成成分不发生变化，并应控制混凝土拌合物性能满足施工要求。当采用机动翻斗车运输混凝土时，道路应平整、避免颠簸。当采用搅拌罐车运送混凝土拌合物时，搅拌罐在冬期应有保温措施，夏季最高气温超过 40℃ 时，应有隔热措施。当采用搅拌罐车运送混凝土拌合物时，卸料前应采用快档旋转搅拌罐不少于 20s；因运距过远、交通或现场等问题造成坍落度损失较大而卸料困难时，可采用在混凝土拌合物中掺入适量减水剂并快档旋转搅拌罐的措施，减水剂掺量应有经试验确定的预案，但不得加水。当采用泵送混凝土时，混凝土运输应能保证混凝土连续泵送，并应符合现行行业标准《混凝土泵送施工技术规程》（JGJ/T 10—1995）的有关规定。混凝土拌合物从搅拌机卸出至施工现场接收的时间间隔不宜大于 90min。

5. 浇筑成型

（1）浇筑混凝土前，应检查并控制模板、钢筋、保护层和预埋件等的尺寸、规格、数量和位置，其偏差值应符合现行国家标准《混凝土结构工程施工质量验收规范》（GB 50204—2002）的规定。此外，还应检查模板支撑的稳定性以及接缝的密合情况，并应保证模板在混凝土浇筑过程中不失稳、不跑模和不漏浆。

（2）浇筑混凝土前，应清除模板内以及垫层上的杂物；表面干燥的地基土、垫层、木模板应浇水湿润。

（3）当夏季天气炎热时，混凝土拌合物入模温度不应高于 35℃，宜选择晚间或夜间浇筑混凝土；现场温度高于 35℃ 时，宜对金属模板进行浇水降温，但不得留有积水。

（4）当冬期施工时，混凝土拌合物入模温度不应低于 5℃，并应有保温措施。

（5）在浇筑过程中,应有效控制混凝土的均匀性、密实性和整体性。

（6）泵送混凝土输送管道的最小内径宜符合表 4-35 的规定;混凝土输送泵的泵压应与混凝土拌合物特性和泵送高度相匹配;泵送混凝土的输送管道应支撑稳定,不漏浆,冬期应有保温措施,夏季最高气温超过 40℃时,应有隔热措施。

表 4-35　泵送混凝土输送管道的最小内径

粗集料公称最大粒径（mm）	输送管最小内径（mm）
25	125
40	150

（7）不同配合比或不同强度等级泵送混凝土在同一时间段交替浇筑时,输送管道中的混凝土不得混入其他不同配合比或不同强度等级混凝土。

（8）当混凝土自由倾落高度大于 2.5m 时,应采用串筒、溜管或振动溜管等辅助设备。

（9）现场浇筑的竖向结构物应分层浇筑,每层浇筑厚度宜控制在 300~350mm;大体积混凝土宜采用分层浇筑方法,可利用自然流淌形成斜坡沿高度均匀上升,分层厚度不应大于 500mm。

（10）自密实混凝土浇筑布料点应结合拌合物特性选择适宜的间距,必要时可以通过试验确定混凝土布料点下料间距。

（11）结构柱、墙混凝土设计强度等级高于梁、板混凝土设计强度等级时,应在交界区域采取分隔措施。分隔位置应设在低强度等级的构件中,且应距高强度等级构件边缘不小于 500mm 的距离。应先浇筑高强度等级混凝土,后浇筑低强度等级混凝土。

（12）应根据混凝土拌合物特性及混凝土结构、构件或制品的制作方式选择适当的振捣方式和振捣时间。

（13）混凝土振捣宜采用机械振捣。当施工无特殊振捣要求时,可采用振捣棒进行振捣,插入间距不应大于振捣棒振动作用半径的一倍,连续多层浇筑时,振捣棒应插入下层拌合物约 50mm 进行振捣;当浇筑厚度在 200mm 以下的表面积较大的平面结构或构件时,宜采用表面振动成型;当采用干硬性混凝土拌合物浇筑成型混凝土制品时,宜采用振动台或表面加压振动成型。

（14）振捣时间宜按拌合物稠度和振捣部位等不同情况,控制在 10~30s 内,当混凝土拌合物表面出现泛浆,可视为捣实。

（15）混凝土拌合物从搅拌机卸出后到浇筑完毕的延续时间不宜超过表 4-36 的规定。

表 4-36　混凝土从搅拌机卸出到浇筑完毕的延续时间

混凝土生产地点	气温（℃）	
	≤25	>25
商品混凝土搅拌站	150	120
施工现场	120	90
混凝土制品厂	90	60

（16）在混凝土浇筑同时,应制作供结构或构件出池、拆模、吊装、张拉、放张和强度合格评

定用的同条件养护试件,还应按设计要求制作抗冻、抗渗或其他性能试验用的试件。

(17)在混凝土浇筑及静置过程中,应在混凝土终凝前对浇筑面进行抹面处理。

(18)混凝土构件成型后,在强度达到 1.2MPa 以前,不得在构件上面踩踏行走,混凝土在自然保湿养护下强度达到 1.2MPa 的时间可按表 4-37 估计;构件底模及其支架拆除时的混凝土强度应符合表 4-38 的规定。

表 4-37　混凝土强度达到 1.2MPa 的时间估计　　　　　　　　　　　　h

水泥品种	外界温度(℃)			
	1~5	5~10	10~15	15 以上
硅酸盐水泥 普通硅酸盐水泥	46	36	26	20
矿渣硅酸盐水泥 火山灰质硅酸盐水泥 粉煤灰硅酸盐水泥	60	38	28	22

注:掺加矿物掺合料的混凝土可适当增加时间。

表 4-38　构件底模及其支架拆除时的混凝土强度要求

构件类型	构件跨度(m)	达到设计的混凝土立方体抗压强度标准值的百分率(%)
板	≤2	≥50
	>2,≤8	≥75
	>8	≥100
梁、拱、壳	≤8	≥75
	>8	≥100
悬臂构件	—	≥100

6. 养护

(1)生产和施工单位应根据结构、构件或制品情况、环境条件、原材料情况以及对混凝土性能的要求等,提出施工养护方案或生产养护制度,并应严格执行。

(2)混凝土施工可采用浇水、潮湿覆盖、喷涂养护剂、冬季蓄热养护等方法进行养护;混凝土构件或制品厂生产可采用蒸汽养护、湿热养护或潮湿自然养护等方法进行养护。选择的养护方法应满足施工养护方案或生产养护制度的要求。

(3)采用塑料薄膜覆盖养护时,混凝土全部表面应覆盖严密,并应保持膜内有凝结水;采用养护剂养护时,应通过试验检验养护剂的保湿效果。

(4)混凝土施工养护时间应符合以下规定:

① 对于采用硅酸盐水泥、普通硅酸盐水泥或矿渣硅酸盐水泥配制的混凝土,采用浇水和潮湿覆盖的养护时间不得少于 7d;

② 对于采用粉煤灰硅酸盐水泥、火山灰硅酸盐水泥、复合硅酸盐水泥配制的混凝土,或掺加缓凝剂的混凝土以及大掺量矿物掺合料混凝土,采用浇水和潮湿覆盖的养护时间不得少于 14d;

③ 对于竖向混凝土结构,养护时间宜适当延长。

(5)混凝土构件或制品厂的混凝土养护应符合以下规定:

① 采用蒸汽养护或湿热养护时,养护时间和养护制度应满足混凝土及其制品性能的要求。

② 采用蒸汽养护时,应分为静停、升温、恒温和降温四个养护阶段。混凝土成型后的静停时间不宜少于2h,升温速度不宜超过25℃/h,降温速度不宜超过20℃/h,最高和恒温温度不宜超过65℃;混凝土构件或制品在出池或撤除养护措施前,应进行温度测量,当表面与外界温差不大于20℃时,方可撤除养护措施或构件出池。

③ 采用潮湿自然养护时,养护时间应符合规定。

(6)对于大体积混凝土,养护过程应进行温度控制,混凝土内部和表面的温差不宜超过25℃,表面与外界温差不宜大于20℃。

(7)对于冬期施工的混凝土,养护应符合以下规定:

① 日均气温低于5℃时,不得采用浇水自然养护方法;

② 混凝土受冻前的强度不得低于5MPa;

③ 模板和保温层应在混凝土冷却到5℃方可拆除,或在混凝土表面温度与外界温度相差不大于20℃时拆模,拆模后的混凝土亦应临时覆盖,使其缓慢冷却;

④ 混凝土强度达到设计强度等级的50%时,方可撤除养护措施。

4.2.2.6　混凝土质量检验和验收

1. 混凝土原材料质量检验

(1)原材料进场时,应按规定批次验收型式检验报告、出厂检验报告或合格证等质量证明文件,外加剂产品还应具有使用说明书。

(2)混凝土原材料进场时应进行检验,检验样品应随机抽取。

(3)混凝土原材料的检验批量应符合以下规定:

① 散装水泥应按每500t(袋装水泥每200t)为一个检验批;粉煤灰或粒化高炉矿渣粉等矿物掺合料应按每200t为一个检验批;硅灰应按每30t为一个检验批;砂、石集料应按每400m³或600t为一个检验批;外加剂应按每50t为一个检验批;水应按同一水源不少于一个检验批。

② 不同批次或非连续供应的不足一个检验批量的混凝土原材料应作为一个检验批。

(4)原材料的质量应符合标准的规定。

2. 混凝土拌合物性能检验

(1)在生产施工过程中,应在搅拌地点和浇筑地点分别对混凝土拌合物进行抽样检验。

(2)混凝土拌合物的检验频率应符合以下规定:

① 混凝土坍落度取样检验频率应与《混凝土强度检验评定标准》(GB/T 50107—2010)规定的强度取样检验频率相同。

② 同一工程、同一配合比、采用同一批次水泥和外加剂的混凝土的凝结时间应至少检验1次。

③ 同一工程、同一配合比的混凝土的氯离子含量应至少检验1次;同一工程、同一配合比和采用同一批次海砂的混凝土的氯离子含量应至少检验1次。

3. 硬化混凝土性能检验

混凝土性能检验应符合下列规定:强度检验应符合现行国家标准《混凝土强度检验评定

标准》(GB/T 50107—2010)的规定,其他力学性能检验应符合工程要求和有关标准的规定。此外,耐久性能检验评定应符合现行行业标准,长期性能检验规则可按现行行业标准有关规定执行。

4. 混凝土工程验收

混凝土工程质量验收应符合现行国家标准《混凝土结构工程施工质量验收规范》(GB 50204—2002)的规定。混凝土工程质量验收时,还应符合本标准对混凝土长期性能和耐久性能的规定。

思考题与习题

4.1　试从混凝土的组成材料、配合比、施工、养护等几个方面综合考虑提高混凝土强度的措施。

4.2　混凝土的强度为什么会有波动?波动的大小如何评定?

4.3　已知实验室配合比为 $1:2.5:4$, $W/B = 0.60$ (不加掺合料),混凝土混合物的表观密度为 $2400kg/cm^3$,工地采用 800L 搅拌机,当日实际测得卵石含水率为 2.5% ,砂含水率为 4% 。为每次投料量应为多少?

4.4　某实验室按初步配合比称取 15L 混凝土的原材料进行试拌,水泥 5.2kg,砂 8.9kg,石子 18.1kg, $W/B = 0.6$ (不加掺合料)。试拌结果坍落度小,于是保持 W/B 不变,增加 10% 的水泥浆后,坍落度合格,测得混凝土拌合物表观密度为 $2380kg/m^3$,试计算调整后的基准配合比。

4.5　在标准条件下养护一定时间的混凝土试件,能否真正代表同龄期的相应结构物中的混凝土强度?在现场条件下养护的混凝土又如何呢?

4.6　为什么要在混凝土施工中进行质量控制,通常要进行哪些检验工作?

4.7　某混凝土试样经试拌调整后,各种材料用量分别为水泥 3.1kg、水 1.86kg、砂 6.24kg、碎石 12.8kg,并测得混凝土拌合物的表观密度 $\rho_0 = 2400kg/m^3$,试求其基准配合比;若施工现场砂子含水率为 4% ,石子含水率为 1% ,试求其施工配合比。

4.8　尺寸为 $150mm \times 150mm \times 150mm$ 的某组混凝土试件,龄期 28d,测得破坏荷载分别为 640kN、660kN、690kN,试计算该组试件的混凝土立方体抗压强度。若已知该混凝土由水泥强度等级 32.5(富余系数 1.10)的普通硅酸盐水泥和卵石配制而成,试估计所用的水胶比。

4.9　某混凝土配合比为 $1:2.20:4.2$, $W/B = 0.50$ (不加掺合料),已知水泥、砂、石表观密度分别为 $3.1g/cm^3$, $2.60g/cm^3$ 和 $2.70g/cm^3$,试计算每立方米拌合物所需各种材料用量。

4.10　某混凝土的设计强度等级为 C25,坍落度要求 55~70mm,所用原材料为:水泥:强度等级 42.5 的普通水泥(富余系数 1.08), $\rho_C = 3.1g/cm^3$;卵石:连续级配 4.75~37.5mm, $\rho_g = 2700kg/m^3$,含水率 1.2% ;中砂: $M_x = 2.6$, $\rho_s = 2650kg/m^3$,含水率 3.5% 。试求:1)混凝土的初步配合比;2)混凝土的施工配合比。

4.11　已知一试验室配合比,其每立方米混凝土的用料量如下:

水泥 332kg,河砂 652kg,卵石 1206kg,水 190kg。如果测得工地上砂的含水率为 3% ,卵石的含水率为 1%。若工地搅拌机容量为 $0.4m^3$（出料），为施工的方便起见，每次投料以两包水泥（100kg）为准，计算每次拌合混凝土的工地配合比。

4.12 豫西水利枢纽工程"进水口、洞群和溢洪道"标段（Ⅱ标）为提高泄水建筑物抵抗黄河泥沙及高速水流的冲刷能力，浇筑了 28d 抗压强度达 70MPa 的混凝土约 50 万 m^3。但都出现了一定数量的裂缝。裂缝产生有多方面的原因，其中原材料的选用是一个方面。请就其胶凝材料的选用分析其裂缝产生的原因。

4.13 为什么混凝土在潮湿条件下养护时收缩较小，干燥条件下养护时收缩较大，而在水中养护时却几乎不收缩？

4.14 某工地现配 C20 混凝土，选用 42.5 硅酸盐水泥，水泥用量 $260kg/m^3$，水胶比 0.50，砂率 30%，所用石 20～40mm，为间断级配，浇注后检查其水泥混凝土，发现混凝土结构中蜂窝、空洞较多，请从材料方面分析原因。

第5章 混凝土的搅拌、输送、成型和养护

仅仅是正确的混凝土配合比并不能保证高质量的混凝土及其产品。浇筑在结构中的混凝土必须质量均匀、没有孔洞、连续、养护充分。尽管混凝土配比对其强度、耐久性起决定作用，但是如果在原材料、搅拌、输送以及浇筑成型、养护等环节重视不够，即使再好的配比也有可能导致混凝土质量不好。在本章，我们讨论混凝土原材料加工、储存和输送以及配料、搅拌、各种运输、浇筑、捣实和养护的方法。整个目标是保证结构中混凝土各组分按正确的比例均匀混合，正确浇筑成型，合理养护从而符合技术规程，达到工程要求。

5.1 混凝土的搅拌工艺

混凝土的搅拌，是将水、水泥和粗细集料进行均匀拌合及混合的过程。同时，通过搅拌还要使材料达到强化、塑化的作用，是制作混凝土的第一步。首先我们要从混凝土的原料开始。

5.1.1 混凝土的原材料加工、储存和输送

5.1.1.1 原材料加工

混凝土的原材料主要是砂石，为了保证混凝土制品质量，砂石必须进行适当的加工处理。原材料的加工一般在原材料产地进行破碎、筛分、粉磨、清洗。破碎是用机械方法使大块物料分裂成小块物料的过程，粉磨是小块物料分裂成粉状物料的过程，粉碎程度表示方法：破碎比 λ

$$\lambda = \frac{D_0}{D_1} \tag{5-1}$$

式中 D_0——破碎前物料的平均粒径（mm）；

D_1——破碎后物料的平均粒径（mm）。

原材料先破碎，后粉磨。影响磨机产量和能耗的因素：首先是粒度，当入磨粒度减小，则产量提高，电耗下降。但是，同时会使破碎的产量下降，电耗增加。所以要综合考虑破碎和粉磨的产量和电耗。其次是易磨性，就是物料粉碎的难易程度，当物料硬度增加，则难破碎和粉磨，导致产量下降，电耗提高；再就是温度，当温度提高时，易磨性下降，产量下降，电耗提高。水分也是一个影响因素，经验表明，适宜的含水率为 1% ~ 1.5%，因为当含水率太大时，粉末会黏附在颗粒表面，影响破碎和粉磨，产量降低，但是含水率太小，物料太干，物料在磨机中流动快，容易窜磨跑粗。另外，为了提高产量，降低能耗，可以使用助磨剂消除细粉的黏附和聚集现象。

1. 破碎筛分工艺

工艺组成:供料、筛分、破碎、贮存。

(1)破碎筛分工艺的开流系统:开流系统工艺示意图见图5-1。

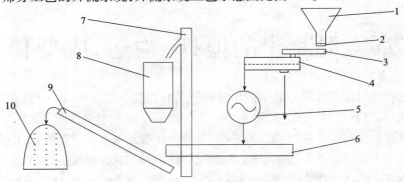

图5-1 破碎筛分工艺的开流系统示意图

1—受料斗;2—给料器;3—皮带;4—筛分机;5—破碎机;6—皮带机;
7—斗式提升机;8—料仓;9—皮带机;10—堆料

物料通过受料斗经给料器到皮带输送机上,至筛分机上,经过筛分,物料的粒度够小的、合要求的漏入下面的皮带输送机上,经过输送至堆场或者经过斗式提升机至料仓。粒度大的通过粉碎机粉碎后,合格的到下面的皮带输送机上,可以露天堆放的物料运至露天堆场,不可以露天堆放的物料,经过斗式提升机提升至料仓。其特点是物料经过一次筛分。

开流系统的优点:工艺简单,设备少。缺点是:生产效率低,质量较差。

(2)破碎筛分工艺圈流系统:破碎筛分工艺圈流系统是经过二次筛分,如图5-2所示。

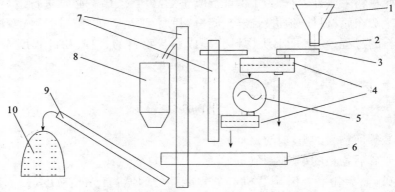

图5-2 破碎筛分工艺的圈流系统示意图

1—受料斗;2—给料器;3—皮带;4—筛分机;5—破碎机;6—皮带机;
7—斗式提升机;8—料仓;9—皮带机;10—堆料

圈流系统与开流系统比较,就是在物料经过粉碎后,再经过一次筛分机进行筛分,具有合格粒度的物料被皮带输送机运走,粒度大的再经过斗式提升机至粉碎机进行再次粉碎筛分。

圈流系统优点:效率高,质量好。缺点是设备多,工艺复杂,产量低。

2. 破碎设备

（1）颚式破碎机：用于粗碎，中碎。

（2）辊式破碎机：用于粗碎，中碎。

（3）反击式破碎机：用于中碎，细碎。

（4）锤式破碎机：用于细碎。

（5）笼式破碎机：用于细碎。

3. 筛分清洗设备

筛分和清洗应同时进行，筛分机上设置喷水设备。

筛分机有：（1）固定筛；（2）可动筛；①振动筛；②滚筒筛。

4. 粉磨工艺

粉磨工艺的作用是提高物料的活性。其工艺可分为开流系统和闭流系统。

（1）开流系统：是指物料一次性通过磨机，产量大，质量稍差，一般采用此法。

① 湿法开流系统

产品为料浆时用湿法开流系统，图 5-3 是粉磨工艺湿法开流系统示意图。如图所示，物料经过给料器，按合适比例与水箱里出来的水混合，用水量是通过计流器来控制的。成为料浆送入球磨机磨后，再经受料斗，用料浆泵泵送至料浆罐中。

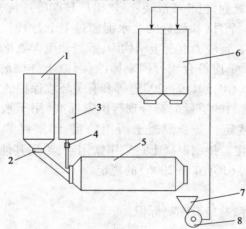

图 5-3　粉磨工艺湿法开流系统示意图
1—磨头料仓；2—给料器；3—水箱；4—计流器；
5—球磨机；6—料浆罐；7—受料斗；8—料浆泵

② 干法开流系统

产品为粉料时用干法开流系统，图 5-4 是粉磨工艺干法开流系统示意图。如图所示，粉状物料通过受料斗，经过给料器，送入球磨机磨后，再经集料斗，用空气提升泵泵送至筒仓中。

（2）闭流系统

粉磨工艺的闭流系统是指物料出磨机后经过分级，不合格的粗物料返回磨机再粉磨。

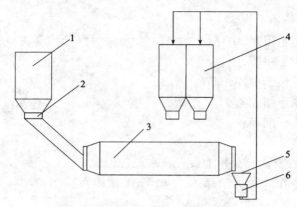

图 5-4　粉磨工艺干法开流系统示意图
1—受料斗;2—给料器;3—球磨机;4—筒仓;5—集料斗;6—空气提升泵

5. 直接购买原材料

预拌混凝土的原材料主要包括粗、细集料,水泥,粉煤灰,高炉矿渣微粉等胶凝材料以及液体和粉体外加剂等。目前混凝土企业一般是直接购买加工后的原材料,不需要进行再加工了,这里就这些常用原材料的进货及质量管理做简要阐述。

水泥进场时应对品种、级别、包装或散装仓号、出厂日期等进行检查。当使用中对水泥质量有怀疑或水泥出厂超过 3 个月(快硬硅酸盐水泥超过 1 个月)时,应进行复验,并依据复验结果使用。钢筋混凝土结构、预应力混凝土结构中,严禁使用含氯化物的水泥。

混凝土中掺外加剂的质量应符合现行国家标准《混凝土外加剂》(GB 8076—2008)、《混凝土外加剂应用技术规程》(GB 50119—2003)等和有关环境保护的规定。

混凝土中掺用矿物掺合料的质量应符合现行国家标准《用于水泥和混凝土中的粉煤灰》(GB/T 1596—2005)等的规定。普通混凝土所用的粗、细集料的质量应符合《建筑用砂》(GB/T 14684—2011)的规定。拌制混凝土宜采用饮用水;当用其他水源时,水质应符合国家标准《混凝土拌合用水标准》(JGJ 63—2006)的规定。

5.1.1.2　原材料贮存

各种材料必须分仓储存,并应有明显标识。

1. 集料贮存基本要求:

(1)如果是大宗原材料,宜采用露天堆放;(2)有足够堆放面积;(3)尽量靠近搅拌站,工艺合理;(4)场地要求平整,坚实,能够排水;(5)配置合理的工艺设备。

2. 堆场工艺的组成包含三道工序:卸料,贮料,上料

卸料是指从运输车上将材料卸下来;贮料就是堆场要贮存一定数量的材料;上料指由堆场将材料输送到搅拌站的料堆中。

3. 贮存方式

如图 5-5 所示,图 5-5(a)为长线式,即在一条长带上堆存不同材料;图 5-5(b)为并列式,即在并列的条带上堆不同材料;图 5-5(c)为扇形式,即在扇形区间贮存材料。

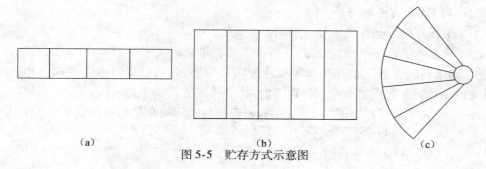

（a）　　　　　　　　　　（b）　　　　　　　　　（c）

图 5-5　贮存方式示意图

4. 堆场类型

（1）地沟式堆场

图 5-6，图 5-7 是地沟式堆场的示意图。

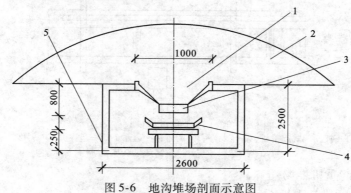

图 5-6　地沟堆场剖面示意图

1—下料斗；2—堆料；3—下料口；4—皮带输送机；5—地沟

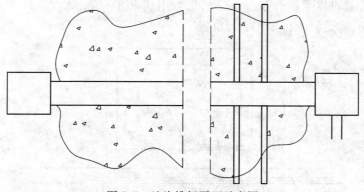

图 5-7　地沟堆场平面示意图

地沟堆场的设计要求：

①适用于地下水位较低的地区；②汽车进料，采用推土机辅助作业，将集料归堆；③堆场内设置分料隔墙，避免混料；④地沟盖板留有 1m×1m 的下料口，中距 3m；⑤地沟内设置小容量下料斗，出料口设置下料闸门；⑥地沟内皮带输送机每隔 10～20m 设置制动开关；⑦地沟内地面有 0.2% 坡度，以便排水。

（2）抓斗门式起重机堆场

图5-8是抓斗门式起重机堆场示意图。

抓斗门式起重机堆场的设计要求：①抓斗起重机堆场跨度大于18m,设置带悬臂的门式起重机；②运输来料的车道应布置在起重机跨度内或一侧；③起重机行走轨道高出地面0.5m。④中间受料斗布置在起重机悬臂工作范围内,并于长度方向的中部；⑤应设置分料隔墙,避免混料；⑥抓斗距料堆最高点距离不小于500mm；⑦抓斗距运输车最高点距离不小于1000mm。

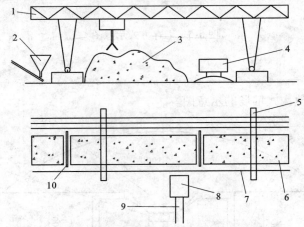

图5-8　抓斗门式起重机堆场示意图
1—抓斗门式起重机；2—下料斗；3—料堆；4—运输车；5—起重机；6—料堆；
7—轨道；8—受料斗；9—皮带输送机；10—分料隔墙

（3）抓斗桥式起重机堆场

图5-9是抓斗桥式起重机堆场示意图。

抓斗桥式起重机堆场设计要求：①抓斗起重机堆场贮存量大,一般贮存量在4000～5000m³；②进料方式可以采用火车,汽车进料,专用线设在一侧；③专用线中心线与排架柱内侧距离不小于3m；④受料斗布置在中间位置。

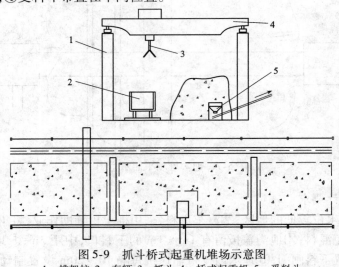

图5-9　抓斗桥式起重机堆场示意图
1—排架柱；2—车辆；3—抓斗；4—桥式起重机；5—受料斗

（4）栈桥式堆场

图 5-10 是栈桥式堆场示意图。

设计要求：①贮量很大，在 10000m³ 以上；②火车进料；③机械化程度高；④适用大型企业。

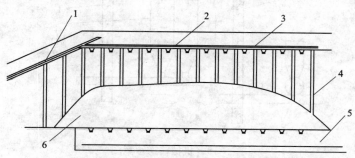

图 5-10　栈桥式堆场示意图

1—斜皮带输送机；2—栈桥胶带输送机；3—栈桥；4—柱；5—地沟；6—料堆

（5）拉铲堆场

图 5-11 是拉铲式堆场示意图。

拉铲式堆场设计要求：①推铲堆场适用于中小型制品厂；②尽量做到将原材料直接上到搅拌站的贮料斗；③宜与双阶式搅拌站配合；④原材料堆宜采用扇形；⑤料堆之间设置隔墙；⑥受料斗前设置垫坡。

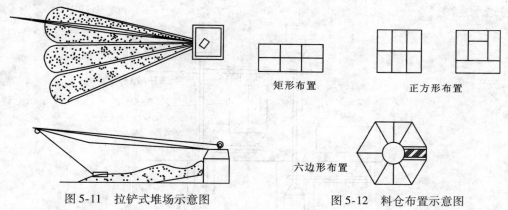

矩形布置　　　　　正方形布置

六边形布置

图 5-11　拉铲式堆场示意图　　　　图 5-12　料仓布置示意图

5. 料仓数量：

一般情况不少于 6 仓，其布置见图 5-12。

料仓的结构一般有钢结构、钢筋混凝土结构、还有混合结构，即仓体是钢筋混凝土，锥体是钢结构。仓中配置设备有：（1）料位指示器：高位、低位；（2）破拱装置；（3）出口设置闸门和给料装置；（4）加热装置（北方地区）；（5）含水率测定装置（6）仓内壁设置爬梯。

5.1.1.3　原材料输送（粉料）

1. 机械输送

机械输送设备：水平输送用螺旋输送机；垂直输送用斗式提升机。图 5-13 是原材料机械

155

输送示意图。

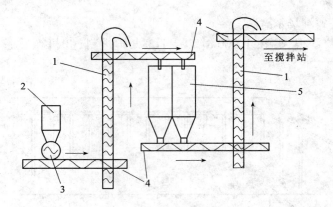

图 5-13　机械输送示意图

1—斗式提升机(多斗);2—受料斗;3—叶轮给料器;4—螺旋输送机;5—筒仓

如图所示,物料进入受料斗经过叶轮给料器进入螺旋输送机进行水平输送,再经过斗式提升机垂直输送提升至相应高度,进入筒仓进行储存。筒仓中物料可以通过给料器至螺旋输送机和斗式提升机输送至搅拌站。物料也可以不经过筒仓,而直接通过螺旋输送机运至搅拌站进行称量搅拌,满足生产需要。

2. 风动输送

风动输送设备:水平输送设备是空气输送斜槽;垂直输送设备是空气提升机。图 5-14 是风动输送示意图。

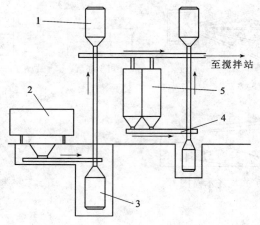

图 5-14　风动输送示意图

1—膨胀仓;2—专用水泥车;3—空气提升泵;4—空气输送斜槽;5—筒仓

如图所示,专用水泥车运来的水泥,经空气提升泵垂直输送至一定高度,通过膨胀仓使水泥与空气分离,水泥可以直接经空气输送斜槽水平输送至搅拌站,计量搅拌;也可以进入水泥筒仓储存。筒仓中的水泥同样可以经空气提升泵垂直输送至一定高度,通过膨胀仓使水泥与空气分离,水泥经空气输送斜槽水平输送至搅拌站。

3. 气力输送

气力输送是指利用空气的力量输送物料。其可分为两种方式：（1）吸入式；（2）压送式。压送式气力输送装置示意图如图5-15所示。

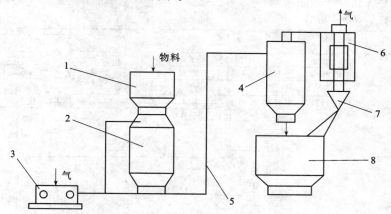

图5-15 压送式气力输送示意图

1—受料斗；2—仓式泵；3—空压机；4—分离器；5—输送管；6—除尘器；7—贮料斗；8—筒仓

如图所示，物料经受料斗进入仓式泵，空压机产生压缩空气同时进入仓式泵，在这里空气与物料混合，充满仓式泵后，空气与物料混合物具有一定压力，沿输送管道输送提升，然后，物料与空气经分离器分离，物料落入筒仓，空气中还有部分粉尘，所以不能直接排放入大气中，必须再加一个除尘设备就是除尘器，这样，纯净的空气排出，物料落入筒仓。

5.1.2 混凝土拌合物制备工艺

混凝土生产工厂一般由粗、细集料堆场（或贮仓），胶凝材料贮罐，混凝土搅拌楼（站），搅拌车（运输车），废渣处理场，回收水处理装置，试验室及辅助部分共同组成。

5.1.2.1 混凝土拌合物制备工艺流程

混凝土拌合物制备工艺主要工序组成：称量配料、搅拌。

1. 搅拌楼（站）分类

搅拌楼可以按操作方式、结构形式、生产能力等进行分类。

按操作方式可分为人工式、半自动式及全自动式。

按结构形式可分为固定式和移动式两种。按其竖向布置可分为单阶式、双阶式；按平面布置分为单列、双列和放射式。移动式常用于现场，产量小，易于拆装、搬迁；固定式搅拌楼常用于大型工程施工、预制制品工厂及预拌混凝土工厂。

单列、双列、放射式根据场地大小，结合混凝土用量而定，双列式和放射式是指两台或两台以上搅拌机共用一套贮料仓和计量器。因此，双列式和放射式比单列式布置占地面积小，设备安排及其结构紧凑，产量也增加。下面详细介绍单阶式与双阶式搅拌站。

（1）单阶式搅拌站

原材料一次性提升到搅拌站顶层的料仓中，再经过称量，搅拌出料，完成全部工序，由上而下的垂直生产工艺。

其特点:产量大、工艺紧凑、占地面积小、机械化程度高。缺点:投资大、设备复杂。

主要应用在大、中型混凝土制品厂。

① 工艺流程(图5-16):

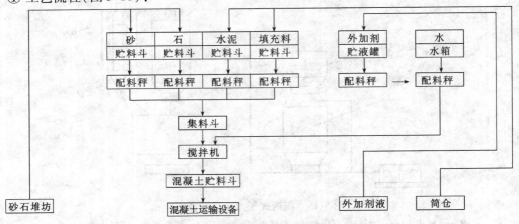

图5-16　单阶式搅拌站工艺流程图

② 工艺布置(图5-17):

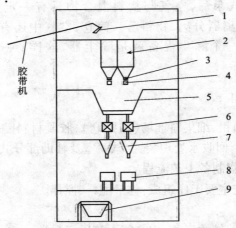

图5-17　单阶式搅拌站工艺布置图

1—回转分料器;2—料仓;3—给料器;4—回转分料器;5—集料斗,分料器;
6—搅拌机;7—混凝土集料斗;8—混凝土运输车;9—混凝土浇筑车

(2)双阶式搅拌站

原材料经过二次提升,第一次提升至料仓,经称量后第二次提升进行搅拌合出料,完成全部工序过程。

双阶式搅拌站的特点:设备简单;投资少。其缺点:工作条件差;占地面积大,主要应用:中、小型混凝土制品厂。

① 工艺流程(图 5-18):

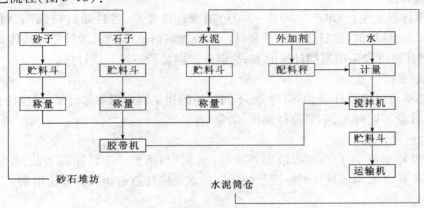

图 5-18　双阶式搅拌站工艺流程图

② 工艺布置(图 5-19):

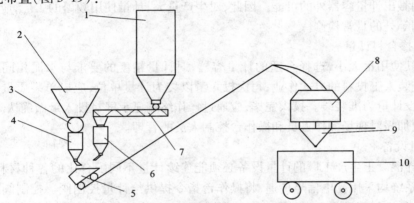

图 5-19　双阶式搅拌站工艺布置图

1—水泥筒仓;2—砂石料斗;3—给料器;4—砂石称;5—集料斗;6—水泥称重;
7—水泥给料;8—搅拌机;9—混凝土料斗;10—混凝土运输车

单阶式与双阶式搅拌站各有优缺点,应根据环境、投资规模和生产需要等综合选取。

搅拌站按生产能力可分为大、中、小型三类。对于预制品工厂,一般年产 1 万 m³ 以下的为小型,年产 1 ~ 3 万 m³ 的为中型,年产量在 3 万 m³ 以上的为大型。对于预拌混凝土工厂,通常小时产量在 15m³ 以下的为小型搅拌站,每小时产量在 15 ~ 50m³ 之间的为中型搅拌站,每小时产量在 50m³ 以上的为大型搅拌站。

搅拌站的生产产量主要取决于搅拌机的数量、容量及搅拌速度。搅拌机的搅拌速度与上料时间、计量时间、下料时间、搅拌时间及排料时间相关。一般可将上料时间、计量时间与搅拌时间和排料时间有效结合起来。因此,下料时间及搅拌时间是主要影响因素。

2. 原材料称量配料

在混凝土生产中,确保原材料计量精度是最重要的环节之一。随着混凝土生产设备和技术的提高,自动计量器具得到了广泛应用,设备计量精度的维护在生产中显得尤为重要。

（1）计量方法

根据《预拌混凝土》（GB/T 14902—2003）国家标准要求，各种原材料（碎石、黄砂、水泥、活性掺合料、水、外加剂）的计量应按质量计，水、外加剂溶液（水剂）的计量可按体积计。

① 水泥计量可以采用累加计量的方式，但应依据品种不同分别计量。

② 粗、细集料计量

粗、细集料可以分别计量，不同种类、不同粒径的粗集料可以累加计量，但应注意依次按设定量值准确计量不同种类、不同粒径的粗、细集料。

③ 拌合用水计量

清水计量相对单一，但应注意液态外加剂（水剂）与清水一起计量的情况，使用回收水时要注意清水与回收水累加计量的情况。使用回收水还应注意避免回收管道堵塞。

④ 外加剂计量

根据配合比要求，存在液态外加剂（水剂）与粉体外加剂的不同计量方法，由于一些外加剂有硬化固结现象或腐蚀现象，应防止控制阀关闭不严，导致外加剂滴漏，同时应防止计量值过高，外加剂溅出计量容器外的可能。因此，对生产量大、计量使用频繁的工厂，应加强对其下料口、控制阀等处的日常检修。

⑤ 活性掺合料计量

应根据其使用量大小，选择合适的计量容器，对计量精度的要求与水泥相同。使用量小时，可采用袋装人工投料的方式作业，每次投入量以袋为计量单位，应以单袋质量的某整数倍符合配合比设计量为准装袋。投入完毕，应通过操作终端显示屏对投入量做确认。因此，在此情况下，必须加强对现场操作人员和操作台控制人员的管理。

（2）计量设备

用于预拌混凝土生产工厂的计量设备必须能连续计量不同配合比的各种材料。目前，较先进的计量系统均采用光电信号传递，将操作台指令提供给计量控制阀。控制阀通过气压或液压控制方式，进行粗计量和微计量，以达到指定的质量值或体积值：粗计量和微计量可通过下料阀门和操作控制台进行双向调节。

（3）计量设定

在预拌混凝土工厂，对于不同配合比按序连续计量是非常必要的，因为配合比变化对生产能力有一定的影响。因此，生产计量控制设备的趋势是通过计量设定装置进行个值设定，达到对生产配合比的迅速调整。如砂、石表面水（或含水率）的变化应通过某设定值的调整，使得计量系统能够迅速调整混凝土单位用水量、砂石质量，在保持原基准配合比不变情况下，按实际施工配合比进行计量。每次混凝土的拌合量应根据工程需要、车载容量来确定。因此，计量设定应能根据拌合量的大小，自动给出各种材料的计量设定值。容积补正应能通过设定轻松达到要求。

混凝土生产中各种材料的每盘用量与计量设定值的误差应能自动跟踪记录下来，操作台当前的各种计量设定，都能通过介质（纸张、磁盘、光盘等）保存，这有利于生产过程控制及产品追述。

（4）计量精度的要求

根据 GB/T 14902—2003 要求，材料的计量应符合表 5-1 的要求。累计计量允许偏差是指每一次运输车中各盘混凝土的每种材料计量之和的偏差,适用于采用微机控制计量的搅拌楼。

表 5-1　混凝土原材料计量允许偏差要求

原材料品种	水泥	集料	水	掺合料	外加剂
每盘计量允许偏差(%)	±2	±3	±2	±2	±2
累计计量允许偏差(%)	±1	±2	±1	±1	±1

(5)计量精度的保证

为使搅拌能连续进行,必须保证材料贮藏仓的数量,并且贮藏仓内有一定的贮存量、不空仓,如有可能随时保证仓位处于满仓,计量时通过计量阀门的量为一个常量。如果贮存仓中的量很少或空仓,就必须通过落差补正值的调整改变材料流速。此外,如果材料落下的高差发生变化,也须调整落差补正值。水泥、活性掺合料、外加剂、水的计量值小,对其精度要求高,较小的振动对其精度都会带来影响。因此,必须考虑搅拌机振动时如何减小对计量精度的影响,并采取相应的措施。

水泥、活性掺合料计量时,随着贮藏仓材料量的变化,其计量流动速度变化将带来计量误差,因此应经常保持一定的贮存量。而且此类材料经过一定的贮藏时间后,空气含量减少,流动性能变差,计量器的空气溢流孔应保持畅通,同时应防止湿气造成的固化堵塞现象。必须注意由于固化物、异物使得计量阀门被卡,造成计量事故。粗、细集料计量时,由于细集料表面含水高、细度模数小、流下的速度慢,最好静置待表面水稳定时再使用。

水的计量,日常应注意观察粗计量、微计量的动作是否正常,微计量的量是否适当,如使用回收水应注意检查水管是否堵塞。

外加剂计量中,应经常检查微计量动作是否正常,一段时间不用或使用频度少时,应检查导管的端部干燥固结情况,适当调整输送泵的输送压力。

(6)动载荷检查

在混凝土生产中,要经常检查计量精度。每个工作班应对零点目视确认。动载荷试验检查的频度应保证每月不少于 1 次,对计量器具日常维护、计量误差、材料的附壁情况、控制阀的开关动作要进行统计分析管理。

(7)计量管理注意事项

① 混凝土生产操作间的整洁应该有保证,做到无粉尘、噪声、振动等,确保采光、照明、通气良好,使操作人员有个轻松、舒适的工作环境;

② 工厂应建立对计量装置的维修、点检制度;

③ 每盘计量,应对各个计量装置的计量值进行确认,有利于尽早发现异常,及时采取措施,甚至很小的异常也要能判断出来,质量管理者应能对此建立相应的制度;

④ 在设定方面,应确定计量值的允许变动范围,并制定相应的管理制度;

⑤ 水、水泥、活性掺合料、外加剂计量时易出现异物卡住、滴漏事故。在感觉到计量速度、计量时间异常时,应及时采取措施,这要求操作员有相当的熟练程度;

⑥ 计量异常时,应立即停止作业,进行原因调查。如计量不足,可补足计量;计量超过应

通过目视观察,将过余量扣除下来;

⑦ 计量超过时,若是计量的外加剂超出最大计量或对超过计量的材料状况、品种、数据无法确认时,应将此盘材料全部作废;

⑧ 对所有计量事故内容、原因分析、处理措施等均应作出记录。

（8）给料设备、卸料设备

图 5-20 是给料卸料设备示意图。

① 扇形斗门给料器:适用于集料给料、出料;

② 叶轮式给料器:适用于细集料、粉料;

③ 圆盘给料器:适用于集料给料;

④ 皮带给料器:适用于集料给料、卸料;

⑤ 螺旋给料器:适用于粉料给料、出料;

⑥ 电磁振动给料器:适用于集料给料。

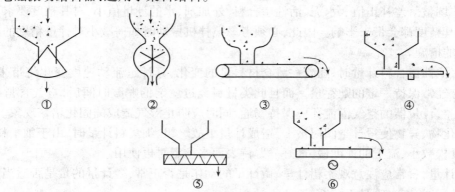

图 5-20　给料卸料设备示意图

3. 搅拌

搅拌是指将两种或两种以上不同物料相互分散而达到均匀混合的过程,搅拌对混凝土还起到一定的塑化、强化作用。一般混凝土搅拌通过扩散、剪切及对流机理达到均化的目的。特殊情况下,为强化搅拌效果,可采用振动搅拌、超声搅拌、热搅拌等方式。

通常情况下,当水泥等胶凝材料使用量大、水胶比较小时,搅拌均匀变得困难起来,充分的搅拌对于材料的完全混合是最重要的,也是生产均质的、均匀的混凝土所必须的。不充分的搅拌不仅会降低混凝土的强度,而且导致各批混凝土之间和一批混凝土之中质量有较大的变化。但是,过长的搅拌时间并不能提高混凝土质量,而且还可能严重影响产量。超长时间的搅拌会使集料破碎及含气量减少。

为了确保混凝土拌合物的均匀性,即保证混凝土拌合物性能,必须对搅拌量、搅拌时间、下料顺序等方面进行管理。

（1）搅拌量

搅拌机根据最大容积的不同,其最大、最小搅拌量应能予以确定。一般确定方式为:以额定容积下的最佳搅拌时间为准,调整搅拌实际容量;通过搅拌机性能检查试验的方法,确定能够保证搅拌性能的最大、最小容积,即可确认为此搅拌机的最大、最小搅拌量。

（2）搅拌时间

①混凝土的搅拌时间:从砂、石、水泥和水等全部材料投入搅拌筒起,到开始卸料为止所经历的时间。②搅拌时间与混凝土的搅拌质量密切相关,随搅拌机类型和混凝土的和易性不同而变化。在一定范围内,随搅拌时间的延长,强度有所提高,但过长时间的搅拌不但不经济,而且混凝土的和易性又将降低,影响混凝土的质量。③加气混凝土还会因搅拌时间过长而使含气量下降。④混凝土搅拌的最短时间可按表 5-2 采用。

表 5-2　混凝土搅拌的最短时间

混凝土坍落度(cm)	搅拌机机型	最短时间(s) 搅拌机容量<250L	最短时间(s) 搅拌机容量 250~500L	最短时间(s) 搅拌机容量>500L
不大于 3	自落式	90	120	150
	强制式	60	90	120
大于 3	自落式	90	90	120
	强制式	60	60	90

最优搅拌时间取决于:①搅拌机类型;②搅拌机状态;③旋转速度;④装料量;⑤组成材料的性质。因而,最有效的搅拌时间应该由现场的材料和搅拌条件,通过确定批与批之间的变化来决定。

干硬性的或粗涩的混合料需要搅拌时间长一些。集料呈棱角状的混凝土比集料为圆滑状的混凝土需要更长的搅拌时间。一种很好的确定混凝土搅拌(搅拌机一次完全装料)最少时间的规定为 $1m^3/min$,此外每增加 $1m^3$ 再增加 1/4min。

在实际工程中,过长的搅拌时间(通常是由于没有预期的延迟和计划不周)比搅拌不充分更常发生。许多工程规范规定了混凝土搅拌开始与卸料时间之间的最大时间间隔。但这些限定很少考虑混凝土温度对其凝结速率的影响。较高的混凝土温度大大地限制了工作时间,而低的混凝土温度则延长了混凝土可浇筑、捣实、饰面的时间。所以按照混凝土温度确定最长搅拌时间可以作为保证混凝土质量的一种很好的手段。

（3）搅拌机的装料

完整的搅拌过程包括装料和卸料,因而所用时间可能为实际需要的 2~3 倍。搅拌器装料是原料预混合的机会。尽管顺序可以根据不同情况进行调整,但是人们一般希望先在集料加入之前加 10% 的拌合水。水应完全加入到搅拌机之内,在固体组分加入的时间内,水应均匀加入,并保留 10% 的水在所有固体加完之后再加。水泥应在约 10% 的集料被装料之后加入混合物中。预混原料对于带倾斜鼓筒的搅拌车尤为重要,这种搅拌车可能在同一批次中生产出很不均匀的混凝土,尤其是当水泥最后加入时。在最初 10% 的集料加入之后,同时加入固体组分可使不均匀问题最小化。矿物外加剂一般与水泥一起加入,而水溶性外加剂则应该先溶于水。如果加入不只是一种水溶性外加剂,它们分别单独配料,不要预拌,在搅拌过程同一时间按相同的顺序加入。让一种外加剂在另一种加入之前与固体组分相互作用可以避免这两种外加剂之间不利的反应。

（4）搅拌工艺原理

① 重力机理:物料投入搅拌机后,随搅拌筒旋转,将物料提升至一定高度,然后物料在自重作用下自由落下,相互翻拌、穿插而相互混合,达到均匀目的。

设备：自落式搅拌机（图5-21）；应用：塑性混凝土。

② 剪切机理：物料投入搅拌机后，其不同位置和不同角度的叶片，强制物料产生环向、径向、竖向运动，强制材料滑移面产生相互滑动，使物料产生剪切位移，达到混合均匀。

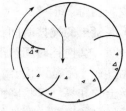

图5-21　自落式搅拌机原理示意图

设备：强制式搅拌机；应用：干硬性混凝土。

③ 环流原理：浆体物料投入搅拌机中，料浆在搅拌机叶片作用下，产生环向、径向、竖向对流，达到混合均匀。

设备：料浆搅拌机；应用：料浆。

（5）搅拌设备（混凝土搅拌机类型）

混凝土搅拌机按搅拌原理分为自落式和强制式两类。自落式搅拌机多用于搅拌塑性混凝土和低流动性混凝土，根据其构造的不同又分为若干种，搅拌机的类型有：鼓筒式、锥形反转出料式、锥形倾翻式，见表5-3。强制式搅拌机多用于搅拌干硬性混凝土和轻集料混凝土，也可以搅拌低流动性混凝土。强制式搅拌机又分为立轴式和卧轴式两种。卧轴式有单轴、双轴之分，而立轴式又分为涡桨式和行星式。还有专用于砂浆搅拌的砂浆搅拌机。

搅拌机的容量一般为 $0.5 \sim 3.0m^3$，目前也有少量的大型搅拌机，其单机容量最大已达 $6.0m^3$

表5-3　混凝土搅拌机的类型

混凝土搅拌机类型						
自落式			强制式			
鼓筒式	双锥式		立轴式			卧轴式 单轴，双轴
	反转出料	倾翻出料	涡桨式	行星式		
				定盘式	盘转式	

图5-22是自落式搅拌机示意图。

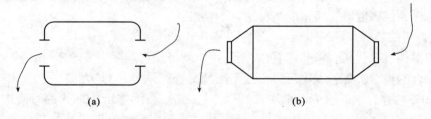

(a)　(b)

图5-22　自落式搅拌机

（a）鼓筒搅拌机；（b）锥形反转出料搅拌机

① 鼓筒搅拌机

如图5-22（a）所示，鼓筒搅拌机特点：搅拌塑性混凝土；上料和卸料速度慢，搅拌周期长。主要应用在露天场地，落地式搅拌站；施工工地现场。

② 锥形反转出料搅拌机

如图5-22（b）所示，锥形反转出料搅拌机的特点是：操作方便，正转搅拌，反转出料；搅拌时间短，生产效率高；搅拌均匀性好，质量好。

缺点：搅拌机容量小容量150L、350L、500L 三种。主要应用于中小型制品厂。

③ 锥形倾翻出料搅拌机

锥形倾翻出料搅拌机有两种,为单端开口和两端开口。

特点:搅拌时,搅拌筒轴线呈水平位置,而出料时搅拌筒向下倾翻 50~60°,使拌合物迅速卸出;生产能力强,出料容量 0.75~3.0m²;操作方便,工作平稳。

主要应用在:水利工程;大型混凝土制品厂;商品混凝土厂。

④ 强制搅拌机

a. 涡浆式强制搅拌机(图 5-23)

出料容量:150L;350L;500L;750L;1000L

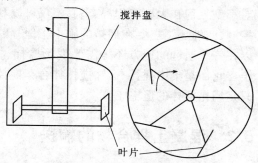

图 5-23 涡浆式强制搅拌机示意图

b. 行星式搅拌机(图 5-24)

定盘行星式搅拌机:搅拌盘固定,叶片自转和公转。

反转盘行星式搅拌机:搅拌盘和叶片反向旋转。

顺转盘行星式搅拌机:搅拌盘和叶片同向旋转。

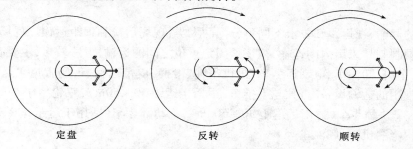

定盘　　　　　　　反转　　　　　　　顺转

图 5-24 行星式搅拌机示意图

c. 单卧轴强制搅拌机[图 5-25(a)]

单卧轴强制搅拌机的特点:体积小,高度低,布置紧凑;叶片运转速度慢,只有立式搅拌机一半,减少机械磨损;装料容量大,进料容量 500L、1000L 两种。

d. 双卧轴强制搅拌机[图 5-25(b)]

双卧轴强制搅拌机的特点:容量大,出料容量 500L、750L、1000L 和 1500L 等。

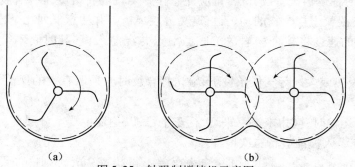

(a)　　　　　　　　　　　(b)

图 5-25 轴强制搅拌机示意图

(a)单卧;(b)双卧

（6）商品混凝土

目前,大城市里有许多建筑是用商品混凝土搅拌站拌制的混凝土来浇筑的。预拌混凝土对小型工程和大型工程都有利,不仅可以利用自动化设施和训练有素的员工等进行高质量的控制,此外还不需要在拥挤的施工工地存贮材料。由于搅拌站必须和现场保持合理的距离,所以在一些遥远的地方还是需要现场搅拌。有好几种方法可以处理从中央搅拌站运来的混凝土。它们是集中搅拌、运输搅拌拌合车搅拌。集中搅拌混凝土是在搅拌站完全搅拌,而搅拌车只是用作搅拌的运输工具。

5.2　混凝土拌合物的输送

5.2.1　运输方法及选择原则

混凝土生产环节中的一个重要组成部分就是预拌混凝土拌合物的运输。在混凝土的整个生产过程中,除了计量、搅拌等一整套设备外,运输设备则是将搅拌均匀的混凝土,在符合质量要求的前提下,提供到施工平面的工具。根据条件和要求的不同,所采用的运输工具也不相同。

混凝土的运输,视运距和要求不同可分为两大类:现场运输和远距运输。现场运输是指在施工现场或预制制品工厂内的运输,往往是固定点位之间的运输,方法较多,主要有:双轮翻斗车、机动翻斗车、自卸汽车、电动运料车、吊机吊斗、滑槽、皮带运输、现场管道泵送等方式。混凝土构件厂常用的运输设备有:独轮手推车（适用于运距 30～50m）,双轮架子车（适用于运距100～300m）,窄轨翻斗车（适用于运距 30～500m）,机动翻斗车（适用于运距 500～1000m）,此外还可以采用浇灌机、自卸汽车等。

远距离运输是指预拌混凝土工厂将混凝土从搅拌站通过移动运输工具,运送至施工现场的运输方式。运输类别的划分不是绝对的,如皮带运输,既可视为现场运输,但也有长距离输送的实例,即远距运输。远距运输最常用的运输工具是混凝土搅拌车,在某些情况下也可使用自卸汽车。当固定式搅拌站的搅拌机发生故障只能用作计量站时,搅拌车还可起搅拌机的作用。

现场运输方式的选择视出料口与现场施工的运距、使用量、要求的速度及相关现场条件而定。但无论选择何种运输设备或方法,都应注意在施工现场将混凝土拌合物输送至成型工地浇灌入模时,保持混凝土拌合物的均匀性,避免分层离析。并注意下列几个方面:

1. 应以最快的速度将拌合物输送至成型地点并浇灌入模,其时间不得超过混凝土初凝时间。

2. 在寒冷、炎热或大风等气候条件下,输送拌合物时应采取有效的保温、防热、防雨、防风等措施。

3. 采用车辆运输时,应力求道路平坦、行车平稳,以免发生严重分层离析现象。如发生分层离析,则应在浇灌入模前进行二次搅拌。

4. 转运次数不宜过多,垂直运输时,自由落差不得超过 2m,否则应加设分级溜管、溜槽,减少落差,避免或减少分层离析。混凝土卸料溜管的倾角不得大于 60°,卸料斜槽的倾角不得大于 55°。

远距运输应根据实际运距、供应数量、施工速度、施工方式与方法等进行运输设备的选择和配备,并注意经济性,因为在预拌混凝土的整个生产过程中,运输车辆所占的投资比例很大,资料表明,在大城市里建立一个每小时产量为 $80m^3$,年产量为 $80000m^3$ 左右的中等规模的自动化混凝土搅拌站,为了保证所生产出来的混凝土的运输,需要 12 辆 $6m^3$ 的运输车。GB 14902—2003 对预拌混凝土搅拌车的要求作了详细的规定。

5.2.2　运输设备及性能

为运送混凝土并便利施工,美国于 1947 年最先制成轻型倾斜式开口混凝土运输搅拌车,接着于 1951 年制成第一台由载重卡车发动机前端取力的混凝土运输搅拌车,1953 年出现专门用以改装为混凝土运输搅拌车的载重卡车底盘,1960 年这种专用载重卡车发展为定型产品,从而有力地推动了搅拌车的生产。与此同时,在美国又研制成功第一批容量为 $10m^3$ 的运输搅拌车。近年来也有新型的运输车。

5.2.2.1　运输车分类

1. 按用途分类;

混凝土运输搅拌车,简称搅拌车或罐车,按用途可分为三类:

一是用以运送拌合好、质量符合施工要求的混凝土拌合物,拌筒进行低速转动防止混凝土离析及其与筒壁粘结,称搅拌车;

二是用以装运在配料站里按设计配比配合好的干混合料(水泥、砂、石子混合物),在即将到达施工地点时,按要求在搅拌筒中注入定量拌合水,并使搅拌机以标准速度转动,在路途中完成搅拌全过程(加水后搅拌筒总转数不少于 50r),待到达工地后卸料浇注入模或通过混凝土泵注入模内,这种搅拌车称干料搅拌车;

三是用以运送半干料(即在配料站里按设计配比混合好的水泥、砂、石子及部分拌合水的拌合物),在运送途中,搅拌筒以低速转动,同时在筒中注入不足的拌合水,待搅拌筒总转数达到 70～100r 时,便可认为完成了搅拌全过程。后两种工况主要适用于运距大、浇注作业面分散的工程,以避免由于运输时间过长所带来的不利影响。其构造与前者并无重要差别,只是水箱容量适当增大而已。此类运输车辆在西欧及北美大开发时曾得到广泛的应用。

2. 按搅拌筒公称容量大小分类

混凝土运输搅拌车可分为 $2m^3$、$2.5m^3$、$4m^3$、$5m^3$、$6m^3$、$7m^3$、$8m^3$、$9m^3$、$10m^3$、$12m^3$ 等 10 个档次。$2.5m^3$ 以下者列为轻型,4～$7m^3$ 属于中型,$8m^3$ 以上的为重型混凝土运输搅拌车。$10m^3$ 混凝土搅拌车在市场中使用量最大。

5.2.2.2　搅拌车构造与性能

1. 构造

混凝土搅拌车主体结构分为两大部分,即汽车运输和搅拌筒系统两个部分。汽车运输部分主要由驾驶室、底盘车架、发动机等组成,搅拌筒搅拌系统由搅拌筒、静液驱动系统、加水系统、装料和卸料系统、料槽及操作系统等部分组成。

根据混凝土搅拌车的使用功能,要求其不但具有良好的汽车运输性能,而且其搅拌筒搅拌系统应具有良好的搅拌功能。后者是考察搅拌车性能的主要指标。

搅拌筒是运输搅拌车的核心,现今各式搅拌车的搅拌筒均是倾斜式,其轴线倾角为 $15°\sim18°$。筒体中段为圆柱形,两端是圆锥形,分别用厚 $4.5\sim5mm$ 薄钢板制成,进料斗则用厚 $3.5mm$ 薄钢板制作。筒底端承受轴向力、水平力及扭矩,故采用双层拱形结构,以增强刚度,筒内焊装有对数曲线压型螺旋形搅拌叶片,叶片用厚 $4.5\sim5mm$ 耐磨及耐腐蚀高强度低合金钢板制作。近年来国内外混凝土运输搅拌车生产厂家致力于搅拌筒设计的改进,以提高混凝土运输搅拌车的效能。

搅拌筒的驱动方式有以载重卡车发动机为动力源和以专用发动机为动力源的两大类。混凝土运输搅拌车的供水系统有两种:一种是离心水泵供水系统;另一种是压力水箱供水系统,以后者应用较为普遍。压力水箱供水系统的原理是,将载重卡车气路系统中的储气筒内的压缩空气通过截止阀、安全阀引入密闭的压力水箱,水箱中的水在压力作用下,通过截止阀水管、喷嘴而注入拌筒内。

2. 性能

混凝土搅拌车性能指标主要包括:容积、搅拌筒转速、运输时间、装料时间、出料时间、进料口和出料口尺寸等。$6m^3$ 运输搅拌车的装料时间为 $40\sim60s$,卸料时间为 $90\sim180s$,搅拌筒头端开口宽度应大于 $1050mm$,卸料溜槽宽度应大于 $450mm$;在运送途中,搅拌筒应保持 $3\sim6r/min$ 的慢速转动;运输时间应按国家现行标准《预拌混凝土》的有关规定执行,即混凝土出机温度在 $25\sim35℃$ 时,运输延续时间为 $50\sim60min$;出机温度在 $5\sim25℃$ 时,运输延续时间为 $60\sim90min$;筒壁及叶片须用耐磨、耐腐蚀的优质材料制作,有适当的厚度;备有完善的安全防护装置;操作简单,清洗方便;性能可靠,维修保养容易。

5.3 混凝土的浇注工艺

5.3.1 混凝土的浇注目的

要保证混凝土工程的高质量,除了依靠其生产技术外,还取决于它的浇注技术。混凝土浇注前,应检查模板和钢筋是否满足设计和施工要求,并做好相关的施工记录;在浇注混凝土过程中,应该防止混凝土的分层离析,并正确地设置施工缝。混凝土浇注要保证浇注的混凝土均匀密实,要保证结构的尺寸准确和钢筋、预埋件的位置正确,并要保证结构的外观性、整体性和耐久性符合设计的要求。如此,才能保证混凝土工程或混凝土制品的质量。

5.3.2 混凝土的浇注工艺

混凝土浇注工艺和混凝土拌合物的和易性、浇注部位以及工程类型有着很大的关系。混凝土在浇注时有两个非常值得注意的问题:一是正确留置施工缝,混凝土结构多要求整体浇注,但如因技术或组织上的原因不能连续浇注时,且停顿时间有可能超过混凝土的初凝时间,则应事先确定在适当位置留置施工缝。二是防止离析,为了使混凝土拌合物浇注后不离析,浇注时混凝土从料斗内卸出,其自由倾落高度不应超过 $2m$;在浇注竖向结构混凝土时,其浇注高度不应超过 $3m$,否则应采用串筒、溜管或振动溜管下料,并保证混凝土出口时的下落方向垂直。

1. 分层浇注

为了使混凝土各部位浇捣密实,当混凝土较厚时应分层浇注、分层振捣,并在下层混凝土初凝之前,将上层混凝土浇注和振捣完毕。混凝土分层浇注的厚度应符合表 5-4 的规定。

表 5-4　混凝土浇注层的厚度

振捣混凝土方法		浇注层的厚度(mm)
插入式振捣		振捣作用部分长度的 1.25 倍
表面振动		200
人工振捣	基础、无筋混凝土或配筋疏松的结构	250
	梁、墙板、柱结构	200
	配筋密列的结构	150
轻集料混凝土	插入式振捣	300
	表面振动(振动时需加荷)	200

2. 连续浇注

为了保证结构整体性,浇注混凝土时要求连续进行。如必须间歇,其间歇时间应尽量缩短,间歇的最长时间应按所用水泥的品种及当时环境下混凝土的凝结时间确定。一般超过 2h 应按施工缝处理。(当混凝土凝结时间小于 2h 时,则应当执行混凝土的初凝时间),如果间歇时间超过混凝土的凝结时间,则应待已浇混凝土层达到一定强度(不小于 1.2MPa)时,才允许继续浇捣。为了保证先后浇注混凝土的可靠粘结,先浇层表面应拉毛或做成沟槽,并将其表面清理干净。

3. 滑模浇注

滑模浇注过去主要用于筒仓、烟囱及整体式隧道衬砌施工,现在滑模法用于铺路和一些高层建筑。滑模包括混凝土的连续浇注和捣实。滑模铺路用低流动性混凝土,这种混凝土在浇注之后不久无需模板支撑而能保持其形状不变。竖向滑模需要模板约束混凝土,直到它获得足够的强度以承受上面浇注的混凝土和模板的自重,因此移动速度比较缓慢。阶升式模板法工艺,其模板不是连续不断地移动,而是在每次浇灌之后再浇上一层时才改变模板的位置(阶升)。因而阶升式模板法具有与滑模法相似的优点,但是同时也需要适当的质量控制和试验计划。

4. 喷射浇注

喷射混凝土是在垂直面或陡峭斜面浇注混凝土的一种理想方法。它用于加固岩石表面、隧道衬砌建筑、提供表面支撑而不需要模板,并可用于使用普通模板困难的任何地点,不过喷射混凝土的回弹损失较大,单位成本较高,而且工作环境不太理想。

5. 预铺集料浇注

这种浇注方法要用级配优良的粗集料填实模型并把建筑砂浆(或水泥浆)注入集料堆中以填充空隙。此法可用于水下浇注混凝土。不过,这种方法需要特殊技术和经验以保证完全填满集料颗粒间的空隙。浇注优良的条件是使用高质量、级配良好、干净的集料以及有良好工作性和强度的砂浆。

6. 其他浇注方法

针对不同的浇注环境、结构和部位,常常需要不同的浇注方法。比如浇注水下混凝土,通常的方法就无法满足,往往需要用导管浇注等方法,同时,在浇注混凝土时,也应该考虑到一些特殊结构的浇注方法和次序。

对于梁、板、柱和墙的浇注,先浇注柱或墙。在每一施工段中的柱或墙应连续浇注到顶。每排柱子由外向内对称顺序地进行浇注,以防柱子模板连续受侧推力而倾斜。柱、墙浇注完毕后应停歇 2h 左右,使混凝土获得初步沉实后,再浇注梁、板混凝土。梁和板宜同时浇注混凝土,以提高结构的整体性。

柱的浇筑:

(1)柱浇筑前底部应先填 5～10cm 厚与混凝土配合比相同的石子砂浆,柱混凝土应分层浇筑振捣,使用插入式振捣器时每层厚度不大于 50cm,振捣棒不得触动钢筋和预埋件。

(2)柱高在 2m 之内,可在柱顶直接下灰浇筑,超过 2m 时,应采取措施(用串桶)或在模板侧面开洞口安装斜溜槽分段浇筑。每段高度不得超过 2m,每段混凝土浇筑后将洞模板封闭严实,并用箍箍牢。

(3)柱子混凝土的分层厚度应当经过计算确定,并且应当计算每层混凝土的浇筑量,用专制料斗容器称量,保证混凝土的分层准确,并用混凝土标尺杆计量每层混凝土的浇筑高度,混凝土振捣人员必须配备充足的照明设备,保证振捣人员能够看清混凝土的振捣情况。

(4)柱子混凝土应一次浇筑完毕,如需留施工缝时应留在主梁下面。无梁楼板应留在柱帽下面。在与梁板整体浇筑时,应在柱浇筑完毕后停歇 1～1.5h,使其初步沉实,再继续浇筑。

(5)浇筑完后,应及时将伸出的搭接钢筋整理到位。

梁、板混凝土浇筑:

(1)梁、板同时浇筑,浇筑方法应由一端开始用"赶浆法",既先浇筑梁,根据梁高分层浇筑成阶梯形,当达到板底位置时再与板的混凝土一起浇筑,随着阶梯形不断延伸,梁板混凝土浇筑连续向前进行。

(2)和板连成整体高度大于 1m 的梁,允许单独浇筑,其施工缝应留在板底以下 2～3mm 处,浇捣时,浇筑与振捣必须紧密配合,第一层下料慢些,梁底充分振实后再下第二层料,用"赶浆法"保持水泥浆沿梁底包裹石子向前推进,每层均应振实后再下料,梁底及梁侧部位要注意振实,振捣时不得触动钢筋及预埋件。

(3)梁柱节点钢筋较密时,此处宜用小粒径石子同强度等级的混凝土浇筑,并用小直径振捣棒振捣。

(4)浇筑板混凝土的虚铺厚度应略大于板面。

对大体积混凝土的浇注,要特别考虑到温度应力的影响。除了考虑混凝土的配合比,采取一些降温措施外,还应采取合理的浇注方案,一般分为全面分层、分段分层和斜面分层三种。全面分层方案适用于结构的平面尺寸不太大的情况,施工时从短边开始,沿长边进行较适宜。分段分层方案适用于厚度不太大而面积或长度较大的结构。斜面分层方案适用于结构长度超过厚度 3 倍的情况。

此外,混凝土的浇注次序也有一定的要求。墙体的混凝土应从某一段的端头向中间浇灌。每一个浇灌层均应按这种顺序施工。主梁及次梁也可按这种顺序浇灌。在浇灌大敞开面的结构时,最初几批拌合物应浇在其周边。在所有情况下都应避免使模板端部、角落或表面形成积水的施工方法。

5.3.3 混凝土的浇注设备

在混凝土浇注量不大的施工现场和露天预制厂,可以采用人工浇注;当混凝土浇注量较大时宜采用混凝土浇灌料斗进行浇注。混凝土浇灌料斗也是混凝土水平和垂直运输的一种转运工具,混凝土装进浇灌料斗内,由起重设备调运至浇注地点进行浇注。料斗形式有多样,料斗落地后平放在地面上,混凝土由泵送车或翻斗车运来后,倾翻在料斗内,然后由吊车吊起,混凝土流向料斗前部,以便于受料和浇注。

现今,越来越多地使用泵送混凝土,混凝土的浇注可以直接通过输送管道进行。输送管道可用刚性管或者重型的柔性软管制作。后者与刚性管的使用不一样,因为它对混凝土的输送造成较大的阻力,但可用于刚性管道的弯曲处和活动构架处,以及需要柔软性的其他地方。输送管或软管的材料应是较轻的耐磨抗蚀材料,并且不应与混凝土起反应。

在预制构件厂车间内,一般采用浇灌机浇注。根据浇灌机布料方式不同,分为抽板式浇灌机、振动式浇灌机和滚耙式浇灌机等不同形式。浇灌机料斗有效容积应小于成型制品所需混凝土最大容积的 1.1 ~ 1.2 倍。并随着预制构件生产机械化水平不断提高,除常用的门架式浇灌机还有不同形式的悬臂式浇灌机。

5.4 密实成型工艺

混凝土浇筑入模后呈松散状态,其中含有占混凝土体积 5% ~ 20% 的空洞和气泡,只有通过合适的密实成型工艺,才能使混凝土填充到模板的各个角落和钢筋的周围,并排除混凝土内部的空隙或残留的空气,使混凝土密实平整。目前,混凝土及其制品的密实成型工艺主要有振动密实成型、压制密实成型、离心脱水密实成型、真空脱水密实成型等。其中以振动密实成型应用最为广泛,这种方法设备简单,效果较好,能保证混凝土达到良好的密实度;可以采用干硬性混凝土,从而节约水泥的用量;并且振动可以加速水泥的水化作用,使混凝土的早期强度增长速度加快。不过此法有噪声大、能耗大等不足之处。

密实成型作用是将混凝土拌合物形成具有一定外形和内部结构的制品。

密实:混凝土拌合物产生内部流动,填充内部空隙和排出气体,得到结构密实和均匀的连续体,成型是指混凝土拌合物产生外部流动,填充模板的空间,达到所需要的形状和尺寸。混凝土成型过程中,密实和成型是同时进行的。即在振动作用下,混凝土拌合物向模板四周流动的同时也向内部空隙流动。

密实与成型是一对矛盾,成型要求混凝土拌合物具有良好的流动性,在模内产生流动填充模板,拌合物的加水量要大,而密实要求:加水量大,流动性好,但成型过程易产生分层和泌水,硬化后孔隙率大,密实性和均匀性降低。

为了解决这一矛盾,要进行成型工艺的处理,需要采取一些工艺措施,比如:

1. 为了密实,拌合物少加水,要解决外部流动(成型),措施:(1)采用振动成型:振动成型可以克服内部阻力,使混凝土液化,产生外部流动。(2)采用加压成型:借助强大外力,强迫颗粒之间靠近。

2. 为了成型,拌合物多加水,要解决内部流动(密实),措施:(1)采用离心脱水密实成型工艺,成型之后脱掉部分自由水。(2)采用真空脱水密实成型工艺:成型过程中利用真空方法脱水。

3. 掺入高效减水剂:少加水,但流动性提高。

下面分别具体介绍几种密实成型工艺。

5.4.1 振动密实成型工艺

混凝土拌合物可以看成是一种由水和分散粒子组成的体系,具有弹性、黏性和塑性等特性的黏塑性体。其流变特性为滨汉姆体,流动性差,拌合物聚集力和内部阻力大,所以采取振动密实成型是要借助振动机械外力作用,使混凝土拌合物液化流动,达到密实成型的目的。

5.4.1.1 拌合物的流变特征

任何物体,除了理想刚性物体外,在应力作用下都有不同程度的变形。所谓变形,对弹性体而言,称为应变;对塑性体而言,称为永久变形;对液体而言,则称为流动。流动乃是在不变的剪切应力下,材料随时间而产生的连续变形,它包含塑性流动(塑流)和黏性流动(黏流)两种。前者是指物体内部的抗剪应力与流动速度无关的流动;后者指应力随流速而增加的流动。

混凝土拌合物具有与一般物体类似的变形特性,即在外力作用下要发生弹性变形和流动。当应力小于拌合物屈服应力时,发生弹性变形;当应力大于拌合物屈服应力时则发生流动。不过,由于拌合物的屈服应力很小,所以其特性由流动支配。混凝土拌合物的流变特性属宾汉姆体。

5.4.1.2 拌合物的振动密实原理

振动密实混凝土是振动设备产生的振动能量通过一定的方式传递给已浇注入模的混凝土,使之内部发生变化以达到密实的方法。混凝土拌合物在浇注后不久,由于水化反应还处于初期,拌合物内主要是由粗细不均的固体颗粒堆积而成,在静止状态下,如加以振动,拌合物就开始流动,其原因在于以下几点:

1. 颗粒间粘结力的破坏。拌合物中存在大量连通的微小孔隙,从而组成错综复杂的微小通道,由于部分自由水的存在,在孔隙中的水和空气界面上就产生表面张力,从而使粒子相互靠近,形成一定的塑性强度,也即产生了颗粒间的粘结力。在振动作用下,颗粒的接触点松开,破坏了微小通道,释放出部分自由水,从而破坏了颗粒间的粘结力,使拌合物易于流动。

2. 水泥胶体的触变作用。胶体粒子扩散层中的弱结合水由于受到荷电粒子的作用而吸附于胶体粒子的表面,当受到外力干扰时,这部分水解吸附,变成自由水,使拌合物呈现塑性性质,即触变作用使胶体由凝胶转变为溶胶。

3. 颗粒间内摩擦力的破坏。由于拌合物中颗粒粒子的直接接触,其机械啮合力和内摩擦力较大,在振动所做功的不断冲击下,颗粒间的接触点松开,从而降低了颗粒间的摩擦力和粘结力,破坏了原先的堆积构架,使混凝土出现"液化"。有研究人员通过剪力盒试验表明,拌合物在振动时的内摩擦力仅为不振时的5%。因此在振动力作用下,拌合物中的粗集料将发生相互滑动,空隙被水泥砂浆填满,气泡被排出,拌合物能流动到模板中各个角落,从而获得较高的密实度和所需的尺寸形状。

由于上述原因,振动作用实质上是使拌合物的内阻大大降低,释放出部分吸附水和自由水,从而使拌合物部分或全部液化。形成密实的堆积结构。

混凝土拌合物的液化条件:根据试验结果可知,拌合物的屈服剪切应力在某个极限速度V_{lim}以下为速度的函数,逾此则屈服剪切应力急剧下降并趋于常数。由此可知,当混凝土拌合物内某点颗粒的实际运动速度大于低振动极限速度($V_限$)时,则此点就被完全液化;当拌合物大部分颗粒的运动速度都大于此速度时,则整个拌合物接近于完全液化。拌合物的 $V_限$ 主要决定于振动器的振动频率和振幅,并与水泥的细度、水胶比、集料的级配和粒度等有关。

低振动极限速度 $V_限$ 与振动频率有关,具体如表 5-5 所列:

表 5-5　低振动极限速度 $V_限$ 与振动频率关系

振动频率 n(r/min)	1500	3000	4500	6000
低极限速度 $V_限$(cm/s)	5.5	3.3	2.8	2.5
低极限振幅 $A_限$(cm)	0.037	0.014	0.006	0.004
低极限加速度 $a_限$(cm/s²)	8.3	10.0	12.6	15.0

5.4.1.3　振动参数和振动制度

振动密实的效果和生产率,与振动器的类型和工作方式(插入振动或表面振动)、振动参数和制度(频率、振幅、速度、加速度、振动延续时间等)以及混凝土性质有密切的关系。

1. 振动频率和振幅

振动频率和振幅是振动的两个基本参数,对于一定的混凝土拌合物,振幅和频率数值应该选择得相互协调,保证颗粒在振动中逐步衰减。振幅与拌合物的颗粒大小及和易性有关,振幅过小或过大都会降低振动效果。如果振幅偏小,粗颗粒不起振,拌合物不足以振实;振幅偏大,则易使振动转化为跳跃捣击,而不再是谐振运动,拌合物内部会产生涡流,这样不仅降低了振动效率,而且使拌合物出现分层现象,跳跃过程中会吸入大量空气,降低混凝土性能。一般振幅取值为 0.1~0.4mm,对于干硬性拌合物可适当提高。

如果强迫振动的频率接近混凝土拌合物的固有频率,则产生共振,这时振动波的衰减最小、振幅可达最大。根据这个原理,可确定合适的频率,提高振动效率。

简谐振动:
$$x = A\sin(\omega t + \alpha) \qquad (5-2)$$

$$\omega = 2\pi n$$

式中　A——振幅;

　　　ω——角速度(圆频率);

　　　t——时间;

　　　α——常数。

(1)振幅;

影响振幅因素:①混凝土拌合物的粒径;②与混凝土拌合物和易性有关,振幅小,粗颗粒不振,效果不好;振幅大,产生跳跃捣击,效果不好。振幅选择应适中。

振幅一般选用:流动性混凝土 A:0.1~0.4mm;干硬性混凝土 A:0.2~0.7mm。

(2)频率

原则:振动频率与集料固有频率相同时,产生共振,产生振幅最大,振动效果最好。

研究表明,粗集料固有频率 n_0 与粗集料粒径 d_0 关系

$$d_0 = \frac{14 \times 10^6}{n_0^2} \qquad (5-3)$$

集料粒径 d_0 增大,则固有频率 n_0 变小,d_0 与 n_0^2 成反比,见表5-6。

表 5-6 集料粒径 d_0 则固有频率 n_0 关系

粒径 d_0(mm)	<6	<1.5	<0.4	<0.1	<0.01
频率 n_0(r/min)	1500	3000	6000	12000	37000

实际情况:混凝土材料的粒径是连续的,粗集料、细集料、水泥若采用高频振动,水泥液化,集料不振动,密实效果差;若采用低频振动,粗集料中大粒径振动,细粒径和水泥不振,效果也差;设想振动设备采用三个频率,使粗集料、细集料、水泥都产生振动效果最佳,但实际上无法实现。所以工程中一般选用如表5-7、表5-8所列。

表 5-7 频率选用

最大粒径(mm)	10	20	40
平均粒径(mm)	5~10	15~20	25~40
频率 n_0(r/min)	6000~7500	3000~4500	2000

表 5-8 振幅范围

振动频率(r/min)		1500	3000	6000
振幅(mm)	塑性混凝土	0.56~0.8	0.20~0.28	0.07~0.10
	低流动性混凝土	—	0.28~0.40	0.10~0.14
	干硬性混凝土	—	0.40~0.70	0.14~0.25

2. 振动速度(cm/s)

意义:混凝土拌合物液化程度,振动速度 v 达到低极限速度 $v_{限}$ 时才能液化,从而有效填充模板以达到密实,若小于这个极限速度就不能保证拌合物充分液化,混凝土就达不到应有的密实度。但是如果振动速度超过极限速度继续增大,拌合物结构黏度降低至一定程度时,粗集料的沉浮作用显著,以至于引起混凝土结构的分层,这种情况以流动性混凝土为甚。因此,振动延续时间有时需受分层作用的限制,并且,振动速度还有个上限。在已知振幅和频率的条件下,可以计算出极限速度。

表示式:
$$x = A\sin(\omega t + \alpha) \tag{5-4}$$

一阶导数
$$v = \frac{\mathrm{d}x}{\mathrm{d}t} \tag{5-5}$$

$$v = A\omega\cos(\omega t + \alpha) \tag{5-6}$$

最大值
$$v_{max} = A\omega \quad \omega = \frac{\pi}{60}n \tag{5-7}$$

$$v_{max} = 0.105An \quad (\mathrm{cm/s}) \tag{5-8}$$

式中 v_{max}——振动极限速度(cm/s);

A——振幅(cm);

n——频率(次/min)。

由公式可见,混凝土拌合物的液化效果取决于振幅和频率的乘积,只有当颗粒运动速度足以克服阻碍拌合物流动的极限剪切应力时,振动才是有效的,即颗粒运动速度要超过极限速度。

3. 振动加速度 $a(\mathrm{cm/s^2})$

振动加速度也是混凝土拌合物振动密实的重要参数之一。实验表明,振动加速度对结构黏度有决定性影响。当加速度开始由小增大时,拌合物的黏度急剧下降;但随着加速度继续增加,黏度下降趋于缓慢,待加速度增加到一定数值后,黏度趋于常数。振动加速度与混凝土拌合物的性质有密切关系。一般干硬性混凝土拌合物,当振动加速度增加,振动时不易分层;而大流动性混凝土拌合物,当振动加速度增加,振动会导致分层,降低混凝土强度。

表示式:
$$a = \frac{\mathrm{d}^2 x}{\mathrm{d}t^2} = -A\omega^2 \sin(\omega t + \alpha) \tag{5-9}$$

可见,加速度值取决与振幅和频率平方的乘积。

4. 振动延续时间

振动延续时间是控制密实成型过程的一个极其重要的参数。当振动频率和振幅一定时,振动所需的最佳延续时间取决于混凝土拌合物的性质、制品(或结构)的厚度、振动设备及工艺措施等,其值可在几秒钟至几分钟之间。最佳振动时间应该依据具体条件通过试验确定。如果振动时间低于最佳值,则拌合物不能充分振实;如果高于最佳值,混凝土的密实度也不会有显著的增加,甚至会产生分层离析现象,而降低混凝土的质量。

在振动时,若没有气泡排出,拌合物不再下沉并在表面出现水泥砂浆层时,表明拌合物已经充分振实。

例:用振动台,成型屋面板,$n = 2850\mathrm{r/min}$　$A = 1.0 \sim 1.5\mathrm{mm}$

塑性混凝土　　　浇注成型 $t = 50 \sim 60\mathrm{s}$　　加压成型 $t = 10\mathrm{s}$

干硬性混凝土　　浇注成型 $t = 120 \sim 180\mathrm{s}$　　加压成型 $t = 60\mathrm{s}$

5.4.1.4　振动密实成型设备

目前,我国广泛采用的是以电为动力的振动设备,其他形式的振动设备应用很少。按照振动器的工作方式可分为:内部振动器、外部振动器和振动台三种,如图 5-26 所示。

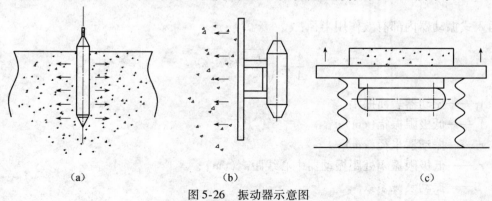

　　　　(a)　　　　　　　　　(b)　　　　　　　　　(c)

图 5-26　振动器示意图

(a)内部振动器;(b)外部振动器;(c)振动台

1. 内部振动器(插入式振动器)

内部振动是一种常用的振动形式,振动设备产生的激振力直接传给混凝土拌合物,振动效率高,能耗低。生产空心楼板类制品可采用芯管内振。

(1)概念:内部振动通常采用插入式振动器,将振动体插入混凝土内部进行振动。

(2)结构:外部空心圆柱体,内部:偏心振动子。传动:软轴。如图5-27所示。

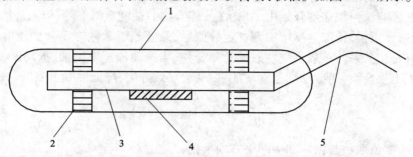

图5-27　插入式振动器示意图

1—圆柱体;2—轴承;3—轴;4—偏心块;5—软轴

(3)有效作用半径 r_2(cm)(图5-28)

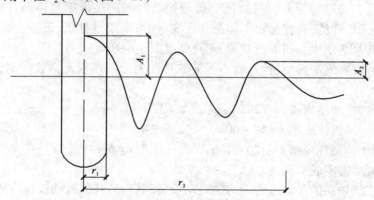

图5-28　插入式振动器有效作用半径

插入式振动器内部有效作用半径:

$$\frac{A_2}{A_1} = \sqrt{\frac{r_1}{r_2}}\, e^{-\frac{\beta}{2}(r_2 - r_1)} \tag{5-10}$$

式中　A_1——振动器表面振幅;

　　　A_2——低极限振幅(cm);

　　　r_1——振动器半径(cm);

　　　r_2——低极限振幅处距振动器中心线距离(cm);

　　　β——振动衰减系数。

一般情况 $r_2 = 30 \sim 40$cm。

操作要点:

①插入角度:宜垂直插入进行振动,斜向插入时,插入角度小于 $40 \sim 50°$。②操作速度:快插慢拔。③振动时间:振实为宜,一般 $10 \sim 30$s。④插点排列(图5-29)。

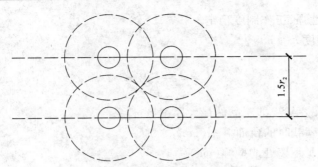

图 5-29　插入式振动器插点排列示意图

2. 外部振荡器（附着式振荡器）

如图 5-26（b）所示，外部振动也是广泛采用的振动形式，它与内部振动不同，振捣混凝土时必须保持振动器与混凝土表面"粘结"，不能脱开，才能把振动波传入混凝土，否则形成"捣击"，失去振动效果。外部振动可分为表面、侧面以及底部振动等三种形式。

将振动器安装在模板外侧，振动时通过模板将振动器振动能量传递给混凝土拌合物。

结构：电动机轴上安装偏心块，电动机旋转时，偏心块靠离心惯性力而产生振动。

特点：振动作用范围小。

主要应用在振动面积大，配筋密，厚度小的混凝土。以及无法使用内部振动器的混凝土，比如：储存水泥的筒仓，料仓等。

3. 表面振动器（平板振动器）

（1）概念：安装在混凝土制品表面进行振动的设备。

（2）结构：外部振动器安装在一定底盘上。

（3）有效作用深度 h（cm）

$$h = \frac{m}{\xi F}（\text{cm}） \tag{5-11}$$

式中　m——产生振动的混凝土质量（kg）；

ξ——混凝土拌合物密度（kg/m³）；

F——底盘面积（cm²）。

（4）应用：面积较大的平板制品，如楼板，地坪，路面等。

（5）操作要求：底板要与混凝土有良好的黏着力。黏着力不足，振动器会跳起，对混凝土产生捣击作用，振动效果会大大降低；振动波向下传递，衰减大，应适当增加振动器的振幅。一般振幅＜0.5mm。

4. 振动台

如图 5-26（c）所示。

振动台在预制构件厂以及试验室应用较多，该种振动台构造简单，便于加工制造，但因振动同步性差，振动时能量消耗大，振动效果较差。

（1）概念：装有混凝土的模板整体放置在振动台上一起振动。

（2）结构：振动台台面下装置附着式振动器。

（3）特点：适应性强，工作制度稳定。

（4）有效作用高度 $h(\mathrm{cm})$

$$h = -\frac{2}{\beta}\lg\frac{A_2}{A_1} \tag{5-12}$$

式中　h——离模底的距离，即制品的最大厚度（cm）；

　　A_1——振动台满载时的台面振幅（cm）；

　　A_2——离底模 h 距离处的振幅（cm）；

　　β——振动衰减系数。

5.4.2　离心脱水密实成型工艺

5.4.2.1　离心脱水密实成型原理

1. 流体力学原理

如图 5-30 离心脱水密实成型流体力学原理示意图所示，当无离心力作用时，自由表面呈水平面，有离心力作用，离心力增大到一定值，自由表面呈现圆柱面。如图 5-30 所示。

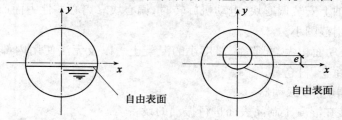

图 5-30　离心脱水密实成型流体力学原理示意图

截面方程：

$$X^2 + (Y - e)^2 = C \tag{5-13}$$

式中　e——偏心距，自由表面圆心与旋转圆心的距离

其值：

$$e = \frac{g}{\omega^2} \tag{5-14}$$

其中　g——重力加速度；

　　ω——旋转角速度。

当 ω 增大，则 e 变小，当 ω 很大时 e 趋近于 0，这时，两中心会重合。形成环形截面的圆柱体。

2. 混凝土制品成型原理

成型管状制品时，将拌合物投入到管模内，在离心和振动作用下，拌合物液化流动，旋转速度达到一定值时，制品内表面轴心与管模轴心便可重合。形成壁厚均匀的环状截面制品。

3. 离心混凝土结构形成

（1）混凝土拌合物的结构是一种多相悬浮系统。如下：

粗分散相系统——粗集料分散在砂浆中。

细分散相系统——细集料分散在水泥浆中。

微分散相系统——水泥分散在水中。

（2）离心力作用下的沉降：沉降速度不同，石子在砂浆中沉降速度 v_1，砂在水泥浆中沉降速度 v_2，水泥在水中沉降速度 v_3，其值 $v_1 > v_2 > v_3$。

因此：首先粗集料在砂浆中沉降，其次细集料在水泥浆中沉降，最后水泥在水中沉降，并将部分水挤压出混凝土之外。

（3）离心混凝土结构

① 混凝土的外分层：沉降是有顺序进行的，粗集料首先沉降，形成混凝土层；细集料随后沉降，形成砂浆层，水泥最后沉降，形成水泥浆层同时部分水被挤压出来，形成水层，并被排出，见图5-31。

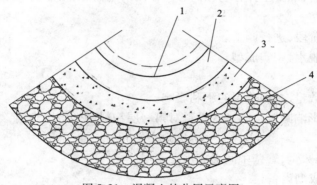

图5-31 混凝土的分层示意图

1—水层；2—水泥砂浆；3—砂浆层；4—混凝土层

② 内分层：

当粗集料沉降完成后，石子间空隙中砂浆也会产生沉降，形成水泥浆层和水层，当细集料沉降完之后，砂间空隙水泥浆会产生沉降，形成水泥浆层和水层。

（4）离心成型混凝土结构特点：

① 密实度提高：能使混凝土脱水 20% ~30% 。

② 外分层：混凝土层、砂浆层、水泥浆层。

③ 内分层：混凝土层中，粗集料空隙中形成砂浆层、水泥浆层、水层、砂浆层中，砂子空隙中形成水泥浆层、水层。

4. 离心成型对混凝土性能影响

图5-32 是离心成型时间对混凝土性能影响示意图。

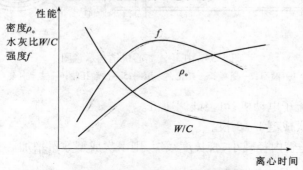

图5-32 离心成型时间对混凝土性能影响

影响:(1)离心过程,内部结构形成脱水,密实度随时间增加而提高;

（2)离心过程,内部结构破坏,产生内外分层。

性能:离心初期,结构形成,密实度提高,强度提高。

离心后期,产生内外分层,结构破坏,强度下降。

5. 离心成型工艺措施

(1)离心过程分为三个转速阶段。

目的:形成壁厚均匀的管状制品。

慢速阶段:布料后,混凝土拌合物在离心力作用下均匀分布,并初步形成结构,混凝土并没有发生沉降和脱水。

中速阶段:过渡阶段,进行调整。

快速阶段:离心脱水,密实成型。

(2)分层投料

目的:增加分层数量,减弱分层的不利影响。

作用:①内分层影响减轻。第二次投料对第一层物料产生挤压作用,第一层物料密实性提高,同时厚度减薄。

②增加外分层的数量,管壁中间形成水泥浆层。

5.4.2.2 离心成型设备

1. 要求:能迫使管状模旋转,将管内混凝土拌合物在离心力作用下挤向管模内壁,达到成型管状制品目的。

2. 设备分类(1)托轮式成型机(离心机);

（2)悬辊式成型机(离心机);

（3)车床式离心机;

（4)胶带式离心机。

3. 托轮式离心机结构(图5-33)

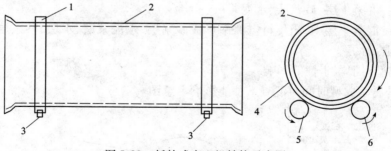

图5-33 托轮式离心机结构示意图
1—滚圈;2—管模;3—托轮;4—滚圈;5—被动托轮;6—主动托轮

4. 调速方法:整流子电动机;可控硅调速机。

5. 成型数量:一次成型1~8根。

影响因素:混凝土管内径减小,管长度减短,则一次成型数量增加。

表 5-9　混凝土管内径、管长度与成型数量关系

管内径(mm)	100 ~ 300	400 ~ 600	400 ~ 600	600 ~ 900	>1000
管长度(mm)	2000	2000	4000	5000	5000
管数(根)	8	4 ~ 6	3	2	1

5.4.2.3　离心脱水密实成型制度

离心脱水密实成型的主要参数有:离心速度和离心时间。

1. 离心速度:分三档:慢速、中速、快速

(1)慢速离心速度:n_1(r/min):布料阶段转速。

原则:一般考虑物料至高点不落下来即可,否则速度一快拌合物脱水密实,失去流动性,拌合物不能均匀分布管壁,管壁厚度不均匀。

取值
$$n_1 = k\frac{30}{\sqrt{r}} \qquad (\text{r/min}) \tag{5-15}$$

式中　k——系数,$k = 1.45 ~ 2.0$;

　　　r——管内半径(m)。

一般情况:$n_1 = 80 ~ 150\text{r/min}$

(2)快速离心速度:n_2:密实成型阶段转速。

原则:成型阶段转速应由制品截面尺寸和密实拌合物所需要压力来决定,n_2 愈大,离心产生压力愈大,成型效果愈好;但是 n_2 太快,钢模会产生剧烈跳动,甚至从托轮飞出危险。取值:

$$n_2 = 1.65\sqrt{\frac{PR}{\rho(R^3 - r^3)}} \tag{5-16}$$

式中　n_2——快速时离心速度(r/min);

　　　P——离心力作用对混凝土产生的挤压力,$P = (5 ~ 10) \times 10^4\text{Pa}$;

　　　ρ——混凝土表观密度,$\rho = 2400\text{kg/m}^3$;

　　　R——管外半径(m);

　　　r——管内半径(m)。

一般情况:$n_2 = 400 ~ 900\text{r/min}$

(3)中速离心速度:过渡阶段转速　　$n_3 = \dfrac{n_2}{\sqrt{2}}$　(r/min)　　(5-17)

一般情况:$n_3 = 250 ~ 400(\text{r/min})$,原则:调整工艺过程。

2. 离心持续时间 t(min):经试验确定

图 5-34 是离心持续时间与强度关系。由图可知,离心成型持续时间对混凝土性能的影响:离心持续时间增加,则混凝土管强度增加,但是,如果时间过长,则结构遭到破坏,强度下降。离心持续时间有最佳值。

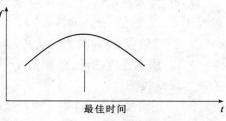

图 5-34　离心持续时间与强度关系

一般取值:慢速时间 $t_1 = 2 \sim 5\text{min}$;快速时间 $t_2 = 15 \sim 25\text{min}$;中速时间 $t_3 = 2 \sim 5\text{min}$。

3. 分层投料:使用二次投料法。

要求:(1)第一次投料和第二次投料后,都经过慢速、中速、快速三阶段。

(2)第一次投料应埋过纵向钢筋,并使中间水泥浆层完整不间断

作用:增加分层数,减小内分层影响,形成中间水泥浆层。

5.4.2.4　离心混凝土的性能

1. 在混凝土强度方面,由于离心脱水率达到20%,混凝土强度提高系数1.5~2.0,见表5-10。

表5-10　试验资料

水胶比(%)		0.7	0.6	0.5	0.4
强度(MPa)	离心成型	49.3	51.1	62.5	69.3
	振动成型	22.5	25.4	31.3	45.3
提高系数		2.19	2.01	2.00	1.53

2. 抗渗性:用试验资料来说明(表5-11)。

表5-11　抗渗性试验资料

	离心前	离心后		
		水泥浆层	砂浆层	混凝土层
厚度(mm)	70	5	12	53
水胶比(%)	0.45	0.22	0.26	0.30
水泥含量(kg/m)	625	1045	620	576

由表5-11中数据可以看出,形成水泥浆层的水胶比最小,密实性好,抗渗性好,如果采用二次投料,壁厚中间有水泥浆层,抗渗性更好。

3. 抗冻性:由于密实性好,所以抗冻性得到提高。

5.4.3　真空脱水密实成型工艺

5.4.3.1　概念

真空脱水密实成型就是将成型后的混凝土拌合物的某一部分形成负压(真空),而另一部分为大气压作用,混凝土内部形成压力差,部分水分和空气在压力差作用下被排出,形成密实结构。

5.4.3.2　真空脱水过程:三阶段

图5-35是真空脱水过程示意图,由图可知:

1. 初始阶段 t_1(min)脱水开始至集料开始接触。

特点:脱水速度快,体积压缩率大,与时间关系接近直线。

2. 延续阶段 t_2(min)集料从开始接触到紧密排列。

特定:脱水速度减慢,体积压缩率减小,与时间的关系呈现曲线。

3. 停止阶段 t_3(min)集料颗粒紧密接触,脱水逐渐停止。

特定:脱水很少,不再收缩。

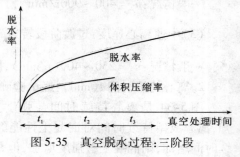

图5-35　真空脱水过程:三阶段

5.4.3.3　真空脱水工艺方法

1. 上吸法：将真空脱水装置安装在混凝土的上表面。主要适用于：现浇楼板、地面、路面等。

2. 下吸法：制品底部设置真空腔，从制品底部吸水。主要应用于：预制混凝土构件、底模做成真空腔。

3. 侧吸法：混凝土侧模板做成真空腔，从侧面吸水。应用：现浇柱、墙板、梁。

4. 内吸法：将包有滤布的真空管，埋置混凝土吸水。应用：现浇框架结构。

5.4.3.4　真空脱水工艺参数

1. 真空度 P（kPa）

意义：真空度 P 提高，脱水量增大，密实性提高，真空延续时间下降。

表 5-12 为混凝土厚度与真空度关系。由表 5-12 可知，真空度与混凝土制品厚度有关，制品厚度提高，真空度也要提高。

表 5-12　混凝土厚度与真空度关系

混凝土板厚度（cm）	<5	5~10	10~15	15~20
真空度（MPa） 真空度（mmHg）	46.7~60.0 350~450	53.3~66.7 400~500	66.7~80.0 500~600	73.0~86.7 550~650

2. 真空延续时间 t（min）影响因素

（1）制品厚度：厚度增大，则真空延续时间需增加，当厚度 >20cm 时，不宜采用此法。

（2）真空度：真空度提高，则压力差提高，脱水量提高，时间缩短。

（3）水泥用量：水泥用量增加，则时间增加。

（4）振动作用：真空脱水过程中，同时施加短暂间歇振动，则此时时间缩短。

取值：例如表 5-13 为真空度为 500mmHg 时，制品厚度与真空延续时间关系。

表 5-13　制品厚度与真空延续时间关系

制品厚度 d（cm）	<5	6~10	11~15	16~20
时间 t（min）	0.7d	3.5+(d-5)	8.5+1.5(d-10)	16+2(d-15)

5.4.3.5　真空脱水混凝土的性能

1. 初始结构强度高，成型后立即脱模。

2. 抗压强度提高 25%~35%。

3. 抗渗性好。

4. 耐磨性好。

5.4.4　悬辊密实成型工艺

5.4.4.1　概念

悬辊密实成型是将管模套在悬轴上，悬辊在旋转时带动管模旋转。管模内的混凝土拌合物在离心力和辊压力作用密实成型。

5.4.4.2　悬辊密实成型原理

混凝土悬辊密实成型原理是靠离心力和辊压力成型。

作用:离心力——布料作用,使混凝土拌合物均匀分布并黏附管模壁上。

辊压力——密实成型后,在辊压力作用下,混凝土被压实。

1. 辊压力 $$F = G_1 + G_2 \tag{5-18}$$

式中　F——辊压力(kN);

　　　G_1——混凝土管的重量;

　　　G_2——管模的重量。

2. 辊压强度(强度)P(Pa)

$$P = \frac{F}{A} = \frac{F}{L \times \Delta S} \quad (\text{Pa}) \tag{5-19}$$

式中　F——辊压力(N);

　　　A——承力面积(m^2);

　　　L——混凝土管长度(m);

　　　ΔS——承压面宽度(m)。

图 5-36 是悬辊密实成型示意图,由图分析:因为承压面宽度 ΔS 很小,因此辊轴压强相当大,所以混凝土拌合物在强大压力作用下被压实。主要应用在混凝土采用干硬性混凝土,混凝土在强度压力作用下密实,成型中不脱水。

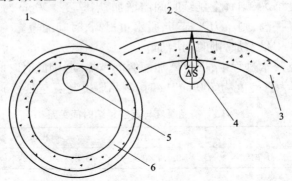

图 5-36　悬辊密实成型示意图
1—管模;2—管模;3—混凝土;4—辊轴;5—辊轴;6—混凝土

5.4.4.3　结构特点

采用辊压法生产混凝土管的质量好。

采用干硬性混凝土,水胶比小 $W/B = 0.32 \sim 0.34$,密实性好。

混凝土管壁没有内外分层现象,匀质密实,抗渗性好。

5.4.4.4　工艺参数

随着混凝土管内径增大,辊轴直径和管内径比例变化的关系见表5-14。由此可知:混凝土管壁内径增大,则辊轴直径和管内径比例相应增大。

1. 辊轴直径

原则:混凝土管壁内径增加,则辊轴直径增大。

取值：

表 5-14　混凝土管内径与辊轴：管内径关系

混凝土管内径(mm)	<300	300~1500	>1500
辊轴直径：管内径	1:3	1:3~1:4	1:4~1:5

2. 辊轴转速 n_2(r/min)

确定原则：能使混凝土拌合物不从管模壁上脱落

$$n_2 = n_1 \frac{R}{r} \quad (\text{r/min}) \tag{5-20}$$

式中　n_1——管模转速(r/min)；

　　　R——混凝土管内半径(m)；

　　　r——辊轴内半径(m)。

表 5-15 为管模转速 n_1 取值与混凝土管内径关系。可见，混凝土管内径越大，管模转速越小。

表 5-15　管模转速 n_1 取值

管内径(mm)	ϕ300	ϕ600	ϕ900
转速 n_1(r/min)	110~140	80~110	70~80

3. 辊压时间 t(min)

确定原则：(1)混凝土管直径 R 增大，辊压时间 t 相应增加。辊压时间取值与混凝土管直径的关系见表 5-16。

(2)混凝土管长度，管长度 L 增大，辊压时间 t 相应增加。

(3)混凝土水胶比，水胶比 $\frac{W}{B}$ 下降，辊压时间 t 相应增加。

表 5-16　混凝土管直径与辊压时间取值

混凝土管直径(mm)	300	600	1000
辊压时间 t(min)	1~2	3	5

悬辊密实成型主要应用在直径较小的管，适宜直径为 300~500mm。

5.4.5　其他密实成型工艺

1)压制密实成型工艺；

2)浇注成型工艺；

3)喷射密实成型工艺。

5.5　混凝土养护工艺

5.5.1　养护重要性

混凝土拌合物经浇注振捣密实后，逐步硬化并形成内部结构，为使已密实成型的混凝土能正常完成水泥的水化反应,获得所需的物理力学性能及耐久性指标的工艺措施称为混凝土的养护工艺。欲发挥混凝土的最佳性能,必须进行适当的养护。必须提供充分的水分来保证水化以将孔隙率降低到能获得所要求的强度和耐久性,并使混凝土由于收缩产生的体积变化最小。混凝土建筑很少遭到破坏是由于不会达到规定的设计强度,但在强度不足时就脱模,可能会引起问题。在夏季,如果不采取适当的养护措施,混凝土表面的水分就会不断蒸发,出现塑性裂缝;在冬季施工时,过早地停止湿养护和脱模,由于负载的混凝土的强度不足,已不止一次的成为结构破坏的原因。即使在采用了良好的养护方法时,混凝土也需要足够的时间去增加强度,脱模之前应检查强度。在缩短了不需维护的使用寿命上,由于养护不充分而造成的潜在耐久性的损失是一个更普遍和更隐蔽的问题。对混凝土的"皮肤"(表皮混凝土)进行适当的养护是至关重要的,因为表皮混凝土将直接地暴露在环境中并可能受到物理的或化学侵蚀。基于对这一点的认识,一些专家把养护作为一个单独的施工项目,而不仅仅是规定的例行养护。因此,混凝土浇注密实后的养护十分重要。

5.5.2　养护方法

混凝土的养护一般可分为标准养护、自然养护、快速养护。

5.5.2.1　标准养护

在温度为(20 ± 3)℃、相对湿度为90%以上的潮湿环境或水中的条件下进行的养护称为标准养护,这是目前试验室常用的方法,用于混凝土强度质量评定。

5.5.2.2　自然养护

在自然气候条件(平均气温高于5℃)下,于一定时间内采取浇水润湿或防风防干、保温防冻等措施养护,称为自然养护。自然养护主要有覆盖浇水养护和表面密封养护两种。覆盖浇水养护就是在混凝土表面覆盖草垫等遮盖物,并定期浇水以保持湿润。浇水养护简单易行、费用少,是现场最普遍采用的养护方法。表面密封养护是利用混凝土表面养护剂在混凝土表面形成一层养护膜,从而阻止自由水的蒸发,保证水泥充分水化。这种方法主要适用于不易浇水养护的高耸构筑物或大面积混凝土结构,可以节省人力。

1. 自然条件下温度、湿度对混凝土硬化过程的影响

在其他条件一定的情况下,自然养护混凝土的强度主要取决于水泥的强度等级、品种以及外界环境的平均温度。在炎热区域,高温下新拌混凝土坍落度的损失增大,初凝提前,易因振捣不良而形成孔隙、麻面与蜂窝;早凝、表面易干燥、用水量的增多,均易导致干缩裂缝;白天浇捣及养护时,以及夜间环境降温后的内外温差,易导致温度裂缝。在寒冷地区,当温度低于4℃时,水的体积膨胀,冻结后其体积增大9%。解冻后,混凝土孔隙率增加15% ~ 16%,强度下降10%。冻结还使集料与水泥石的粘结力受到损害,若粘结力完全丧失,其强度降低13%。冻结和解冻过程中,混凝土内水分的迁移、体积变化及组分体积膨胀系数的差异,均将导致结构的开裂。同时,温度的降低使混凝土强度的增长速度明显减慢,这是因为混凝土中水的冰点约为 $-0.5 \sim -2.5$℃,温度降至 -3℃时,混凝土中只有10%的液相存在,水化反应极为缓慢。

2. 自然养护的措施

自然养护时,通常采取覆盖浇水、保温防冻、喷膜保水等措施。

① 覆盖浇水

覆盖浇水时,一般采用纤维质吸水保温材料,如麻袋、草垫等,水质应符合拌合水的要求。

注意开始覆盖和浇水的时间,塑性混凝土应不迟于成型后的 6~12h,干硬性混凝土应不迟于 1~2h,炎热及大风时,应不迟于 2~3h。每日浇水次数取决于气候条件及覆盖物的保湿能力。一般气温(约 15℃)时,成型后三天内,白天应每隔 2~3h 浇水一次,夜间不得少于两次,以后随气温的不同,按表 5-17 所示的次数浇水。高强度等级水泥水化热高,水分蒸发较快,浇水次数应适当增加,干燥气候下同样。气温低于 5℃时,为防止气温骤降而使混凝土受冻,不宜浇水。覆盖天数随气温不同一般不得低于表 5-18 的数值。

表 5-17　自然养护浇水次数

正午温度(℃)	10	20	30	40
浇水次数(次/日)	2~3	4~6	6~9	8~12

表 5-18　自然养护浇水覆盖天数

正午温度(℃)	10	20	30	40
普通水泥(d)	5	4	3	2
矿渣水泥、火山灰质水泥(d)	7	5	4	3

浇水养护日期取决于水泥品种、用量及混凝土强度。通常,普通水泥和矿渣水泥混凝土不少于 7d;掺有缓凝型外加剂或有抗渗要求的混凝土不得少于 14d。

② 喷膜保水

喷膜保水,就是表面密封养护,适用于不易洒水养护的高耸构筑物和大面积混凝土结构。它是将混凝土表面养护剂喷涂在混凝土表面上,溶液挥发后在混凝土表面形成一层塑料薄膜,将混凝土与空气隔绝,阻止内部水分的蒸发以保证水化作用的正常进行。混凝土表面养护剂,要求其形成的薄膜有足够的强度、弹性和粘结性,蒸气渗透性应很小;在干热条件下应有较高的抗蒸气压力作用的能力;在炎热条件下宜采用白色薄膜,以增强热反射系数;在冬季宜采用暗色薄膜,以提高吸热能力。同时,薄膜在湿润的混凝土表面要有较好的分散性,不得含有氯化物、硫酸盐和酸等物质。

以往,喷膜保水主要研究的养护剂是乳液型和溶剂型两类,乳液型主要有氯偏乳液、石蜡乳液、沥青乳液和高分子乳液,溶剂型主要有过氯乙烯溶液、松香溶液、树脂溶液。由于这两类养护剂都有一定的局限性(如膜的强度不高、影响后期装饰等),所以近年来研制出了反应型的以无机硅酸盐为主体的养护剂系列和有机与无机复合的养护剂系列。前者的作用机理是:喷洒该类养护剂后,养护剂在混凝土表面与水泥水化产物发生反应,从而加速水泥水化,并在混凝土表面形成密实、坚硬的面层,阻止混凝土中的水分过早散失,有利于水泥充分水化,从而保证混凝土强度。后者的作用机理是:养护剂中的无机组分在渗透剂的作用下,能较容易地渗入混凝土表层,与水泥中的某些物质反应,反应物有效地填塞了混凝土的毛细孔;而有机组分则沉积于混凝土表面,由于空气氧化作用及自身聚合作用,会在混凝土表面形成连续的柔软薄膜,从而有效防止水分的蒸发,达到双重养护的目的。

我国制定有关表面养护剂的国家标准。《水泥混凝土养护剂》(JC 901—2002)(建筑材料行业标准)。本标准规定了水泥混凝土养护剂的术语、一般要求、试验方法、检验规则及包装、标志、运输与贮存等。本标准适用于表面成膜型养护剂。

3. 寒冷环境下的养护方法

平均气温连续 5 天低于 5℃时,按冬季施工处理,(寒冷条件)水泥品种一般为硅酸盐水泥、普通水泥。水泥强度等级：≥42.5；水胶比$\frac{W}{B}$≤0.60。水泥用量：≥300kg/m³。

在寒冷环境下，混凝土的养护方法主要有热混凝土法、蓄热法和掺用外加剂法。

①热混凝土法

热混凝土法有原料预热、热搅拌、混凝土拌合物在中间料斗的预热等三种方法，目的在于使浇注成型后的制品仍蓄有一定热量，保持正温，防止冻裂，并增长至所需强度。通常采用蒸汽对原料预热，值得提出的是由于水的比热比集料高5倍左右，故应优先考虑水的预热，若仍不能满足要求，则再考虑其他原材料预热。拌合物在中间料斗中的电加热的优点是，能耗低，时间短，在一些国家已经应用。

②蓄热法

通常混凝土或热混凝土成型后的覆盖保温、防止预加热量和水化热过快损失、减缓混凝土冷却速度、使其保持正温并增长至所需强度的方法，称为蓄热法。无需养护设备，费用低廉，简便易行，在寒冷条件下首先应考虑。

③掺用外加剂法

在混凝土中掺用外加剂，使其强度在负温下能继续增长并不受冻裂，与其他方法复合应用，更能加速养护，保证质量。寒冷环境下常用的外加剂有：

早强剂：硫酸钠、石膏、氯化钙、氯化钠、硝酸盐等。

防冻剂：氯盐、亚硝酸盐、硝酸盐、碳酸钾、尿素等。

引气减水剂：引气部分如松香类，合成高分子类等，减水部分如木质素类、萘系类等。

阻锈剂：亚硝酸盐、尿素、重铬酸钾等。

此外，还有浸水养护法，是将养护的自应力混凝土管浸于蓄水池水中。围水养护法，用黏性土在混凝土周围筑一定高度土埂，中间蓄水。主要应用于地面、路面楼板、桥面。

5.5.2.3　快速养护

标准养护及自然养护时混凝土硬化非常缓慢，因此，凡能加速混凝土强度发展过程的工艺措施，均属于快速养护。快速养护时，在确保产品质量和节约能源的条件下，应满足不同生产阶段对强度的要求，如脱模强度、放张强度等。这种养护在混凝土制品生产中占有重要地位，是继搅拌及密实成型之后，保证混凝土内部结构和性能指标的决定性工艺环节。采用快速养护有利于缩短生产周期，降低成本。快速养护按其作用的实质可分为热养护，化学促硬法、机械作用法及合成法。

快速养护中的热养护法是利用外界热源加热混凝土，以加速水泥水化反应的方法，它可分为湿热养护、干热养护和干－湿热养护三种。湿热养护法，以相对湿度90%以上的热介质加热混凝土，升温过程仅有冷凝而无蒸发过程发生。随介质压力的不同，湿热养护又有常压、无压、微压及高压湿热养护之分。干热养护时，制品可不与热介质直接接触，或以低湿介质升温加热，升温过程中以蒸发过程为主，热养护是快速养护的主要方法，效果显著，不过能耗较大。而干－湿热养护介于两者之间。

化学促硬法是指用化学外加剂或早强快硬水泥来加速混凝土强度的发展过程，简便易行，节约能源。机械作用法则是以活化水泥浆、强化搅拌混凝土拌合物、强制成型低水胶比干硬性混凝土及机械脱水密实成型促使混凝土早强的方法。该法设备复杂，能耗较大。在实际操作应用中，提倡将多种工艺措施合理综合运用，如热养护和促硬剂、热拌热模和外加剂等，力求获得最大技术经济效益。

5.5.3　热养护中的体积变形

5.5.3.1　概述

1. 热养护方法：常压湿热养护、干 – 湿热养护、高压湿热养护。

2. 热养护的作用：混凝土制品湿热养护的实质，是使混凝土在湿热介质的作用下，发生一系列的化学、物理及物理化学变化，从而加速混凝土内部结构的形成，获得快硬早强和缩短生产周期的效果，实验表明：若 80℃ 的热养护比 20℃ 时，水泥水化速度增加 5 倍；若 100℃ 的热养护比 20℃ 时水泥水化速度增加 9 倍。

3. 热养护对结构形成的破坏作用

热养护过程的结构形成和结构破坏是贯穿各种养护过程中的一对主要矛盾，也就是在结构形成过程中还产生了结构破坏。主要表现在养护过程中产生的最大体积变化和残余变形，因此：采用热养护时，要获得优质混凝土，就是处理好结构形成与破坏这一对矛盾，就要采用合理的养护制度和适合的工艺系数。

5.5.3.2　热养护过程中的结构破坏

热养护过程中的结构形成的同时，又产生结构的破坏和损伤。

1. 热膨胀

混凝土是多相同时堆积的结构，这些不同的物质因受热要膨胀，但膨胀值相差很大，其各相体积膨胀系数是：

表 5-19　不同的物质体积膨胀系数

材料名称	湿空气	水	水泥石	集料
体积膨胀系数	$3700 \sim 9000 \times 10^{-6}$	$225 \sim 744 \times 10^{-6}$	$40 \sim 60 \times 10^{-6}$	$30 \sim 40 \times 10^{-6}$

从表 5-19 中数值看出，体积膨胀系数水是固体材料的 10 倍，空气是固体材料的 100 倍，水泥石和集料也有差别，因此热养护在加热时各组分的不均匀膨胀，混凝土内部产生拉应力，造成开裂，结构受到损伤。

2. 硅酸盐水泥蒸养过程的化学变化

温度升高时，水泥矿物的溶解度增大，水化反应速度加快，蒸汽养护时水泥水化生成的主要水化产物与标准养护时基本相同，水泥熟料矿物在蒸养时的反应速度和强度增长规律各不相同，由表 5-20 看出，C_3S 和 C_4AF 是蒸养后获得较高强度的决定性矿物，而 C_2S 对后期强度起较大作用。

表 5-20　水泥熟料矿物在蒸养时的反应速度和强度增长规律

矿物成分	标准养护		蒸汽养护	
	7d	28d	3h	28d
C_3S	31.6	45.7	19.4	40.1
C_2S	2.4	4.1	1.9	15.1
C_3A	11.6	12.2	0	0
C_4AF	29.4	37.7	43.1	53.5

蒸汽养护和标准养护时矿物成分的水分产物均未发生变化，但强度却不同，虽然其水化产

物微观结构发生了变化,主要表现在水泥颗粒表面形成屏蔽膜的增厚增密,结晶颗粒粗化,对混凝土结构形成及其物理力学性能均产生一定的影响,湿热养护过程中混凝土强度快速增长的同时,部分晶体仍在增长,晶粒粗化,由此产生结晶压力引起结构内部压应力的出现,这也使混凝土的结构造成损伤。

3. 混凝土的减缩和收缩

水泥水化生成水化产物,熟料矿物生成水化产物,固相体积增大,但"水泥 – 水"体系的总体积减小,称之为化学减缩。以 C_3S 为例:

$$2(3CaO \cdot SiO_2) + 6H_2O \Longrightarrow 3CaO \cdot 2SiO_2 \cdot 3H_2O + 3Ca(OH)_2$$

表 5-21　C_3S 水化反应的反应物与产物各项指标比较

项目	$2(3CaO \cdot SiO_2)$	$6H_2O$	$3CaO \cdot 2SiO_2 \cdot 3H_2O$	$3Ca(OH)_2$
比密度	3.14	1.00	2.44	2.23
分子量	228.23	18.02	342.48	74.10
摩尔体积	72.71	18.02	140.40	33.23
体系中所占体积	145.42	108.12	140.40	99.63
总体积	反应前总体积 253.54cm³		反应后总体积 240.09cm³	

表 5-21 是 C_3S 水化反应的反应物与产物各项指标比较。由表 5-21,可以看到,普通水泥最大减缩量平均值为水泥石的 5% ~8% 。

4. 混凝土热养护中的热质传输

概念:热养护过程中,热、水、气在混凝土内部进行传递。

热养护过程:升温—恒温—降温

以常压湿热养护阶段为例说明:

(1)常压升温阶段(加热阶段),利用蒸汽对制品加热,通过冷凝水将热量传递给制品。

图 5-37 是常压升温阶段温度梯度及湿度梯度、压力梯度示意图。

① 温度梯度:∇t

符号:∇t——温度梯度

　　t——温度曲线

　　t_g——蒸汽介质温度(℃)

　　t_h——冷却水温度(℃)

　　t_b——制品表面温度(℃)

　　t_n——制品内部温度(℃)

$$t_g > t_h > t_b > t_n$$

② 湿度梯度 ∇U

　　U_b——表面湿度　　$U_b = 100\%$

　　U_n——内部湿度　　(%)

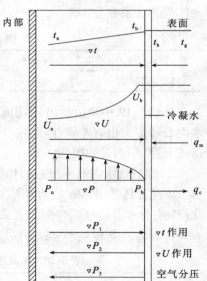

图 5-37　常压升温阶段温度梯度及湿度梯度、压力梯度示意图

$U_b > U_n$ 产生湿度梯度：∇U

③ 压力梯度 ∇P

在 ∇t 梯度作用下产生 $\overrightarrow{\nabla P_1}$ 受热膨胀，表面气泡空气压力大里面低。

在 ∇U 梯度作用下产生 $\overleftarrow{\nabla P_2}$，水分由表向内迁移，内部压力增大，内部高。

在空气分压作用下产生 $\overleftarrow{\nabla P_3}$ 蒸养时介质中的空气分压降低，内部高。

压力梯度 ∇P 应等于三者的代数和：

$\nabla P = \nabla P_1 - \nabla P_2 - \nabla P_3 < 0$，如果为负值，则表示：内部压力高，表面压力低

在 ∇P 作用下，内部气相力图外逸，放气量与温度成正比，因此快速升温时，产生较大的结构破坏。

④ 热质传输

a：热流密度 $\overleftarrow{q}$　　在 ∇t 作用下，热量 q 由表及里传递。

b：湿流密度 $\overleftarrow{q_m}$　　在 ∇U 作用下，水分由表及里传递。

c：气流密度 $\overrightarrow{q_c}$　　在 ∇P 作用下，空气由里及表传递。

结论：升温阶段，水分和空气在混凝土内传输，形成定向连通孔隙，使混凝土结构遭到破坏；升温速度愈快，破坏愈严重。

（2）常压恒温阶段

在恒温阶段，∇t，∇U，∇P 逐渐消失，q，q_m，q_c 逐渐减小并停止。

（3）常压降温阶段

如图 5-38 所示，温度梯度 ∇t，湿度梯度 ∇U，压力梯度 ∇P 等与升温阶段相反。

产生热流密度 q，湿流密度 q_m，气流密度 q_c，方向相反。

（4）对混凝土性能影响

温度梯度 ∇t 热量由里向表传递，表面温度低，收缩，造成开裂。

湿度梯度 ∇U 水分向表面传递，迅速蒸发，制品表面干缩开裂。

结论：加热养护造成热质传输过程，造成结构巨大损伤，必须采取合理养护工艺，才能获得优质混凝土。

5. 热养护过程中的体积变形

热养护过程中结构损伤的宏观表现，热养护过程中的体积变化，是混凝土的热膨胀，化学减缩，微管压力热质传输等引起结构损伤的综合表现，根据混凝土的体积变形大小，可以评价混凝土结构破坏程度。

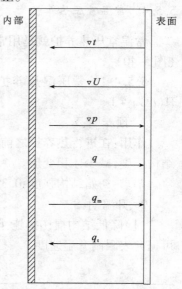

图 5-38　常压降温阶段温度梯度，湿度梯度、压力梯度示意图

例如：某常压湿热养护，养护制度，预养 40min，加温 2h，恒温 4h（80℃），降温 1h，其湿热膨胀变形由图 5-39 中可见：体积变形，升温阶段体积膨胀，恒温阶段体积基本不变，降温阶段体积收缩，因此结构破坏最严重的是升温阶段，其次是降温阶段。

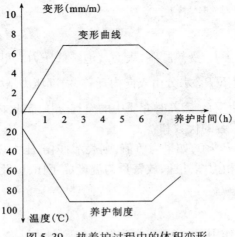

图 5-39　热养护过程中的体积变形

影响因素:(1)含气量:含气量升高,体积变形增大。(2)含水量:水胶比增大,用水量增多,体积变形增大。(3)混凝土的初始结构强度,此值升高,体积变形减小。(4)升温速度:升温速度增大,体积变形增大。

工艺措施:(1)加速混凝土的硬化速度,加速混凝土结构的形成。(2)减少混凝土的体积变形,降低混凝土的结构损伤。

5.5.4　常温常压热养护

常温常压热养护就是用常压蒸汽对混凝土进行养护(图 5-40)。

5.5.4.1　常压湿热养护制度。表示方法:Y + S + H(t℃) + J

1. 预养期:Y

作用:在进行热养护之前,使混凝土具有一定的初始结构强度,减少体积变形。

要求:初始结构强度:0.39～0.49MPa。

2. 升温期:S

(1)降低结构损伤措施:限制升温速度。常压湿热养护制度最大升温速度控制见表 5-22,可据此表限制升温速度。

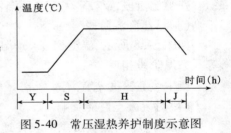

图 5-40　常压湿热养护制度示意图

表 5-22　常压湿热养护制度最大升温速度控制

预养期(Y)	干硬期(S)	最大升温速度(℃/h)		
		密封养护	带模养护	脱模养护
>4	>30 <30	不限	30 25	20 —
<4	>30 <30	不限	20 15	15 —

（2）合理的预养。

（3）变速升温：先慢后快。

（4）分段升温：先升温 30～40℃，保温 1～2h，然后快速升温。

（5）改善养护条件：比如带模养护。

3. 恒温期 H

恒温时间：混凝土强度达到设计强度等级的 70%。

恒温温度：取定于水泥品种，普通水泥 80℃，矿渣水泥、火山灰水泥 95～100℃。

4. 降温期 J

作用：在 ∇t，∇U，∇P 作用下，内部水分急剧气化，制品收缩，造成损伤。

降低损伤方法：限制最大降温速度。最大降温速度与水胶比关系见表 5-23，可据此表控制降温速度。

表 5-23 最大降温速度与水胶比

水胶比	最大降温速度（℃/h）	
	厚大制品	细薄制品
≥0.4	30	35
<0.4	40	50

影响因素：（1）混凝土的强度越低，降温速度越要慢。（2）制品厚度愈大，降温速度减慢。（3）配筋小降温要慢。

5.5.4.2 常压湿热养护过程中混凝土强度发展规律（图 5-41）

混凝土强度随养护时间的增大而增大，按强度增长速度，可分三个强度增长时间：

（1）慢速增长时期；（2）快速增长时期；（3）减速增长时期

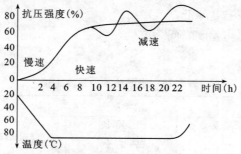

图 5-41 常压湿热养护过程中混凝土强度发展规律示意图

5.5.4.3 影响热养护混凝土强度因素

1. 水泥品种

矿渣水泥养护效果最好，火山灰水泥效果也好，普通水泥效果较差，硅酸盐水泥效果最差。

2. 水泥矿物成分 C_4AF 蒸养时强度最高，C_3S 蒸养强度高而且强度速度快，C_2S 蒸养强度较低，C_3A 蒸养强度大大降低。

3. 用水量:

由图 5-42 中看出:水胶比升高,用水量增大,强度降低。

原因:用水量增大,结构损伤大,热膨胀和热质传输造成损伤,因此,干硬性湿热养护强度好。

4. 养护条件:

(1)采用预养和慢速升温;(2)采用带模养护和覆盖养护。

带模养护:用模板的刚性强行抑制混凝土的受热变形或隔绝于介质湿交换,减小对混凝土结构的损伤。

5. 合理的养护制度,根据实验资料确定养护制度。

6. 采用干湿热养护。

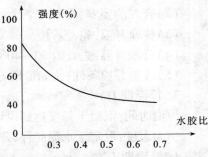

图 5-42 混凝土水胶比与强度关系曲线

5.5.4.4 常压热养护设备

1. 养护坑有普通养护坑、热介质定向循环养护坑、干-湿热养护坑。

2. 折线养护窑:连续式。

3. 间歇式隧道窑有:

①贯通式:两端设口,一端入窑,一端出窑;②尽端式,一端设口。

4. 连续式水平隧道窑:地上窑、地下窑。

5. 立窑、连续窑

5.5.4.5 干湿热养护

1. 概念:采用了在升温过程中使混凝土中水分蒸发,使混凝土在低湿介质条件下升温,而在恒温阶段仍采用湿养护。

2. 效果:

(1)混凝土内部水分蒸发,没有冷凝水,混凝土的加热速度减慢。

(2)混凝土加热的最高温度降低。

(3)升温过程混凝土损伤程度降低。

3. 性能:

表 5-24 干湿热养护强度比较

养护温度	养护制度			强度(MPa)
	升温阶段 $\frac{时间}{湿度}\left(\frac{h}{\%}\right)$	恒温阶段 $\frac{时间}{湿度}\left(\frac{h}{\%}\right)$	降温阶段(h)	
80℃	$\frac{3}{100}$	$\frac{6}{100}$	2	17.5
	$\frac{3}{60}$	$\frac{6}{100}$	2	19.7
	$\frac{3}{40}$	$\frac{6}{100}$	2	21.6
	$\frac{3}{20}$	$\frac{6}{100}$	2	20.0

表 5-24 是干湿热养护强度与升温阶段介质湿度关系比较,由此表可看出升温阶段介质湿度在 40% 养护 3h,干湿热养护,混凝土强度最高。

方法:隧道养护窑分为升温带、恒温带和降温带,升温带需要用干热加热设备,一般是用蒸汽排管,排管里通蒸汽进行加热,制品与蒸汽不接触,靠空气传输热量,这样升温速度也减慢。

5.5.5　高压湿热养护

5.5.5.1　概述

1. 概念:将制品在温度高于 100℃ 的饱和蒸汽介质中进行加热的方法。

2. 养护温度 100 ~ 200℃。

3. 养护介质压力,压力与温度关系:

$$P = 0.0965\left(\frac{t}{100}\right)^4 \qquad （\text{MPa}） \qquad (5-21)$$

式中　P——介质压力(MPa);

　　　t——介质温度(℃)。

4. 高压湿热养护对混凝土性能的影响

混凝土中的二氧化硅和氧化钙在温度高于 100℃ 的饱和蒸汽介质进行养护时,生成的托勃莫来石结晶好,且强度高,当温度高于 150℃ 时,反应速度大大加快,而工业生产采用的实际反应温度 83.20 ~ 213.85℃,压力为 1.0 ~ 2.0MPa,混凝土的温度愈高,混凝土的强度愈高,但温度超过 213.85℃ 时,混凝土强度反而下降。

5. 应用

生产硅酸盐制品,采用常温湿热养护强度很低,氧化硅和氧化钙反应速度很慢,因此都采用高压湿热养护,如:加气混凝土、灰砂砖、硅酸盐砌块。

5.5.5.2　高压湿热养护的体积变形(图 5-43)

压蒸过程中混凝土的体积变形为膨胀,恒压时最大变形值比常压养护时小,降压过程体积收缩,残余变形可正、可负、较小。

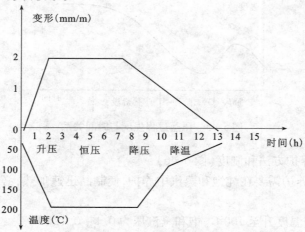

图 5-43　高压湿热养护的体积变形

5.5.5.3 湿度变化

压蒸混凝土的热质传输对混凝土的结构也会造成损伤,下面是混凝土的湿度变化曲线(图5-44):

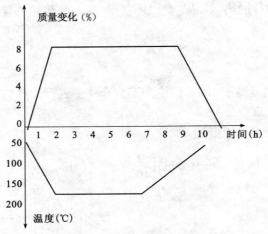

图5-44 混凝土的湿度变化曲线

混凝土在100℃下升温过程,湿度增加很小,温度在100℃以上,冷凝加快,混凝土湿度急增,温度在174.5℃时达到最大值,恒温时湿度变化不大,降温时混凝土中水急剧蒸发。

5.5.5.4 强度发展

压蒸过程强度增加分为三个阶段(图5-45):

第一阶段 升温开始至最高温,初始结构强度低,由于结构的破坏作用,强度略有下降。

第二阶段 恒温阶段的前2h,水化反应速度增至最高值,混凝土的结构基本形成,强度增长最快。

第三阶段 恒温阶段的结果,结晶结构形成速度减慢。

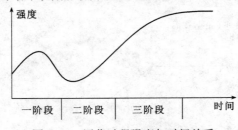

图5-45 压蒸过程强度与时间关系

5.5.5.5 压蒸养护方法和制度(图5-46)

1. 排气法:压蒸养护需要在纯饱和蒸汽中养护,使制品迅速加热,必须排除蒸压釜内的空气的养护制度。

(1)排气期:最高温度升至100℃,饱和蒸汽压力0.1~0.12MPa。

操作:打开排气阀,向釜内输入饱和热气,将窑内空气排出。

（2）升压期:温度升至最高恒温温度。

操作:关闭排气阀,继续进入饱和蒸汽,釜内升温升压。

（3）恒压期:温度和保持最高值。恒压温度和恒压时要考虑制品的质量和成本。

（4）降压期:釜内温度降至 100℃,压力 0.1MPa,排出釜内蒸汽降压降温,速度要均匀,尤其是后期速度要慢,防止制品开裂。

出釜:当釜内温度为 100℃,釜内压力与釜外压力一致后再开窑,并将制品送入冷却间继续冷却。从 100℃降至室温。

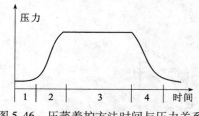

图 5-46　压蒸养护方法时间与压力关系

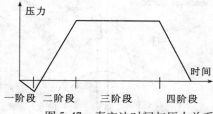

图 5-47　真空法时间与压力关系

2. 真空法:排出釜内空气是使用真空抽气的方法,即在第一阶段用真空泵抽气。真空法时间与压力关系如图 5-47 所示:

第一阶段:排气期

关闭釜门,立即用真空泵将釜内抽成负压,抽气时间 30～40min,抽至釜内压力为 -0.08～-0.06MPa

第二阶段:升压期

抽真空后立即关阀,并送入饱和蒸汽升压,升压时间 1～2.5h,达到最高温度和压力。

第三阶段:恒压期

温度和压力保持最高值。

第四阶段:降压期

利用排气法使釜内温度降至 100℃,压力 0.1MPa,再用抽气法降温。

表 5-25 是某水泥 - 矿渣 - 砂加气混凝土压蒸养护制度。

表 5-25　某水泥 - 矿渣 - 砂加气混凝土压蒸养护制度

养护阶段	抽真空	升压	恒压	降压	合计
压力（MPa）	0→ -0.06	-0.06→1.5	1.5	1.5→0	
时间（h）	0.5	2.0	6.0	2.0	10.5

5.5.5.6　高压湿热养护设备——蒸压釜

1. 蒸压釜的性能

蒸压釜是钢制的密封压力容器,常用规格直径为 $\phi 2.85 \times 39$ m,（长度 39m）

其各项指标:工作压力:1.5MPa;工作温度:200.43℃;工作介质:饱和蒸汽;真空压力:-0.07MPa;总容积:255m³;总重量:101t;釜内制品体积:64.8m³。

2. 蒸压釜的构造

组成:釜体,釜盖及悬挂装置,手摇减速机,安全装置,支座,安全阀等。

197

（1）釜体：钢制筒体，一端带有咬合齿法兰，另一端为椭圆封头，釜体内设两条轨道。如图5-48 所示；蒸压釜的构造示意图。

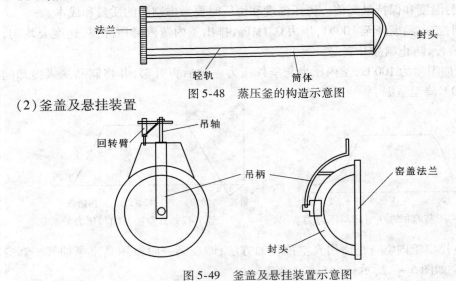

图 5-48　蒸压釜的构造示意图

（2）釜盖及悬挂装置

图 5-49　釜盖及悬挂装置示意图

图 5-49 是釜盖及悬挂装置示意图。釜盖：由封头和釜盖法兰构成，悬挂装置：由吊柄、吊轴和回臂构成，釜盖启闭机构：手摇减速机；安全装置：釜内压在 0.1MPa 以上，釜门闭锁，开启不了。密封系统：釜盖和釜体之间密封装置；支座：支撑釜体的支座，支座每隔 2～3m 设置一个，使釜定位，每个蒸压釜只有一个是固定支座，与釜体连结一起，其余为移动支座。固定支座靠近釜门端第一个；保温装置：一般用一定厚度的岩棉或矿渣棉包裹筒体和釜盖，再用玻璃丝布缠裹，最外层包上防腐防潮材料。除污灌：排出冷凝水。

3. 真空泵：可以在 30～40min 内将釜内空气抽出达到要求。

4. 蒸压釜的安全操作

（1）每台釜配置两支安全阀，其额定开启压力根据蒸压釜允许工作压力。

（2）釜门锁闭装置每次送气要检查一次。

（3）进气口设置挡板，阻止蒸汽直接喷射到制品。

（4）密封圈及时检查。

（5）开釜门，必须釜内余汽放尽，操作者不得面向釜盖方向作业。

（6）保持疏水设备畅通。

（7）有下述情况应停止操作：①安全器件失效。②釜内压力超压。③釜体或釜门发生变形或出现裂纹。

（8）计温计压仪器要定期检查。

5. 蒸压釜余热利用

蒸压釜内的余汽和冷凝水含热量占总共热量的 30%～35%。

（1）余汽利用：①利用降压釜余汽送至升压釜作为加热介质。②作为预养釜和静停间的热源。③加热生产和生活用水。

（2）冷凝水利用：每台釜产生冷凝水 5～8t，温度为 40～100℃。

①加热生活用水。②加热锅炉给水。

思考题与习题

5.1 分别画出破碎筛分工艺的开流系统和破碎筛分工艺圈流系统工艺流程示意图并比较说明各自优缺点。

5.2 分别画出粉磨工艺湿法和干法开流系统示意图，标出各部分名称。说明应用于哪种产品？

5.3 分别画出地沟式堆场、抓斗门式起重机堆场、抓斗桥式起重机堆场的示意图并分别说明其设计要求。

5.4 请分别画出原材料输送的机械输送、风动输送示意图，在图中标出设备名称。

5.5 画出单阶式搅拌站工艺流程图及工艺布置图，说明单阶式搅拌站特点是什么？

5.6 画出双阶式搅拌站工艺流程图及工艺布置图，说明双阶式搅拌站特点是什么？

5.7 混凝土搅拌机有几种类型，具体是什么？

5.8 简述搅拌工艺原理，各自所用设备及应用。

5.9 说明拌合物的振动密实原理。

5.10 画图并说明离心混凝土结构。

5.11 真空脱水工艺有哪几种方法？各自应用在哪里？

5.12 悬辊密实成型原理是什么？

5.13 简述混凝土的几种养护方法。

5.14 影响振动设备振幅的因素是什么？若振幅过大或过小会出现什么结果？

5.15 热养护过程中的体积变形因素有哪些？

第6章　混凝土制品生产工艺

6.1　概述

6.1.1　混凝土制品的分类

混凝土制品是以混凝土(包括砂浆)为基本材料制成的产品。一般由工厂预制,然后运到施工现场铺设或安装;对于大型或重型的制品,由于运输不便,也可在现场预制。有配筋和不配筋的,如混凝土管、钢筋混凝土电杆、钢筋混凝土桩、钢筋混凝土轨枕、预应力钢筋混凝土桥梁、钢筋混凝土矿井支架等。

混凝土制品具有以下独特优点:原材料来源广,制作工艺较简单,能按设计要求制成任意形状,耐腐蚀,使用寿命长,维修费用少,节钢代木等,所以广泛应用在建筑、交通、水利、农业、通讯,电力和采矿等部门。混凝土材料及制品的生产是建筑材料工业的一个重要领域,混凝土制品已成为国民经济建设中不可缺少的重要建材产品。

随着社会科技进步和工程建设的发展,混凝土制品的种类也日益增多,性能和应用也各不相同,混凝土制品按胶凝材料、集料、制品形状、配筋方式及生产工艺等分类归纳于表6-1。

通过表6-1可看到,混凝土制品品种十分丰富,随着我国建设事业发展的需要,一大批技术难度较大,科技含量较高的制品新品种应运而生,例如:用于顶管施工的直径为3000mm的钢筋混凝土管,用于架设22万伏不持拉线的27~30m门式预应力混凝土组装电杆,预应力高强混凝土管桩,直径为2000mm的一阶段预应力混凝土管等。为了促进混凝土制品的技术进步,自20世纪80年代中期,我国陆续从澳大利亚、瑞典、美国、丹麦、日本、德国等国引进各种混凝土制品的工艺和设备,例如:澳大利亚"罗克拉公司"的悬辊法制管工艺技术和设备;瑞典"AB特瑞格罗公司"的振动挤压制管工艺技术和设备;日本"休谟管公司"的预应力高强混凝土桩工艺技术和设备;从美国"海威克公司"、丹麦"佩德哈博公司"、德国"组布林公司"引进的芯膜振动液压成型工艺技术和设备,镇江伊斯特新型建筑材料有限责任公司引进美国哥伦比亚公司1600型混凝土自动化砌块、路面砖生产线,具有年产20万 m³ 建筑砌块、120万 m² 路面砖的综合生产能力,是江苏省新型墙体材料新技术产业化基地,等等。通过技术引进,消化和自主开发创新,我国混凝土制品工业水平大大提高,已成为当今世界上生产和应用混凝土制品最多的国家。

经过半个世纪的发展,我国混凝土制品工业,通过技术引进,消化吸收,生产工艺已实现多样化。以排水管为例,现在生产除离心法外,还有悬辊法,振动法(外模振动,内模振动),芯模振动液压成型,立式径向挤压法等。纤维水泥制品生产方法,解放初期采用手工作坊生产石棉水泥波形瓦,现在采用机械化程度很高的抄取法、流浆法,5000～10000t 压力机成型生产纤维水泥瓦。表 6-1 按生产工艺分类中,除浸渍混凝土制品,灌浆混凝土制品外,其他都是我国目前混凝土制品生产的主要类型。

随着我国铁路建设事业的蓬勃发展,混凝土轨枕自建国初期研制成功以来,产品升级换代、工艺材料发展变化速度加快,从而使得我国预应力混凝土轨枕不仅在生产数量和铺设数量方面跃居国际前列,而且在产品结构性能、生产工艺技术装备水平、产品质量等方面均逐步达到国际先进水平。一些现场浇筑的普通钢筋混凝土结构物如涵洞、电缆槽及盖板、人行道步板等也逐渐采用预制构件,预应力混凝土管桩及预应力混凝土电杆在铁路中应用也很广泛,形成了一种混凝土制品在现场预制生产运作的新模式。为了适应我国高速铁路的发展,无砟轨道采用新的混凝土轨道板的结构型式及生产工艺,也实现了我国电气化铁路混凝土接触网支柱等铁路采用的混凝土制品。

曾经在一些城市大力推广的的内浇外挂,大型板材全装配建筑体系已不能适应我国城市建设的发展需要,随着预拌混凝土技术的发展和建筑工程要求的提高,工业与民用建筑预制构件业逐步萎缩,而混凝土管、桩、杆、建筑空心砌块和水泥轨枕、铁路、公路用混凝土梁、板等发展较快。目前我国混凝土制品的品种主要有:排水管、输水管、输电及通讯电杆、基础桩、铁道轨枕、波形瓦、空心砌块、T 形梁以及大型屋面板、屋架等。

表 6-1　混凝土制品的分类

分类方法		名称	特点
按胶凝材料分类	无机胶凝材料 / 水泥类	水泥混凝土制品	以硅酸盐水泥及各种混合水泥为胶凝材料,可用于各种混凝土结构
	石灰-硅质胶结材类	硅酸盐混凝土制品	以石灰及各种含硅材料通过水热合成胶凝材料
	石膏类	石膏混凝土制品	以天然或工业废料石膏为胶凝材料,可做内隔墙,天花板或装饰制品
	碱-矿渣类	碱-矿渣混凝土制品	以磨细矿渣及碱溶液为胶凝材料,可做各种结构
	有机胶凝材料 / 天然有机胶凝材料类		以天然淀粉胶及矿棉制成半硬质矿棉吸声板,以稻草挤压热聚而成的稻草板等
	合成树脂与水泥	聚合物水泥混凝土制品	以水泥为主要胶凝材料,掺入少量乳胶或水溶性树脂,多用于装饰用制品
	以聚合物单体浸渍	聚合物浸渍混凝土	以低黏度聚合物单体浸渍水泥混凝土制品,再使之聚合,如用于制作高压输油管
按集料分类	普通密实集料	普通混凝土制品	以普通砂、石作集料,混凝土密度为 2100～2400kg/m³,可用于各种结构
	轻集料	轻集料混凝土制品	采用天然或人造轻集料,混凝土体积密度小于 1900kg/m³,可做结构,结构保温及保温用制品
	无细集料	无砂大孔混凝土制品	混凝土体积密度为 800～1850kg/m³,可做墙板或渗水性步道砖
	无粗集料	细颗粒混凝土制品	以胶结材或砂配制而成,可做钢丝网水泥制品,灰砂砖或砌块等
	无集料	多孔混凝土制品	混凝土水泥密度为 400～800kg/m³,按体积密度及抗压强度之不同可做结构用或非承重用制品

分类方法		名称	特点
按制品形状分类	板状	板材	承受弯拉或受压荷载,有实心板、空心板、平板、楼板、墙板,此外还有钢筋混凝土板、TK 板、石棉板等多种类型。
	块状	砌块,砖等	主要承受压荷载,且尺寸较小,有实心和空心砌块,大、中、小型砌块;此外还有步道砖、路沿石等
	环管状	管,杆,桩,涵管、隧道等	依种类之不同承载特征各异,管类有无压管和压力管;此外还有管桩、管柱、涵管、隧道构件等
	长直形	梁、柱、轨枕、屋架	细长比较大,主要受弯或弯压荷载。如吊车梁、屋面梁、各种柱、铁路轨枕及屋架
	箱,罐形	盒子结构、槽、罐、池、船等	如居室或卫生间结构,渡槽、储罐、种植盒、船等
	船形	船	有囤船、游览船、运输船、各种工程船等
按配筋方式分类	无筋类	素混凝土制品	多用于砌块、砖等受压小型制品
	配筋类	钢筋混凝土制品	以普通钢筋增强的混凝土制品
		钢丝网混凝土制品	以钢丝网及细钢丝增强细颗粒混凝土制品,如薄壳薄壁管、船等
		纤维混凝土制品	增强纤维有金属无机非金属及有机纤维,可提高基材抗拉强度,延续裂缝出现,改善韧性及抗冲击性,可制作瓦、板、管及各种异型制品
		预应力混凝土制品	以机械、电热或化学张拉法,在构件制作前或后施加预应力以提高抗拉强度,广泛应用与各种工程结构的制品
按生产工艺分类		振实及振压混凝土制品	适用于多种制品的生产,振压法可用于生产板材,空心砌块及一阶段压力管等
		振动真空混凝土制品	适用于板材、肋形板、大口径管制品及地坪、道路、机场现浇工程
		离心混凝土制品	适用于环形截面制品的生产,还可以辅以振动、辊压等工艺措施
		压制混凝土制品	适用于砖瓦小砌块的成型
		浇注混凝土制品	适用于加气混凝土制品及石膏混凝土以及采用大流动性自密实混合料的场合
		浸渍混凝土制品	适用于聚合物浸渍混凝土制品
		灌浆混凝土制品	先将集料密实填充模型,再压入胶结材浆体,适用于大体积混凝土制品
		抄取混凝土制品	适用于石棉水泥制品、TK 板等

6.1.2 混凝土制品的生产工艺

6.1.2.1 基本生产工艺过程

混凝土制品的生产制作过程中,从原料的选择、储运、加工和配制,到制成给定技术要求的成品的全过程为生产工艺过程。工序是生产过程的基本组成单元,比如原料的粉磨(工艺工序),原料或成品的运输(运输工序),原料、半成品和成品的储存(储存工序),质量检查(辅助工序)等。因而,生产过程也可认为是按顺序将原料加工为成品的全部工序的总和。

生产工艺的各种工序,按其功能可分为工艺工序和非工艺工序。凡使原料发生形状、大小、结构及性能变化的工序称为工艺工序(或基本工序),其余的工序则属非工艺工序。工艺工序是生产过程的主体或基本环节。各工艺工序总称为工艺过程或基本工艺过程。混凝土制品生产中的基本工艺过程包括:原料的加工与处理、混合料的制备、制品的密实和成型、制品的养护、制品的装修和装饰。

6.1.2.2　主要工艺工序的作用

在原料的加工与处理过程中,主要是对物料进行破碎、筛分、磨细、洗选、预热或预反应,以达到改善颗粒级配、减少粒状物料空隙率、提高温度及洁净度、增大比表面积以及提高活性等目的。如对某些原料中不符合质量要求的组分(如某一粒级集料、针片状颗粒、铁渣、黏土、云母及有机物等杂质)可用筛除、清洗、磁选等措施予以剔除,将有害杂质的影响减少到允许程度以下。物料在原料加工工艺过程中将发生多方面的物理或化学变化,因而原料的加工与处理工序是形成混凝土结构的准备阶段,它为后续生产过程的正常进行,以及最终获得合格的成品提供必要的条件。

在混凝土混合料的制备工艺过程中,将合格的各组分按规定的配合比称量并拌合成具有一定均匀性及给定和易性指标的混凝土混合料,应该将之视为混凝土内部结构形成的正式开端。搅拌除考虑均匀外,还应重视搅拌强化。在搅拌工艺过程中,可采用分段搅拌、轮碾、超声、振动、加热等措施,进行活化、改善界面层结构和加速水化反应,以促进结构形成并提高混凝土的强度。

密实成型工艺利用水泥浆凝聚结构的触变性,对浇灌入模的混合料施加外力干扰使之流动,以便充满模型,使制品具有所需的形状,更重要的是使尺寸各异的集料颗粒紧密排列,水泥浆则填充空隙并将之粘结成一坚固整体。因而,密实成型工艺被视为混凝土内部结构形成的关键工艺工程。在此过程中,为形成密实结构,不仅应少引气或不引气,而且还应使搅拌与浇灌时引进的空气排出;为形成多孔结构,则应构成大量均匀的微小封闭气孔。同时,应力求降低能耗。

养护工序在混凝土制品生产过程中,历时最长,能耗最大,又在很大程度上影响到制品的物理力学性能,所以养护是一个重要工艺环节。对已密实成型的制品进行养护时应创造使混凝土结构进一步完善和继续硬化的必须条件。在加速混凝土硬化的过程中,必须注意兼顾技术及经济效益,在力求制约或消除导致内部结构破坏的因素并发挥水泥潜在能量的条件下,最大限度地缩短养护周期和降低能耗。

6.1.3　混凝土制品的生产组织方法

依据混凝土制品成型与养护过程中所需主要工艺设备、模型及制品在时间和空间上组织形式的不同,混凝土制品的生产组织方法可分为台座法、机组流水法和流水传送法。具体在生产中采用哪种方法,取决于产品类型配筋形式、产量、设备类型、机械化与自动化程度、基建期限及投资等因素。实践证明,生产不同的混凝土制品,在生产中必须根据具体条件,选择适宜的生产组织方法,才能取得良好的经济效益。

6.1.3.1 台座法

台座法的工艺特点是制品在台座的一个固定台位上完成成型和养护的全部工序,而人工、材料、工艺设备顺次由一个台位移至下一个台位。制品制成后,由起重运输设备将制品运移至成品堆场堆放。这种生产方法设备简单、投资小、生产率较低,适用于露天预制构件厂和施工现场制作。

简易台座应用广泛,可生产预应力多孔板、墙板及其他配套构件,施工现场制作预制混凝土梁、柱及屋架等,灵活性较大。其成型设备主要是平板振动器和插入式振动器,也可采用某些专用成型机,如拉模、挤压机或行模机等。制品多采用自然养护,覆盖浇水,也可采用太阳能养护罩、蒸汽养护罩或热胎膜等加速混凝土的硬化。

6.1.3.2 典型机组流水法

典型机组流水法是将生产线划分为若干工位,主要工艺设备组成若干机组并与操作工人分别固定在相应工位上。模型与制品按工艺流程依次由一个工位移至下一个工位,并在各工位上完成相应的操作。流水方式是非强制性的。制品在各个工位上停留的时间即流水节拍也各不相等,因此为使全线生产保持均衡,某些工位应设置中间储备场地。

典型机组流水法生产建设周期短,投资和耗钢量都较少,它适宜产品变化较多的中型永久性混凝土制品厂。图 6-1 是典型的机组流水工艺示意图。整个生产工艺过程依次在四个工位上完成,即装拆模、钢筋安放及张拉、成型和养护。成型方法可采用振动、振动加压抽芯、离心成型、振动真空成型等。

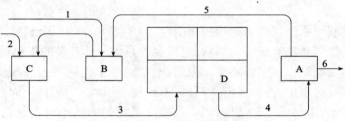

图 6-1　典型的机组流水工艺示意图

A—装拆模、清理、涂隔离剂工段;B—钢筋安放和加工阶段;C—成型工段;D—养护工段;
1—钢筋;2—混凝土混合物;3—养护前的制品及模型;4—养护后的制品及模型;5—模型;6—成品

工位:A——拆模工位,完成工序:放张、拆模、起吊、清理、涂隔离剂、组模

　　　　B——配筋工位,完成工序:钢筋安放,铁件安装,张拉

　　　　C——成型工位,完成工序:浇注、成型、修理

　　　　D——养护工段,完成工序:养护。

流水可用桥式或梁式吊车进行。这种组织方法灵活性较大,可适用于多种制品的生产,但吊车工作负荷重,有碍产量的提高。

6.1.3.3 改良机组流水工艺

图 6-2 是改良的机组流水工艺示意图。

工位:A、B、C、D、E 五个工位,各工位完成工序:

工位 A——拆模、放张、起吊

工位 B——清模、涂隔离剂、合模

工位 C——安装钢筋、安装铁件、张拉

工位 D——浇注、成型、修理

工位 E——养护

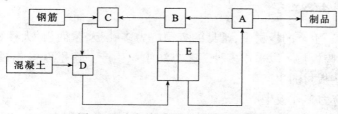

图 6-2　改良的机组流水工艺示意图

改良措施:解决运输问题,采用空中运输和地面运输相结合的方式。

A ——→ B ——→ C ——→ D,在输送带上完成(地面运输)

D ——→ E ——→ A 桥式吊车完成

6.1.3.4　流水传送法

流水传送法生产线是按工艺流程分为若干工位的闭环式流水线,工艺设备及工人均固定在有关工位上,而制品及模型则按照规定的流水节拍,强制由一个工位移至下一工位,并在每一节拍内完成各工位的规定操作。流水节拍是指完成每个工位操作内容的时间,即每个工位停留时间。

由于生产线上各设备的生产率及各工序作业量的不同,为保证一定的流水节拍和流水传送的正常进行,必须对每一个工位上的工序进行必要的组合和分解,以期达到均衡。这种方法称为工序同期化。只有实现工序同期化,才有利于组织流水线生产,充分发挥流水生产的优越性。

流水传送生产线的成型可用振动或压制等专用设备进行。养护设备可采用平窑、折线窑或立窑。采用隧道窑时,一般有平面循环和竖向循环两种工艺布置形式。

平面循环的特点是生产线和地上养护窑,形成一个平面循环,操作方便,设备少,投资少,但是占地面积大,车间利用率低,热损失大。

图 6-3 是采用竖向布置的流水传送法工艺示意图,它由成型作业线、连续式养护窑和两端的升降、顶推机构组成一条封闭环式流水传送生产线。

竖向循环流水传送法机械化、自动化、联动化程度高,适宜三班制连续作业,生产效率高。但这种生产方法设备较复杂,投资大,耗钢量大,建厂周期长,生产线调整较困难,维修也不方便。因此,适用于产品品种单一的大型或中型永久性混凝土制品厂。

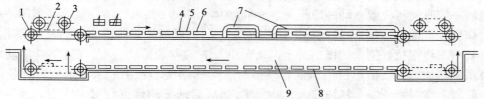

图 6-3　竖向布置的流水传送法工艺示意图

1—升降机;2—模型;3—顶推机;4—浇灌机;5—振动成型机;6—预养窑;7—8—模车;9—隧道式养护窑

6.2 常见混凝土制品生产工艺举例

6.2.1 混凝土板材生产工艺

在混凝土制品厂生产的板材中,常见的有预应力多孔板、屋面板、大楼板及非预应力内墙板和外墙板等。这些板材可以采用多种工艺方法组织生产。这里以多孔板、大型板材的生产为例,下面介绍一些板材的生产工艺。

6.2.1.1 预应力多孔板生产工艺

预应力多孔板是民用建筑中用量最多的预制构件,通常采用室内机组流水法或室外露天台座法生产。

1. 机组联动工艺

预应力多孔板机组联动工艺是按改良机组流水法组织的一种机械化程度高、流程紧凑、场地使用率较高的生产方法。图6-4是这种生产线的平面布置示例。全线分为成型、养护及脱模备模三大部分。在成型工段,边模与抽芯振动机组实行联动,这样可以简化模型构造。多孔板采用干硬性混凝土混合料和加压振动密实成型,以缩短密实成型时间,并在成型后立即脱模。养护工段采用养护坑进行热养护。脱模备模工段在辊道进行传送,2min 备好一套模型。

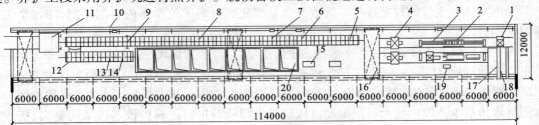

图6-4 预应力多孔板机组联动工艺平面布置图

1—混凝土浇灌机;2—振动台小车;3—芯管;4—加压车;5—备模辊道;6—备模辊道油缸;7—张拉机;
8—铺放钢丝工作台;9—隔离剂喷涂机;10—操纵台;11—成品运输车;12—横移装置;13—切割机;
14—升降台;15—整修架;16—桥式起重机;17—送料平台料斗;18—混凝土运输小车;19—操纵台;20—养护坑

该工艺线的生产流程如下:多孔板在养护坑 20 内经热养护达到设计强度的70%以上后,由桥式吊车将带底模的板材从养护坑中吊出,送往升降台 14 上。升降台将模型降至脱模辊道上,由辊道将模送至切割机 13 下,切断板材两端钢筋,使预应力放张,再用桥式吊车及自动吊具将制品吊至成品运输车 11 上送往成品堆场,而空模则横移装置 12 再移至备模辊道 5 上。该辊道隔一定时间将模型移动一段距离,经隔离剂喷涂机 9 时,进行清模及喷隔离剂。在铺放钢丝工作台 8 上铺放钢丝,至张拉机 7 处进行钢丝张拉,随后再将该模型送到辊道端部。

桥式吊车将张拉好钢丝的模型吊至振动台小车 2 的一端振动台上,气缸将其活动端模扣紧在模型上就位,然后,振动台小车带着模型沿纵向移动使芯管由一端穿入模内并使侧模就位。浇灌机 1 将混凝土混合料浇灌入模并刮平,然后启动振动台进行密实成型。当混凝土液化密实后,加压车 4 将加压板在制品表面上进行加压振动,同时启动芯管转动机构,与此同时,振动台小车另一端的振动台吊上另一模型。振动密实后,由振动小车拖动模型及制品从芯管上脱出,侧模也同时脱开,吊走加压板后再开启端模。同时,另一端模型由另一端的芯管穿入,也进行同样工艺过程。最后,将带底模的制品吊至整修架上整修,再送入养护坑养护。

2. 振动挤压工艺

混凝土多孔板振动挤压工艺是在台座上利用挤压机中螺旋铰刀运送物料时的作用力挤压混凝土,再配合表面振动器的作用使混凝土混合料密实成型。挤压机在混凝土反作用力推动下,沿台座轨道缓慢行走,生产出连续多孔板。

挤压机构造示意如图6-5。它主要由带边模的机架、喂料斗、螺旋铰刀、振动器、传动系统、行走装置等组成。

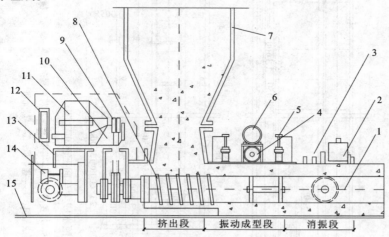

图6-5 挤压机构造示意图

1—消振头;2—抹光板;3—内振动器(振动芯子);4—上部振动器;5—齿形同步器;6—电动机;7—料斗;
8—铰刀;9—链轮;10—电动机;11—减速箱;12—三角皮带;13—增速箱;14—电动机;15—台座

其操作过程如下:先将挤压机放置在台座一端校正位置,托起钢丝并穿好托筋器(用来控制钢丝保护层),用喂料机向挤压机喂料斗连续输送混凝土混合料,开动螺旋铰刀,将混合料向后输送到顶端芯管处时,再启动附着式振动器,待混合料充满芯管间隙并振实后,机体即向前移动。

挤压成型应采用干硬性混凝土混合料,水胶比一般在0.28~0.38之间,坍落度为零,混凝土密实性好,制品外表光滑平整。用台座法生产时通常采用自然养护,待混凝土强度达到设计强度的70%以上时,即可放张切割起吊。

振动挤压工艺的特点是,生产效率高,功耗低,用钢量少,但铰刀易磨损,应采用耐磨的钢材制造,以延长其使用寿命。

6.2.1.2 大板生产工艺

大板主要是指大型墙板和大楼板。大型墙板有单一材料墙板和复合墙板。单一材料墙板的材料如水泥混凝土、轻集料混凝土等。复合墙板由面层、结构层和中间保温层组成。保温层可用加气混凝土、矿棉、玻璃棉、膨胀珍珠岩、泡沫聚苯乙烯等。大楼板主要指整间楼板,有预应力和非预应力两种。大型板材的生产工艺主要有平模工艺与立模工艺。

1. 平模流水工艺

适合于外形复杂、工序较多、批量大的大板生产。图6-6是外墙板的平模流水成型车间工

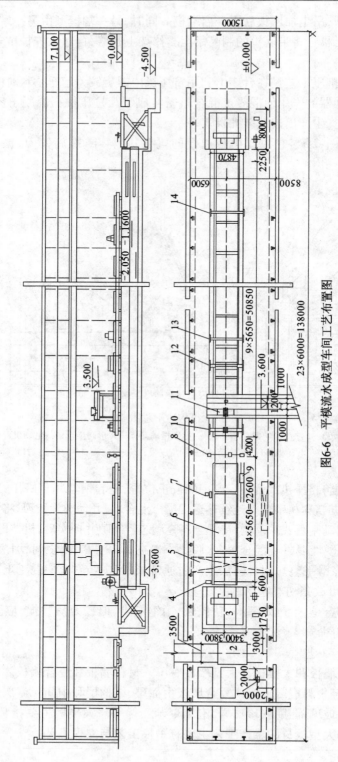

图6-6 平模流水成型车间工艺布置图

1—卷扬机；2—运输车；3—升降顶推机；4—截筋机；5—桥式吊车；6—钢模；7—推杆装置；8、9—纵向、横向张拉机；
10—浇灌机；11—混凝土运输车；12—振捣成型机；13—差平机；14—抹光机

艺布置图。整条生产线由地上成型作业线、地下隧道窑及两端的升降顶推机组成。成型作业线分为脱模及成品起吊、模型的清理组装及涂隔离剂、钢筋铺放及张拉、混凝土的浇灌、振动密实、抹光与静停及养护、整修等工序。全线采用模车在轨道上流过,然后,制品及模车由升降顶推机送入窑内,同时从窑的另一端顶出一个已养护完毕的制品,由相应的升降顶推机送往地面的生产线上。全线有 20 个工位,流水节拍为 20min。地下隧道窑可采用干热或干湿热养护,养护周期为 8 ~ 10h 左右、连续式养护,不但提高了生产率,而且避免了窑体的间歇热损失。但这种布置适合于地下水位低的地区。此外,还可采用地上隧道窑、折线窑等。

2. 成组立模生产工艺

成组立模工艺是在固定组装的金属模中垂直成型混凝土制品的方法。模板的支撑有悬挂式和落地式,目前采用较多的是悬挂式。图 6-7 为悬挂式成组立模示意图,它由若干个竖直模板组成,相邻模板的空间即为混凝土板材的成型腔。悬挂式立模组合后,用压紧机构压紧。为了便于制品脱模,模板底部的宽度较上部小 8 ~ 10mm。

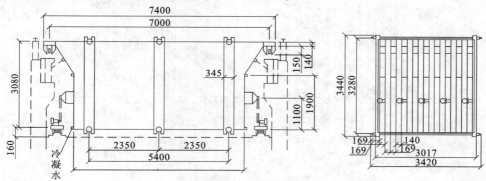

图 6-7　悬挂式成组立模图

可将热介质通入其内部预埋管道或空腔内,形成加热腔,对混凝土制品进行一面或两面加热。作为热介质,可采用蒸汽、热水或热油等。

成组立模工艺过程主要有:

(1)清模:开启立模吊出制品后,可采用压缩空气及金属刷清除模板表面,然后涂上隔离剂,最好采用黏附性能较好的乳化隔离剂。

(2)安放钢筋及预埋件:组装模板时放入预制钢筋骨架,骨架上绑有混凝土垫块或塑料圈,使钢筋在模内定位。

(3)混凝土浇灌:一般分 3 ~ 4 层进行,每层浇灌后应进行振动捣实。相邻腔内混凝土高度差不应超过 30 ~ 40cm。立模一般采用流动性混合料,坍落度为 4 ~ 8cm 或更大。应采取措施尽量减小浇灌成型时的混凝土分层现象。由于需在短时间内供应大量混凝土,可采用胶带运输机、混凝土泵、浇灌车或吊斗作为运送工具。

(4)振动密实:可采用多种方式,如芯模振动、柔性模板振动、底模振动等,也有采用插入式振动器或用附着式振动器装在端部模板上使立模整体振动。振动时间是上层长,底层略短。

(5)养护:由于成型后制品裸露面很小,允许采用快速升温。养护时间的长短取决于制品的厚度、加热腔的布置、混凝土的配合比及水泥品种等。为了缩短养护周期,也可在浇灌成型过程中提前升温,将模板预热至30~40℃,成型完毕后,混凝土温度可达60~65℃,经1~1.5h即可达95~100℃,养护周期可缩短5~6h。由于立模热容量大,冷却时可采用强制措施加速冷却,提高模板周转率。

为提高混凝土质量和加速周转,形成了以双腔或四腔立模(图6-8)为主的新型立模机组流水工艺。双腔有两块可转动带侧模的电热模板和一块柔性振动模板。板材成型后用电热模板快速加热30~40min至80~90℃,再重复振动一次。当强度达到1~2MPa时即可脱模,板材连同底托一起用专用起吊横担移至恒温室养护。四腔立模中两块板材共用一个底托,连同中间柔性模板一起送入养护室养护。

成组立模生产工艺具有占地少、热耗低、周期短、制品尺寸精确、表面质量好、无需工艺性附加钢筋、用钢量低等优点。但采用立模工艺必须妥善解决浇注成型及养护问题,否则不仅影响效率,且易造成混凝土强度沿制品高度的不均匀性。

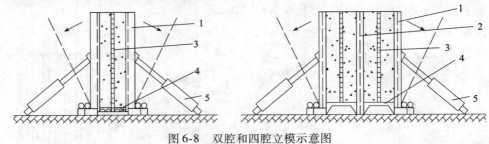

图6-8 双腔和四腔立模示意图
1—可转动的电热模板;2—固定热模板;3—柔性振动隔板;4—底拖;5—开模机构

6.2.2 预应力混凝土管、桩材生产工艺

环形截面的混凝土制品种类多、用途广,是当前预制混凝土制品中最为丰富多彩、发展最快的一类制品。如输送水、油、气及粉煤灰的混凝土管,输电及通讯用电杆,工程建设用的管桩和管柱等,其形状、构造、生产工艺、材料及制品性能等有许多共同之处,其特点是:易于制作、表面光滑、抗扭、抗冲击及耐久性好,不易腐蚀,使用寿命长,可节约钢材及木材,设备简单,建厂快。

6.2.2.1 三阶段离心制管工艺

三阶段制管工艺是将一根管材分为三个阶段制成即先制作一个有纵向预应力钢筋的混凝土管芯,在硬化后的管芯上再缠绕环向预应力钢丝,最后制作环向钢丝的保护层。

图6-9为三阶段预应力管及接头构造示意图。管芯3的承口端及插口段配有起构造作用的非预应力钢筋骨架(在纵向预应力布置合理、保证预应力的条件下也可不配置)、纵向预应力钢筋4的作用是建立管体混凝土的纵向预应力,以提高管体的抗折(拉)、抗裂性能,确保管子在制造、运输、使用过程中不发生环向裂缝。保护层6用来防止环向预应力钢筋锈蚀。

三阶段制管工艺中,混凝土管芯的密实成型有振动工艺和离心工艺两大类。振动制管工艺有:外膜振动、芯模振动及振动真空等,主要用于制作大直径混凝土管。离心制管工艺是最常用的制管方法,其特点是混凝土强度高、抗渗性能好。但用于生产大直径管(1200mm以上)是不经济的。因为随着直径的加大和管壁增厚,势必需降低转速和延长成型时间,这样既影响管材的质量,又降低了生产率。由于混凝土管使用要求的不断提高,促使其生产由单一的离心工艺发展为离心振动、离心辊压、离心振动辊压等复合工艺。

本节主要介绍直径小于或等于 1200mm 的中、小口径混凝土压力管的离心制管工艺。

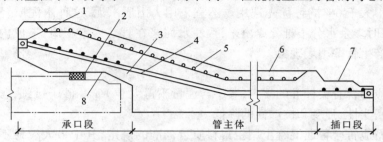

图 6-9　三阶段预应力管及接头构造示意图

1—锚固装置;2—橡胶圈;3—管芯;4—纵向预应力钢筋;5—环向预应力钢筋;
6—保护层;7—插口工作面;8—承口工作面

1. 工艺流程

预应力混凝土管三阶段生产工艺流程如图 6-10 所示。

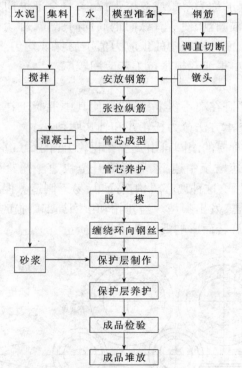

图 6-10　预应力管三阶段法工艺流程图

2. 混凝土管芯的制作

严格控制原材料质量、工艺参数和操作方法是保证管芯质量的关键。

(1)原材料的选用

① 水泥

制作预应力混凝土管的混凝土强度等级应不低于C40。采用离心成型工艺时，宜选用不低于42.5级、质量符合有关国家标准的普通硅酸盐水泥或矿渣硅酸盐水泥，水泥熟料中铝酸三钙计算含量不大于6%的可优先选用。不宜采用火山质水泥，这种水泥质轻、需水量大、保水能力强，离心时多余水分很难分离出来，致使水泥浆在管芯内壁积聚，造成内壁松软，开裂，甚至在成型后产生管壁坍塌现象。

② 集料

制管用砂应符合有关标准的规定，其中含泥量不得大于1%。砂子过细，含泥量过大将导致离心混凝土密实性、强度和抗渗性的降低。

碎石或卵石应符合普通混凝土用粗集料质量标准的规定，其中最大粒径不应大于筒体壁厚1/4。

（2）纵向预应力钢筋的张拉

管芯纵向预应力钢筋采用先张法张拉。先张法张拉是将定长的钢筋一端先固定在锚固盘上，另一端张拉至规定的应力值（或伸长值）后，也锚固在锚固盘上，然后浇注成型，待混凝土达到规定强度时放松预应力钢筋，使混凝土产生预应力。

每次张拉一或两根钢筋的称为单根或双根张拉，若将全部纵向钢筋先锚固在管模两端的锚固盘上，然后转动一端的锚固盘，使所有纵向钢筋同时张拉，称为整盘张拉。整盘张拉虽生产效率高，但所需张拉力大，而且钢筋中的预应力值不易保证均匀。整盘张拉时，常出现个别钢筋被拉断的现象。因此，单根或双根张拉工艺应用较广。

（3）管芯的离心成型

管芯离心成型是管模平卧在离心机上旋转时，使其中混凝土在离心力作用下密实成型的过程。离心制管机按管模支承方法分为托轮式和轴式两种。

托轮式离心机工作时，管模的滚圈自由支承在托轮上（图6-11），其安放角 α 以 80°～110° 为宜。托轮旋转时，先由慢速增至中速，然后逐渐升至快速。托轮最高转速依管径大小而不同，一般控制在 600r/min 以下，这种离心机构造简单，易于制造。但是一般托轮和管模的滚圈都是钢制的，运转时相互撞击，发出噪声。当托轮和滚圈局部磨损时，不仅噪声大，而且引起管模剧烈振动，甚至不能高速旋转而影响混凝土管芯的质量。

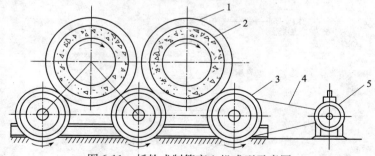

图 6-11　托轮式制管离心机成型示意图

1—滚圈；2—管模；3—拖轮；4—传送皮带；5—电动机

轴式离心机（也称车床式离心机）工作时，克服了托轮式离心机的上述缺点，它不用托轮支承管模,而将管模卡牢于卡盘间(图6-12),电动机带动卡盘,使管模高速旋转。由于管模是在稳定状态下旋转,离心过程中管模不能自由振动,因此转速可提高到800~1000r/min,噪声也极小,高速离心成型,即可缩短离心时间,又可获得高强度的混凝土管芯。但轴式离心机设备较复杂,操作不便,因此较少应用。

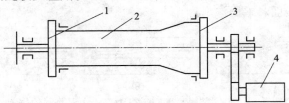

图6-12　轴式离心机制管示意图

1—前卡盘;2—管模;3—后卡盘;4—电动机

离心密实成型过程中,混凝土的外分层现象是不可避免的。当离心加速过大或离心时间过长,还会产生内分层现象,从而降低了混凝土的密实度。因此,成型过程中,离心制度是关键。离心制度主要指各阶段的离心速度和离心时间,最佳离心制度因设备、原材料、操作方法等条件的不同而异。表6-2以 $\phi500\text{mm}$、$\phi600\text{mm}$ 管为例,列举了密实成型工艺参数。

表6-2　离心密实成型工艺参数

| 管径
(mm) | 投料次数 | 投料 | | 慢速 | | 中速 | | 快速 | | 合计
(min) |
		转数 (r/min)	时间 (min)	转数 (r/min)	时间 (min)	转数 (r/min)	时间 (min)	转数 (r/min)	时间 (min)	
500	第一次	80~100	5	110~200	6	250	5	450	6~8	47
	第二次(砂浆)	80~100	1	110~200	2	250	0	450	3	
	第三次	80~100	3	110~200	1	250	1	450	10~20	
600	第一次	80~100	5	110~200	5	250	5	450	8~10	53
	第二次(砂浆)	80~100	1	110~200	2	250	0	450	3	
	第三次	80~100	4	110~200	1	250	7	450	12~15	

制作管芯时,应特别注意承口和插口端混凝土的密实性,内壁光圆度和尺寸的准确性。此承口内模挡圈与外模必须联成一体(图6-13),而且三次(或两次)投料成型。

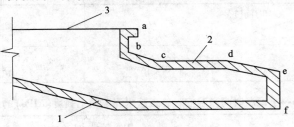

图6-13　承口模型示意图

1—模壳;2—承口内模挡圈;3—成型后管芯内壁表面

由图6-13可见,承口是处于三面密封状态下离心成型的。若采取一次投料,则由于a、b部分已装填混凝土,离心密实过程中从承口端混合料中析出的多余水分,受承口的堵塞不能顺畅排出，而聚集在承口模 b、c、d 段。混凝土硬化后，水分蒸发，承口工作面和斜面上形成蜂窝麻面、凹凸不平及积水痕迹，并且直径偏差较大；另一方面，离心成型的水泥浆层(抗渗层)在承口与管体之间中断[图6-14(a)]，承口工作面和斜面处的水泥浆层很薄，抗渗性较差。这种情况在水压试验时，由于不能很好密封和抗渗层中断(或较薄)，压力水即由此渗入混凝土，沿纵向钢筋或从管子外表面和端面渗出。

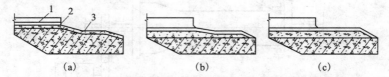

图6-14　不同装料高度在承口中形成水泥浆层的位置

(a)料层高于承口斜面；(b)料层在承口斜面中；(c)料层在承口斜面下部

采用三次(或两次)投料和严格控制水胶比，可基本上避免上述现象。采用两次投料时，首次投料以达承口斜面中间为宜，使离心形成的水泥浆抗渗层处于承口工作面和斜面处，以避免承口抗渗层和管体抗渗层的中断[图6-14(b)]。采用三次投料时第一次投料的高度应在承口下部[图6-14(c)]；第二次投料时，可徐徐投入砂浆，使之均匀流入承口，充满模型，以保证管芯成型后，承口段尺寸准确、表面光滑；第三次投料则将所需混凝土全部投入，水胶比应比第一次投入的小些。如混合料在管模上分布不匀，可用钢钎刮平。离心结硬之前，再用钢钎把管壁上凸出的石子打掉，力求内壁光滑，直至混凝土密实结硬，离心始告结束。

(4)管芯的养护

为保证其抗渗性，管芯可直接用热水养护。国内普遍采用蒸汽养护，其制度与养护设备、管壁厚度、水泥品种及配合比等因素有关。由于离心成型的时候有 20% ~40% 的拌合水由混凝土排出，使之密实干硬，带模养护可抑制混凝土的膨胀变形，因此可采用快速升、降温的制度。适当预养和恰当控制恒温温度和时间，均有利于管芯混凝土气密性和强度的提高。

表6-3 和表6-4 为两组实验结果。采用 42.5 级硅酸盐水泥、用量不少于 550kg/m³ 时，可按预养 1 ~2h，升温 1 ~2h，恒温(85℃)5h 及快速降温的养护制度。实际生产中，一般均经实验确定养护制度。

表6-3　预养时间对硅酸盐水泥混凝土气密性的影响

透气次数 $K(cm/s)$ 恒温温度	预养时间(h) 0	1	2
85	12.9×10^{-10}	7.8×10^{-10}	5.0×10^{-10}
100	55×10^{-10}	16.9×10^{-10}	7.3×10^{-10}

表6-4　恒温时间和温度对硅酸盐水泥混凝土强度(MPa)的影响

恒温温度(℃)	恒温时间(h)									
	4		6		8		10		12	
	立即	28d	立即	28d	立即	28d	立即	28d	立即	28d
100	24.2	40.2	29.2	41.0	32.6	40.2	31.4	41.9	42.5	44.5
85	21.8	44.0	30.7	45.1	28.3	45.4	34.6	45.0	37.5	51.5

养护后,混凝土抗压强度应达到设计强度的 70% 方可放张脱模,在保证混凝土抗渗性要求及内部结构破坏程度最小的前提下,应尽量缩短养护周期。

3. 环向预应力钢丝的缠绕

环向预应力钢丝的缠绕是在缠丝机上进行的,采用 $\phi 4\text{mm}$ 或 $\phi 5\text{mm}$ 的冷轧带肋钢筋作预应力钢丝。常用的缠丝工艺有电热法和配重法。

(1)电热法缠丝工艺

预应力混凝土管电热法缠丝在卧式或立式机床上进行,其工艺如图 6-15 所示。钢丝盘架 1 上的钢丝 5 通过阻力轮 2 及前电极轮 3 进入电热区,在石棉管导向轮 4 上绕三圈以便控制钢丝的电热长度,再经后电极轮 6 引出电热区,然后缠绕在混凝土管芯 7 上。钢丝冷却回缩后,是管芯混凝土获得环向预压应力。

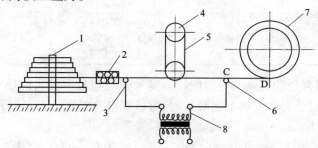

图 6-15　电热绕丝工艺示意图

1—钢丝盘架;2—阻力轮;3—前电极轮;4—导向轮;5—钢丝;6—后电极轮;7—管芯;8—变压器或弧焊机

电热缠丝工艺钢丝的温度变化及应力建立过程如图 6-16。钢丝在室温下通过阻力轮 2 进入电热区以前,其拉应力为阻力轮所产生的机械初应力 σ_0。钢丝经过前电极轮 3 后,钢丝温度从室温 T_0 增至 T_1,其应力由于石棉管的摩擦阻力而增至 σ_M。钢丝离开后电极轮,便开始在自然状态下散热降温。钢丝从 C 到 D,散热于空气中,其温度从 T_1 降至 T_2,而应力值则不变。钢丝经过 D 点以后开始缠绕在管芯上,由于钢丝的冷却回缩,对管芯施加电热温度应力 σ_N。钢丝的控制应力值 $\sigma_H = \sigma_M + \sigma_N$。

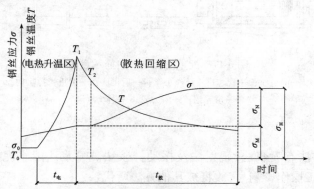

图 6-16　电热缠丝工艺钢丝的温度变化和应力建立过程

σ_N—电热温度应力;σ_H—最后建立之应力;σ_M—机械应力;σ_0—通过压筋轮所产生的机械应力;

T_0—室温;T_1—电热温度;T_2—出电热区经散热后缠到管芯上的温度

缠绕时从插口端开始逐渐向承口方向进行,始末两端需密缠 3～4 圈,其净距应控制在 2～3mm。若中途断丝停车,必须用抱箍夹紧,弧焊连接后,密缠 3～4 圈,再继续按设计螺距缠绕。在缠绕过程中,必须严格控制电流、电压值及螺距等工艺参数,以便获得准确的电热温度应力 σ_N。表 6-5 列举了制作 $\phi600mm$、工作压力为 0.6MPa 的水泥混凝土压力管的电热工艺参数。电热时应同时保持电压和电流的稳定,以确保钢丝中应力的均匀。此外,钢丝应预先除锈,表面要求光洁,因为锈蚀层起绝缘作用,不仅增大了接触电阻,使电流变小,而且还因钢丝与电极接触不良而产生电火花,以致损伤钢丝。

表 6-5　钢丝螺距电热参数

管径(mm)	钢丝规格与强度	管芯转速(r/min)	电流(A)	电压(V)	螺距(mm)	
					管体	承口
600	$\phi5mm$ $\sigma_0 = 850MPa$	14 16 18	290 + 15 310 + 15 325 + 15	43.5 + 5 45.0 + 5 47.7 + 5	24.6 ± 0.5	21.5 ± 0.5

电热温度对不同直径的高强钢丝的抗拉强度和弹性模量有较大的影响,故有最高允许电热温度的规定,在采用已有的电热工艺参数时,应核算电热温度是否超过允许最高电热温度。

(2)配重法缠丝工艺

图 6-17 为一种配重法缠绕环向预应力钢丝的工艺方法。钢丝从钢丝盘架 8 引出,通过阻力轮 7,穿过滑轮组 6,在配重锤的重力作用下,使钢丝张拉。

缠丝时,管芯 2 固定在卡盘间(或置于橡胶托轮上),管芯随之转动,并牵引来自送丝小车 3 的钢丝,按规定的螺距缠绕在管芯上。螺距可用丝杆调节,其误差应不大于 ±1mm。在缠丝前,应选好配重并调整好丝杆转速,以满足设计中对预应力值及螺距的要求。

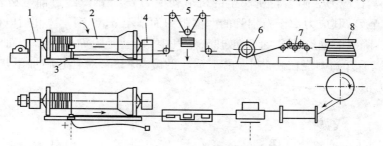

图 6-17　配重法缠绕环向筋示意图

1—前机座;2—管芯;3—送丝小车;4—后机座;5—配重张拉机构;

6—滑轮组;7—阻力轮;8—钢丝盘架

4. 保护层的制作

保护层的制作方法有喷浆法、辊射法及振动抹浆法。喷浆法因水泥损耗量大,劳动条件差,保护层质量受人工操作影响大,故将被其他方法所代替。

(1)辊射法

如图 6-18 所示,砂浆辊射机是由一对高速旋转的辊筒(钢丝辊筒或外包橡皮的辊筒),胶带喂料机、料斗等组成,并安装在沿混凝土管芯纵轴平行移动的小车上。两个辊筒各自由一台电动机单独驱动,下辊可上下移动,以调节两辊间隙。管芯表面与辊筒表面距离一般为800~1500mm。

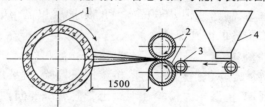

图6-18　辊射法制作保护层工艺示意图

1—管芯;2—高速辊筒;3—胶带喂料机;4—储料斗

制作保护层时,先将缠好环向预应力钢丝的管芯放在机床上缓慢旋转。将水泥砂浆(水泥:砂 $=1:(2\sim3)$, $W/C=0.25$)卸入料斗中。当水泥砂浆接近高速旋转的辊筒(5000~6000r/min)时,转动摩擦和真空吸附作用使之高速射向管芯表面。为了保证水泥砂浆与管芯的良好粘结,可预先用喷嘴向管芯喷一层浓水泥浆,再辊射水泥砂浆。当砂浆辊射至20~25mm厚时,再在表层喷一层浓水泥浆即成。用这种方法,散落的水泥砂浆约20%,可在管芯侧面设一个胶带机,回收使用。

制好保护层的管子,应进行历时2~3h、温度不超过65℃的第二次蒸养。然后再经7d洒水或浸水养护,以防干裂。

辊射工艺的优点在于设备简单,磨损小,可用于不同直径的管材;扬尘少,砂浆损耗率低;保护层密实度较高;约十分钟可完成制作一根管材的保护层,生产率较高。

(2)振动抹浆法

先将缠好预应力钢丝的管芯放在能使之旋转的机床上,然后将混凝土(或砂浆)连续加入振动料斗内,振动液化的混合料在重力的作用下流到旋转的管芯上,通过料斗下部振动压板的振压,混凝土(或砂浆)即在管芯表面形成均匀密实的保护层,如图6-19所示。

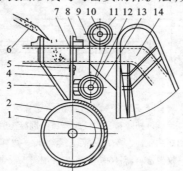

图6-19　振动抹浆示意图

1—混凝土保护层;2—预应力混凝土管芯;3、4—振动料斗;5、8—减振橡胶板;6—装料装置;
7—料斗;9—传动同步带;10、12—同步带齿轮;11—电机;13—激振器;14—机架

经试验研究,振动抹浆工艺参数如下:振动料斗的振动器频率为9000~10000次/min,振幅为0.12mm;混凝土水胶比为0.33~0.35;振动料斗下料口宽度为50~60mm;混凝土管芯的旋转线速度为200~250mm/min,若用多层抹浆法,其旋转速度约可提高2.5~3倍;料斗下料

口中心与管芯中心偏心距为 10～15mm;振动压板下部的圆弧半径为 110mm。

振动拌浆法生产效率高,制作一根 $\phi600mm$ 管的保护层仅需 10min,所需设备简单,易维护,若控制得当,保护层的质量可得到保证。

5. 产品检验

预应力混凝土管的质量检验包括外观检查、抗渗抗压检验、抗裂压力试验以及转角和位移试验等。新的国家规范规定,抗渗压力检验在混凝土管芯缠绕环向预应力钢丝之后便进行,以利于发现渗水的部位,准确地修补。抗渗压力检验可在水压试验机上进行。

6.2.2.2 悬辊法制管工艺

制作管芯的悬辊工艺与离心工艺相比,具有混凝土强度高、抗渗性能好、水泥用量低、成型周期短、管模结构简单、制管机对管径规格适应性较广、劳动条件较好等优点。因此,目前三阶段预应力管多采用悬辊法。

1. 悬辊制管工艺过程

悬辊制管机是悬辊法的主要设备(图 6-20),其工作机构是一根直径和长度视管径大小和管体长度而定的辊轴,其一端通过两个轴承座固定在机架上并保持水平状态,另一端通过带孔的活动横梁也支撑在机架上。为使管壁不致超厚,有些悬辊机附设可移动的刮板,将多余的混凝土刮去,并保持表面平整。另在胶带送料器的端部设有一活动小刮板,可随送料器的往复将辊轴上粘着的残余砂浆刮净,使之保持光洁。

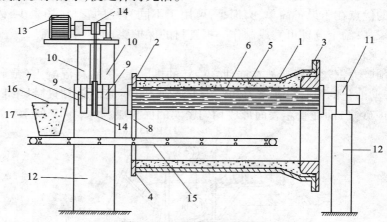

图 6-20 悬辊制管机示意图

1—管模;2—插口挡圈;3—承口挡圈;4—连接螺栓;5—混凝土管壁;6—辊轴;7—心轴;
8—连接法兰;9—滚动轴承座;10—固定横梁;11—活动横梁;12—立柱;13—电动机;14—传送胶带;
15—胶带送料器;16—料斗;17—混凝土混合物

成型管芯时,先打开活动横梁,将准备好的管模套进呈悬臂状的辊轴上,再合拢横梁,启动辊轴转动,并通过辊轴与管模挡圈的摩擦作用,带动管模转动。当管模的转速足以使混凝土黏附在管壁上时,先向承口部位加料,然后再向管模其余部位连续加料,使混凝土在离心力作用下均匀分布于管模内壁。管壁厚度由挡圈控制,当加料厚度超过挡圈高度后,混合料即开始在辊压力作用下逐渐密实。加料完毕,宜在继续辊压一段时间,待密实度达到要求即可停车。然后将管模由机架中吊出,准备进行带模蒸汽养护。

由于悬辊制管工艺主要是靠辊压力的作用密实混凝土的,因此,成型过程中应均匀连续喂料。若喂料不匀,将造成管壁料层厚薄不均,料层薄的部位则因辊压不足而密实度降低。此外,承口模的结构特点,使之混合料只能受到侧压力的作用,而不能受到径向压力的作用,致使承口质量下降。采用承口加振动或其他方法可提高承口混凝土的密实度。

2. 悬辊制管工艺原理

在悬辊制管时,管模的转速较低,故离心力的作用主要在于均匀布料。辊轴与混凝土料层接触面不平引起的振动对混合料的布料和密实起辅助作用。钢模、混凝土及钢筋骨架对所受的重力,构成了辊轴对混凝土的反作用力——辊压力(图6-21)。主要在辊压力的作用下,混凝土混合料得以在较短时间内密实成型。

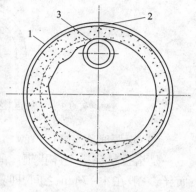

图6-21　悬辊工艺原理图
1—管模;2—混凝土管芯;3—辊轴

离心工艺和振动工艺各有优点,但单独用于制管工艺均非属理想的方法。因为离心或振动制管是将密实成型的能量平均施于管模和全部混合料,尽管总能量很大,但是单位体积混合料所获得的密实成型能量却很小。悬辊工艺,除了兼有离心和振动的作用,即在成型过程中的能量平均分布到混凝土管的各部位外,辊压则将能量主要集中在一个较小而狭长的悬辊辊压区,致使单位体积混合料获得了较大的密实能量。

悬辊工艺对于干硬性混凝土,其密实效果较之振动离心工艺显著得多。因为,从振动工艺原理可知,振动能量在传递过程中的衰减随混合料结构黏度的增大而增加,所以对于结构黏度较高的干硬性混凝土,单独采用振动工艺,密实效果不佳。离心工艺也很难使干硬性混凝土密实成型,相应于离心力达0.1MPa的离心速度,尚不足以克服干硬性混凝土混合料的极限剪切应力。而悬辊工艺的优越性之一就是适用于干硬性混合料,从而使混凝土管芯密实度提高。

3. 悬辊制管工艺参数的确定

管模的转速、辊压时间和辊压力的大小是悬辊制管工艺的基本工艺参数。

(1)管模的转速

悬辊制管时,管模的转速比普通离心工艺低得多,在喂料完毕后的净辊压阶段,转速有所提高,但也不超过离心法密实阶段转速的一半(如 ϕ1000mm 管的转速约为 100r/min)。实践证明,转速过高,对提高管芯质量并无显著效果,而对机具设备的要求却提高了。

管模与辊轴转速之间的关系可用下式表达:

$$n_2 = \frac{R_2}{R_1}n_1 \tag{6-1}$$

式中　n_1,n_2——分别为管模和辊轴的转速(r/min);

R_1,R_2——分别为挡圈(混凝土管)的内半径和辊轴外半径(cm)。

辊轴外半径与内径有一定比例关系,管径为300~1500mm时一般取1:3~1:4。

(2)辊压力

辊压力是指辊轴对辊压区管芯混凝土单位面积的压力。当松散的混合料的厚度超过挡圈时,就被辊轴压实于管壁内(图6-22),直到管壁压力这个变量随着混合料的不断被压入管壁而逐渐增大,并有个最大值,即当混合料不能再压入管壁而将使管壁呈现超厚状态时的辊压力。此外,辊压力在管壁混凝土中沿径向方向衰减,管内壁处最大,而模内壁处最小。

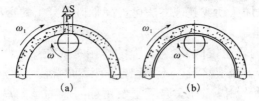

图6-22 辊压力示意图

(a)混合料不足;(b)混合料超厚 ω—辊轴转速;ω_1—管芯转速;ΔS—辊压区;P—总反压力

(3)辊压时间

是指投料完毕至停止辊压的时间间隔。依管径和壁厚的大小,以及混合料干硬度的不同而异,一般在 4 ~ 7min 之间,即获得较好的密实效果。

6.2.2.3 一阶段法制管工艺

一阶段法制管工艺是在管体混凝土初步成型后的继续密实成型过程中立即张拉环向钢丝,并同时使混凝土加速硬化,也即将管芯制作、环向钢丝张拉及保护层制作在一阶段内同时完成的制管工艺。由于管体混凝土采用振动挤压法密实成型,故又称振动挤压制管工艺。

1. 制管工艺原理及流程

管模由内模、外模组成,是一阶段制管工艺的主要设备之一。内模是外套橡胶的钢圆筒,胶套两端与筒体密封,钢筒内部焊有进出水管,以便胶套与钢筒间的空腔中注入高压水。外模由两片(中小口径管)或四片(大口径管)组成,合缝处用弹簧螺栓拧紧,以拼装成圆筒形的整体。一阶段制管工艺原理如图6-23所示。

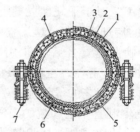

图6-23 一阶段制管工艺原理示意图

1—外模;2—内钢模;3—内钢模与橡胶套之间的空腔;4—混凝土管芯;5—环向应力钢丝;6—橡胶套;7—弹簧螺栓

一阶段振动挤压制管工艺流程如图6-24 所示。制管时,先将环向钢筋放入外模,并张拉好纵向预应力钢筋。再将外模对中套在内模上,并在内模之间浇灌混凝土并振动密实。然后向内模钢筒与胶套之间注入压力水,并逐渐提高压力水。根据液体传递压强的原理,压力水迫使橡胶套作等压均匀径向扩张,并挤压已振动密实的混凝土。混凝土中部分游离水从粘贴滤布的外模合缝处排出,固相颗粒互相紧密排列,混凝土的密实度进一步提高,使钢丝无法在其中滑动。当水压力传给弹簧螺栓的力超过外模合缝的压紧力时,合缝开始微微张开。随着水压的继续升高,胶套进一步扩张,推动已挤压密实的混凝土并迫使环向钢丝伸长,从而产生预应力。当水压力达到规定的恒定值时,应保持其稳定,并开始热养护。待混凝土强度达到设计强度的 70% 时,排水降压,并抽真空使橡胶套与混凝土管内壁脱开以便脱模。此时,由于环向钢丝的弹性回缩而使混凝土管壁建立预压应力。

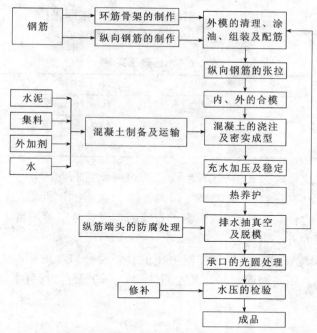

图 6-24　一阶段振动挤压法制管工艺流程图

2. 主要工序的控制

一阶段制管工艺中,浇灌成型、充水加压、热养护、承口光圆处理等工艺,对产品质量影响较大,应严格控制。

(1)浇灌成型

所用水泥除符合三阶段工艺的要求外,其初凝时间不得早于 1.5h,标准稠度用水量不大于 26% 。混凝土坍落度宜控制为 3 ~ 8cm。浇灌前,组装好的观摩上口应套有分料锥,以利浇灌。振动设备应根据密实效果、噪声大小、劳动强度、生产效率等因素来选择。常用设备有风动振动器、振动台及振动插板等。前者振动效果好,但噪声大;后二者振动效果不甚理想。振动时间随管模规格、振动设备类型及操作条件而异。浇灌成型工序于水泥初凝前结束。

(2)充水加压

混凝土振动成型后,即应充水加压,这是张拉环向钢丝及一阶段制管工艺的关键。充水加压可分充水排气、升压和恒压三阶段,其中升压又可分两个阶段。水压力在低于外模合口弹簧螺栓的压紧力(与弹簧性质、数量、管径等有关,一般相当于 0.2 ~ 0.3MPa 的腔内水压力)前,压力水对混凝土的挤压力,起初主要是由水泥浆承受的,此时集料颗粒是被水泥浆隔开的,在此阶段内,升压速度要慢,以利于水分的排出。随着压力的增强,水泥浆中部分多余水分被排出,集料颗粒接触点逐渐增多,从而形成坚固的骨架结构。

若升压过快,则管材在水压检验时,接缝处的管壁易发生渗漏现象,这可能是由于混凝土骨架结构欠佳,而使受张钢丝滑动,以致造成了渗水渠道。

当水压超过外模合口弹簧螺栓的压紧力时,即进入升压第二阶段,随水压力的升高,模型合缝张开,橡胶套推动混凝土并带动环向钢丝,使之径向扩张即张拉,直到达到控制应力,此时的升压速度可相应提高。表 6-6 为生产中曾采用的升压制度实例。

表 6-6　水压升压实例

升压值(MPa)	0→0.3	0.3→1.0	1.0→恒压值(2.6)
升压速度(MPa/min)	0.01~0.02	0.05~0.10	0.10~0.20
升压时间(min)	15~30	7~15	
稳压时间(min)	15	10	至热养护结束(6h)

水压力达到要求值后即进入恒压阶段,同时即可开始进行热养护。恒压阶段中压力值应力求稳定,其波动范围应控制在 ±0.05MPa 以内。因为水压的波动将使已经获得一定强度的混凝土结构遭到不可愈合的破坏,造成混凝土管壁的空鼓和分层等质量事故。

确定水压恒定值的方法有两种:

① 根据外模合口缝张开量计算和控制恒压值。外模合口缝的张开量基本上应与每圈环向钢丝的伸长值相等。用高强钢丝配筋及控制应力 $\sigma_k = 0.75f_y^b$ 时,每个合口缝的平均张开值 α(cm)应等于:

$$\alpha = \frac{0.75f_y^b \pi D}{nE_g} \tag{6-2}$$

式中　D——环向钢丝骨架的直径(cm);
　　　f_y^b——环向预应力钢丝的标准强度(MPa);
　　　E_g——环向钢丝弹性模量(MPa);
　　　n——外模的片数。

采用此法时,每次应测量各合口缝的张开值,故较为繁琐。实际生产中影响合缝张开的因素较多,沿管模长度方向的合缝值也不尽一致,故用此法确定的恒压值不够准确。

② 根据水压力应与弹簧螺栓和环向钢丝的反力相平衡的原理,确定恒压值。也即恒压值 P_H 应等于环向钢丝反压力 P_g 和弹簧螺栓反压力 P_t 之和:

$$P_H = P_g + P_t \tag{6-3}$$

弹簧螺栓反力为弹簧螺栓预压力及合缝张开后继续由水压力传给弹簧的压力,可通过测量弹簧的变形求得。计算时,弹簧螺栓反作用力一般可取 0.4MPa。故上式可写成:

$$P_H = \frac{\sigma_k \cdot A_y}{r_a} + 0.4 \tag{6-4}$$

式中　σ_k——环向钢丝的质量控制应力,MPa,$\sigma_k = 0.75f_y^b$;
　　　A_y——沿管材纵向单位长度上的环向钢丝截面积,cm²/cm,$A_y = A_a/S$;
　　　A_a——环向钢丝截面积(cm²);
　　　S——环向钢丝螺距(cm);
　　　r_a——环向钢丝骨架的半径(cm)。

考虑到内压力通过混凝土传递而出现的损失以及其他因素的影响,实际采用的恒压值常比计算值高出 0.2 ~ 0.3MPa。

（3）热养护

振动挤压管密实成型后并充水加压至恒压时，已处于三向限值状态下，加之已排除大部分水分，混凝土密实性很高，因此可以采用快速升降温的养护制度。常用的方法有两种：一种是快速蒸汽养护，恒温温度为 85 ~ 100℃，经 5 ~ 7h 即可达到脱模放张强度；另一种是热水或热水辅以蒸汽养护，即将热水冲入内模胶套，加压的同时又可加速硬化。由于混凝土必经内外模传热，上述方法传热效率均较低。故宜采用高频电磁场感应加热养护或红外线养护，使钢模及钢筋直接感应生热，或混凝土直接受辐射生热，混凝土升温迅速，养护时间短，效果佳。

养护后，即排水降压，用压缩空气排净残余水分。为便于外模及制品脱离内模，可再使胶套内部抽真空，其真空度为 0.067 ~ 0.080MPa。

（4）承口光圆处理

恒压时，由于两片外模合口缝张开，因此承口工作面的横断面微呈椭圆形。为了满足管子接头的密封要求，需要进行承口光圆处理，通常采用磨光法。对于尺寸偏大的椭圆形承口，也可用环氧树脂砂浆修补，使其符合产品质量标准所规定的承口公差要求。

6.2.2.4　环形截面电杆、管桩的离心生产工艺

1. 预应力环形截面电杆的离心生产工艺

预应力钢筋混凝土电杆（简称预应力电杆）因耗钢量小、自重轻、抗裂性能较高、使用寿命长等特点，已被广泛应用。其中使用最广泛的是环形截面电杆，因为环形截面的各向承载能力相同，受风荷载较小，抗扭能力较高；采用普通的离心成型方式，无需内模，制造简便。

该工艺主要由环向及纵向预应力钢筋的制作、混凝土的制备、纵向钢筋的张拉、混凝土的浇灌及合模、离心成型、养护、放张及脱模组成。生产线一般按机组流水法组织，图 6-25 是生产车间工艺平面布置示例，采用的是直线流水法生产工艺。离心法环形预应力电杆生产工艺的主要工序如下：

（1）钢模及清理

电杆钢模一般由两半模组成，用 6 ~ 10mm 钢板制作，并设纵向和横向增强筋，以使钢模具有足够强度、刚度，严密的合口缝和准确外形。合口用螺栓连接，装拆时严禁碰撞敲击。妥善清理钢模，涂刷隔离剂并采取防止合口缝漏浆的措施。

（2）钢模张拉、浇灌混凝土及合模

严格控制纵向应力筋的定长，下料是保证预应力混凝土电杆质量的关键，其下料长度偏差不得大于钢筋长的 0.15%。端头用冷镦法镦粗，必要时采用定长编组，然后挂在张拉台的挂筋板上，用预张拉减小钢筋蠕变及松弛应力损失值，并对镦头进行预检。预张拉程序为：

$$0 \rightarrow \sigma_k \rightarrow 0.10\sigma_k（持荷时间）$$

随后装入下半模，浇灌混凝土，合上半模，正式张拉，再测量端部两螺杆及钢筋伸长量，以保证受力之均匀。正式张拉用超张一次固定法，超张值一般为 1.03 ~ 1.05，超张程序为：

$$0 \rightarrow 1.05\sigma_k \rightarrow 拧紧螺母 \rightarrow 0$$

（3）离心成型

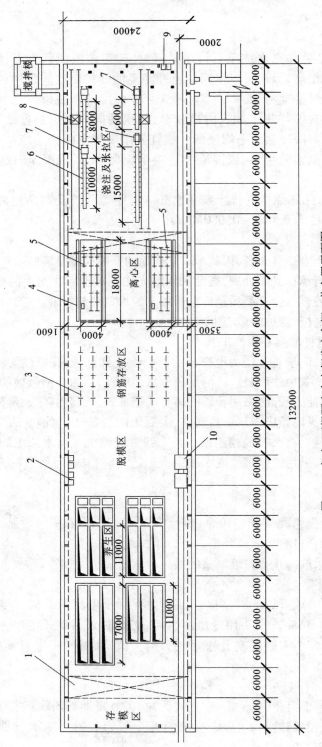

图6-25　年产5万根预应力电杆生产车间工艺布置平面图

1—10t桥式起重机；2—HA500弧焊机；3—模托；4—防护网；5—离心机（40kW）；6—杆模（L=6、9、12、15m）；
7—张拉机（21.1kW）；8—浇灌机（V=0.5m³）；9—BK-300弧焊机；10—运成品小车（Q=10t）

224

混凝土混合料坍落度小于 6cm 时,先以 100 ~ 120r/min 的低速旋转 1.5 ~ 2.0min 进行布料,再以中速转动 1.5 ~ 2.0min,使混凝土多余水分缓慢排出并初步密实,再以 360r/min 的高速旋转 7 ~ 8min 充分排除多余水分和密实。离心成型后电杆内壁应光滑坚硬,余浆应清理。离心过程一般分为三个阶段,有的工厂为使离心成型效果更好,还分为四个阶段,即在慢速与中速之间增加一个慢中速(或叫低中速),或采用慢速→中速→变速→高速四个阶段离心制度。

(4)蒸汽养护

目前电杆的养护常采用内通蒸汽的模内养护方法,即在已成型的混凝土电杆内壁空腔内,通上蒸汽直接养护。通常蒸汽压保持在 0.25MPa 以上,通汽时间 5h,可保证混凝土强度达设计要求的 75% 以上。这种养护方法的优点是设备简单,灵活性大;缺点是通汽的两端漏汽现象严重,蒸汽耗量大。因此,宜采用周期作业的尽端式定向循环矮平窑或养护坑进行快速养护。其养护周期 4 ~ 6h 即可达放张脱模强度,即升温 0.75h,85℃恒温 2.5 ~ 3.0h,装出窑约 1h。窑壁及窑顶采用空气间层隔热结构可明显减小热损耗。

2. 预应力混凝土管桩生产工艺

预应力混凝土桩基工程与一般基础工程相比,具有桩材质量好、施工快、工程地质适应性强、场地文明等优点,被广泛应用于各类建筑物和构筑物的基础工程上,如高层建筑、一般工业与民用建筑、港口码头、高速公路、重型设备基础、护岸等。目前,离心成型的管桩已成为预制混凝土桩材中最重要和最活跃的部分。

预应力混凝土管桩生产工艺与预应力电杆类似,但由于两端设有法兰盘,因此在钢筋定长下料后,先将其穿入法兰盘的孔眼,再行镦头,进而进行预拉、编扎钢筋骨架,合模及浇灌混凝土,正式张拉,离心成型和养护放张及脱模,即可制成,其生产工艺流程如图 6-26 所示。

图中 PC 即预应力管桩,PHC 桩即预应力高强混凝土管桩。两者的区别仅在于桩的离心混凝土强度,要求前者不低于 C50,后者不低于 C80。PHC 桩的最后工序是放张脱模后,再进行蒸压养护,使混凝土的抗压强度达到或超过 80MPa。

预应力管桩对抗压强度有很高要求,这首先要求水泥、砂石等原材料质量要好。实际上为保证混凝土强度,生产 PHC 管桩的厂家往往选用符合国家标准的 42.5 级硅酸盐水泥。现代配制高强混凝土离不开高效减水剂和矿物掺合料,这在预应力管桩生产中已开始使用。特别是采用二次压蒸工艺的 PHC 管桩,按比例部分磨细石英砂(SiO_2 含量 90% 以上)或粉煤灰(宜选用 Ⅰ、Ⅱ 级),不仅高强有保证,而且还有良好的经济效益。

预应力混凝土管桩与离心法环形预应力电杆相比在生产过程中,特别要重视以下工序:

(1)离心成型

离心成型对于生产预应力混凝土管桩来说是一个十分重要的工序,它会影响管桩混凝土强度和沿整根管桩长度上的混凝土均匀性。因为管桩混凝土掺了高效减水剂后,使混合料的原始水胶比约 0.30 ~ 0.32,甚至还小一些。混合料坍落度控制较小(一般 3 ~ 6cm),当掺有磨细石英砂、粉煤灰时,坍落度还可能小(约 1 ~ 3cm)。此外,管桩的壁厚与直径之比比较大,特别是小直径管桩。由于这些原因,预应力混凝土管桩的离心制度与预应力混凝土相比较,中低速时间长一些,高速时间短一些,而且中低速和高速的转速也相应比预应力混凝土管小一些;对于管桩制品自身来说,小桩径时的转速比大桩径的高一些,以便达到必要的离心加速度;大桩径的离心时间比小桩径的长一些,这是因为大桩壁厚,混合料多。

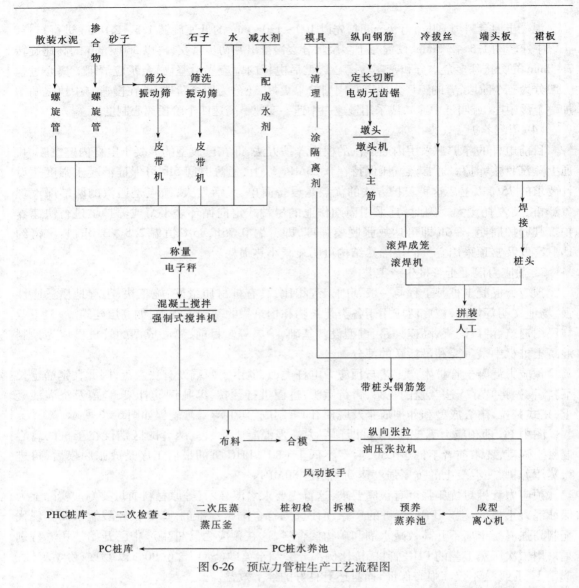

图 6-26　预应力管桩生产工艺流程图

表6-7 是某管桩厂以 42.5P·Ⅱ +30% 磨细石英砂为混合胶凝材料的管桩离心制度实例。由于各厂的混凝土配合比、减水剂品种与用量、掺与磨细矿物质、离心机与模具工作状态等不同，很难有一个规定的离心制度，最佳的离心制度只能在实践中摸索而定。

表6-7　混凝土管桩离心制度实例

规格（mm） 阶段转速（r/min）	φ300	φ400	φ500	φ600	时间（min）
低速	94	90	85	83	3.5
低中速	186	180	175	165	1.5
中速	320	300	290	275	2
高速	520	450	430	420	6

注：转速为模具转速。

（2）养护工艺

这是继混凝土混合料制备、钢筋骨架制作、混凝土喂料、预应力张拉和离心成型之后的又一个重要的工艺环节。这一环节对于确保管桩混凝土强度、减少预应力损失是至关重要的。不合理的养护制度会引起管桩内壁和外壁产生裂纹、裂缝。

对于预应力混凝土管桩，可以在普通蒸汽养护中一次完成，但对于高强预应力混凝土管桩来说，很难由蒸汽养护而一次性使离心混凝土强度达到 C80。因此，往往采用高温、高压蒸汽进行二次养护。PHC 管桩的生产工艺过程中，蒸压养护起到特别重要的作用，它是混凝土强度达到 C80 的保证手段，成为生产 PHC 管桩常用的二次养护方法。

当在水泥混凝土掺入磨细石英砂时，由于石英砂在高温下溶解度增加，液相中 SiO_2 参与水泥水化反应，不仅可以使水化过程得到加速，其水化产物也可以由 SiO_2 与 $Ca(OH)_2$ 或双碱水化硅酸钙结合生成 CSH(I) 或托勃莫来石，与 C_3AH_6 结合生成水石榴子石，因而混凝土强度得到提高。

在蒸压养护条件下掺有粉煤灰的 PHC 管桩进行水化反应时，CSH(Ⅰ) 在高温度下转变为托勃莫来石，同时，粉煤灰中的莫来石和石英晶体成分开始溶解并参与反应，因此管桩中的水化产物，不仅有 CSH(Ⅰ) 和水石榴子石，而且还有较多托勃莫来石，水化产物数量也增多了，晶胶比得到合理匹配，从而提高了制品强度。

在决定蒸压养护制度时，主要考虑两点：

① 保证混凝土强度等级≥C80；

② 管桩出釜后不得有温度应力而引起裂缝。

图 6-27 为日本 PHC 管桩养护制度示例。国内管桩厂一般蒸压养护全过程为 10~20h。

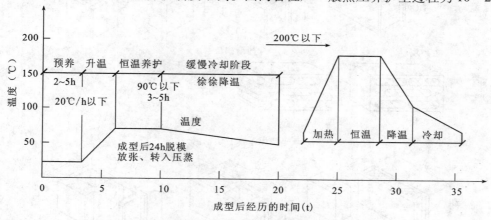

图 6-27　PHC 桩压蒸养护示例

注：第一天为蒸汽养护（压蒸前的养护），第二天压蒸养护。

恒压时蒸汽压力为 0.95~1.0MPa，相应温度为 170~180℃，恒压时间多为 3~5h。实际生产时，可根据所用胶凝材料和设备特点制订合理二次蒸压养护制度，而且该制度还应与第一次的普通蒸汽养护相呼应。

6.2.3　混凝土墙材生产工艺

实心黏土砖是我国传统建筑材料,但其生产过程中大量毁坏农田、污染环境、浪费能源的弊端也显而易见。我国人口众多、能源和土地资源十分紧缺,为适合住房建设大规模发展和住宅产业现代化的需要,从 20 世纪末开始,国家有关部委连续发文,要求逐步禁止使用实心黏土砖,同时积极推广新型墙体材料。以墙体材料改革为突破口的各种新型墙体材料正在全国迅速发展。2010 年底全国城市城区基本完成禁止使用实心黏土砖任务,新型墙体材料比重达到 55% 的目标,全国以非黏土多孔砖、轻质墙板、砌块为主的新型墙体材料生产和应用格局基本形成,建筑应用比例达到 65% 以上。据目前的一些资料,未来的房屋墙壁使用蒸压加气混凝土或微孔混凝土复合砌块或多功能复合墙材,利用自然热能可至少节省能源 30%。

新型墙体材料可分为三大类:砖类、砌块类、板材类。其中,建筑砌块经过多少年的发展,在城市建设中得到越来越广泛的应用。毫无疑问,在我国墙体材料中,建筑砌块将占有主导地位,大力推广砌块制品对推进我国墙体材料改革起着重要作用。

6.2.3.1　混凝土小型空心砌块生产工艺

混凝土小型空心砌块是薄壁、空心、壁高的混凝土制品(图 6-28)。按使用的集料不同,分为普通混凝土小型空心砌块和轻集料混凝土小型空心砌块。后者由于其集料内部微观结构具有高度的多孔性,干密度小,因而进一步提高了砌块的保温性能。

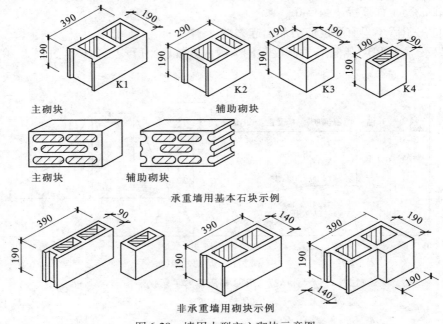

图 6-28　墙用小型空心砌块示意图

混凝土小型空心砌砖生产工艺与其他混凝土制品比较,有相同之处,也有显著的区别:

其一,与其他混凝土制品相同,生产工艺中有三个重要工序:混凝土搅拌、制品成型和制品养护。

其二,由于砌块中心空心,壁、肋都很薄,最小壁薄 30mm,最小肋厚 25mm,壁、肋高度通常为 190mm。因此,与一般块体混凝土制品不同,除了粗集料最大粒径为 10mm 外,还需要解决如何在短时间里使高而薄的壁、肋混凝土密实。

其三,砌块体积小,为了提高生产效率,砌块成型后必须立即脱模,而脱模后的砌块不能有变形,或者变形在允许偏差的范围内。另一方面,砌块脱模后需要静养,如果将砌块摆放在平地上,将会占用大量的面积。因此,砌块在静养过程中,必须尽可能减少占地面积。

其四,与其他混凝土制品不同的是,砌块静养后需将其底模(托板)拿走,提高托板的周转率。因此,砌块的养护制度与其他混凝土制品有所不同。

1. 混凝土搅拌工艺

由于生产混凝土砌块的混凝土混合料为干硬性混凝土,故一般采用搅拌效果好的强制式混凝土搅拌机。混凝土小型空心砌砖的搅拌工艺涉及到:投料顺序、搅拌次数、搅拌时间、轻集料混凝土的拌合等问题。

(1)投料顺序

混凝土混合料搅拌时,组成材料的投料方法有一次投料和二次投料两种:

一次投料搅拌工艺　一般一次投入提升料斗中的原材料顺序为:粗集料——水泥——细集料;如采用翻斗投料时,按细集料——水泥——粗集料的顺序先后装入上料斗中,然后一次投入搅拌机内,在投料的同时加入全部的用水量进行搅拌。当使用外加剂时,应将外加剂先溶于拌合水中,再投入搅拌机,同时搅拌时间应增加 50% ~ 100%。

搅拌时间的确定与搅拌机的型号、集料的品种和粒径以及对混凝土混合料所要求的和易性等因素有关。自全部原材料投入搅拌机时,到混凝土混合料开始卸出时止为搅拌时间,搅拌的最短时间可参考表 6-8。

表 6-8　混凝土在搅拌机中延续的搅拌的最短时间　　　　　　　　　　　　s

混凝土搅拌机容量(L)	混凝土的表观密度大于 2200kg/m²		混凝土的表观密度为 1800 ~ 2200kg/m²
	混凝土混合料坍落度(cm)		
	0 ~ 1	2 ~ 7	
≤400	120	60	180
1000		120	240

注:当掺有外加剂时,搅拌时间应适当延长。

二次投料搅拌工艺　先将部分用水量与全部的水泥、细集料投入搅拌机进行搅拌,稍后再加入粗集料和余下的用水量进行搅拌。由于第一次搅拌时没有粗集料,故水泥、细集料与水较易搅拌均匀,混合料的流动性也较好。加入粗集料后的第二次搅拌,由于混合料的流动性较大,粗集料也较易被砂浆均匀包裹。资料证明,二次搅拌工艺不仅可以使混凝土强度提高 10% 左右,而且和易性也比一次投料好。

(2)轻集料混凝土搅拌工艺

由于轻集料轻而多孔,故易于吸水,轻集料混凝土搅拌工艺与其吸水率有关。

① 轻集料吸水率 <10%

这时可采用二次投料搅拌工艺(图 6-29)。先将粗、细集料投入搅拌机内,与 1/2 用水量拌合约 30 ~ 60s。然后加入水泥搅拌数秒钟,再加入剩余的水继续搅拌至混合料均匀为止。因集料轻,拌合物稠度大,比普通混凝土混合料难于搅拌,因此轻集料混凝土的搅拌时间应不少于 3min。

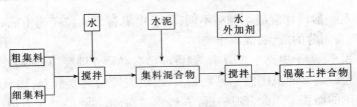

图 6-29　轻集料混凝土二次投料搅拌工艺流程图

② 轻集料吸水率 > 10%

这时集料在搅拌前应进行预湿(即预吸水),预湿的时间因轻集料的品种不同而异,一般 0.5 ~ 1h。轻集料混凝土预湿搅拌工艺见图 6-30。

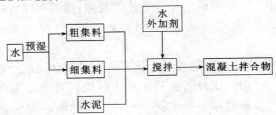

图 6-30　轻集料预湿搅拌工艺流程图

2. 密实成型生产工艺

密实成型是砌块生产过程中的关键工序。目前,混凝土小型空心砌块一般采用振动成型工艺。在振动过程中,通常在混凝土拌合物的上表面施加一定的压力,增加重力作用,以提高砌块的密实度,缩短成型时间。因此,确切地说,混凝土小型空心砌块是采用振动加压成型工艺。这种成型方式的优点是:砌块外观整齐、颗粒均匀、尺寸准确、结构密实、成型效率高、水泥用量少、成型后可立即脱模。不足的是,由于激振力大,故振动噪声较大。因选用的成型设备不同,混凝土小型空心砌块成型工艺分为:移动式成型机成型工艺;固定式成型机成型工艺。

(1)移动式成型机成型工艺

用移动式成型机生产砌块需要一块平整的混凝土地坪,砌块成型后就地脱模,放在原地,而成型机移动到下一个位置。混凝土混合料送到成型机移动的位置,操作人员也随机移动,砌块就地进行自然养护,气温为 15℃以上,养护 24h 以后,砌块就可搬运到成品堆场继续进行养护。

用移动式成型工艺,成型机和配套设备比较简易,技术要求不高,不用托板,投资小,砌块成本也低,比较适合小城镇、农村小规模生产。一般说来,移动式成型机受机型的限制,激振力偏小,水泥用量大,砌块强度偏低,外观质量也较差,高度偏差大,有待今后完善和提高。

(2)固定式成型机成型工艺

该工艺可分为简易生产线、全自动带板养护生产线等。

① 简易生产线

指固定式成型机用简易生产线成型生产,其工艺流程见图 6-31。以 QMJ3-25 型砌块成型机工艺布置为例,说明其生产成型工艺:将拌合好的混凝土混合料由胶带输送机输送至成型机的贮料斗。一次布料振动,其作用是一次性将混凝土混合物布满模箱,给足成型所需物料量。要保证混凝土砌块坯体的密实性,只有一次振动时间选择合适才能达到,如振动时间过短、供料不足则会造成砌块疏松、分层、蜂窝、掉角、裂缝、抗渗性能差,而影响产品的使用性能;若时间过长会出现布料过剩,延长二次振动时间,影响生产率,同时增加能耗和物耗,降低设备使用寿命。二次出现振动所起作用是,在一次振动的基础上,在上部模头压力和箱振(或台振)激振力的作用下,将混凝土混合料在模箱内充分振实,使砌块胚体达到一定的强度。该工艺布置为砌块室内静养,室外堆码自然养护,砌块堆放高度小于或等于 1.4m。

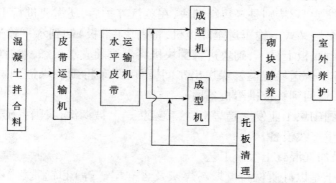

图 6-31　简易生产线成型工艺流程图

简易生产线目前在国内广泛使用,它投资小,年产量 5000～10000m³,比较适合于中小城市建设。

② 全自动带板养护生产线

该生产线工艺流程见图 6-32。如图所示,砌块出现后采用了升板机、养护窑等设备,这可减小砌块静养场地面积。利用养护窑还有利于提高砌块静养强度。

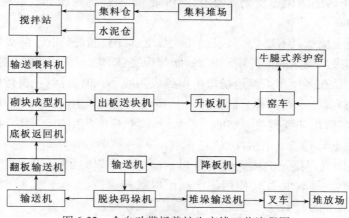

图 6-32　全自动带板养护生产线工艺流程图

其生产流程如下:

粗、细集料由电子皮带机计量后,经输送设备进入搅拌机;水泥用螺旋输送机送至称量斗,经电子秤计量后进入搅拌机;拌合水经定量水表计量,按配合比要求送入搅拌机内。拌合好的混凝土混合料由皮带输送机送入砌块成型机的料斗内,成型后的砌块用砌块输送机带底板送至升板机。当升满九层后,用多层叉式运输车将九层带板砌块取走,并由其母车横向摆渡送入养护窑养护。

砌块进窑后,先静停预热(预养)以提高早期强度,温度在 16～38℃ 之间。普通混凝土砌块需静停 2h,轻集料砌块需静停 1h。砌块经静停后即可升温,升温速度一般不超过 16℃/h。当窑内达到预定的最高温度时,即可停汽闷窑,恒温养护 12h 左右,使砌块获得所要求的强度。

然后以每小时 2～3.4℃ 的速度自然冷却,使砌块温度降至窑温。近年来,国内外对混凝土小型空心砌块采用低温养护制度:静停 2h,升温 1h,温度升至 55℃ 左右恒温 16h,降温 1h。为了减少砌块的干缩变形,特别是轻集料砌块,在蒸汽养护后,还需要进行干燥和碳化处理。

出窑的砌块用多层叉式运输车送至降板机,将砌块(带板)卸到水平输送机上送至码垛系统。推块机将砌块由底板上推下,砌块进入翻块机将砌块翻成水平态,然后经送块辊道送至码垛机码垛,码成的方垛由送垛辊道整垛送出车间,再由叉车将砌块垛运到堆场。而底(托)板经底板返回机清扫,返回到托板供给机备用。

从目前世界各国砌块工业发展趋势来看,带架传送已被淘汰,我国各砌块设备制造厂均生产全自动带板养护生产线设备。

6.2.3.2　蒸压加气混凝土生产工艺

蒸压加气混凝土是以硅质材料(砂、粉煤灰及含硅尾矿等)和钙质材料(石灰、水泥)为主要原料,掺加发气剂(铝粉),通过配料、搅拌、浇注、预养、切割、蒸压、养护等工艺过程制成的轻质多孔人工石材。因其经发气后含有大量均匀而细小的气孔,故名蒸压加气混凝土。总孔隙率可达 70%～85%,孔表面积约为 40～50m²/kg,按基本组成材料的不同,可分为:水泥 - 石灰 - 砂加气混凝土、水泥 - 粉煤灰加气混凝土、水泥 - 矿渣 - 砂加气混凝土等。

蒸压加气混凝土是一种适应社会经济持续发展的新型墙体材料,被广泛用作非承重内外墙体。蒸压加气混凝土在我国已有了 70 多年的发展历史。近年来,随着我国墙体材料革新力度的加大,普通黏土砖的应用逐步受到禁限,低污染、低消耗的蒸压加气混凝土正逐步成为建筑材料市场的主力军。

蒸压加气混凝土墙板具有质轻、高强、节能、节土、保温、隔音、利废、防火和易加工等特点,广泛应用于工业和民用建筑的内外墙和屋面,能与现浇、框架、框剪、钢结构等多种建筑结构形式结合使用。其产品在多项重点奥运场馆中得到成功应用,如:奥运村、奥运射击馆、北工大体育馆、北大体育馆和奥林匹克森林公园等工程。奥运射击馆应用加气砌块 6400m³、奥运射击射箭中心、飞碟靶场应用加气砌块 4000m³、奥运村 A 区、C 区应用加气砌块 4000m³。

蒸压加气混凝土具有以下诸多优点:

① 轻质:蒸压加气混凝土的质量密度为 5kg/m³,形成墙体后为 6.0±0.5kg/m³,与普通实心黏土砖相比,单位重量减少 2/3,使用该产品可以减轻建筑物的自重,减少基础和结构的经济投入,降低软弱地基的施工难度,提高了基础施工的质量。

② 保温:蒸压加气混凝土在生产过程中,内部形成了众多微小的气孔。这些相对封闭的气孔在材料中形成了静空气层,加气混凝土砌块的导热系数仅为 0.11W/(m·K)。加气混凝土砌块的保温隔热性能是普通混凝土的 5～7 倍;厚度 125mm 的蒸压加气混凝土保温性能相当于 370mm 黏土砖墙,是性能优越的保温隔热建筑材料。

③ 隔热防火:蒸压加气混凝土导热系数为 0.17～0.20W/(cm·K)(约为普通混凝土的 1/7.5,红砖的 1/4),若采用单一墙材,300mm 厚的加气混凝土砌块墙相当于 720mm 的黏土砖墙的保温隔热效果。蓄热系数为 3.0W/(m·K),热稳定系数稍差,用于建筑的围护结构时,

若能做到厚度适中,构造合理,能够满足保温隔热的节能要求。其本身属于无机不燃物,即使在高温下也不会产生有害气体。

④ 隔音:蒸压加气混凝土内部有许多微小气孔,有隔音与吸音双重性能(吸声系数为0.2~0.3)。加气混凝土砌块墙体要达到各类建筑围护结构隔声标准,可由建筑构造措施解决,例如150mm 砌块墙双面抹20mm 混合砂浆,隔声量为 44 分贝;双层75＋75mm 厚墙,中间75mm 空气层,隔声量可达 56 分贝,完全可以满足各类民用建筑的隔声要求,创造出高气密性的室内空间,提供宁静舒适的生活环境。

⑤ 弹性模量低:在长期荷载作用下徐变值小,弹性模量是表征材料变形的主要参数。目前我国工程设计中蒸压加气混凝土强度为 3.5~7.5MPa,弹性模量为 1700~2500N/mm,约为普通混凝土的十分之一。但由于加气混凝土砌块采用蒸压养护,水化产物结晶程度高,非晶质的凝胶体所占比例小,在其总变形中弹性变形比例大(90% 以上),塑性变形比例小,所以蒸压加气混凝土受压时裂缝出现较晚。同时,在长期荷载作用下压力不变,它的应变随时间继续增长的现象即徐变值较小,其徐变指数只有普通混凝土的 1/3~1/2。

⑥ 绿色环保:蒸压加气混凝土无放射性,生产能耗低,原料来源广泛,可利用工业废渣,克服了以黏土为原料的缺点,是国内外公认的适应建筑节能的新型环保墙体材料之一。此外,据相关资料报道,蒸压加气混凝土单位生产能耗为 56.8kg 标煤/m³,与烧结实心砖的 91kg 标煤/m³ 相比,节约生产能耗 37.6% 左右;加气混凝土生产能充分利用工业废渣,我国以粉煤灰加气混凝土为主,约占全部加气混凝土的 2/3。

⑦ 可加工性:可锯可刨,砌筑效率高,墙体管线埋设牢固可靠。

蒸压加气混凝土具有良好的保温、隔热效果,是单一墙体能满足 65% 节能的唯一材料,产品具有整体性好、安装方便快捷、施工工期短等优势,选用之能大大降低建筑工程费用和使用能耗,提高居住舒适度。通过对废弃物的综合利用生产节能环保建材,实现循环经济、节能减排,产品规格多样,可加工性强,可锯、刨、钻、钉,使用十分方便,可在多层建筑、框架结构、钢结构建筑中推广应用,我国建筑材料主管部门已在发展规划中将加蒸压加气混凝土作为新型建筑材料的主要品种之一。

1. 生产工艺过程

蒸压加气混凝土制品生产工艺一般需经原料贮存及加工、料浆制备、钢筋网片制作及防腐处理、浇注发气、预养、坯体切割、蒸压养护和制品铣磨加工等工序。一般情况下,制品生产的基本工艺流程如图6-33 所示,生产蒸压加气混凝土砌块则没有钢筋网片制作、钢筋防腐处理、制品铣磨加工等生产板材所需的工序。由于原材料种类及其加工处理方法、浇注工艺组织形式和切割工艺不同,形成了不同的生产工艺(表6-9)。生产蒸压加气混凝土砌块有如下主要工序:

表 6-9　国外蒸压加气混凝土制品生产工艺

生产工艺方法	主要原料		原料制备方法	备注
	胶凝材料	集料		
瑞典 Siporex（西波莱克斯）	水泥	① 石英砂 ② 石英砂 + 矿渣	集料加水湿磨	移动浇注,固定(琴键式)切割。北京加气混凝土厂引进

续表

生产工艺方法	主要原料		原料制备方法	备注
	胶凝材料	集料		
瑞典 Ytong（伊通）	① 生石灰 + 水泥 ② 生石灰 + 矿渣	石英砂、砂砾石、石英岩、粉煤灰、燃烧页岩	① 集料加水湿磨 ② 集料加胶凝材料干磨	转体移动切割
德国 Hebel（海波尔）	生石灰 + 水泥	石英砂	砂加水湿磨	
荷兰 Durox-Calsilox（凯尔西劳克斯）	生石灰 + 水泥	石英砂	胶凝材料加砂干磨	凸台法切割
波兰 Unipol（乌尼波尔）	生石灰 + 水泥	石英砂、粉煤灰或石英砂 + 粉煤灰	胶凝材料加部分集料干磨	定点浇注、移动切割。北京（西高井）加气混凝土厂引进

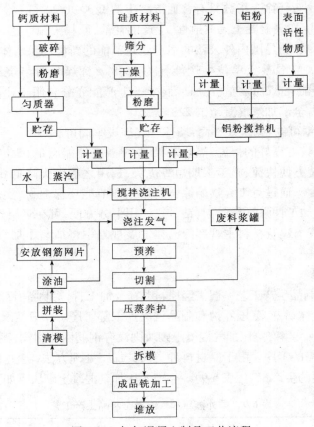

图 6-33　加气混凝土制品工艺流程

（1）备料工序

生产加气混凝土首先必须将硅质材料如砂子、颗粒粗大的粉煤灰等进行磨细,如果钙质材料使用生石灰,通常在厂内磨成生石灰粉。其他辅助材料和化工产品也要事先进行必要的制备,常以制成溶液者居多。备料工序是配料的准备工序。

（2）配料

配料的目的是把符合要求的各种原辅料按照工艺配方进行恰当而准确的配合。通常是对原材料分别按配方指示的数量进行称量或者按体积计量,有的还需要达到一定的温度或浓度要求,然后按工艺要求的顺序,依次向搅拌设备进行加料。配料工序是蒸压加气混凝土生产工艺过程的一个关键环节。

（3）浇注

将配料工序制好的物料,按工艺顺序加入搅拌机中,搅拌成均匀合格的料浆混合物,然后浇注到模具中。混合料浆中进行一系列的化学反应,产生气泡并使加气混凝土料浆体积膨胀,料浆表面涨到一定的高度,完成发气反应,继而完成浆体的稠化硬化过程,最后形成加气混凝土坯体。

（4）预养

主要是促使浇注成型后的加气混凝土料浆完成硬化过程,使加气混凝土坯体达到一定的切割强度,以便以坯体进行分割加工。

（5）切割

切割工序主要是对加气混凝土坯体进行分割,使之达到对蒸压加气混凝土砌块的规格尺寸要求。切割工艺体现了加气混凝土便于进行大体积成型、分割方便、外观尺寸灵活多样、可以满足不同用途的需要而又能大规模机械化生产这样一个特点。

（6）蒸养

该工序的任务是对加气混凝土硬化坯体进行蒸压养护。对加气混凝土而言,只有经过一定温度和足够时间的养护,坯体才能完成必要的物理化学变化,从而产生强度,变成所需要的人工石材。加气混凝土在蒸养处理之后,其抗压强度将不再继续增长,蒸养处理是否充分和适当,决定了加气混凝土内在质量的最后形成。

2. 浇注成型

加气混凝土浇注工艺主要有移动浇注和定点浇注两种。移动浇注是用行走式搅拌机,将物料配好下到搅拌机内,一边搅拌一边移动,到达模位后将搅拌好的料浆注入模具。定点浇注是将搅拌机固定在配料站下方,使模具移动到搅拌机旁边,接受搅拌机内已经搅拌好的料浆,然后移动到指定地点继续完成其发气硬化过程。

加气混凝土的浇注成型从工艺过程来看,可以分为浇注发气和凝结硬化两个阶段。前一阶段是将在配料工序计量好的物料按工艺规定的程序加入专用的搅拌机中,制备成加气混凝土料浆,并使有关工艺参数如温度、稠度等达到工艺要求,充分搅拌后注入模具,使其发气膨胀;后一阶段是将经发气阶段初步凝结的料浆在工艺要求的环境条件下静置硬化,形成坯体。

采用移动浇注时,一般是就地静停硬化,因而料浆在发气膨胀过程中和硬化初期基本上不会受到摇晃或震动,气泡的形成不会受到额外的干扰,使软弱的坯体尽可能避免损伤。但这种方式必须具备带行走装置的搅拌机,同时也需要较大面积的模具静停区设置固定的模位。定点静置的模具必须送到搅拌机面前,因此,必须有专用的模具运载系统,通常是采用地面轨道或辊道。用这种方式生产的车间,地面设备相对较多,但这也为坯体采用保温措施创造了条件。通常所采取的保温措施是让模具带着坯体一道进入保温（或有加热装置的）区养护或隧道，从而促使坯体加速硬化和均匀硬化。

预养方式的选择根据工艺要求和组织生产的需要，可以有多种形式。目前常用的有配合移动静置的就地静停和配合定点静置的移位静停。根据具体的工艺特点和要求，在静停硬化条件方面又有供热保温和不供热保温以及不作特殊保温等区别（表6-10）。

表 6-10　蒸压加气混凝土浇注工艺类型

浇注方式	运载工具	静停方式		硬化措施
移动浇注	地轨浇注车	就地静停		室内自然硬化或加保温罩
	悬挂浇注车			
定点浇注	地轨模具车	移动静停		室内自然硬化或加保温罩
	模具专用辊道	运行隧道	横行	可供热
			纵行	
		初养室	单模	
			多模	

3. 坯体的切割

为了便于采用同一尺寸的模型生产不同规格的产品，广泛采用切割工艺作为制品尺寸的定型手段。加气混凝土砌块外形尺寸的准确程度，取决于切割工序的设备性能和工作质量，切割工作过程对砌块外形尺寸的影响，不仅是决定性的，也可以说是一次性的。因此切割是加气混凝土砌块外观质量的重要保证工序。

目前几乎所有的加气混凝土厂都采用钢丝切割。在此基础上，人们根据生产条件和所掌握的有关技术，设计和形成了多种多样的切割方式。从目前国内外各种切割机具的实际应用情况来看，常见的切割方式主要有以下几种：

（1）预埋式切割

预先将钢丝按计划的切割方案设在切割台或模具底板上，待坯体就位后（或浇注硬化后），将钢丝提起，达到分割坯体的目的，如图6-34所示。这种切割方式的优点是设备比较简单，切割过程中坯体不用移动。缺点是人工单根切割时，重复铺设钢丝数量多；发生断丝情况时不好补救；纵向切割时，钢丝太长时容易拉断。因而，只适用于小型坯体或较大坯体的横向切割。

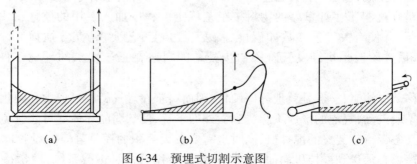

(a)　　　　　　　(b)　　　　　　　(c)

图 6-34　预埋式切割示意图

（2）压入式切割

是将钢丝固定在框架上，自上而下压入坯体达到分割坯体的目的。优点是钢丝可以预先固定好，坯体就位后，框架带动所有的钢丝同时向下压，或框架不动，坯体向上运动实现分割。这种方式［图 6-35（a）］可以重复挂钢丝补救断丝问题，但往往因托坯底板构造上的限制，钢丝不能将坯体完全切开［图 6-35（b）］。

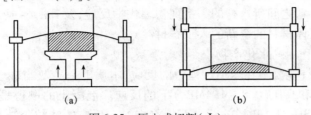

图 6-35　压入式切割（Ⅰ）

压入式切割也用于对坯体进行纵向分割（图 6-36）。这种方式可以做到使坯体被切透，但钢丝必须从模底板下通过，因而模底板结构比较复杂。与此相联系的其他机构，如钢丝悬挂支架、模具侧板等也比较复杂。从目前已有的这类切割设备来看，主要有组合式活动模底板图 6-36（a）和带通道的篦子板式模底板图 6-36（b）两种类型。前者靠程控连动的行程开关来协调各活动底板（又称琴键式底板）的顺序起落，使钢丝能够通过；后者用长杆式纵切机构使钢丝在篦子板的通道中穿行，达到分割坯体的目的。

图 6-36　压入式切割（Ⅱ）

（3）牵拉式切割

是将钢丝预先铺设在切割平台上，坯体就位后，一端固定不动，牵拉钢丝另一端达到分割坯体的目的（图 6-37）。牵拉式切割的钢丝在完成分割的途中，一边作横向切进，一边沿钢丝的沿长线方向被拉出坯体之外，因而对坯体有压和切的双重作用，切割阻力较小。不过，由于钢丝在坯体内的线段呈长弧形，因而较易发生变位，可能影响切割精度。

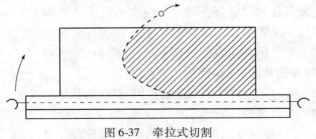

图 6-37　牵拉式切割

对坯体体积不太大、生产速度不太快、产量不大的企业，最简便易行的是人工切割。人工切割由于靠尺寸不可能十分准确，钢丝也不可能十分严格地沿靠尺前进，尤其在坯体内部的一段很可能发生偏移,因次,人工切割的制品外观尺寸偏差常常稍大一些,而且受人为因素的影响,波动也比较大。

4. 蒸压养护

蒸压养护是加气混凝土取得的必要条件,它是以水蒸气为热媒(或叫热介质、热载体),在压力容器——蒸压釜内,在适当的蒸汽压力下达到必要的高温来实现的。在蒸压养护条件下,加气混凝土各组成材料之间所进行的一系列物理化学反应,及其所生成的水化产物使加气混凝土成为不同于原胚体材料的全新的人工石材。

(1)水热处理过程中的水化产物

水泥-石灰-砂加气混凝土在养护过程中的反应,本质上是石灰与砂、水泥与砂在高温(一般是 174.5～197℃)和高压(0.8～1.4MPa)下的反应。混凝土的取得是靠石灰、水泥与砂反应后的水化生成物 CSH(Ⅰ)和托勃莫来石等将未参与反应的沙粒胶结在一起获得的。所以砂既参加反应,又是一种集料。

水泥-石灰-粉煤灰加气混凝土和水泥-石灰-砂加气混凝土一样,其强度的基本来源也是蒸养过程中形成的水化生成物。但硅质材料粉煤灰与砂子有不同的性质,因而在水化反应和反应产生方面具有自己的特点。另外,因石膏可以显著提高坯体、制品强度,减少干燥收缩和提高碳化系数(表 6-11),人们常掺入少量石膏(约为胶凝材料总量的 10% 以下)。

表 6-11　石膏对蒸压粉煤灰及其混凝土性能的影响

配合比(%)				表观密度 (kg/m³)	强度(MPa)	碳化系数	干燥收缩(mm/m)	
石灰	水泥	粉煤灰	石膏				干燥	自然
20	10	70	0	500	1.91	0.58	0.387	0.31
20	10	67	3	500	3.16	0.91	0.323	0.28

这样在蒸压制品中,其水化生成物是 CSH(Ⅰ)(是硅盐酸混凝土中最主要水产物之一,是一种结晶度的单碱水化硅酸钙,其晶体呈纤维状,结构为层状,与膨胀黏土矿物相似)、托勃莫来石、水石榴子石和 CaSO₄。这说明经蒸养养护后,不仅生成了托勃莫来石,而且水化产物总量明显增加。石膏的加入,对促进 CaO 与 SO₂ 的反应,增加 CSH(Ⅰ)向托勃莫来石转变,提高水化硅酸钙的结晶度,起到了有益的作用。

(2)蒸压养护制度

蒸压养护工艺是使蒸压加气混凝土砌块实现水热合成的具体方式和手段,蒸压釜内的热蒸汽给被养护的砌块提供了水热合成反应的必要条件——温度、湿度和必要的时间。下面以水－石灰－砂加气混凝土的蒸压养护过程为例,介绍为了达到对制品进行充分有效的养护而制定有关温度、时间等的具体措施(即蒸压养护制度)。

① 抽真空。抽真空后,釜内空气大部分被排出,蒸汽与坯体热交换大大改善。同时,由于釜内和制品气泡内的部分气体排出后形成负压状态,当送气升温时,饱和蒸汽能够迅速把热量送到坯体中心,使整个坯体温度迅速上升,可以大大缩短升温时间,并可以保证坯体各部分温度基本一致,釜内各部位温度比较均匀。

抽真空的速度一般不宜太快,速度太快会造成坯体内外过大的压差而使坯体受到损害。通常用 30～50min 使釜内表压达到 -0.06MPa。具体抽真空的速度和真空度取决于坯体的透气性、坯体硬化情况以及蒸压膨胀值。

② 升温。升温过程中,坯体内部与外部的温差总是存在的,关键的问题是不要使这种温度差过大,以免造成制品结构的破坏。实践表明,对水泥-石灰-砂加气混凝土,即使采用了抽真空的措施,其升温时间往往也要长达 2 ~ 3h。尤其是在升温的初期,坯体内部温度梯度可达 6℃/cm 以上,内层升温相当缓慢。随着坯体温度逐步升高,内外温差逐步缩小,升温速度滞后的现象将逐步缓解。因而,只要锅炉供气能力允许,后期可以加快升温速度。

根据水泥 – 石灰 – 砂加气混凝土的特点,为加速后期升温,可以采取在升温中途暂时恒温的办法,使坯体内外温差进一步缩小。从总体上看,反而可以减少总的蒸养时间而又避免使制品受到损害。

由于水泥 – 石灰 – 砂加气混凝土坯体温度一般都较高,抽真空效果仍然有一定限度,因此,为了进一步改善釜内各部位温度分布状况,有必要坚持升温期间的排气和排放冷凝水。这样可以大大缩小釜内上、中、下各部位和坯体内外的温差。

③ 恒温。水泥 – 石灰 – 砂加气混凝土水热合成反应一般在 174.5℃ 以上都可以良好地进行。考虑到加气混凝土釜内传热方面的特点,从保证制品的强度及其均匀性,以及保证较好的生产效率出发,目前世界各国均倾向于采用较高的恒温压力,通常是为 1.0 ~ 1.2MPa。从目前国内中小型过滤的工作压力大多为 1.3MPa 的情况考虑,采用 1.1MPa 恒温压力是比较适当的。

恒温时间是制品能够进行充分的水化反应并达到一定的结晶度的保证,更确切地说是最内层坯体实现上述目的的保证。实验表明,水泥 – 石灰 – 砂加气混凝土坯体在 1.1MPa 的压力下养护时间一般不应少于 4 ~ 4.5h。需要指出的是,在此说的是恒温时间是对坯体各个部位而言,显然,关键是最内层坯体起码要达到该时间要求。因此,从蒸养制度上的恒温时间讲,就应当加上坯体内外升温的时间差。比如内外升温时间差为 2.5h,总的恒温时间就应该是 6.5 ~ 7.0h。由此可见恒温时间要在以上原则基础上根据具体情况来制定。

④ 降温。生产实践证明,水泥 – 石灰 – 砂加气混凝土可以采用快速排汽降温,在目前一般的生产条件下,快速降温很少发生损坏制品的情况。当然,并不是可以任意地快速降温。因为加气混凝土情况毕竟还是强度有限的多孔材料,在蒸养过程中处于高含湿状态,如果降压太快,也有可能会因过大的内外温、湿度差造成爆炸性的损坏。因此在排汽前期采取适当的速度限制措施对确保产品质量是完全必要的。

水泥 – 石灰 – 砂加气混凝土的降温曲线一般都不是直线形。降温开始时降温速度较慢,中期较快,几乎直线下降,到后期(表压为 0.1MPa 以下时)又变得缓慢。如果整个降温需要 2h,后期降温放出全部余汽就需 40min 到 1h。降温后期时间长的原因一方面是由于釜内外压差很小,蒸汽外排动力减弱,另一方面制品水分还要继续蒸发,只要制品温度还高于 100℃,就总会有少量余压,蒸汽量也还较大。如果釜内积水较多,这种情况将更明显,从而使降温时间拖长。因此,为了缩短排汽降温的时间,尤其是后期排出余汽的时间,应当在降温排汽之前首先排放一次冷凝水,然后再开启降温阀进行排汽降温。

表 6-12 为国内三种原料体系蒸压加气混凝土的典型养护制度实例。

表 6-12　国内蒸压养护制度实例

加气混凝土品种	水泥-矿渣-砂		水泥-石灰-砂		水泥-石灰-粉煤灰			
蒸压养护制度	压力 （MPa）	时间 （min）	压力 （MPa）	时间 （min）	压力 （MPa）	时间 （min）	压力 （MPa）	时间 （min）
抽真空	-0.06	30	-0.04	30	-0.06	30		
升温	-0.06~1.5	100	-0.04~1.1	180	-0.06~1.2	150	0~0.8	150
恒温	1.5	420	1.1	420	1.2	600	0.8	600
降温	1.5~0	100	1.1~0	120	1.2~0	120	0.8~0	150
合计		650		750		900		900
生产厂	北京加气混凝土厂		哈尔滨建筑加工厂		上海华东新型建材厂		武汉硅酸盐制品厂	
备注			升温至0.1MPa时排放冷凝水50min					

思考题与习题

6.1　按生产工艺分类混凝土制品分哪几类？各自适用于哪些方面？

6.2　画出典型机组流水工艺示意图，说明每个工位名称，主要工序。

6.3　画出改良机组流水工艺示意图，说明每个工位名称，主要工序。

6.4　混凝土制品生产组织方法有哪些？各自特点是什么？何谓流水节拍和工序同期化？

6.5　采用三阶段制管，制作管芯时如何保证承口处混凝土的密实？

6.6　了解悬辊法制管工艺过程及原理。

6.7　预应力管桩生产工艺流程？预应力高强混凝土管桩是如何获得高强的？

6.8　蒸压加气混凝土优点是什么？

6.9　生产蒸压加气混凝土砌块有哪些主要工序及各工序的作用是什么？

6.10　画出一阶段振动挤压法制管工艺流程图。

第7章 特殊性能混凝土和其他混凝土

采用特殊施工方法或具有特殊性能的混凝土均可称之为特殊性能混凝土。一般使用某些或部分特殊材料和特别工艺条件生产,具有某些特殊性能,使用在特定场合和环境。随着社会的现代化发展和科技的进步,特殊性能混凝土的品种越来越多。其中主要有:高性能混凝土、纤维混凝土、聚合物混凝土、轻质混凝土、大体积混凝土、道路混凝土、喷射混凝土、水下浇筑混凝土、碾压混凝土、膨胀混凝土、重混凝土、防辐射混凝土、耐腐蚀混凝土、耐热混凝土、装饰混凝土等等。本书只对常使用的前七种特殊混凝土的概念及特性等进行介绍。尤其注重将其与普通混凝土的不同特点进行比较,了解材料性能与特殊施工技术之间的关系,更好地认识掌握特殊性能混凝土。

7.1 高性能混凝土

高性能混凝土(High Performance Concrete,简称HPC)是20世纪80年代末90年代初,一些发达国家基于混凝土结构耐久性设计提出的一种全新概念的高技术混凝土。目前,各个国家对高性能混凝土的定义虽然在字面上并不完全统一,但其内涵大多是一致的。根据优质而经济的混凝土基本要求,所谓的高性能混凝土就是指混凝土具有高强度、高耐久性、高工作性等多方面(如体积稳定性等)的优越性能。其中,最重要的是高耐久性,同时考虑高性能混凝土的实用价值,还应兼顾高经济性;但必须注意其中的高强度并不是指混凝土的强度等级(即28d强度)一定要高,而是指能够满足使用要求的强度等级和足够高的长期强度。因为,强度等级相对较低的混凝土,却往往具有相对更高的长期强度;而某些强度等级相对较高的混凝土,长期强度却相对较低。高性能混凝土不仅适用于有超高强要求的混凝土工程,而且同样适用于各种强度等级的混凝土工程。由于高性能混凝土的强度等级可以差别很大,高性能混凝土的孔结构也不会是完全相同的一种类型。按其孔结构类型,高性能混凝土可以进一步划分为超密实高性能混凝土、中密实高性能混凝土和引气型高性能混凝土三类。

高性能混凝土以耐久性作为设计的主要指标,针对不同用途要求,对下列性能重点予以保证:耐久性(这种混凝土有可能为基础设施工程提供100年以上的使用寿命)、工作性、适用性、强度、体积稳定性和经济性。其中,超密实高性能混凝土在配置上的特点是采用低水胶比,选用优质原材料,且必须掺加足够数量的矿物细掺料和超细掺料及高效外加剂。

区别于传统混凝土,高性能混凝土由于具有高耐久性、高工作性和高体积稳定性等许多优良特性,被认为是目前全世界性能最为全面的混凝土,至今已在不少重要工程中被采用,特别是在桥梁、高层建筑、海港建筑等工程中显示出其独特的优越性,在工程安全使用期、经济合理性、环境条件的适应性等方面产生了明显的效益,因此被各国学者所接受,被认为是今后混凝土技术的发展方向。

7.1.1 高性能混凝土发展背景及历程

传统的混凝土虽然已有近 200 年的历史,也经历了几次大的飞跃,但今天却面临着前所未有的严峻挑战。随着现代科学技术和生产的发展,各种超长、超高、超大型混凝土构筑物,以及在严酷环境下使用的重大混凝土结构,如高层建筑、跨海大桥、海底隧道、海上采油平台、核反应堆、有毒有害废物处置工程等的建造需要在不断增加。这些混凝土工程施工难度大,使用环境恶劣、维修困难,因此要求混凝土不但施工性能要好,尽量在浇筑时不产生缺陷,更要耐久性好,使用寿命长。20 世纪 70 年代以来,不少工业发达国家正面临一些钢筋混凝土结构,特别是早年修建的桥梁等基础设施老化问题,需要投入巨资进行维修或更新。我国结构工程中混凝土耐久性问题也非常严重。建设部于 20 世纪 90 年代组织了对国内混凝土结构的调查,发现大多数工业建筑及露天构筑物在使用 25 ~ 30 年后即需大修,处于有害介质中的建筑物使用寿命仅 15 ~ 20 年,民用建筑及公共建筑使用及维护条件较好,一般可维持 50 年。相对于房屋建筑来说,处于露天环境下的桥梁耐久性与病害状况更为严重。港口、码头、闸门等工程因处于海洋环境,氯离子侵蚀引发钢筋锈蚀,导致构件开裂、腐蚀情况最为严重。混凝土作为用量最大的人造材料,不能不考虑它的使用对生态环境的影响。这就要求混凝土不断提高以耐久性为重点的各项性能,多使用天然材料及工业废渣保护环境,走可持续发展的道路,高性能混凝土就是在这种背景下出现并逐步完善与发展的。

未来的混凝土必须从根本上减少水泥用量,必须更多地利用各种工业废渣作为其原材料;必须充分考虑废弃混凝土的再生利用,未来的混凝土必须是高性能的,尤其是耐久的。耐久和高强都意味着节约资源。"高性能混凝土"正是在这种背景下产生的。

高性能混凝土 HPC 是在 1990 年美国首先提出来的,并且很快得到了世界各国和专家的认可,法国政府组织包括政府研究机构、高等院校、建筑公司等单位开展了高性能混凝土的研究。1996 年,法国公共工程部和教育与研究部又组织了为期 4 年的国家研究项目"高性能混凝土 2000",投入了 600 万美元作为研究经费。1994 年,美国政府 16 个机构联合提出了一个在基础设施施工中应用高性能混凝土的决议,并决定用 10 年投资 2 亿美元进行研究。国外有位学者写一篇综述,题为"昨天和今天的水泥,明天的混凝土",文中指出 21 世纪水泥工业应改名为水硬性胶凝材料工业,而且应是一种绿色工业。水泥和混凝土堪称世界上耗用量最大的材料,在我国尤其如此。我国人多地少,资源缺乏,同时也是世界上能源消耗的大国,水泥 2010 年产量 17 亿吨,2010 年我国商品混凝土产量统计为 5.4 亿立方米。

混凝土的大量使用,需要大量水泥,水泥的生产又极大地影响了环境,直接影响子孙后代的生活,所以高性能的发展势在必行。高性能混凝土的研究及使用,既保护了环境,又提高了混凝土的性能。以粉煤灰为例,现已研发与使用的高性能混凝土,绝大部分把粉煤灰作主要掺料,粉煤灰是工业废料,如不很好利用,会对环境造成二次污染,在高性能混凝土中采用粉煤灰,既解决了二次污染,又降低了混凝土的成本,同时提高了混凝土的性能,主要表现在提高了混凝土的耐久性和工作性。1991 年美国在提交国会《国家公路与桥梁现状》的报告中指出,为了修理或更换现已存在缺陷的桥梁,需投资 91 亿美元,如拖延维护进程,费用将增至 1310 亿美元,美国每年用于混凝土维修的费用大约 300 亿美元。我国是发展中国家,在工程建设中基本没有维修费用,工程费用主要在新建工程,建国以来,二十世纪五六十年代的工程量大,经过几十年的使用,可以说需维修的工程量肯定也是巨大的,费用是惊人的,因此,站在历史的角度,站在发展的角度,研究混凝土高性能的意义巨大。

事实上,许多工程如大体积水工建筑、基础等对强度要求不高,但对耐久性、工作性、体积稳定性、低水化热等有很高要求,都应采用 HPC。例如日本跨海明石大桥基墩混凝土(50 万 m³)要求高耐久性、高抗冲刷性与低升温,而强度只要求 20MPa,使用的就是掺加了复合外加剂与复合细掺料的 HPC。由此可见,高性能混凝土并不一定强调高强,我国目前也已完成了普通混凝土的高性能化的研究和应用。因此,传统的 HPC 的应用范围可以进一步扩大,可以将欧美对 HPC 强度的低限 50MPa 降低到 C30 左右,原则是只要不损害混凝土的内部结构如孔结构、水化物结构与界面结构等,保证混凝土具有良好的耐久性与体积稳定性。

目前,在世界范围内,高性能混凝土的研究和应用正在不断创新发展,而由于高性能混凝土能有效的降低造价,节省材料费用,寿命期延长又能大幅度减少经济开支,因而高性能混凝土在今后桥梁、高层建筑、海港建筑等工程建设中很有发展前途的优质材料。

7.1.2　高性能混凝土用原材料及其选用

高性能混凝土所用的原材料包括水泥、细集料、粗集料、外加剂、矿物掺合料、混凝土用水等。

7.1.2.1　水泥

水泥应选用硅酸盐水泥或普通硅酸盐水泥(简称"普通水泥"),混合材宜为矿渣或粉煤灰。

处于严重化学侵蚀环境时(硫酸盐侵蚀环境作用等级为 H3 或 H4)应选用 C_3A 含量不大于 6% 的硅酸盐水泥或抗硫酸盐水泥(简称抗硫水泥)。

提高水泥强度的主要措施是增加铝酸三钙(C_3A)和硅酸三钙(C_3S)含量和增加比表面积,易导致水泥水化速率过快,水化热大,混凝土收缩大,抗裂性下降,微结构不良,抗腐蚀性差,所以水泥强度等级够用就行,不得随意提高水泥强度等级。

水泥细度会影响水泥的凝结硬化速度、强度、需水性、干缩性、水化热等一系列性能。水泥必须控制一定的粉磨细度,水泥颗粒越细,凝结越快,早期强度发挥越快,泌水性小,但也不能太细,否则,一方面水泥的需水量大幅度增加,干缩大,水化放热集中;另一方面,大大降低了磨机产量,增加电耗。在高性能混凝土中,水泥细度过大,容易导致混凝土早期开裂,还会影响外加剂的作用效果。

7.1.2.2　细集料

细集料应选用处于级配区的中粗河砂(用于预制梁时,砂的细度模数要求为 2.6 ~ 3.0)。当河砂料源确有困难时,经监理和业主同意也可采用质量符合要求的人工砂。

7.1.2.3　粗集料

粗集料应选用二级配或多级配的碎石,亦可采用分级破碎的碎卵石(预应力混凝土除外),掺配比例应通过试验确定。且其目测不得有明显的水锈现象。

7.1.2.4　外加剂

外加剂宜采用聚羧酸系产品。混凝土中不得掺加诸如防腐蚀剂、抗裂剂等无标准不规范的产品。

第一代:木钙,减水率8%;

第二代:萘系、蜜胺系、脂肪族系、氨基磺酸盐系列,减水率15%以上(坍落度损失大、泌水性、饱水性差);

第三代:聚羧酸高效减水剂,减水率30%,适当引气,坍落度损失小,保水性好。

重点:适当引气

生产过程:消泡、加气,母液加水稀释成20%液体。

检验:减水率,含固量

7.1.2.5 矿物掺合料

用于改善混凝土耐久性能而加入的、磨细的各种矿物掺合料。

品种:粉煤灰、磨细矿渣粉、硅灰、稻壳灰、沸石粉。

1. 粉煤灰

粉煤灰也叫飞灰,是燃煤电厂烟囱收集的灰尘。粉煤灰应选用品质稳定的产品。强度等级不大于 C50 的钢筋混凝土宜选用国标Ⅰ级或Ⅱ级粉煤灰,但应控制粉煤灰的烧失量不大于8.0%,细度不大于25%;强度等级不小于 C50 的混凝土宜选用国标Ⅰ级粉煤灰,但应控制粉煤灰的烧失量不大于5.0%,细度不大于12.0%。

2. 磨细矿渣

磨细矿渣是炼铁炉中浮于铁水表面的熔渣,排出时用水急冷得到的水淬矿渣,磨细到一定程度的矿渣细粉。矿渣粉应采用水淬矿渣的粉磨产品。

7.1.2.6 混凝土用水及环境水

拌合用水可采用饮用水。当采用其他来源的水时,水的品质应符合要求。

7.1.3 高性能混凝土的性能

与普通混凝土相比,高性能混凝土具有如下独特的性能。

7.1.3.1 耐久性

高性能混凝土的重要特点是具有高耐久性。由于高性能混凝土掺加了高效减水剂,其水胶比很低,水泥全部水化后,混凝土没有多余的毛细水,孔隙细化,孔径很小,总孔隙率低;再者高性能混凝土中掺加矿物质超细粉后,混凝土中集料与水泥石之间的界面过渡区孔隙能得到明显的降低,而且矿物质超细粉的掺加还能改善水泥石的孔结构,使其 $\geqslant 100\,\mu m$ 的孔含量得到明显减少,矿物质超细粉的掺加也使得混凝土的早期抗裂性能得到了大大的提高。以上这些措施对于混凝土的抗冻融、抗中性化、抗碱-集料反应、抗硫酸盐腐蚀,以及其他酸性和盐类侵蚀等性能都能得到有效的提高。

总之,高效减水剂和矿物质超细粉的配合使用,能够有效地减少用水量,减少混凝土内部的空隙,提高混凝土结构的使用寿命是制备超密实高性能混凝土的主要手段和目的。

7.1.3.2 工作性

坍落度是评价混凝土工作性的主要指标,高性能混凝土的坍落度控制功能好,在振捣的过程中,高性能混凝土黏性大,粗骨料的下沉速度慢,在相同振动时间内,下沉距离短,稳定性和均匀性好。同时,由于高性能混凝土的水胶比低,自由水少,且掺入超细粉,基本上无泌水,其水泥浆的黏性大,很少产生离析的现象,能在正常施工条件下保证混凝土结构的密实性和均匀性,对于某些结构的特殊部位(如梁柱接头等钢筋密集处)还可采用自流密实成型混凝土,从而保证该部位的密实性,这样就可以减轻施工劳动强度,节约施工能耗。

7.1.3.3　力学性能

由于混凝土是一种非均质材料,强度受诸多因素的影响。水胶比是影响混凝土强度的主要因素,对于普通混凝土,随着水胶比的降低,混凝土的抗压强度增大,高性能混凝土中的高效减水剂对水泥的分散能力强、减水率高,可大幅度降低混凝土单方用水量。在高性能混凝土中掺入矿物超细粉可以填充水泥颗粒之间的空隙,改善界面结构,提高混凝土的密实度,提高强度。

7.1.3.4　体积稳定性

高性能混凝土具有较高的体积稳定性,即混凝土在硬化早期应具有较低的水化热,硬化后期具有较小的收缩变形。

高性能混凝土的体积稳定性表现在其优良的抗初期开裂性,低的温度变形、低徐变及低的自收缩变形。虽然高性能混凝土的水胶比比较低,但是如果将新型高效减水剂和增黏剂一起使用,尽可能地降低单方用水量,防止离析,浇筑振实后立即用湿布或湿草帘加以覆盖养护,避免太阳光照射和风吹,防止混凝土的水分蒸发,这样高性能混凝土早期开裂就会得到有效的抑制。掺加了粉煤灰的高性能混凝土的早期开裂显著降低,这对于大体积混凝土的温控和防裂十分有利。国内已有研究表明,对于外掺加 40% 粉煤灰的高性能混凝土,不管是在标准养护还是在蒸压养护条件下,其 360d 龄期的徐变度(单位徐变应力的徐变值)均小于同强度等级的普通混凝土,高性能混凝土徐变度仅为普通混凝土的 50% 左右。高性能混凝土长期的力学稳定性要求其在长期的荷载作用及恶劣环境侵蚀下抗压强度、抗拉强度及弹性模量等力学性能保持稳定。

7.1.3.5　韧性

高性能混凝土具有较高的韧性。高性能混凝土的高韧性要求其具有能较好地抵抗地震荷载、疲劳荷载及冲击荷载的能力,混凝土的韧性可通过在混凝土掺加引气剂或采用高性能纤维等措施得到提高。

7.1.3.6　经济性

高性能混凝土较高的强度、良好的耐久性和工艺性都能使其具有良好的经济性。高性能混凝土良好的耐久性可以减少结构的维修费用,延长结构的使用寿命,收到良好的经济效益;高性能混凝土的高强度可以减少构件尺寸,减小自重,增加使用空间;HPC 良好的工作性可以减少工人工作强度,加快施工速度,减少成本。苏联学者研究发现用 C110 ~ C137 的高性能混凝土替代 C40 ~ C60 的混凝土,可以节约15% ~25% 的钢材和30% ~70% 的水泥。虽然 HPC 本身的价格偏高,但是其优异的性能使其具有了良好的经济性。概括起来说,高性能混凝土就是能更好地满足结构功能要求和施工工艺要求的混凝土,能最大限度地延长混凝土结构的使用年限,降低工程造价。

7.1.4　超密实高性能混凝土配合比设计

超密实高性能混凝土配合比设计的目标是:在满足强度和工作性的前提下,实现优良的耐久性。因此,在配合比设计时应遵循五项法则:水胶比法则、混凝土密实体积法则、最小单位用水量或最小胶凝材料用量法则、最小水泥用量法则、最小砂率法则。

水胶比法则是指,可塑状态的混凝土水胶比的大小决定混凝土硬化后的强度,并影响硬化混凝土的耐久性。混凝土的强度与水泥强度成正比,与水胶比成反比。与普通混凝土相似,高性能混凝土的强度与水胶比之间仍然呈近似的线性关系,不同的是在低水胶比或高水胶比的范围内,随着水胶比降低,强度的增长变缓,商品混凝土企业可针对自己经常使用的原材料,通过大量试验和数据统计,确定强度与水胶比的关系。高性能混凝土的水胶比一般不大于0.40。

混凝土密实体积法则:混凝土内部结构属于多级分散体系,以粗集料为骨架,以细集料填充粗集料之间的空隙,又以胶凝材料——水的浆体填充砂石空隙,并包裹砂石表面,以减少砂石间的摩擦阻力,保证混凝土有足够的流动性。这样,可塑状态的混凝土总体积为水、胶凝材料、砂、石的密实体积之和。

最小单位用水量或最小胶凝材料用量法则:在水胶比固定、原材料一定的情况下,使用满足工作性的最小用水量(即最小的浆体量),可得到体积稳定的、经济的混凝土。

最小水泥用量法则:为降低混凝土的温升、提高混凝土抗环境因素侵蚀的能力,在满足混凝土早期强度要求的前提下,应尽量减少胶凝材料中的水泥用量。

最小砂率法则:在最小胶凝材料用量,并且砂石集料颗粒实现最密实堆积的条件下,使用满足工作性要求的最小砂率,以提高混凝土弹性模量,降低收缩和徐变。

超密实高性能混凝土配合比设计的步骤参考普通混凝土的设计步骤外,根据我们的实际工程经验,还可以按下列程序确定试配配合比(图7-1)。

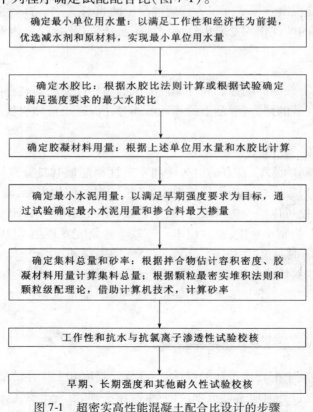

图7-1　超密实高性能混凝土配合比设计的步骤

近年来,在高性能混凝土配合比设计中,越来越多地运用数值分析、数理统计、模糊神经网络等方法进行计算和试验设计,并借助计算机技术进行计算和分析。

7.1.5 超密实高性能混凝土在施工中需注意的问题

超密实高性能混凝土的特点是低水胶比、高矿物掺和料、复掺外加剂,这与普通混凝土是不同的,这使得高性能混凝土在施工的质量控制、养护措施都与普通混凝土不同。低水胶比决定了混凝土的黏性变大,在混凝土的运输、浇注、振捣工艺上必须严格控制,有的施工人员为方便施工而掺水,结果强度、耐久性大幅度下降;高矿物掺合料要求混凝土的养护必须到位,普通混凝土早期强度高水化快,对养护不是很敏感,但高性能混凝土则不同,高性能混凝土用水量低,易发生自身收缩而产生裂缝,所以浇筑捣实后,盖上湿布或草帘进行早期养护。保证水化反应的正常进行是保证高性能混凝土高性能的重要工艺措施,在混凝土浇筑完毕后 12h 以内,通过湿润养护,使混凝土在良好的条件下进行水化反应。因为掺合料的活性比水泥小得多,对硅粉混凝土,要求潮湿养护 14d,而粉煤灰混凝土则要养护 21d 才能达到预期效果,否则会发生表面掉面、耐磨性差等;复掺外加剂要求混凝土的拌合时间必须要长,外加剂的用量很小,若不保证拌合时间,根本分散不开,均匀性变差,致使外加剂不仅起不到作用,反而使混凝土表面质量下降。

7.2 纤维增强混凝土

纤维混凝土(FRC)又称为纤维增强混凝土(Fiber Reinforced Concrete),是以水泥净浆、砂浆或混凝土作为基材,以非连续的短纤维或连续的长纤维作为增强材料,均匀地掺合在混凝土中而形成的一种新型水泥基复合材料的总称。

7.2.1 概述

7.2.1.1 纤维增强混凝土发展历程

自 1824 年约瑟夫·阿斯普丁发明波特兰水泥后,普通混凝土在各种工程中得到迅速发展,经过近 180 多年的研究和应用,普通混凝土已成为当今主要的一种优良建筑材料,但是,它仍然存在一个突出的缺陷,即材料的脆性。它的抗压强度比较高,但其抗拉、抗弯、抗冲击以及韧性等性能却比较差,而且随着龄期发展,后面一类强度与抗压强度的比值越来越小,因而潜伏着安全的隐患。纤维混凝土就是人们为了改善混凝土的这些缺陷而发展起来的。其中,钢纤维混凝土研究时间最早,应用得也最广泛。1910 年,美国的 H. F. Porter 发表了关于短纤维增强混凝土的第一篇论文。1911 年,美国的 Graham 则提出了将钢纤维加入普通钢筋混凝土中。20 世纪 40 年代,由于军事工程的需要,英、美、法等国的学者,先后发表了纤维混凝土的研究报告,但这些研究报告均未能从理论上说明纤维对混凝土的增强机理,因而限制了这种复合材料在工程结构中的推广应用。纤维混凝土真正进入工程的研究是在 20 世纪 60 年代初期。1963 年,美国的 J. P. Romualdi 等人提出了纤维混凝土的阻裂机理"纤维间距理论",才使这种复合材料的发展有了实质性的突破。20 世纪 70 年代,不仅钢纤维混凝土的研究发展很快,而且碳、玻璃、石棉等高弹性纤维混凝土,尼龙、聚丙烯、植物等低弹性纤维混凝土的研制也引起各国的关注。就目前情况看来,钢纤维混凝土在大面积混凝土工程中应用最为成功。混凝土中掺入其体积2%的钢纤维,抗弯强度可提高2.5~3倍,韧性可提高10倍以上,抗拉强度可提20%~30%,被越来越多地应用于桥梁面板、公路和飞机跑道的路面、采矿和隧道工程以及大体积混凝土的维护与补强等方面。玻璃纤维、聚丙烯纤维在混凝土中的应用也取得了一定的经验,较多地应用于管道、楼板、墙板、楼梯、梁、船壳、电线杆等。纤维混凝土由于抗疲劳和抗冲击性能良好,预计将来在抗震建筑中也会得到广泛应用。表7-1是几种纤维的基本性能:

表 7-1　几种增强纤维的基本性能

纤维品种	密度($g \cdot cm^{-3}$)	直径(μm)	弹性模量(GPa)	抗拉强度(MPa)	极限延伸率(%)
聚丙烯纤维	0.91	15~80	4~9	270~700	7~9
碳纤维	1.70~1.90	7~20	380	2400~4500	1.2~2.5
钢纤维	7.85	100~1000	200	380~1300	3~30
玻璃纤维	2.70	8~15	70~80	1500~3500	2~8

纤维在水泥基材料中的作用可以分为三个方面:① 提高基材的抗拉强度;② 阻止基材中原有缺陷(微裂缝)的扩展并延缓新裂缝的出现;③ 提高基材的抗变形能力,从而改善其韧性和抗冲击性。水泥基材的作用是:① 粘结纤维;② 保护纤维;③ 使应力传递给纤维。

钢纤维混凝土在工程中应用很广,如桥面部分的罩面和结构;公路、地面、街道和飞机跑道;坦克停车场的铺面和结构;采矿和隧道工程、耐火工程以及大体积混凝土工程的维护与补强等。

此外,在预制构件方面也有不少应用,而且除了钢纤维,玻璃纤维、聚丙烯纤维在混凝土中的应用也取得了一定经验。纤维混凝土预制构件主要有:管道、楼板、墙板、柱、楼梯、梁、浮码头、船壳、机架、机座及电线杆等。

纤维混凝土与普通混凝土相比,虽然有许多优点,但毕竟还不能代替钢筋混凝土。这不仅是因为其性能的稳定性至今还没能达到准确设计的程度,研究还不够深入,而且纤维混凝土的和易性较差,搅拌、浇注、振捣时容易发生纤维成团和折断的现象,粘结性能也有待改善,纤维价格也较高,造成工程造价升高等等,都是目前限制纤维混凝土推广应用的重要因素。随着科学技术的进步和纤维混凝土研究的不断深入,我们相信在不久的将来,纤维混凝土一定会在更多的应用范围内显示出许多潜在的优越性。

7.2.1.2　纤维混凝土的分类

对用于混凝土的纤维的基本要求是:高抗拉强度,与水泥基材相比至少要高出两个数量级;高弹性模量,纤维与水泥基材的弹模的比值越大,受荷时纤维所分担的应力也越大;高变形能力,与水泥基材的极限延伸率相比,至少要高一个数量级;低泊松比,一般不宜大于0.04;高耐碱性,不受水泥水化物的侵蚀;高粘结强度,纤维与水泥基材的粘结强度一般不应低于1MPa;一定的长径比,此比值大于临界值时才对水泥基材有明显的增强效应;对人体无害;资源丰富;价格较低廉。

用于混凝土的纤维,从材质上可以分为以下几种:

金属纤维(如碳钢纤维、不锈钢纤维等);

无机纤维,包括天然矿物纤维(如石棉纤维),人造纤维(如抗碱玻璃纤维、抗碱矿棉纤维、碳纤维、陶瓷纤维等);

有机纤维,包括植物纤维(如木纤维、竹纤维、剑麻纤维等),合成有机纤维(如聚丙烯纤维、芳纶纤维、尼龙纤维、聚乙烯纤维、丙烯酸纤维)等。

从纤维弹性模量分类,可以分为:

高弹模纤维,指弹性模量高于水泥基材者(如钢纤维、石棉纤维、玻璃纤维、碳纤维、改性聚乙烯醇纤维、芳基聚酰亚胺纤维等);

低弹模纤维,指弹性模量低于水泥基材者(如聚丙烯纤维、聚乙烯纤维和绝大多数植物纤维)。

从纤维长度分类,可以分为:

1. 非连续的短纤维(如钢纤维、石棉纤维、短切玻璃纤维、短切聚丙烯醇纤维等);

2. 连续长纤维(如玻璃纤维网格布、连续的玻璃纤维无捻粗纱、聚丙烯原纤化薄膜等)。

按纤维配制方式,纤维混凝土可以分为:

乱向短纤维增强混凝土,其中的短纤维呈乱向二维和三维分布,如玻璃纤维混凝土、石棉玻璃纤维混凝土、普通钢纤维混凝土、短碳纤维混凝土、短芳纶纤维混凝土、短聚丙烯纤维混凝土等;

连续长纤维(或网布)增强混凝土,其中的连续纤维呈一维或二维定向分布,如长玻璃纤维(或玻璃纤维网格布)混凝土、长碳纤维混凝土、长芳纶纤维混凝土、纤维增强树脂筋混凝土等;

连续长纤维和乱向短纤维复合增强混凝土;

不同尺度不同性质的纤维增强的混凝土。

按纤维增强混凝土的性质分类,纤维混凝土可以分为:

普通纤维混凝土,如普通钢纤维混凝土、玻璃纤维混凝土等;

高性能纤维增强混凝土,如流浆浸渍钢纤维混凝土、流浆浸渍钢纤维网混凝土、纤维增强活性细粒混凝土(RPC)、芳纶纤维混凝土等;

超高性能纤维增强混凝土,如纤维增强高致密水泥基均匀体系、纤维增强宏观无缺陷水泥等。

7.2.2　纤维增强混凝土的基本原理

现在,对于混凝土中均匀而任意分布的短纤维对混凝土的增强机理,存在两种不同的理论解释:其一是美国人 J. P. Romualdi 最先提出的"纤维间距机理",其二是英国的 Swamy、Mamgat 等人首先提出的"复合材料机理"。至于连续长纤维增强混凝土的理论主要是从复合材料力学基础上发展起来的,包括多缝开裂理论、混合率法则等。

7.2.2.1　纤维间距机理

J. P. Romualdi 的纤维间距机理是根据线弹性断裂力学理论来说明纤维材料对于裂缝发生和发展的约束作用。这种机理认为:混凝土内部原来就存在缺陷,要提高材料的强度,必须尽可能减小缺陷的程度,提高材料的韧性,降低内部裂缝端部的应力集中系数。假定纤维在拉应力方向上呈现棋盘状的均匀分布,中心距为 S,一个凸透镜状的裂缝(半径为 a)存在于 4 根纤维所围住的中心。由于拉力的作用,裂缝的端部产生应力集中系数为k_σ。当裂纹扩展至纤维与基材的界面时,由于纤维的拉伸应力所引起的粘结应力分布(τ)会产生对裂缝起约束作用的剪应力并使之趋于闭合。此时在裂缝端部会有另一个与k_σ方向相反的应力集中系数k_f,故总的应力集中系数下降为$k_\sigma - k_f$。所以,混凝土的初裂强度得以提高。可见,单位面积内的纤维数(N)越多,亦即纤维间距越小,强度提高的效果越好。

Romualdi 根据他们的理论推导,得出了某一截面对应力有效的平均间距的计算公式:

$$\bar{S} = \frac{1}{\sqrt{N}} = 1.38d\sqrt{\frac{V}{V_x}} = 1.38d\sqrt{\frac{1}{P}} \qquad (7\text{-}1)$$

式中　$\bar{S}$——某一截面纤维的平均间距;

　　　d——纤维的直径;

　　　P——纤维体积百分比;

　　　V——纤维混凝土体积;

　　　V_x——单位体积内的纤维体积。

当裂纹长度等于纤维平均中心距$\bar{S}$时,纤维混凝土的抗拉初裂强度$f_{xl.0}$可按下式计算:

$$f_{xl.0} = \frac{K_c}{\sqrt{\beta \bar{S}}} \qquad (7\text{-}2)$$

式中　K_c——纤维混凝土的断裂韧性;

　　　β——常数;

　　　$\bar{S}$——纤维的平均中心距。

为了证实混凝土的初裂强度受到纤维间距的支配,Romualdi 等人还做出了相应的实验,有效的纤维最大间距在 1.5cm 以下,或当平均中心距小于 7.6mm 时,纤维混凝土的抗拉和抗弯初裂强度均显著增高。Romualdi 等人给出的初裂应力增长与纤维间距关系的理论推算结果。理论推算和试验结果都表明,在一定纤维体积含量时,可以认为抗拉强度近似地与纤维间距成$\sqrt{\dfrac{1}{S}}$比例关系。

纤维间距机理假定,纤维和基体间的粘结是完美无缺的,但是,事实却不是如此。它们之间的粘结肯定有薄弱之处。另外,间距的概念一旦超出比例极限和周界条件就不再成立。因此,还不能客观反映纤维增强的机理。

7.2.2.2　复合材料机理

复合材料机理的出发点是复合材料构成的加和原理,将纤维增强混凝土看做是纤维强化的多相体系,其性能乃是各项性能的加和值,并应用加和原理来推定纤维混凝土的抗拉和抗弯强度。该机理应用于纤维混凝土时,有如下的假设条件:

1. 纤维与水泥基材均呈弹性变形;

2. 纤维沿着应力作用方向排列,并且是连续的;

3. 纤维、基材与纤维混凝土发生相同的变形值;

4. 纤维与水泥基材的粘结良好,二者不发生滑动。

可得出下列计算纤维混凝土弹性模量的公式：

$$E_{xl} = E_{jl}V_{jL} + E_fV_f \qquad (7\text{-}3)$$

式中　E_{xl}、E_{jl}、E_f——分别为纤维混凝土、水泥基材与纤维的弹性模量；

V_{jL}、V_f——分别为水泥基材与纤维的体积率；

设 $\dfrac{E_f}{E_{jl}} = n$，$V_{jL} = 1 - V_f$ 则得：

$$E_{xl} = E_{jl}[1 + (n - 1)V_f] \qquad (7\text{-}4)$$

若对横向变形忽略不计，可得：

$$\sigma_{xl} = \sigma_{jl}[1 + (n - 1)V_f] \qquad (7\text{-}5)$$

式中　σ_{xl}、σ_{jl}——分别为纤维混凝土、水泥基材的拉应力。

根据上式，又可得出计算纤维混凝土抗拉初裂强度 $f_{xl,0}$ 的下列公式：

$$f_{xl,0} = f_{jl}[1 + (\eta_0 n - 1)V_f] \qquad (7\text{-}6)$$

式中　$f_{xl,0}$——为纤维混凝土的抗拉初裂强度；

f_{jl}——水泥基材的抗拉极限强度；

η_0——纤维在纤维混凝土中的取向系数。

当使用连续长纤维时，纤维混凝土的抗拉极限强度 f_{xl} 的下列公式：

$$f_{xl} = f_{fl}V_f \qquad (7\text{-}7)$$

式中　f_{xl}——纤维混凝土的抗拉极限强度；

f_{fl}——纤维的抗拉极限强度。

当使用短纤维时，可用下式计算纤维混凝土的抗拉极限强度 f_{xl}：

$$f_{xl} = 2\eta_1\eta_0 \frac{L}{d}\tau V_f \qquad (7\text{-}8)$$

式中　η——纤维长度有效系数；

$\dfrac{L}{d}$——纤维长度与直径的比值（长径比）；

τ——纤维与水泥基材的平均粘结强度。

7.2.2.3　临界纤维体积率与临界纤维长径比

1. 临界纤维体积率

用各种纤维制成的纤维混凝土均存在一个临界纤维体积率。当实际纤维体积率大于此临界值时，才可以使纤维混凝土的抗拉极限强度较之未增强的水泥基材有明显的增高。临界纤维体积率可按下式计算：

$$P_c = \frac{f_{fl}}{f_{fl} + f_{jl} - E_f\varepsilon_{jl}} \qquad (7\text{-}9)$$

式中　P_c——临界纤维体积率；

ε_{jl}——水泥基材的极限延伸率。

其他同前。

若使用定向的连续纤维,且纤维与水泥基材粘结较好,则用钢纤维、玻璃纤维和聚丙烯膜裂纤维制备的三种纤维混凝土的临界体积率的计算值分别为 0.31% 、0.41% 、0.75% 。实际上,使用非定向的短纤维,且纤维与水泥的粘结不够好时,上述的临界值应增大。

2. 临界纤维长径比

使用短纤维制备纤维混凝土时,存在一临界长径比,此值可按下式计算:

$$\frac{l_c}{d} = \frac{f_{fl}}{2\tau} \qquad (7\text{-}10)$$

式中 $\dfrac{l_c}{d}$ ——纤维临界长径比

l_c ——纤维长度;

d ——纤维直径。

由纤维混凝土中不同长径比纤维的拉应力与临界粘结应力沿纤维长度的分布状况可知:若纤维的实际长径比小于临界值,则纤维混凝土遭破坏时,纤维从水泥基材中拔出;若纤维的实际长径比等于临界值时,只有基材的裂缝发生在纤维中央时纤维才能拉断,否则纤维长度短的一边将从基材中拔出;若纤维实际长度比大于临界值时,则纤维混凝土破坏时纤维将被拉断。

7.2.3 钢纤维增强混凝土

在普通混凝土中掺入适量的钢纤维配制而成的混凝土,称为钢纤维混凝土(Steel Fiber Reinforced Concrete,简称 SFRC)。

7.2.3.1 基本特点

钢纤维混凝土与普通混凝土相比,其抗拉强度、抗弯强度、耐磨性、耐冲击性、韧性、抗裂性和抗爆性等性能都得到很大提高。由于大量很细的钢纤维均匀地分布在混凝土中,钢纤维与混凝土基体的接触面积大,如按 2% 体积比掺入 $\phi 0.25mm \times 12.7mm$ 的钢纤维时,每立方米混凝土中有 3200 万根,其比表面积为 $320m^2$,与同样质量的钢筋相比,比表面积约增加 64 倍。因而,在所有方向上都得到增强,具有了普通混凝土所不具备的优良性能。

实验表明,影响纤维混凝土的物理力学性能的因素除了普通混凝土外,还有钢纤维的掺量、纤维的直径与长径比、纤维的形状、配制方向与分散程度等。制备普通钢纤维混凝土,主要使用低碳钢钢纤维,而制备钢纤维耐火混凝土和水工混凝土,则必须使用不锈钢纤维。

按外形分类,钢纤维最普通的是圆截面的长直纤维,为了改善界面粘结,可制成各种外形,如波形、哑铃型、端部带弯钩的、扁平形、表面凹凸状与卷曲状等。圆截面长直形的钢纤维,其直径一般在 0.25~0.75mm 范围内,扁平形钢纤维的厚度和宽度一般各为 0.18~0.40mm 和 0.25~0.90mm 。这两种纤维的长度一般均在 20~60mm 范围内。也可以使用集束状(用水溶性胶临时粘结在一起)的钢纤维。

为使钢纤维能均匀分布在混凝土中,必须使钢纤维具有合适的长径比,一般不应超过纤维的临界长径比值。当使用单根状钢纤维时,其长径比不应大于100,多数情况下为 60~80。

对每一种规格的钢纤维与每一种混凝土,均存在一个最大纤维掺量的限值。若超越此限制值,则拌制混凝土过程中纤维会互相缠结形成"刺猬",严重影响搅拌质量。钢纤维掺量以体积表示,一般为 0.5% ~2%。

7.2.3.2　钢纤维混泥土主要物理力学性能

1. 力学性能

（1）抗拉强度

钢纤维混凝土的抗拉强度随着纤维掺量的增加而提高,达到最高拉应力值后并不发生脆断而仍具有一定的承载能力和变形能力。当钢纤维掺量在许可范围内时,钢纤维混凝土的抗拉强度比未增强的混凝土提高 30% ~50%。

（2）抗弯强度

当钢纤维的体积掺率不超过 0.5% 时,钢纤维混凝土达到初裂荷载后,其承载能力开始下降。当纤维体积掺率较大时,钢纤维混凝土达到初裂荷载后,仍可继续提高承载能力。钢纤维掺量合适时,与未曾增强的混凝土相比,钢纤维混凝土的抗弯极限强度可提高 50% ~100%。

（3）抗压强度

掺加钢纤维可使混凝土的抗压强度提高 15% ~25%,并可显著地延缓其破坏。

（4）韧性

钢纤维混凝土在受拉和受弯过程中虽已多处出现裂缝,但仍具有相当高的变形能力,此种变形能力可用"韧性",即挠度达到一定值时,"荷载-挠度"曲线下所覆盖的面积来表示。

（5）抗冲击强度

与未增强混凝土相比,钢纤维混凝土的抗冲击强度可提高 2 ~9 倍。

（6）弹性模量

钢纤维对混凝土的弹性模量无显著影响。

（7）耐疲劳性

钢纤维可显著改善混凝土的耐疲劳性。经 10^5 次反复施荷、卸荷,钢纤维混凝土受弯时的残余强度仍可达到其静力抗弯强度的 2/3 左右。

2. 物理性能

大量实验指出,钢纤维可使混凝土的干缩率降低 10% ~30%,但对混凝土的徐变无显著影响;钢纤维有利于改善混凝土的耐磨性;可使混凝土的热导性增加 10% ~30%,但对混凝土的热膨胀系数没有显著影响。

3. 耐久性

钢纤维混凝土的长期耐久性问题至今还没有一致的结论。一般认为,足够密实的钢纤维混凝土的长期耐久性是没有问题的。有人认为其抗冻性能约为未增强的混凝土的 2 ~8 倍,但处于表面附近的钢纤维仍然容易产生锈斑。国内外学者从理论和应用两个方面论证了钢纤维混凝土不仅有抵制腐蚀和冻融的作用,而且与普通混凝土相比,因其阻裂能力高,对提高混凝土耐久性有积极作用。

7.2.3.3　钢纤维混凝土的配合比与施工

钢纤维混凝土配合比设计的基本思路与普通混凝土有很大的不同,其最重要的问题是如何将钢纤维与混凝土在规定的空间进行均匀的配制,即如何把钢纤维均匀地分散在混凝土中,这是必须而不可缺少的条件。纤维混凝土配合比设计,大多按其抗拉强度为设计指标,并以大量实验数据为基础,制定出配合比设计的参考表格。一般步骤如下:

1. 纤维掺量与规格的确定

根据大量实验证明,钢纤维体积掺量一般为 0.5% ~ 2%,最大不超过 3%;钢纤维的长径比一般为 60 ~ 80,最大不超过 100。

2. 粗集料最大粒径的确定

粗集料最大粒径必须根据其对混凝土强度尤其对抗弯强度的影响,以及能让既定用量的纤维均匀地分布作为出发点。根据理论分析得出:当纤维含量为 2% 时,集料最大粒径为钢纤维长度的 1/2;当纤维含量为 1% 时,集料最大粒径为钢纤维长度的 1/3 ~ 2/3。但粗集料最大粒径不应超过 15mm。

3. 混凝土水胶比的确定

钢纤维混凝土的强度不仅决定于水胶比,而且决定于纤维含量。表 7-2 和表 7-3 列出了钢纤维混凝土的抗弯强度、抗剪强度和水胶比、纤维含量的关系,可供参考。

表 7-2　钢纤维混凝土的抗弯强度　　　　　　　　　　　　　　MPa

V_x(%) ＼ W/B	0.40	0.50	0.60
0	6.3	5.7	5.0
1.0	7.8	7.2	6.8
1.5	9.0	8.6	8.2
2.0	9.8	9.6	9.3

表 7-3　钢纤维混凝土的抗剪强度　　　　　　　　　　　　　　MPa

V_x(%) ＼ W/B	0.40	0.50	0.60
0	7.6	7.2	6.7
0.5	9.9	9.0	8.1
1.0	11.4	10.5	9.2
1.5	13.0	11.5	10.0
2.0	14.0	12.4	10.9

4. 混凝土砂率的确定

钢纤维混凝土的砂率对钢纤维在混凝土中的分散度起着支配的作用,并且对钢纤维混凝土的强度和均匀性有一定影响;而且,砂率也是支配钢纤维混凝土稠度的最重要因素,影响着拌合物的和易性。因此,确定合理的砂率有更重要的意义,钢纤维混凝土的砂率一般比普通混凝土高。从强度方面考虑,砂率一般控制在 50% ~ 60% 比较适宜;从施工方面考虑,砂率一般控制在 60% ~ 70% 比较合适。

5. 钢纤维混凝土的施工

钢纤维混凝土施工的要点,是使钢纤维能充分的分散,均匀地分布在混凝土中,而不是互相纠缠,甚至结团。从混凝土搅拌来说,目前常用的混合搅拌方法是"先混法"和"后混法"两种,前者是先将钢纤维与粗、细集料在搅拌容器中搅拌均匀,然后再将水泥和水掺入搅拌均匀。后者是先将普通混凝土搅拌好,然后掺入钢纤维搅拌均匀。掺入适量的非离子型界面活性剂(如聚氧乙烯辛基、苯酚醚)是比较有效的方法。

7.2.4　玻璃纤维增强混凝土

玻璃纤维混凝土(Glass Fiber　Reinforced Cemet　or Concrete,简称 GFRC)是将弹性模量较大的耐碱玻璃纤维均匀地分布于水泥砂浆、普通混凝土基材中而制得的一种复合材料。它以轻质、高强和高韧性等优点集于一体,在建筑领域中占有独特地位。采用玻璃纤维混凝土是建筑工程今后的发展方向,它不仅弥补了普通混凝土制品自重大、抗拉强度低、耐冲击性能差等不足,而且还具有普通混凝土所不具备的特性,例如制品较薄,自重较轻,抗拉强度很高,表面没有龟裂,耐冲击性能优良,抗弯强度高,脱模性好,加工方便,易做成各种异型制品。玻璃纤维混凝土目前主要用于非承重构件和半承重构件。可以制成外墙板、隔墙板、通风管道、阳台栏板、活动房屋、下水管道等。随着耐碱玻璃纤维和低碱水泥的开发利用,这种高强轻质的混凝土将成为应用极广的新型建筑材料。

7.2.4.1　玻璃纤维混凝土的原材料和配合比

1. 原材料

玻璃纤维混凝土的原材料与普通混凝土有很大的区别,其主要组成材料有:低碱硫铝酸盐水泥(胶凝材料)、耐碱玻璃纤维(加强材料)和集料。

(1)低碱硫铝酸盐水泥

低碱硫铝酸盐水泥是一种特种水泥,其主要矿物组成是无水硫铝酸钙 $C_4A_3\bar{S}$、硅酸二钙 β-C_2S 和硫酸钙($CaSO_4$)。此种水泥的特点是:水化不析出大量 $Ca(OH)_2$,溶液的 pH 值较低($\leqslant 11.0$),因此对玻璃纤维的腐蚀作用较低,不会使玻璃纤维丧失强度。另外,这种水泥早期强度高,水泥石结构密实,微膨胀,干缩小,耐负温性能好,抗渗性好,有较强的抗硫酸盐腐蚀的能力。

(2)耐碱玻璃纤维材料

采用耐碱玻璃纤维材料是发展玻璃纤维混凝土的重要途径。英国、日本、美国在这方面取得了显著的成果。耐碱玻璃纤维是在玻璃的配方中加入适量的锆、钛等耐碱性能较好的元素,同时使玻璃纤维的硅氧结构发生变化,结构更加完善,活性更小,因而减缓了受碱腐蚀的程度,强度损失也小。

(3)玻璃纤维混凝土的集料

与普通混凝土不同,玻璃纤维混凝土一般不采用粗集料,只用细集料,而且最大粒径不应超过 2.0mm,细度模数为 1.2～2.4。为了保证纤维与基材很好地粘结和板材的强度,所用的细集料必须质地坚硬、清洁无杂质,含泥量不得超过 0.3%。

2. 玻璃纤维混凝土的配合比

玻璃纤维混凝土的配合比根据成型工艺的不同而不同。表 7-4 是采用喷射成型法和铺网-喷浆法的参考配合比。

表 7-4　不同成型工艺的玻璃纤维混凝土参考配合比

成型工艺	玻璃纤维	灰砂比	水胶比
直接喷射法	切断长度:34～44mm 体积掺量:2%～5%	(1:0.3)～(1:0.5)	0.32～0.38
铺网-喷浆法	抗碱玻璃纤维网格布体积 掺量:2%～5%	(1:1.0)～(1:1.5)	0.42～0.45

7.2.4.2　玻璃纤维混凝土的施工工艺

玻璃纤维混凝土的施工工艺与普通混凝土不同,浇注需要专门的设备和特殊的方法。密实成型采用不同类型的平板或插入式振捣器、振动台和轮压设备。成型方法主要有直接喷射法和铺网-喷浆法两种。直接喷射法是将玻璃纤维无捻粗纱切割至一定长度后放入 GFRC 喷射枪与挤压泵挤出的水泥砂浆在空气中混合,并一起喷射在模具上,如此反复喷射直至混凝土达到要求的厚度。铺网-喷射法是将一定数量、一定规格的玻璃纤维网格布,按预先设计布置于水泥砂浆中,以制得玻璃纤维混凝土制品或构件,水泥砂浆也是通过喷枪喷到模型中。

7.2.5　聚丙烯纤维增强混凝土

7.2.5.1　概述

有机聚合物合成纤维自 20 世纪 60 年代前期开始研究并用于水泥砂浆以来,至今已经大规模应用于混凝土的抗裂、防渗和抗冲击性能的改善等方面。90 年代初,国外用于混凝土的合成纤维开始进入中国,目前在中国几乎所有的工业及民用建筑工程中只要用到混凝土的场合都使用了合成纤维混凝土。用于水泥砂浆及混凝土的聚合物合成纤维主要有聚丙烯、尼龙(酰胺纤维)、聚酯和聚乙烯等,最近又推出了聚乙烯醇(PVA)纤维。前四种属于低弹模纤维,后一种属于高弹模纤维。其中,聚丙烯纤维是用量最大、使用条件最成熟、价格也比较低廉的合成纤维。

聚丙烯纤维混凝土是将切成一定长度的聚丙烯束状单丝或膜裂纤维均匀地分布在砂浆或混凝土的基材中,用以增强基材物理力学性能的一种复合材料。这种纤维制备的混凝土具有质轻、抗拉强度高、抗冲击和抗裂性能良好的特点。

聚丙烯膜裂纤维是一种束状的合成纤维,拉开后成网络状,目前已经研制出分散为单丝的束状纤维,他们大都切成 20~70mm 的长度,其纤维直径为 6000~26000 "丹尼尔"(9000m 长时的质量克数)。其抗拉强度很高,达 400~500MPa;但弹性模量相对于金属纤维、玻璃纤维为低,远低于混凝土,只有 $(0.8~1.0)×10^4$ MPa;极限延伸率为 8.0%,远高于混凝土;泊松比为 0.29~0.46。分散呈网络状的膜裂纤维,与水泥基材有较好的粘结能力,而单丝纤维则有较好的分散性。聚丙烯纤维表面具有疏水性,搅拌时不容易结团,但粘结力因而受到影响。聚丙烯纤维化学稳定性好,不锈蚀,可抗碱、抗酸;无毒性,对人体无害。

7.2.5.2　聚丙烯纤维混凝土的主要性能

与其他纤维混凝土一样,聚丙烯纤维混凝土的性能与纤维的直径、长径比、截面形状、掺量、在基材中分布状况等有关。

1. 物理力学性能

由于聚丙烯纤维的抗拉强度很高,但弹性模量却很低,所以配制的混凝土具有比普通混凝土抗拉强度高,但弹性模量较低的特性。在较高的应力情况下,混凝土已经达到极限变形时,纤维还没有产生约束应力混凝土就开始破裂。所以,同不含纤维的普通混凝土相比,聚丙烯纤维混凝土的抗压、抗拉、抗弯、抗剪、耐热、耐磨、抗冻等性能几乎都没有提高。其中,体积掺量为 0.5%~1.0% 时,圆形截面的拉丝膜裂纤维混凝土和单丝纤维混凝土的抗压强度无明显变化;但矩形截面的膜裂纤维混凝土的抗压强度下降 10%~25%,平均劈拉强度和抗弯强度也下降相似的数值。这种影响在纤维掺量小于 0.5% 时可以消除,而使它下列的优点更加凸显

出来:

（1）聚丙烯纤维对砂浆和混凝土的抗塑性收缩与开裂性能有明显影响。当含纤维的水泥基材开裂后,纤维跨接在裂缝的两侧,依靠纤维与基材的粘结及纤维自身的力学性能(此时纤维的弹性模量高于基材),使裂缝的扩展速率得以延缓,开裂程度得以减少,从而使裂缝宽度减少、细化。直径较小的拉丝膜裂和单丝纤维的抗缩、抗裂能力较好,矩形截面的膜裂纤维较差。纤维掺量也有较大的影响,随着掺量的增加,各种聚丙烯纤维的抗塑性缩裂的能力均随之增加。有试验证明,拉丝和单丝纤维的掺量达到 0.1% 及以上时,可能完全阻止水泥砂浆塑性收缩开裂的出现。

（2）当纤维体积掺量为 0.5% ~ 1.0% 时,不同种类的聚丙烯纤维都明显提高了砂浆和混凝土的抗弯韧性,见表 7-5。其中,抗弯韧性指数 I_5、I_{10}、I_{30} 是按照 ASTMC1018 推荐的方法测量得到的,是指混凝土试验梁的挠度分别达到其受拉区初裂时的挠度的 3、5.5 和 15.5 倍时,相应的荷载-挠度曲线下的面积与初裂时的面积的比例。本实验表明了掺纤维后混凝土韧性的变化。

表 7-5　聚丙烯纤维混凝土的抗弯强度与抗弯韧性指数 I(28d)

纤维名称	抗弯强度（MPa）			0 掺量			0.5% 掺量			1.0% 掺量		
	0	0.5%	1.0%	I_5	I_{10}	I_{30}	I_5	I_{10}	I_{30}	I_5	I_{10}	I_{30}
膜裂 I_{pp}	5.25	4.33	4.07	3.83	5.93	9.89	5.03	8.78	16.86	5.29	9.66	23.68
拉丝膜裂	5.25	4.17	3.59	3.83	5.93	9.89	4.49	8.03	16.76	4.33	8.31	21.29

由表可见,纤维混凝土的抗弯强度较之基准混凝土略有减少,但不论掺量多少,纤维混凝土的韧性指数均有明显的增加,提高的幅度在 13% ~140% 之间,掺量较大的效果较好,而且矩形截面的膜裂纤维好于圆形截面(拉丝)膜裂纤维。这是由于聚丙烯纤维的强度和韧性都远高于基准混凝土,因此当基材出现宏观裂纹扩展时,横跨在裂缝之间的纤维所起的桥接作用,使得裂纹的扩展阻力增加,提高了材料的断裂能,这是比表面积较大的矩形截面纤维更显出较大的优势。基准混凝土在峰值荷载后,随梁跨中挠度的增加,承载能力迅速下降。而掺入聚丙烯纤维后,混凝土峰值荷载后承载能力下降趋势较平缓,尤其是聚丙烯膜裂纤维混凝土,在挠度达 0.4mm 后,出现了较高水平(最大荷载的 40% ~70%)的承载平台,显示了这种复合材料的良好韧性。

试验指出,在水泥基材中掺入 0.05% 的膜裂纤维,不仅不会对混凝土强度造成不良影响,反而会使其抗弯韧性、抗冲击强度明显改善,同时又大幅度改善抗塑性收缩开裂的性能,因此是一条既经济又有效的途径。

（3）聚丙烯纤维掺量为 0.6kg/m³、0.9kg/m³、1.2kg/m³ 的混凝土与水泥用量相同的普通混凝土相比,抗冲击能力提高 0.8 ~6.1 倍;极限拉伸率分别提高 7%、8% 和 11%;抗冲磨强度提高 33%、49% 和 58%;另外,其他试验指出,聚丙烯纤维混凝土的抗收缩性能较好,体积掺量为 1% 时,收缩率可降低 75%。

2. 工作性能与耐久性能

（1）聚丙烯纤维在混凝土拌合物中有良好的分散性,但搅拌工艺和搅拌时间没有特殊要求。

（2）混凝土中添加聚丙烯纤维时，坍落度稍有降低，但能够改善拌合物的保水性和黏聚性，混凝土的泵送性整体上得到提高。

（3）纤维形成的三维乱向支撑体系能有效地减少混凝土的泌水，降低混凝土的孔隙率，并且减少混凝土的塑性收缩裂缝，因而能够大幅度提高混凝土的抗渗性。

（4）混凝土中添加适量纤维后，随着抗裂性、抗渗性的提高，混凝土的耐久性将得到改善，尤其是混凝土中使用硅灰等超细矿物掺合料时，获得的效果更好。

7.2.5.3 混凝土配料

聚丙烯纤维混凝土的配料因成型工艺而异，见表7-6。

表 7-6 不同成型工艺的聚丙烯纤维混凝土的配合比

成型工艺	聚丙烯纤维要求	水泥	集料	外加剂	灰集比	水胶比
预拌法	细度：6000 ～ 13000 丹尼尔；切断长度：40 ～ 70mm；体积掺量：0.4% ～ 1.0%	42.5MPa 或 52.5MPa 硅酸盐或普通硅酸盐水泥	细集料 $D_{max} = 5mm$ 粗集料 $D_{max} = 10mm$	减水剂或超塑化剂，用量由预拌试验确定	砂浆 水泥：砂 = （1：1）～（1：1.3） 混凝土 水泥：砂：石 = （1：2：2）～（1：2：4）	0.45 ～ 0.5
喷射法	细度：4000 ～ 12000 丹尼尔；切断长度：20 ～ 60mm；体积掺量：2% ～ 6%		集料 $D_{max} = 2mm$		砂浆 水泥：砂 = （1：0.3）～（1：0.5）	0.32 ～ 0.40

聚丙烯纤维的使用对搅拌设备没有特别要求，对搅拌及施工工艺也没有特别要求。施工时，应根据掺量和每次搅拌混凝土方量，准确称取纤维。将砂石集料与纤维一同加入搅拌机中，加水搅拌。搅拌完后随机抽样，检查纤维的分散性，如果纤维已经均匀分散成单丝和分布均匀，则可投入使用；如果仍有成束纤维则延长搅拌时间30s，即可使用。加入纤维的混凝土原配比不变；应该严格按照有关规程施工及养护。

7.2.6 碳纤维增强混凝土

碳纤维是一种高强度、高模量的轻质非金属新型材料，既具有元素碳的各种优良性能，如密度小、耐热性极好、热膨胀系数小、导热系数大、耐腐蚀性和导电性良好等；同时，它又具有纤维般的柔曲性、可进行编织加工和缠绕成型；另外，它还具有良好的耐磨性、导电性、低温性、润滑性和吸附性。碳纤维最优良的性能是比强度和比模量超过一般的增强纤维。

碳纤维增强混凝土（CFRC）具有普通增强型混凝土所不具备的优良力学性能、防水渗透性能和耐自然温差性能，在强碱环境下具有稳定的化学性能、持久的力学强度和尺寸的稳定性。用碳纤维取代钢筋，可消除钢筋混凝土的盐水降解和劣化作用，使建筑构件质量减轻，安装施工方便，缩短建筑工期。碳纤维还具有震动阻尼特性，可吸收震动波，使防地震能力和抗弯强度提高十几倍。短切碳纤维增强水泥所用碳纤维的长度为3～6mm，细度或宽度范围在7～20μm。抗拉强度范围在0.5～0.8GPa，碳纤维增强混凝土比普通混凝土抗压强度提高1.2～1.5倍。但是碳纤维与水泥混合时将伴随着空气的混入，CFRC中随着空气含量的增加、抗压强度呈下降的趋势。碳纤维体积分数增加越多，抗压强度下降越明显。

碳纤维复合材料CFRP用于混凝土结构加固修补的研究始于1980～1990年代美、日等发达国家。1980 年代末及 1990 年代初,日本的众多大学、科研机构、材料生产厂家相继大量进行了 CFRP 用于结构加固修补的研究。CFRP 以其优异的力学性能、简便的施工工艺、良好的耐腐蚀和耐久性得到了普遍的赞同。特别是日本阪神地震后,用 CFRP 加固修复混凝土结构,尤其是进行抗震加固,在日本、韩国、美国、欧洲等国家和地区得到迅速的发展和应用。目前,国外发达国家不仅将碳纤维材料成功地应用于新建的土木工程领域,而且其他高性能纤维材料也已成功应用于建筑业的各个领域。不仅将上述材料用于非预应力状态,而且也将其用于预应力状态。

7.3　聚合物混凝土

7.3.1　概述

普通水泥混凝土是一种非均质多孔材料,由于其抗拉强度低,抗裂性差,抗渗性、抗冻性及耐腐蚀性也较差,使得其使用范围受到了限制,为克服以上缺点,各国学者采取各种措施改善普通混凝土的性能,其中将已硬化的混凝土用有机单体浸渍,然后再使其聚合成整体混凝土——即所谓的聚合物浸渍混凝土,这是改性的途径之一。

聚合物混凝土(concrete-polymer material)是由有机聚合物、无机胶凝材料、集料有效结合而形成的一种新型混凝土材料的总称。确切地说它是混凝土与聚合物复合材料。它克服了普通水泥混凝土抗拉强度低、脆性大、易开裂、耐化学腐蚀性差等缺点,扩大了混凝土的使用范围,是国内外大力研究和发展的新型混凝土。

聚合物混凝土是一种有机、无机的复合材料。从 1930 年开始,塑料被首次用于混凝土中,到 1950 年它的潜在用途引起了人们的重视,在一定规模上开始了塑料用于混凝土的试验研究,并取得了显著的研究成果。

1975 年 5 月,在英国伦敦召开的第一届国际聚合物混凝土会议上,才第一次使用聚合物混凝土这一专业用语。1978 年 10 月,在美国奥斯汀召开了第二届国际聚合物混凝土会议,世界各国的专家发表了大量关于聚合物混凝土的专题性论著,这些论著大大促进了在水泥及混凝土中应用聚合物的研究工作。此后,聚合物混凝土在一些国家引起重视,较大规模地开展了研究工作,并陆续在一定规模上用于生产实践,逐渐积累了一些经验。1981 年,在日本召开了第三届国际聚合物混凝土会议,着重讨论和研究了聚合物在水泥及混凝土中的应用,使世界各国对聚合物水泥及其混凝土兴趣与日俱增,掀起了聚合物混凝土用于工程的高潮。目前,美国、日本、德国、俄罗斯等国家都非常重视聚合物混凝土的研究与应用,我国在该领域也开始了试验研究工作,有的已在工程中取得良好效果。

聚合物混凝土这一新型材料学科,是介于聚合物科学、无机胶结材料化学及混凝土工艺学之间的边缘学科,现已逐渐成为一个独立的研究方向。随着科学技术的发展,聚合物混凝土必将成为一种前途光明、发展迅速的新型建筑材料。

7.3.2　聚合物的混凝土分类

目前,国际上通常将含聚合物的混凝土材料分为 3 种类型。

1. 聚合物浸渍混凝土(Polymeri Mpregnated Concrete),简称PIC。它是将已硬化的普通混凝土放在有机单体里浸渍,然后通过加热或辐射等方法使混凝土孔隙内的单体产生聚合作用,从而使混凝土和聚合物结合成一体的一种混凝土。按其浸渍方法的不同,又分为完全浸渍和部分浸渍两种。

2. 聚合物混凝土或称树脂混凝土(Polymer Concrete),简称PC,它是由聚合物代替水泥作为胶结料与集料拌合,浇筑后经养护和聚合而成的一种混凝土。

3. 聚合物水泥混凝土(Polymer Cement Concrete),简称PCC;也称聚合改性混凝土(Polymer Modified Concrete),简称PMC:它是将聚合物与水泥复合作为胶结料与集料拌合,浇筑后经养护和聚合而成的一种混凝土。

以上三种聚合物混凝土,其生产工艺不同,它们的物理力学性质也有所区别,其造价和适用范围亦不同。

将混凝土与聚合物的复合材料(或称含聚合物的混凝土复合材料)称为聚合物混凝土,这种称谓在我国应用非常广泛,因此在此用这种称谓。而将只用聚合物作胶结材料的混凝土称为树脂混凝土或纯聚合物混凝土。

从经济效益讲,如按每单位体积材料作比较,聚合物混凝土的价格高于普通水泥混凝土,但如按单位强度和使用年限作比较,则前者常比后者的价格为低。

7.3.3 聚合物的混凝土的特性

7.3.3.1 聚合物浸渍混凝土

聚合物浸渍混凝土(PIC)以已硬化的水泥混凝土为基材,将聚合物填充其孔隙而成的一种混凝土 – 聚合物复合材料,其中聚合物含量为复合体重量的 5% ~ 15%。其工艺为先将基材做不同程度的干燥处理,然后在不同压力下浸泡在以苯乙烯或甲基丙烯酸甲酯等有机单体为主的浸渍液中,使之渗入基材孔隙,最后用加热、辐射或化学等方法,使浸渍液在其中聚合固化。在浸渍过程中,浸渍液深入基材内部并遍及全体者,称完全浸渍工艺。一般应用于工厂预制构件,各道工序在专门设备中进行。浸渍液仅渗入基材表面层者,称表面浸渍工艺,一般应用于路面、桥面等现场施工。

聚合物浸渍混凝土技术,是1965年在美国原子能委员会的大力支持下,由布鲁克海文国立研究所和美国垦务局共同开发的。由于具有比普通混凝土更加优良的性能,很快引起人们的重视。日本、苏联、德国、英国、意大利、挪威、瑞士、波兰、澳大利亚等国家,先后开展了一系列的研究工作,为推广应用聚合物浸渍混凝土做出了贡献。聚合物浸渍混凝土,目前主要用于耐腐蚀、高温、耐久性要求较高的混凝土构件,如管道内衬、隧道衬砌、桥面板、混凝土船、海上采油平台、铁路轨枕等。

1. 聚合物漫渍混凝土的原材料

聚合物浸渍混凝土的原材料,主要是指基材(被浸渍材料)和浸渍液(浸渍材料)两种。混凝土基材、浸渍液的成分和性能,对聚合物浸渍混凝土的性能有着直接的影响。另外,根据工艺和性能的需要,在基材和浸渍液中还可以加入适量的添加剂。

目前,国内外主要采用水泥混凝土和钢筋混凝土作为被浸渍基材,一般说来,凡是用无机胶结材料将集料固结起来的混凝土材料均可作为基材。其制作成型方法与一般混凝土制品相

同,但应满足下列要求:

①　混凝土构件表面或内部应有适当的孔隙,并能使浸渍液渗入内部;

②　有一定的强度,能承受干燥、浸渍和聚合过程中的作用力,不会在搬动时产生裂缝、掉角等;

③　混凝土中的化学成分(包括外加剂),不妨碍浸渍液的聚合;

④　混凝土的材料结构尽可能是匀质的;

⑤　被浸渍的基材要达到充分干燥,尺寸与形状要与浸渍和聚合所用的设备相适应。

工程实践证明,在一般情况下,混凝土的水胶比、空气含量、坍落度、外加剂掺量、砂率等变化不大时,对聚合物浸渍混凝土的强度无显著影响。

混凝土养护方法的不同,会引起混凝土孔结构的变化。孔隙率高而强度低的混凝土经浸渍处理后,能达到原来孔隙率低而强度高的混凝土同样的浸渍效果,但将导致混凝土成本的迅速增加。因此,在选择浸渍基材时,必须对浸渍量适当加以控制。

2. 浸渍液

浸渍液是聚合物浸渍混凝土的主要材料,由一种或几种单体组成,当采用加热聚合时,还应加入适量的引发剂等添加剂。

浸渍液的选择,主要取决于浸渍混凝土的最终用途、浸渍工艺、混凝土的密度和制造成本等。如需完全浸渍时,应采用黏度较小的单体;如局部浸渍或表面浸渍时,可选用黏度较大的单体。作为浸渍用的单体,一般应满足下列要求:

(1)有较低、适当的黏度,浸渍时容易渗入到被浸渍基材的内部,并能达到要求的浸渍深度。

(2)有较高的沸点和较低的蒸汽压力,以减少浸渍后和聚合时的损失。

由于聚合物填充了水泥混凝土中的孔隙和微裂缝,可提高它的密实度,增强水泥石与集料间的粘结力,并缓和裂缝尖端的应力集中,改变普通水泥混凝土的原有性能,使之具有高强度、抗渗、抗冻、抗冲、耐磨、耐化学腐蚀、抗射线等显著优点。可作为高效能结构材料应用于特种工程,例如腐蚀介质中的管、桩、柱、地面砖、海洋构筑物和路面、桥面板,以及水利工程中对抗冲、耐磨、抗冻要求高的部位。也可应用于现场修补构筑物的表面和缺陷,以提高其使用性能。

聚合物浸渍混凝土的制备技术,还可推广到不以水泥混凝土为基材和不以有机单体为浸渍液的材料,例如聚合物浸渍石膏和硫磺浸渍混凝土。

7.3.3.2　聚合物混凝土——树脂混凝土

聚合物胶结混凝土(PC)以聚合物(或单体)全部代替水泥,作为胶结材料的聚合物混凝土。常用一种或几种有机物及其固化剂、天然或人工集料(石英粉、辉绿岩粉等)混合、成型、固化而成。常用的有机物有不饱和聚酯树脂、环氧树脂、呋喃树脂、酚醛树脂等,或用甲基丙烯酸甲酯、苯乙烯等单体。聚合物在此种混凝土中的含量为重量的 8% ~ 25%。与水泥混凝土相比,它具有快硬、高强和显著改善抗渗、耐蚀、耐磨、抗冻融以及粘结等性能,可现场应用于混凝土工程快速修补、地下管线工程快速修建、隧道衬里等,也可在工厂预制。

树脂混凝土(Polymer Concrete)也称为聚合物混凝土,是混凝土家族的一员。

树脂混凝土和普通混凝土的区别在于,所用的胶凝材料是合成树脂,不是水泥。但是其技术性能却大大优于普通混凝土。

　　树脂混凝土由合成树脂、填料、砂石组成。在混合时加入硬化剂和加速剂，然后填入模具，在振捣后几分钟就可以脱模，得到树脂混凝土构件。不需要长时间的养护阶段。由于强度大大高于普通混凝土，使得树脂混凝土构件重量较轻，运输方便。另外树脂混凝土构件的表面较光滑，抗腐蚀性能强，不渗水。

　　树脂混凝土构件的质量和原料类型与配比及生产工艺有很大的关系。

　　通过加入特殊的原料可以制作人造大理石、用于制作浴盆、厨房台面等。

　　由于树脂混凝土的抗腐蚀性能，用树脂混凝土可以制作化工车间的地板和电解槽；在建筑方面，树脂混凝土可以用于对普通混凝土进行修补、制作排水沟等建筑构件。

　　特别要提到的是上海赛车场赛道两边的排水沟底座是用树脂混凝土制作的。

7.3.3.3　聚合物水泥混凝土（Polymer Cement Concrete），简称 PCC

　　聚合物水泥混凝土（PCC）也称聚合改性混凝土，是指采用有机无机复合手段，以聚合物（或单体）和水泥共同作为胶凝材料的聚合物混凝土。其制作工艺与普通混凝土相似，在加水搅拌时掺入一定量的有机物及其辅助剂，经成型、养护后，其中的水泥与聚合物同时固化而成，是利用聚合物对普通混凝土进行改性。

　　由于聚合物的引入，聚合物水泥混凝土改进了普通混凝土的抗拉强度、耐磨、耐蚀、抗渗、抗冲击等性能，并改善混凝土的和易性，可应用于现场灌筑构筑物、路面及桥面修补，混凝土储罐的耐蚀面层，新老混凝土的粘结以及其他特殊用途的预制品。

　　用于制备聚合物水泥防水混凝土的聚合物可分三种类型：聚合物乳液、水溶性聚合物、液体树脂。其中最常用、改性效果最好的是聚合物乳液，主要组分是聚合物颗粒（$0.1 \sim 1\mu m$）、乳化剂、稳定剂、分散剂等，其固相成分含量在 40% ~ 70% 之间。聚合物颗粒通过乳化剂作用均匀地分散在水溶液中，形成乳液，并在分散剂和稳定剂的作用下使乳液保持较长时间不离析絮凝。此外，为避免乳液带入的气泡影响混凝土质量，一般在聚合物乳液内还加入一定的消泡剂。

　　聚合物掺量一般为水泥重量的 5% ~ 20%。使用的聚合物一般为合成橡胶乳液，如氯丁胶乳（CR）、丁苯胶乳（SBR）、丁腈胶乳（NBR）；或热塑性树脂乳液，如聚丙烯酸酯类乳液（PAE）、聚乙酸乙烯乳液（PVAC）等。此外环氧树脂及不饱和聚酯一类树脂也可应用。

　　1. 聚合物水泥防水混凝土的微观结构与抗渗机理

　　聚合物水泥防水混凝土最突出的特点是其胶结材料由水泥和聚合物两种成分组成，使其具有许多不同于普通混凝土的特性。在聚合物水泥防水混凝土中，聚合物本身的性能虽对其许多特性起到一定作用，但最主要原因还是聚合物的掺入导致混凝土结构的变化，从而影响到混凝土的性能。

　　首先，聚合物本身在混凝土中形成聚合物网络结构，并与硬化的水泥浆体形成的连续结构相互交织，使混凝土的结构得到加强。当聚合物乳液在混凝土搅拌过程中掺入混凝土后，乳液中的聚合物颗粒均匀分散在水泥混凝土体系中。随着水泥颗粒的水化，体系中一部分水被水泥水化所结合，聚合物悬浮液中的水分被转移，聚合物颗粒在水化产物和未水化颗粒表面、毛细孔中絮凝，拌合物中较大的空隙被絮凝的聚合物所填充。随着水泥水化的进一步进行，聚合物之间的水分逐渐被水泥水化所结合，絮凝的聚合物逐渐交叉搭接在一起。随着水泥水化的进一步深化，聚合物几乎全部聚集在水泥浆体孔隙中，聚合物中的水分被水泥水化吸收后，聚合物颗粒相互靠近聚合成一个整体,在混凝土空间内形成连续的网状结构的聚合物膜。聚合物膜网络同水泥水化产物网络相互交织缠绕在一起,形成一种互穿网络结构,并把混凝土集料包裹入其中。水泥产物与聚合物膜的互穿网络结构使混凝土的抗拉强度、断裂韧性得到改善,密实性得到提高,从而使聚合物水泥防水混凝土具有较强的抗裂防渗能力。

其次,聚合物与水泥水化产物间发生的相互作用,也改善了水泥浆体及混凝土的结构。当聚合物水泥混凝土加水拌合后,一些聚合物分子中的活性基团可能与水泥水化产物中的 Ca^{2+}、Al^{3+} 等产生交联反应,形成特殊的桥键作用,可改善水泥硬化浆体微结构,缓解内应力,减少微裂纹的产生,从而增强了聚合物水泥防水混凝土的致密性。聚合物与水泥水化产物之间也可通过氢键、范德华引力而相互作用,对水泥浆体及混凝土的微结构起一定的改善作用。

此外,绝大部分聚合物对新拌混凝土有一定的减水作用。聚合物的掺入,能改善聚合物水泥防水混凝土的工作性,可降低混凝土的水胶比,从而可降低混凝土的孔隙率,改善混凝土的孔结构,达到增强聚合物水泥防水混凝土的抗渗防水功能的效果。

2. 聚合物水泥防水混凝土的性能

聚合物水泥防水混凝土在未硬化状态下,因聚合物分散体系中所含的表面活性剂与分散体系本身的亲水性胶体作用,其流动性、泌水性得到不同程度改善。硬化后水泥水化产物与聚合物网络相互贯穿,形成与集料牢固结合的整体,因而其抗拉强度、断裂韧性提高,抗渗性、耐久性得到改善。聚合物水泥防水混凝土的性能主要取决于聚灰比、水胶比、灰砂比、聚合物种类等因素。

聚合物水泥防水混凝土的设计类似于普通水泥混凝土的设计,根据要求的工作性、强度、抗渗性等进行设计,所不同的是在设计过程中,应首先确定聚合物与水泥的比值,即聚灰比。聚合物对新拌混凝土的工作性有较大影响,这是因为分散的聚合物颗粒同粉煤灰一样具有滚珠效应,在提高新拌混凝土的流动性同时,聚合物本身及加入到乳液中以减少聚合物悬浮颗粒聚沉的表面活性剂也具有减水剂效果,可减少混凝土用水量。此外,加入聚合物乳液中的表面活性剂及稳定剂在新拌聚合物水泥防水混凝土中引入许多气泡,适量气泡的引入可改善新拌混凝土和易性。气泡还可改善硬化混凝土的抗冻能力,但太多的气泡会使强度降低。因此,通常在聚合物水泥防水混凝土中加入消泡剂,以控制引入的气泡量。由于引气作用改善了颗粒堆积状态,提高了聚合物水泥防水混凝土中水泥颗粒的分散效果,从而使泌水和离析现象减少。因此,聚合物的表面活性剂作用及亲水性胶体特征等特性使得混凝土的微结构更加均匀。

聚合物的掺加使硬化聚合物水泥防水混凝土的抗拉、抗弯和抗压强度得到提高。抗压强度的提高主要归结于聚合物水泥防水混凝土需水量的减少。抗拉、抗弯强度的提高主要是因为聚合物与水泥浆体间的互穿网络的形成,改善了集料与水泥浆体的粘结,减少了裂隙的形成。混凝土在应力作用下产生裂纹扩展时,聚合物能跨越裂纹并抑制裂缝扩展,从而使聚合物水泥防水混凝土的断裂韧性、变形性能得以提高。此外,聚合物水泥防水混凝土的工作性和分散性的改善,使水化水泥浆体的均质性提高,也是抗拉和抗弯强度提高的原因之一。

聚合物水泥防水混凝土与其他材料的粘结强度高于普通混凝土。亲水性聚合物与水泥颗粒悬浮液的液相一起向被粘附材料孔隙内渗透,在孔隙内充满被聚合物增强的水泥水化产物,使得聚合物水泥防水混凝土与被黏附材料间具有较高的粘结强度。有试验表明,添加少量聚合物就可使粘结强度提高 30% ,当聚灰比达 0.2 时粘结强度可提高 10 倍。

聚合物水泥防水混凝土的耐久性要比普通混凝土好。这是由于聚合物网络与水泥水化产物间的互穿网络的存在，以及使用聚合物时较低的孔隙率及合理的孔结构所致。聚合物水泥防水混凝土弹性模量较普通混凝土低，对改善聚合物水泥防水混凝土的变形协调性有利的同时，聚合物水泥防水混凝土的抗拉强度提高，延伸性能改善，可减少混凝土内裂缝的形成，有利于聚合物水泥防水混凝土耐久性的提高。然而，由于混凝土内聚合物网络在高温条件下的不稳定性，聚合物水泥防水混凝土的耐火性比普通混凝土差。除了随温度升高强度降低外，温度上升到一定程度也会对聚合物网络形成破坏，导致混凝土抗渗性、耐久性大幅度下降。

3. 工程上常用的聚合物水泥防水混凝土

（1）丙烯酸类聚合物水泥防水混凝土

丙烯酸类聚合物水泥防水混凝土是工程上比较常用的聚合物水泥防水混凝土。丙烯酸是丙烯酸及其同系物酯类的总称，用于配制聚合物水泥防水混凝土的是其乳液。丙烯酸乳液由丙烯酸类单体，包括丙烯酸甲酯、丙烯酸乙酯、丙烯酸丁酯以及甲基丙烯酸甲酯、甲基丙烯酸乙酯、甲基丙烯酸丁酯等，通过乳液共聚而制得。丙烯酸乳液的粘结性、耐水性、耐碱性及耐候性等性质均较好。由于丙烯酸类聚合物可能是多种单体的共聚物，因此，如果不说明聚合物的组成和性能，丙烯酸树脂这个总称不足以描述某种具体聚合物的性质。

用于防水混凝土配制的丙烯酸类聚合物的典型特征是：固含量较高，一般在 40%～50% 范围内，成膜温度低于室温。

丙烯酸用于配制聚合物水泥防水混凝土时，除在混凝土内部聚合形成聚合物网络外，丙烯酸还可在水泥水化产生的 Ca^{2+} 作用下发生皂化反应，生成的钙盐不溶于水，能堵塞混凝土内毛细孔，增加混凝土的密实性，增强混凝土的抗渗防水能力。

（2）乙烯－醋酸乙烯共聚物（EVA）水泥防水混凝土

乙烯－醋酸乙烯共聚物乳液是乙烯与醋酸乙烯乳液聚合而得的共聚物水分散体系，为乳白色黏稠液体。EVA 水泥防水混凝土应用范围十分广泛，既可用作一般防水工程的防水抗渗处理，也可用作有潮湿工作面及有一定慢渗水压的已渗漏防水工程的防水、防渗的维修。

在 EVA 乳液分子中，因乙烯基的引入使得高分子主链变得柔软，塑性增强，避免了外加低分子量增塑剂产生的迁移、渗析、挥发等缺点。EVA 乳液最低成膜温度低于醋酸乙烯酯乳液，其表面张力也较低，有很快的固化速度和较好的湿黏性；EVA 乳液形成的聚合物膜耐水性高于醋酸乙烯酯乳液，耐酸碱、耐高温性能均较优。

由 EVA 乳液配制的聚合物防水混凝土具有良好的力学性能和较好的抗裂性能。在适当的配合比下，EVA 聚合物水泥防水混凝土的抗压强度较相同配合比的普通水泥混凝土有所提高，抗拉强度及抗折强度提高 1.5 倍左右。EVA 聚合物分子链上的极性基团对水有一定的吸附作用，在水的作用下，适度交联的聚合物仍有一定的遇水溶胀作用。这种溶胀作用可使水泥石孔隙中的聚合物发生体积膨胀，阻止水进一步的渗透，使混凝土具有良好的防水抗渗性能。因聚合物分子链上的极性基团会与水泥无机相产生化学吸附作用，可提高两相的粘结力。聚合物特殊的化学结构使得其混凝土对普通砂浆和混凝土材料具有良好的湿态粘结性，这在防水工程中尤其是已发生渗漏和潮湿的工作面上施工具有特殊的意义。

（3）环氧聚合物乳液水泥防水混凝土

环氧聚合物乳液是将环氧树脂单体在水中进行乳液聚合而获得的，乳液中聚合物粒子很小,是低分子化合物。配制防水混凝土时,各组分材料混合以后,在水泥水化的同时,小分子环氧树脂发生聚合反应生成交联的体形大分子。聚合形成的三维网状结构穿插水泥硬化浆体中,与水泥形成互穿网络结构,增强了防水混凝土的强度及抗渗性。

通常环氧聚合物是双组分的,一个组分含环氧树脂,另一个组分含固化剂。两个组分一般都配制成乳液;也可配制时加入一定的乳化剂,当它们与水混合时才形成乳液,从而分散在水泥浆体中。最常用的环氧树脂是双酚 A 环氧树脂,当环氧树脂与固化剂配比(一般按官能团的摩尔比进行配比)适当,固化得到的环氧树脂的强度及耐久性比较好。

环氧聚合物乳液防水混凝土的聚灰比为 0.1～0.2。加入环氧聚合物乳液的防水混凝土抗折和抗拉强度比未掺混凝土提高近一倍,收缩率只有未掺混凝土的 40% 左右,混凝土抗渗性有较大提高。

由于聚合物的引入,聚合物水泥混凝土改进了普通混凝土的抗拉强度、耐磨、耐蚀、抗渗、抗冲击等性能,并改善混凝土的和易性,可应用于现场灌筑构筑物、路面及桥面修补,混凝土储罐的耐蚀面层、新老混凝土的粘结以及其他特殊用途的预制品。但聚合物成分的加入,增加聚合物水泥防水混凝土的成本,因此,一般用于对抗冻、防裂及抗渗等级要求较高的防水工程。

7.4 轻集料混凝土

7.4.1 概述

轻集料混凝土(lightweight aggregate concrete)是用轻集料配制成的、表观密度不大于 $1900kg/m^3$ 的轻混凝土,也称多孔集料轻混凝土。

轻集料(Light Weight Aggregate,LWA),又称轻骨料或陶粒,它是堆积密度小于 $1200kg/m^3$ 的天然或人工多孔轻质集料的总称。根据集料粒径大小,轻集料分为轻粗集料与轻细集料,轻粗集料简称轻集料。一般的轻集料混凝土的粗集料使用轻集料,细集料采用普通砂或与轻砂混合使用,这样的混凝土称做砂轻混凝土;细集料全部采用轻砂,粗集料采用轻集料的混凝土称为全轻混凝土。

7.4.2 轻集料分类

轻集料混凝土按轻集料的种类分为:天然轻集料混凝土,如浮石混凝土、火山渣混凝土和多孔凝灰岩混凝土等。人造轻集料混凝土,如黏土陶粒混凝土、页岩陶粒混凝土以及膨胀珍珠岩混凝土和用有机轻集料制成的混凝土等。工业废料轻集料混凝土,如煤渣混凝土、粉煤灰陶粒混凝土和膨胀矿渣珠混凝土等。

轻集料按颗粒形状分为圆球型、普通型及碎石型三类。

7.4.2.1 天然轻集料

天然轻集料是在火山喷发过程中,火山岩经过膨胀和急冷固化形成的具有多孔结构的岩石,如浮石、火山渣、泡沫熔岩和火山凝灰岩等。

在我国黑龙江、吉林、云南等地,火山渣、浮石等天然轻集料资源丰富。火山岩通过运输、破碎和筛分可制成不同规格的轻集料,天然轻集料来源不同,其性质也不同,各种天然轻集料的性质比较见表7-7。

表 7-7　几种天然轻集料的性质比较

集料	颗粒密度（kg/m³）	堆积密度（kg/m³）	常压下 24h 吸水率（%）
火山凝灰岩	1300 ~ 1900	粗集料:700 ~ 1100 细集料:200 ~ 500	7 ~ 30
泡沫熔岩	1800 ~ 2800	800 ~ 1400	10 左右
浮石	550 ~ 1650	350 ~ 650	50 左右

1. 浮石

浮石是由熔化的火山物质经过突然冷却而形成的,一般为浑圆形颗粒,表面具有开口结构,略呈灰色或黄色,其硅、铝、碱的含量较高。浮石在火山喷发过程中,由于空气迅速逸出,使其具有海绵状外貌,结构形同泡沫玻璃,有的夹杂着一些长形空洞,其内部含有大量孔径在1 ~ 10μm 的毛细孔。浮石的密度小,强度较低。由浮石制成的轻集料混凝土的强度也比较低,主要用于制备轻质保温混凝土,不适合用于配制高强度结构混凝土。

德国、冰岛、希腊、意大利、美国、亚美尼亚和中国的东北地区、云南等地浮石资源丰富。

2. 火山渣

火山岩浆经过缓慢冷却、结晶而形成火山渣,它是一种具有多孔结构的熔渣材料,含有相当大而又不规则的孔隙,颜色从红棕色至黑色。火山渣广泛分布于世界各地,其中含有泥土、灰尘、硫化物、硫酸盐等物质,为了使其中有害成分不对混凝土性能产生有害影响,需要经过冲洗筛分处理,控制其中硫化物质量分数小于 1% ,SO_3 小于 0.5%。

7.4.2.2　人造轻集料

生产人造轻集料的原料主要有三类:①天然原料,如黏土、页岩、板岩、珍珠岩、蛭石等;②工业副产品,如玻璃珠等;③工业废弃物,如粉煤灰、煤渣和膨胀矿渣珠等。

人造轻集料的生产工艺一般包括原材料加工、成型、焙烧、冷却、筛分等工序:因原材料组成和热加工方法不同,人造轻集料生产工艺可分为焙烧型轻集料生产工艺和非焙烧型轻集料生产工艺两大类,其中焙烧型生产工艺又可分为烧胀法与烧结法两种。烧胀法是将原料加热至熔融温度,产生气体使其膨胀。烧结法通过加热使某些原料熔化,将各个颗粒粘结在一起。经常使用的黏土陶粒、页岩、陶粒、超轻陶粒和大颗粒膨胀珍珠岩陶粒等都是用烧胀法生产而来的。

目前使用最普遍的人造轻集料是膨胀黏土陶粒、膨胀页岩陶粒、膨胀粉煤灰陶粒三种。

1. 膨胀黏土陶粒

膨胀黏土陶粒简称黏土陶粒(expanded day),是目前应用最为广泛的一种人造轻集料,它以黏土、亚黏土为主要原料,经加工制粒、烧胀而成。自 1917 年 S. J, Hayde 首先发明了采用回转窑生产黏土陶粒的技术以来,黏土陶粒发展迅速,产品几乎遍布世界各地。长期以来,黏土陶粒在我国人造轻集料市场占主导地位,其产量占人造轻集料总产量的 70% 以上。一般的黏土陶粒为圆球形或圆柱形,表面比较粗糙。黏土陶粒的特点是密度小、吸水。但强度一般较低。黏土陶粒的生产工艺分为干法和湿法两种,相比之下,湿法更为普遍。

2. 膨胀页岩、板岩陶粒

膨胀页岩、板岩陶粒简称页岩陶粒、板岩陶粒,它是以页岩或板岩为主要原料,经过加工造粒或直接破碎后焙烧而成的人造轻集料。页岩与板岩陶粒的结构不同于黏土陶粒,表面较为致密。页岩陶粒的特点是吸水率较低、强度高。根据生产工艺不同,页岩陶粒有圆球型、普通型和碎石型三种。页岩陶粒的生产工艺分为破碎筛分法和磨细成型法,两者都属于干法工艺。

3. 粉煤灰陶粒

粉煤灰陶粒是指以粉煤灰为主要原材料,以少量黏土或其他粘结材料为胶粘剂,经粉磨成球或泥浆成球、焙烧而成的人造轻集料。粉煤灰陶粒的颜色呈淡黄色或略带黑色,表面比较粗糙但是很坚硬,在其内部有蜂窝状的气孔。粉煤灰陶粒的主要特点就是强度较高、热导率低、保温隔热和化学稳定性好等,但是密度较大,吸水率比较高。粉煤灰陶粒分为焙烧型和非焙烧型两种。以少量水泥或石灰、石膏为胶粘剂,经过加工成球,在 100℃ 以下养护而成的称为非焙烧型粉煤灰陶粒。以粉煤灰为主要原料,添加黏土等胶粘剂,在高温下焙烧而成的称为焙烧型粉煤灰陶粒。焙烧型粉煤灰陶粒在粉煤灰陶粒市场仍占有主导地位。

7.4.2.3　按细集料种类分为:

1. 全轻混凝土。采用轻砂做细集料的轻集料混凝土。

2. 砂轻混凝土。部分或全部采用普通砂作细集料的轻集料混凝土。

7.4.2.4　按其用途分为:

1. 保温轻集料混凝土。其表观密度小于 $800kg/m^3$,抗压强度小于 5.0MPa,主要用于保温的围护结构和热工构筑物。

2. 结构保温轻集料混凝土。其表观密度为 $800 \sim 1400kg/m^3$,抗压强度为 5.0 ~ 20.0MPa,主要用于配筋和不配筋的围护结构。

3. 结构轻集料混凝土。其表观密度为 $1400 \sim 1900kg/m^3$,抗压强度为 15.0 ~ 50.0MPa,主要用于承重的构件、预应力构件或构筑物。

7.4.3　轻集料混凝土特性

轻集料混凝土具有自重轻、保温隔热和耐火性能好等特点。结构轻集料混凝土的抗压强度最高可达 70MPa,与同强度等级的普通混凝土相比,可减轻自重 20% ~ 30% 以上,结构保温轻集料混凝土是一种保温性能良好的墙体材料,其热导率为 0.233 ~ 0.523W/(m·k),仅为普通混凝土的 12% ~ 33%。轻集料混凝土的变形性能良好,弹性模量较低。在一般情况下,收缩和徐变也较大。轻集料混凝土的弹性模量与其表观密度和强度成正比。表观密度越小、强度越低,弹性模量也越低。与同标号的普通混凝土相比,轻集料混凝土的弹性模量约低 25% ~ 65%。

轻集料混凝土大量应用于工业与民用建筑及其他工程,可收到减轻结构自重,提高结构的抗震性能,节约材料用量,提高构件运输和吊装效率,减少地基荷载及改善建筑功能(保温隔热和耐火等)等效益。因此,在 20 世纪 60 ~ 70 年代,轻集料混凝土的生产和应用技术发展较快,主要向轻质、高强的方向发展,大量应用于高层、大跨度结构和围护结构,特别是大量用于制作墙体用的小型空心砌块。我国从 20 世纪 50 年代开始研制轻集料及轻集料混凝土,主要用于工业与民用建筑的大型外墙板和小型空心砌块,少量用于高层和桥梁建筑的承重结构和热工构筑物。

7.4.3.1 结构用轻集料混凝土

结构用轻混凝土由粗、细轻集料制成,但通常以强度较高的混凝土全部或部分取代正常质量砂的细集料。这种取代将增加混凝土表观密度到 320kg/m³。虽然一般来说,人造轻集料比正常集料造价高,但通过自重的减轻足以抵消每立方米混凝土中较高价格的集料,所增加的强度-质量比足以使材料全面节约成本。总载荷的减轻意味着减少承载面和基础,以及钢筋用量较少。

1. 工程性质

轻混凝土的工程性质在很大程度上取决于在配合比设计中所用的材料。轻集料尽管有较大的空隙率和内在强度脆弱等缺点,但要配制强度达 50～63MPa 的混凝土并不困难。轻混凝土的强度与密度间存在一定关系,特别取决于所用集料以及普通砂的用量。要达到较高强度则要求采用低水胶比,但大多数轻集料有较高的吸水性,故要达到预计浆体的正确的水胶比有困难。为了得到高强度,在浆体中要求用较低水胶比,这意味着在结构用轻混凝土中,水泥用量要比同样强度的普通混凝土多。此外,轻集料的物理特性,通常要求较多的浆体以达到良好的工作性。轻混凝土的断裂与普通混凝土有些不同。破坏通常是穿过集料而不是绕过集料。集料和水泥浆的强度几乎近于相等,在强度较高的混凝土中,浆体的强度可以超过集料的强度。已有研究人员发现轻混凝土的强度取决于集料所占的体积比。

轻集料由于其空隙率较高,故具有较低的弹性模量。因此,轻混凝土的弹性模量比普通混凝土的要低。一般说,其值在 10～17GPa,大约为正常混凝土的 1/3～2/3。就强度而言,其变动范围要大些。轻集料弹性模量低,同样会造成对依赖于时间的变形抑制较少,如干缩和徐变。平均说来,轻混凝土的徐变和收缩应变趋向比正常质量的混凝土要大。应该记住的是,在给定的各种混凝土中,收缩和徐变有明显的变动,其大小取决于水泥用量、浆体的水胶比、集料的弹性模量以及水分损失的速率。

2. 物理性质和耐久性

轻混凝土的热膨胀系数与正常质量混凝土的大致一样,但由于存在大量孔隙,故其导热性非常低。导热性决定于表观密度。导热系数低意味着轻混凝土一般比正常质量混凝土的抗火性强。

轻集料比大多数岩石脆,故轻混凝土一般不适用于磨损强烈的地方。但许多人造集料具有很坚硬的表面;并且轻混凝土在磨损不强烈的条件下可以与正常质量的混凝土一样起作用。采用天然砂和高抗压强度的发展改善了混凝土的耐磨性。

轻混凝土的抗冻融性与普通混凝土相似。如果混凝土需要暴露于冻融条件下,就应采用引气法。集料的含湿量至关重要,因为当集料近于水饱和时,在集料中水的冰冻会迫使水由集料进入周围浆体而形成危险。如果引气剂不足以适应过量水时,所引起的水压力可产生拉应力破坏。为了避免这种情况,集料的含湿量应较低,如搅拌中的实际情况一样,或混凝土在暴露于冰冻温度以前要有充分时间干燥。抗去冰盐剥落也与普通混凝土相似。引气、低水胶比、适当养护,以及在使用前干燥一段时间,都可改善抗冻融性。在其他方面,没有特别的耐久性问题与轻混凝土有关。较高的吸水性是多孔集料的反映,但不表明混凝土的渗透性高,因为后者是由水泥浆体的孔隙率所控制。

3. 新拌混凝土的性质

轻混凝土在塑性状态时具有与正常质量混凝土同样的性质。由于人造集料的性质,搅拌料较正常混凝土拌合料要粗糙一些。因此,可以单独为了改善工作性而引气。如果轻混凝土缺少通过 $600\mu m$ 筛的细集料,则需要加入砂子以改善工作性。当集料在拌合后连续吸入大量水时,坍落度损失可能成为一个严重的问题。这种情况一般可采用在潮湿条件下拌合或者将集料与大约三分之二的拌合水,在加入水泥和其余水之前,先进行拌合,以避免这种情况出现。

最大坍落度限于 100mm,因为较大的坍落度会造成最轻的粗集料颗粒的离析,而不是浆体的离析。必须记住的是,因为轻混凝土的密度低,故对于给定的工作性而言,趋向于具有较低的坍落度。当浇筑和抹光混凝土时,应采用制备普通混凝土所推荐的各种颗粒,并注意避免离析。

结构用轻混凝土的配合比设计在这里就不做介绍了。

7.4.3.2　中等强度的轻质混凝土

这类轻混凝土介于结构用轻混凝土和隔热混凝土之间。这种混凝土有隔热能力又有一定的强度。这一级混凝土通常用作轻混凝土砌块。典型的集料是浮石、熔渣或膨胀黏土或膨胀页岩。这种混凝土所选用或制造所用的集料比结构用轻量混凝土所需的质量要轻,并提供较好的隔热效果。无论是普通集料或轻质集料的"无砂"混凝土,都属于这一类混凝土。

7.4.3.3　超轻质混凝土

这类混凝土包括表观密度小于 $1100kg/m^3$,抗压强度大约低于 7MPa 的各种混凝土。超轻质混凝土其强度要求极低,这种混凝土主要使用其他的一些性质,如用其隔热性和轻质等。这种混凝土主要用于平屋顶、金属甲板或金属地面、地下室管道衬砌、火墙等的隔热填料,以及结构混凝土上非承重填充部分。其热导率及抗压强度取决于混凝土的密度。

蛭石和珍珠岩混凝土

在美国,隔热混凝土中应用膨胀蛭石和膨胀珍珠岩作为集料是非常普遍的。这类膨胀材料耐久性非常好,并不与水泥起化学作用,但因这些集料吸水量大,故生产这类混凝土需要的用水量大。混凝土强度决定于水泥用量和普通砂的应用;混凝土强度约 7MPa,但表观密度和热导率较高。这类混凝土为了便于浇筑和抹面,故配成大的坍落度和含气量(25% ~ 30%)。含气量大可防止离析,而大的坍落度则意味着一般只要求整平和抹光即可形成满意的光滑表面。因为热导率很大程度上取决于含水量,因此,隔热混凝土在养护后应在封闭前干燥。

最轻的集料最有可能是空气,空气是加气混凝土或蜂窝状混凝土的基础。这种"集料"在水泥浆体或砂浆基体中有均匀分布的蜂窝状气孔结构,因此"混凝土"这一术语,严格讲是不正确的。珍珠岩混凝土使用比较广泛,加气混凝土可在现场制成,也可预制;预制时,可使用高压蒸汽养护,使产品强度较高,且尺寸稳定性较好。

空穴结构的本质与引气结构类似(即不连续,接近于球状泡的结构)。空穴直径比引气结构的要大 1 ~ 2 个数量级(0.1 ~ 1mm),大多用肉眼就可观察到。因此这种混凝土虽然强度低,但具有良好的抗冻性。同样,由于气泡彼此不连接,故也不会呈现快速吸湿现象。孔系统可以在混凝土拌合时在内部产生泡沫而形成,或可以将已形成的泡沫与水泥浆或砂浆拌合而形成。预先形成的泡沫一般主要由水解蛋白或人工合成的液态浓缩物与压缩空气搅拌而成。泡沫发生器以标准速率供给泡沫,再与水和水泥混合而形成最终产品。同样也可以在高速搅拌器中将浓缩物加入水泥浆中,搅拌会产生大的剪切作用而产生泡沫。不论何种情况,泡沫必须非常稳定,从浇筑、直到混凝结硬为止这一过程中,泡沫应保持完整的原样。在搅拌中产生气泡的另一种方法是借化学作用,在混凝土内形成气体。虽然已提出了使用其他化学制品,但常用的是细的铝粉(有时用锌粉)。铝与水泥浆中的可溶碱产生小的氢气泡。

$$Al + 2OH^- + 2H_2O \longrightarrow Al(OH)_4^- + H_2 \uparrow$$

氢气产生的速率和数量决定于空气-空穴系统的数量和特性。

商业上生产的隔热蜂窝混凝土的典型性质是:表观密度 $300 \sim 1100kg/m^3$;抗压强度 $0.3 \sim 7.0MPa$;热导率 $0.1 \sim 0.3W/(m \cdot K)$。在大多数情况下,这种表观密度小、强度小的材料,适宜做非结构用隔热混凝土,但也可能用加气混凝土制成中等强度的轻质混凝土。较高强度的材料具有较低含气量,并用砂浆作为基体。表观密度和导热性随质量而变,其变动范围与珍珠岩和蛭石混凝土一样。因为"集料"是空气,故混凝土弹性模量非常低且干缩大。

7.5 大体积混凝土

7.5.1 概述

大体积混凝土(mass concrete):一般为一次浇筑量大于 $1000m^3$ 或混凝土结构实体最小尺寸等于或大于 $2m$,且混凝土浇筑需研究温度控制措施的混凝土。

日本建筑学会标准 JASS$_5$ 规定:"结构断面最小厚度在 $80cm$ 以上,同时水化热引起混凝土内部的最高温度与外界气温之差预计超过 $25℃$ 的混凝土,称为大体积混凝土。

结构尺寸和截面尺寸较大的混凝土工程,比如混凝土大坝,大跨度桥梁的柱塔基础,高层建筑的深层地基,及其他大型设备底座结构物等等,由于水泥的水化过程中释放水化热产生的温度变化引起的应力作用较大,可能导致混凝土产生裂缝而给工程带来危害甚至报废,因此是混凝土施工中的一项重大课题。这类混凝土由于体积大,外荷载引起裂缝的可能性很小;但是由于散热面积小,水化热集聚作用十分强烈,内部混凝土升温(即内外温度差)可以很高,甚至达到 $80 \sim 90℃$ 以上。内外温度差所产生的温度应力可以超过混凝土承受的抗拉强度,并产生超过混凝土极限拉伸变形值,从而引起混凝土的开裂。

关于大体积混凝土的定义,还没有统一的规定。目前一般认为,所谓大体积混凝土是指结构尺寸达到必须采取相应技术措施,妥善处理内外温度差值,从而合理解决温度应力,并对裂缝进行控制的混凝土。

大体积混凝土在浇筑的初期,由于水化热的大量产生,混凝土的温度急剧上升。其表面的散热条件较好,温度上升比较少;而内部散热条件比较差,温度上升较多,从而形成从表到里的温度梯度,使混凝土内部产生压应力,而外部产生拉应力。当拉应力超过混凝土的极限抗拉强度时,混凝土表面首先产生裂纹称表面裂纹,其危害性一般比较小。这种表面裂纹在混凝土收缩时会产生应力集中现象,促使裂缝进一步扩展。表面裂纹扩展的原因,一方面是由于内外温差产生了应力和应变;另一方面是结构的外约束和混凝土内各质点的约束阻止了这种应变,从而使温度应力超过混凝土的极限抗拉强度,产生了不同程度的裂缝。在浇筑的初期,混凝土处于升温阶段和塑性状态,弹性模量很小,温度应力引起的变形也很小;混凝土浇筑一段时间之后,水化热释放的高峰已过,混凝土从最高温度开始逐渐降温,降温的结果引起混凝土的收缩,而地基和结构边界条件的约束使之不能自由变形,从而混凝土处于大面积拉应力状态,这种区域如果存在表面裂缝,则极有可能发展成深层裂缝,甚至存在整个截面上的拉应力。当该拉应力超过混凝土极限抗拉强度时,混凝土产生整个截面上的贯穿裂缝。贯穿裂缝切断了结构断面,破坏结构的整体性和稳定性,其危害是最严重的。深层裂缝部分切断结构的截面,具有一定的危害性,在施工中是不允许产生的。

综上所述,产生裂缝的原因有:①水泥水化热的影响;②内外约束条件的影响;③外界气温变化的影响。

由于大体积混凝土工程的条件比较复杂,施工情况各异,特别是其结构与构造的设计变化很大,再加上原材料的材性差异也较大,因此控制温度变形与裂缝扩展不单纯是结构理论的问题,还是设计结构计算、构造设计、材料组成与性能以及施工工艺学等多方面问题。

7.5.2　温度裂缝的技术控制措施

我们在进行大体积混凝土工程的设计与施工中,为了防止产生温度裂纹,首先要在施工前认真设计混凝土架构和构造,进行混凝土的配方设计,选择好水泥品种和进行相应温度计算,提高混凝土的极限抗拉值和改善混凝土的约束条件;同时还要在施工过程中采取一系列有效的技术措施,其中最重要的是加强施工中的温度检测,采取措施控制混凝土温升,延缓混凝土降温速率,减少混凝土收缩变形,重点是控制混凝土贯穿裂缝的出现。

7.5.2.1　水泥品种选择及用量控制

因为水泥水化产生的水化热是混凝土升温的主要热源。因此,选用中低热水泥品种是控制混凝土升温的最重要的措施。例如,强度等级为 42.5MPa 的火山灰质硅酸盐水泥和矿渣硅酸盐水泥,其三天水化热分别为 150kJ/kg 和 180kJ/kg,而同等级的普通硅酸盐水泥,其水化热却高达 250kJ/kg,分别增加 67% 和 39%。根据某大型基础对比试验表明,选用 42.5MPa 的矿渣水泥,三天内混凝土平均温升高达 5 ~ 8℃。当水化硅酸钙凝胶数量增加,使水泥石强度不断增加,最后可能超过同强度等级的普通硅酸盐水泥,对利用其后期强度非常有利。

大量工程实践资料表明,每立方米混凝土的用水量,每增减 10kg,混凝土中的温度将相应升降 1℃。因此,为了控制混凝土升温,避免温度裂缝,可以采取两种措施:一方面应在满足强度和耐久性的前提下,尽量减少水泥用量,对于普通混凝土控制在每立方米用水量不超过 400kg;另一方面,可以请设计单位对结构实际承受荷载和强度、刚度进行复核,并取得监理部门和质量检验部门认可,采用 f_{45}、f_{60}、或者 f_{90} 代替 f_{28} 作为混凝土的设计和验收强度。这样,可以使每立方米混凝土中水泥用量减少 40 ~ 70kg,混凝土水化升温相应降低 4 ~ 7℃。

7.5.2.2　外加剂和矿物掺合料的选用

1. 外加剂

因为缓凝剂可使水泥的水化热释放速度放慢,有利于热量的消散,能使混凝土内部的温升有所降低,这对于避免产生温度裂纹是有利的。所以大体积混凝土所用的外加剂一般宜选择缓凝剂和减水剂并用或是采用缓凝型减水剂。因此,大体积混凝土大多使用木质素磺酸盐(主要是钙盐)做外加剂。如果在混凝土中掺入水泥质量的 0.2% ~ 0.3% 木钙加糖蜜类具有缓凝作用的减水剂,不仅能使混凝土的和易性有明显改善,而且可减少 10% 左右的拌合水;同时可延长混凝土拌合物的凝结时间,方便施工,避免出现冷缝。若不减少拌合水,塌落度可提高 10cm 左右,混凝土 28d 强度可提高 10% ~ 20%;若保持强度不变,可节省水泥 10%,从而降低水化热(表 7-8)。

表 7-8　木钙减水剂对水泥水化热的影响

编号	木钙掺入量(%)	水化热(J/g)			放热峰		推迟出现放热峰的时间(h)
		1d	3d	7d	出现时间(h)	温度(℃)	
1	0	106.7	163.2	201.7	21.5	33.3	0
2	0.25	64.4	142.3	203.8	29.4	29.9	7.9

2. 掺合料

大体积混凝土掺入各种矿物掺合料(粉煤灰、矿渣、火山灰、沸石粉等)不仅可以减少水泥用量,而且可以改善混凝土的工作性能,有利于施工操作;同时,可以延长混凝土的凝结时间,有利于热量的消散。因而也是一项控制温度裂缝的有效措施,其中用得最多的是粉煤灰。粉煤灰最明显的特点是改善混凝土和易性和降低水化热。有资料表明,粉煤灰取代 20% 的水泥,可使 7d 水化热下降 11%,取代 30% 的水泥时下降 25%。

大体积混凝土掺加粉煤灰分为"等量取代法"和"超量取代法"两种。前者是用等体积法粉煤灰取代等体积水泥,由于早期强度显著下降,取代量应十分慎重。后者是一部分粉煤灰等体积取代水泥,超量部分粉煤灰等体积取代细集料,他可以获得强度增加的效应,并可以补偿粉煤灰取代水泥所降低的早期强度。目前,大体积混凝土中粉煤灰用量有日趋增大的趋势,从以前的 15% 左右增大到 30%,甚至到 50%。但是应注意,粉煤灰质量必须符合国家有关标准,同时,粉煤灰掺量对混凝土性能的影响必须通过实验来确定,达到要求才可以使用。

7.5.2.3　集料的选择

通常情况下,大体积混凝土所需强度往往不是很高,因而配比中的集料用量比较高,约占混凝土总质量的 85%。所以,正确选择用砂石集料对保证混凝土质量、节约水泥用量、降低水化热和降低工程成本都是非常重要的。集料选择首先要根据就地取材的原则,选择成本较低、质量优良的天然砂石集料或经过试验和实践证明可用的人工集料;另外还必须充分考虑集料的级配和最大粒径,从而尽可能节约水泥用量并达到工程设计和施工对混凝土的其他方面的要求。

1. 粗集料的选择

结构工程的大体积混凝土应优先选择用自然连续级配的粗集料配制。这种粗集料配置的混凝土具有较好的和易性、较少的用水量、节约水泥用量和较高的抗压强度等优点。在选择粗集料最大粒径时,可根据施工条件,尽量选择粒径较大、级配良好的石子。有关实验结果表明,采用 5~40mm 石子比采用 5~20mm 的石子,每立方米混凝土用水量可减少 15kg 左右,水泥用量可节约 20kg 左右,混凝土温升可降低 2℃。但是,集料粒径增大后容易引起混凝土的离析,这个要避免。所以要充分发挥水泥的最有效作用,粗集料应该有一个最佳的最大粒径。这个参数不仅与施工条件和工艺有关,而且与结构物的形状和配筋间距等有关。因此,进行混凝土配方设计时,必须进行最大粒径和级配的优化设计,施工时要加强搅拌,细心浇注和振捣。

2. 细集料的选择

大体积混凝土中的细集料以采用优质的中、粗砂为宜,细度模数宜在 2.6~2.9 范围内。细集料过细时用水量和水泥用量增大,过粗时混凝土和易性变差,都不利于大体积混凝土的施工。因此实际上,大体积混凝土对细集料的要求更严格。有关试验资料证明,当采用模数为

2.79、平均粒径为 0.381mm 的中粗砂时,与采用模数为 2.12、平均粒径为 0.336mm 的细砂相比,每立方米水泥用量可减少 28～35kg,用水量可减少 20～25kg,因而可显著降低混凝土的温升和减少混凝土的开裂。

3. 集料的质量要求

大体积混凝土中的集料的质量,应符合国家标准的规定。其中,集料含泥量多少是影响混凝土质量的最主要因素。集料含泥量过大,对混凝土的强度、干缩、徐变、抗渗、抗冻融、抗磨损及和易性都产生不良影响。尤其会增加混凝土的收缩,引起抗拉强度下降,对混凝土抗裂十分不利。因此,在大体积混凝土中,粗集料含泥量不得大于 1%,细集料不得大于 2%。

7.5.2.4　设计措施

1. 地基处理

大体积混凝土一般都是厚实、体重的整浇式结构物,地基对结构应力的状态影响十分明显。在设计时,应防止地基产生不均匀沉降,并应改善地基对基础约束的影响。当地基是软土层时,为了防止基础产生不均匀沉降,通常用沙垫层或其他办法加固。沙垫层可以提高地基的承载能力,还可以在施工时设置盲沟排水,这对减少地下水和地表水的影响都有明显作用。

2. 合理分缝分块

从现有的施工技术水平出发,合理分缝分块不仅可以减少约束作用,缩小约束范围,而且也可以利用浇注块的层面进行散热,降低混凝土内部的温度,使结构起到调节温度变化的作用,确保混凝土有自由伸缩的余地,以达到释放温度应力的目的。对于建筑工程来说,还可以满足绑扎钢筋、预埋螺栓等工序操作的需要。建筑工程中常采用的办法有:

(1) 伸缩缝

伸缩缝是为了防止结构温度变化而破坏所设置的一种结构缝。我国现行的《混凝土结构设计规范》(GB 50010—2010) 规定:现浇钢筋混凝土连续式结构处于室内或土中条件下的伸缩缝间距为 55m;露天条件下为 35m;无钢筋混凝土工程的相应间距则为 20m 和 10m。合理设置伸缩缝,对于大体积混凝土防止温度裂缝是非常有效的。

(2) 施工缝

施工缝是为了方便施工和施工期间进行必要的技术间歇而设置的。其设置既要施工方便,又要考虑应设置在结构受力最小的部位。因为混凝土的抗剪强度大大低于抗压强度,所以施工缝多设置在结构受剪力最小的部位。

(3) 后浇缝

在现浇整体式钢筋混凝土结构中,只在施工期间保留的临时性的适应温度收缩变形缝,称为后浇缝,亦称后浇带。根据具体条件,保留一定时间后再进行填充封闭,后浇成连续体的无伸缩缝结构。它既是一种特殊的施工缝,又是一种设计上的特殊伸缩缝。后浇缝的间距首先应考虑能有效地削弱温度收缩的能力,其次应考虑与施工缝结合。在正常施工条件下,后浇缝的间距约为 20～30m。

7.5.2.5　控制混凝土出机温度和浇注温度

为了降低混凝土的总的温升,减少结构物的内外温差,控制混凝土出机温度与浇注温度同样非常重要。

大体积混凝土浇注温度越高,水泥水化越快,混凝土内部的温升就越大。一般来讲,浇注温度每提高 10℃，混凝土内部温度约增加 3~5℃。为了降低浇注温度，可对混凝土材料进行冷却，以降低混凝土的出机温度。最简单的办法是采用冷却拌合水，但是由于水在混凝土中所占的热容量的百分比不大（表7-9），因此单纯冷却拌合水还不能完全有效地降低混凝土的出机温度和浇筑温度。

表 7-9　预冷各种原材料的冷却效果

原材料	质量（kg/m³）	比热[kJ/(kg·K)]	预冷却1℃散失的热量（kJ）	混凝土预冷却温度（℃）
石子	1600	0.84	1344	0.55
砂子	550	0.84	462	0.19
水	120	4.2	504	0.21
水泥	150	0.84	126	0.05
混凝土	2420	1.01	2436	1.00

预冷却混凝土方法主要有采用冰预冷拌合水，或在混凝土拌合时掺冰屑；预冷集料有湿法、干法和真空汽化法三种。湿法是通过冰水与集料进行接触降温，可采用浸水或喷水法；干法是用冷空气对集料进行吹风冷却；真空汽化法是利用集料周围空间形成部分真空，使集料水分蒸发、吸热和冷却集料。冷却水泥一般可用汽冷法和浸水法。

7.5.2.6　施工方法

1. 预埋水管通冷却水

在混凝土内部预埋水管，通冷却水可降低混凝土内部最高温度这种方法因具有实用性和灵活性，以及能够控制整个结构物内部温度，所以在国外得到广泛应用。通冷却水一般是在混凝土浇筑完，甚至浇筑时就开始进行，以降低初期由于水泥水化热所形成的最高温度。

2. 严格保温

大体积混凝土产生温度裂缝的一个重要原因是混凝土中产生了温度梯度。当表面混凝土在空气中冷却时，尤其是在冬季施工时，表面和内部温度差就会产生超过未成熟混凝土抗拉强度的拉应力，使混凝土开裂。为了使混凝土内外温差降低，可采用混凝土表面保温的方法。表面保温材料有：模板、草袋、木屑、湿砂、泡沫塑料、水等。不仅要充分注意混凝土的表面保温，结构物周围也要重视。混凝土终凝以后表面一定的水层或含湿量不仅具有隔热效果，可以推迟混凝土内部水化热的散失，使混凝土具有较高的抵抗温度变形的能力，而且有利于表面水泥的水化，增加表层混凝土的密实度，防止混凝土表面龟裂。

3. 分块分层浇筑

根据结构特点的不同，可分为全断面分层浇筑、分段分层浇筑和斜面分层浇筑，必须注意，在第一层混凝土还未初凝时，继续浇筑上面一层，而且振捣完毕。

7.6　道路混凝土

7.6.1　概述

道路混凝土主要是指用作交通道路面层用的混凝土，也称混凝土路面。它的使用条件与其他混凝土相比,有很大不同:不仅要承受大量车辆重复的荷载及冲击和长期的弯曲、摩擦作用,并对车轮提供一定的附着力;而且还要承受自然环境冷热、干湿、风雨冲刷、日晒等严酷的考验。一旦表面变得不平整,使用性能会大打折扣,寿命也会大幅度下降。可见,对道路混凝土的要求是十分全面和严格的。

依据胶结材料的不同,道路混凝土可分为道路水泥混凝土和道路沥青混凝土。用水泥混凝土修建的路面为水泥混凝土路面或刚性路面,有时也称为白色路面;用沥青混凝土修筑的路面称为沥青路面或柔性路面,有时也称黑色路面。在高等级路面中,也有采用沥青砂浆做罩面层的复合水泥混凝土路面。水泥混凝土是公路、城市道路、机场道路的最主要路面面层材料。

按组成材料不同,道路混凝土可分为素混凝土、加钢筋混凝土和预应力钢筋混凝土、连续配筋混凝土和钢纤维混凝土;按施工方法不同,又可分为人工摊铺及真空吸水式混凝土、轨道摊铺式或者滑膜摊铺式混凝土、预制混凝土和碾压混凝土。从材料上最常用的是素混凝土和加钢筋混凝土;从施工方法上目前最常见的是人工摊铺及真空吸水法和滑膜摊铺法。

水泥混凝土路面的优点可以概括为:①强度高。混凝土路面居于较高抗压、抗折、抗磨耗、耐冲击等力学性能,可以通过各种重型车辆。②整体性好。混凝土路面刚性大,荷载应力分布均匀,可以保证较好的平整性;板面厚度较薄,而且外露于基层表面,容易进行铺筑修理。③耐久性好。在日晒雨淋、严寒酷暑、干湿交替、冻融循环的侵蚀下能较长时间的使用,具有良好的水稳性和耐候性,没有沥青路面的老化问题,也没有砂石路面的衰退问题,对于油类侵蚀和高温的影响抵抗力强,一般可以使用 30 年以上。④防滑性好。可以做成良好的粗糙度,抗滑阻力好,能保证较好的安全行驶速度。即使在下雨状态下仍可以防止水膜滑行。⑤色泽鲜艳,反光鲜明,有利于夜间行车和阴暗隧道行车。⑥经济性好。虽然修筑时投资较大,但使用年限长,养路费较少,所以每年均摊的修建费用就很少,从长计算比沥青混凝土路要经济得多。

但是,水泥混凝土路面与沥青混凝土路面及砂石路面相比,仍有以下缺点:①材料用量大。一般修筑 20cm 厚 7m 宽的混凝土路面每公里需要水泥 400~500t,2~3 倍的砂石料,250t 淡水(不包括养护水),这对于公路沿线缺少水泥砂石或者淡水的地区来说,是一个困难。②施工工期长。一般混凝土路面施工后,要经过 15~20d 养护才能通车,如需提前,尚需采取特别措施。③接缝多。混凝土路面要建造胀缝、缩缝、工作缝、纵缝。这些缝的施工与养护麻烦;使用时比较容易引起行车跳动,影响舒适感;又是混凝土路面的薄弱环节,容易引起边角破坏。④修复困难。路面发生破坏时,开挖与拆除都比较困难,修补时工作量大,影响交通时间长。

7.6.2　混凝土路面技术要求和材料要求

7.6.2.1　混凝土路面技术指示和构造要求

1. 混凝土路面技术指示

为了适应不同的交通情况下混凝土路面设计的需求,制定了不同交通量时混凝土路面技术参考指标,见表 7-10。

表 7-10 不同交通量时混凝土路面技术参考指标

交通量等级	标准荷载（kN）	使用年限（年）	动载系数	超载系数	当量回弹模量（MPa）	抗折强度 F_{tmk}（MPa）	抗弹性模量 E_0（×10^4MPa）
特重	98	30	1.15	1.20	120	5.0	4.1
重	98	30	1.15	1.15	100	5.0	4.0
中等	98	30	1.20	1.10	80	4.5	3.9
轻	98	30	1.20	1.00	60	4.0	3.9

2. 混凝土路面的厚度

水泥混凝土路面的厚度主要取决于行车荷载、交通流量和混凝土的抗弯曲强度。可结合路面与基础的强度和稳定性，参照表 7-10 和表 7-11 综合选择。

表 7-11 路面混凝土板的经验厚度

交通量等级	标准荷载	基层回弹弯沉值 L_0（cm）	混凝土面层厚度范围（cm）
特重	98	0.10	≥28
重	98	0.11	26～28
中等	98	0.13	23～26
轻	98	0.15	20～23

3. 混凝土路面板下的基层和土基

为防止在行车荷载作用下混凝土路面板产生下沉、错台、断裂、拱张等质量问题，确保混凝土路面经久耐用，必须对其基层和土基提出一定的技术要求，如表 7-12 所示。

表 7-12 混凝土路面下基层和土基层的技术要求

结构名称	技术要求	材料要求	厚度（cm）
基层	铺设坚实、稳定、均匀、平整、透水性好，确保混凝土路面经久耐用。基层铺设宽度，宜较路面两边宽出20cm，以备施工支膜及防止边沿渗水至土基	1. 石灰稳定土，石灰碎石（砂砾）土； 2. 配砂砾石； 3. 石灰土、碎石灰（砾）土、炉渣石灰土，粉煤灰石灰混合料，工业废渣等	15～20 20～30 10～15
垫层	垫层介于基层与路基之间（通常设于潮湿或湿路基顶面）。按其作用不同应有较好的水稳性和一定的强度，寒冷地区应有良好的抗冻性。铺设宽度应横贯路基全宽	1. 水泥或石灰稳定土，粉煤灰石灰稳定土； 2. 砂、天然砂砾、碎石等颗粒材料； 3. 冰冻潮湿地段在石灰土垫层下设隔离区（砂或矿渣）	≤15
土基	土基是混凝土路面的基础，必须有足够的强度和稳定性，表面应有符合要求的拱度和平整度。土基上部1m厚应采用良好土质，填方路基应分层压实，压实系数以轻型击实法为标准，填方高度80cm以上的不小于0.98，80cm以下的不小于0.95	土基的压实应在土壤的最佳含水量条件下进行	填土压实厚度一般以20～30cm为宜

4. 混凝土路面板接缝的布置

道路混凝土路面板会因热胀冷缩而变形。白天在阳光照射下板体顶部温度高于路面，会导致板体中部隆起；晚上气温降低，板顶温度低于底部，会造成板体边沿和角隅翘起。这些变形受到板体与基础之间的摩擦阻力。粘结阻力以及板体自重的约束，会产生过大的变形，造成板体的断裂和拱胀等破坏。土基在环境温度、湿度以及冻融交替影响下，会产生不均匀的沉陷或隆起，导致板体在车辆荷载和冲击作用下的开裂。为了避免上述破坏的产生，应该在路面设计和施工中,设置横向和纵向的接缝,把路面分割成许多板块,以便减少板体内部所产生的拉应力。

横向接缝有胀缝和缩缝两种。胀缝保证板体在温度和湿度升高时能自由伸张,从而避免产生拱胀和挤压断裂等现象;缩缝保证板体在温度和湿度降低时的自由收缩,避免产生不规则的裂缝。路面施工每天完工时应尽量做到胀缝处,至少做到缩缝处,并做成工作缝的形状。胀缝应根据板厚、施工温度、混凝土膨胀性和当地经验确定,一般应尽量减少设置。夏季施工,板厚≥20cm 时,可以不设胀缝;其他季节施工,一般每隔 100～200m 设置一条胀缝,缝宽约为 18～25mm 缝下部设置嵌缝板,上部浇注填缝料。缩缝一般采用假缝形式,即只在板体上部设置缝隙,当收缩时可沿此薄弱断面有规则的断裂。

纵缝既是一种缩缝,也是一种车道分隔缝,有利于行车和施工。因此,可以做成假缝形式,也可以做成平头缝和企口缝等工作缝形式。

但是,不管哪一种接缝,对于混凝土路面的整体性和耐久性都是不利的,对于行车也是不利的。因此,应该在可能情况下尽可能减少混凝土板的各种接缝的数目,以利于行车的舒适和安全,以及减少混凝土的沿缝破坏。

7.6.2.2　混凝土路面对材料的要求

混凝土路面除了要有足够的抗折强度、表面硬度、耐磨性、抗滑性和平整性以外,还要在环境下有足够的耐久性。因此,材料的品质和混凝土配方以及施工技术条件对道路混凝土的性能关系极大。

1. 对混凝土的基本要求

① 强度要求

混凝土路面主要以抗折强度为设计标准。路面的厚度以行车反复荷载产生的应力不超过路面设计使用年限末期的疲劳抗折强度为依据。混凝土路面强度设计有抗折强度、抗折弹性模量、抗折疲劳强度和抗压强度四个指标。混凝土路面的抗折强度 $f_{tm.k}$ 不得低于表 7-10 中的规定值。计算混凝土路面厚度时,需要混凝土抗折弹性模量 E_0 值,E_0 与 $f_{tm.k}$ 之间的关系如表 7-13 所示。

表 7-13　道路混凝土抗折强度与抗折弹性模量之间的关系

抗折强度 $f_{tm.k}$(MPa)	5.5	5.0	4.5	4.0
抗折弹性模量 E_0($\times 10^4$MPa)	4.3	4.1	3.9	3.6

根据路面混凝土的使用年限和设计交通量 N_e,由下式计算混凝土的抗折疲劳强度:

$$f_{tm.p} = (0.94 - 0.771 \lg N_e) f_{tm.k} \qquad (7\text{-}11)$$

式中　$f_{tm.p}$——混凝土路面抗折疲劳强度(MPa);

　　　　N_e——混凝土路面设计交通量;

　　　　$f_{tm.k}$——混凝土路面抗折强度(MPa)。

为了保证混凝土路面的耐久性、耐磨性、抗冻性等性能要求,除对其抗折强度有规定外,其抗压强度还不得低于 30MPa。

② 工作性能

为了保证混凝土的施工质量,道路混凝土必须有良好的工作性,包括流动性、可塑性、稳定性和易密性。但路面混凝土一般属于低流动度范围,人工铺摊混凝土的和易性类同于常规混凝土,按照水泥混凝土路面施工技术规范的规定,人工铺摊混凝土坍落度为 1 ~ 5cm,要求黏聚性和保水性良好,以防止因黏聚性太小及保水性太差而出现塌边和表面泌水而影响耐磨性。为了实现这一要求,滑模铺摊混凝土均采用较高的砂率。碾压混凝土则是一种超干硬混凝土,如其稠度过小,则表面易起波浪,严重影响路面平整度;稠度过大,则不容易压实。因此控制好可碾性十分重要。

③ 耐久性

由于路面混凝土长期经受行驶车辆的磨损、冲击和风霜雨雪及日晒的侵蚀,因此必须有良好的耐久性。从混凝土材料选择、配方设计、路面设计和路面施工等方面都必须有充分的认识和重视。

2. 对混凝土组成材料的要求

道路混凝土组成材料与普通混凝土相同,但对材料质量要求有一定的差别。

① 水泥

高等级公路所使用的水泥,应符合《道路硅酸盐水泥》(GB 13693—2005)的规定,即选用抗折强度高、干缩性小、耐磨性强、抗冻性好的水泥。水泥品种和强度等级的选择,必须根据公路等级、施工工期、铺筑时间、浇注方法及经济性等因素综合考虑决定。国内外经验表明,路面混凝土主要采用硅酸盐水泥、普通硅酸盐水泥和专用的道路水泥,也可以采用其他品种水泥,但必须符合各项性能及经济合理的要求。根据我国的情况调查和参照国外的规定,建议水泥强度等级为:高等级路面和机场跑道所用的水泥不小于 52. 5MPa,其余不小于 42. 5MPa。

在水泥化学矿物组成方面,铝酸三钙对路面使用性能不利,主要表现为铝酸三钙含量越大,混凝土干燥收缩越大,对防止道路混凝土开裂十分不利;同时,铝酸三钙水化产物不耐磨,强度低,对路面耐磨性不利。因此水泥中铝酸三钙含量应严格控制(建议小于 5%)。铁铝酸四钙对提高抗折强度十分有利,应选用高铁的水泥(建议 $C_4AF > 16\%$),以改善抗折强度和变形性能。另外,水泥含碱量应严格控制,以防止碱-集料反应的发生。水泥熟料中游离氧化钙含量越低越好(建议不得超过 1.0%)。三氧化硫、氧化镁含量和安定性应符合规定。

专家建议:道路混凝土用水泥应侧重于各龄期抗折强度的全面提高和早期抗压强度的提高;同时,水泥砂浆的干缩性和磨耗率要降低,例如 28d 水泥胶砂干缩率不得大于 0.09%,磨耗率不得超过 1.0%。实际上,道路混凝土用水泥应该是各方面性能都十分良好的水泥,而我国目前很多地区对此的认识还有很大的差距。

② 细集料

可以使用天然砂或人工砂,但应质地坚硬、耐久、洁净,级配符合《普通混凝土用砂、石质量及检验方法标准》(JGJ 52—2006)的要求,细度模数宜控制在 2.6 ~ 3.0 之间,其中水泥含量运营严格控制,以降低混凝土的干缩量。

③ 粗集料

粗集料可使用碎石或卵石,但考虑到卵石与水的黏接性差,因此不应单独使用未经破碎的卵石,至少也要卵石与碎石搭配使用。粗集料应质地坚硬、耐久、洁净、级配符合规定,最大的粒径不应超过 40mm,具体要求应符合《建筑用砂》(GB/T 14684—2011)标准中强度等级大于或等于 C30 普通混凝土用粗集料的技术要求。除此之外,路面混凝土还有更具体的质量和级配的要求,应查阅相关手册(如《道路施工工程师手册》等)。

7.6.3　水泥混凝土路面施工

混凝土路面施工分为施工前准备、混凝土搅拌合运输、混凝土的摊铺、混凝土的真空脱水、混凝土板体接缝的加工、混凝土养护及开放交通等多个环节。

目前我国高等道路路面主要采用轨道摊铺机施工和滑模式摊铺机施工。碾压混凝土工艺目前只在实验路中使用。人工摊铺施工由于施工质量较难以保证、施工效率较低,一般只在低等级道路上使用。

1. 摊铺机施工

① 轨道模板安装

轨道摊铺机整套机械施工时在轨道上移动前进,也以轨道为基准控制路面表面高程。轨道和模板同步安装,统一调整定位,将轨道固定在模板上,即作为混凝土路面的侧模板,也是每节轨道的固定基座。轨道高程控制是否正确,铺轨是否平直,接头是否平顺,将直接影响路面表面的质量和行驶性能。

② 摊铺

摊铺时将倾卸在基层上或者摊铺机箱内的混凝土,按摊铺厚度均匀地充满模板范围内。常用的摊铺机有刮板式匀料机。箱式摊铺机和螺旋式摊铺机。刮板式匀料机能在模板上前后左右地移动,刮板本身也能旋转,所以可以将卸在基层上的混凝土推向任意方向摊铺。这种机械质量轻,容易操作,使用比较普遍,但摊铺能力较小。箱式摊铺机通过卸料机把混凝土卸在箱子里,箱子在摊铺机前进时横向移动,使混凝土落在基层上,同时箱子的下端按松铺厚度刮平混凝土。此种摊铺机将混凝土拌合料一次全放进箱内,载重量大,但摊铺均匀且准确,摊铺能力大,很少发生故障。螺旋式摊铺机以反方向旋转的螺旋杆将混凝土摊开,螺旋杆后面有刮板,可以准确调整高度。这种摊铺机摊铺能力大。

③ 混凝土的振捣

道路混凝土振捣一般选用平板振捣机和内部振动式振捣机进行。振捣机跟在摊铺机后面,对混凝土进行再一次的平整和捣实。平面振捣机主要由复平梁和振捣梁两部分组成。复平梁在振捣梁的前方,其作用是补充摊铺机初平缺陷,使松铺混凝土在全宽度范围内达到正确高度;振捣梁为弧形表面平板式振动机械,通过平板把振动力传递至混凝土高度。但是,靠近模板处的混凝土,还必须用插入式振捣器补充振捣。内部一般安装在有轮子的架子上,可以在轨道上移动。

2. 滑模式摊铺施工

滑模式摊铺机与轨道式摊铺机不同,其最大特点是不需要轨道和模板,这种摊铺机的机架支承在四个液压缸上,他可以通过控制机械的上下移动来调整摊铺机的铺层厚度。这种摊铺机的两侧设置有随机械移动的固定滑模板,不需要另设轨模,一次通过就可以完成摊铺、振捣、整平等多道工序。

3. 真空吸水工艺

真空吸水工艺是混凝土的一种机械脱水法。它利用真空负压的压力作用和脱水作用,提高了混凝土的密实度,降低了水胶比,从而改善了混凝土的物理力学性能,是解决混凝土和易性与强度的矛盾、缩短养护时间、提前开放交通的有效措施。同时,由于真空吸水后的拌合料含水量少,使凝固时的收缩量大大减少,有效防止了混凝土在施工期间的塑性开裂,可延长路面寿命。

① 真空吸水设备为真空机组、起点薄膜、真空吸水装置并配有吸管。用真空吸水工艺施工的混凝土路面,其拌合、摊铺、振捣、整平等工序仍按常规操作程序进行。在拌制时适当加大用水量,使初始水胶比控制在 0.47~0.5 之间。

② 初步振捣并平整的混凝土表面铺设气垫薄膜,光面朝上、半环面凸头部分朝下,以构成真空腔及水流通道。气垫薄膜通过过滤布压于混凝土表面上。作业面处于负压状态。

③ 安装吸头,衔接吸垫与机组,启动真空泵,使真空度控制在 450~550mmHg(0.06~0.07MPa)。真空时间(以 min 计)约为路面板厚(以 cm 计)的 1.0~1.5 倍。

④ 在已完成真空吸水作业的混凝土层面上,为了增加其密实性,提高混凝土强度,再用振捣梁作二次振捣找平,最后混凝土表面用抹光机抹平。

4. 混凝土的养护

混凝土表面修整完毕后,应立即进行养护,以便混凝土路面在开放交通前有足够的强度,有效地防止干缩开裂。混凝土路面的养护时间要达到抗折强度在 3.5MPa 以上要求。养护初期,应采取措施避免阳光直射,防止水分蒸发和风吹;表面泌水消失后,可喷洒薄膜养护剂进行养护,也可以洒水和覆盖湿草帘或麻袋养湿。根据经验,使用硅酸盐水泥养护时间约为 14d,使用早强水泥约为 7d,使用中热硅酸盐水泥约为 21d。

7.7 喷射混凝土

喷射混凝土(shotcrete)是借助喷射机械,利用压缩空气或其他动力,将按一定配比的有速凝性质的拌合料,通过管道运输并以高速喷射到施工面上,迅速凝结固化而成的具有一定强度的混凝土。

7.7.1 喷射混凝土的用途

喷射混凝土是混凝土拌合物反复连续的受到冲击并被挤压而具有较高的强度,并且与受喷面的岩石、旧混凝土、砖和钢筋等粘结牢固,整体性好。该方法将混凝土拌合物的输送、浇筑和振捣三个工序合成一道工序,而且不要或只要单面模板,可通过移动输料软管在各种位置和方向上进行作业,操作灵活方便,经济效益好,因而在土木建筑工程中得到广泛应用,见表 7-14。

表 7-14　喷射混凝土的主要应用领域

序号	工程类型	应用对象
1	地下工程	矿山竖井、巷道支护、交通或水工隧洞衬砌,地下电站衬砌
2	边坡加固或基坑护壁	公路、铁路、水库区护坡,厂房或建筑物附近护坡,建筑基坑护坡
3	薄壁结构	薄壳屋顶、蓄水池、预应力油罐、灌渠衬砌
4	建筑结构工程修补	修补水池、水坝、水塔、烟囱、住宅、厂房、桥梁等
5	耐火工程	烟囱和各种热工窑炉衬里的建造修补
6	建筑工程加固	各类砖石或混凝土结构工程的加固
7	防护工程	各种钢结构的防火、防腐层

7.7.2　喷射混凝土的原材料选择

1. 水泥

喷射混凝土应优先选用不低于强度等级 42.5MPa 的硅酸盐水泥或者普通硅酸盐水泥。这两种水泥中的 C_3S 和 C_3A 含量较高,不仅能速凝快硬、后期强度较高,而且与速凝剂的相容性好。也可选择喷射水泥、超早强水泥、双快水泥、高铝水泥或矿渣水泥。水泥品种和等级应根据工程使用要求来决定。当水泥凝结时间不符合要求时,一般可掺入速凝剂,但应该考虑其与水泥的相容性,避免出现快凝现象。如有严重的硫酸盐腐蚀的环境,就应该选用抗硫酸盐水泥。耐火工程应选用高铝水泥。当集料中有碱性矿物时,应选用低碱水泥,总之,要十分注意使用条件和环境,进行认真选择。

2. 细集料

宜选用细度模数大于 2.5 的坚硬耐久的中砂或粗砂,其中直径小于 0.075mm 的颗粒不应超过20%,否则影响水泥浆与集料的良好粘结。天然石英砂应用小最好。加入搅拌机的砂的含水量宜控制在 6% ~8%,过低时会在喷射施工中引起大量粉尘;过高时混合物料黏度过大,易造成喷射机粘料甚至管路堵塞。

3. 粗集料

粗集料应坚固耐用,可使用卵石或碎石,卵石比碎石更好。粗集料的最大粒径对管道输送和回弹率都有很大影响。虽然国产喷射机一般规定最大粒径为25mm,但为了减少回弹率,最大粒径不宜超过 15mm。当使用速凝剂时,其含 Na 量较多,不能使用含碱活性矿物的粗集料,以免发生喷射混凝土膨胀开裂破坏。

4. 外加剂

在喷射混凝土中使用的外加剂主要是速凝剂。其目的是缩短凝结时间,提高早期强度,增加一次喷射厚度,减少回弹损失,改善其在含水地层中的适应性。有时也需要掺加一些减水剂、早强剂、增粘剂、防水剂、引气剂等。新型的外加剂往往都有复合的功能。

喷射混凝土用的是速凝剂要遵循我国行业标准《喷射混凝土用速凝剂》(JC 477—2005)的要求(表7-15)速凝原理在于用速凝剂组分消除石膏在水泥中的缓慢作用。速凝剂与水反应生成的 NaOH 迅速与石膏反应生成 Na_2SO_4,水泥浆体中的 $CaSO_4$ 浓度显著下降,C_3A 和 C_4AF 快速水化导致速凝。

表 7-15　喷射混凝土用速凝剂的技术要求

实验项目 产品等级	净浆凝结时间（min）		1d 抗压强度（MPa）	28d 抗压强度比（%）	细度（筛余%）	含水率（%）
	初凝	终凝				
一等品	≤3	≤10	≥8	≥75	≤15	<2
合格品	≤5	≤10	≥7	≥70	≤15	<2

速凝剂的使用效果与水泥品种、速凝剂掺量、施工温度等因素有关。尤其是速凝剂与水泥的相容性要认真注意。

7.7.3　喷射混凝土施工

1. 施工工艺

喷射混凝土的施工工艺可以分为干式喷射法和湿式喷射法两种,在干式喷射法的基础上,又发展了造壳喷射工艺。

(1)干式喷射法

把拌好的水泥、砂石、速凝剂的干混合料送入喷射机,由喷射机将料压送至喷嘴处,在此处加水后由压缩空气把拌合料喷射至受喷面,其工艺流程图如图7-2所示。此法须由熟练人员操作,水胶比宜小,石子须用连续级配,粒径不得过大,水泥用量不宜太小,一般可获得28~34MPa的混凝土强度和良好的黏着力。干式喷射法优点是施工机具小而轻型,保养容易,费用低;拌合料能进行远距离输送;操作方便,适应性广。但拌合水的加入和混凝土的质量取决于操作人员的熟练程度,粉尘较多,回弹率较大,使用上受一定限制。

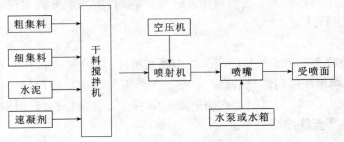

图7-2　干式喷射法工艺流程

(2)湿式喷射法

由于混凝土搅拌机拌制好后的混凝土拌合料送入喷射机,在喷嘴处加入速凝剂,再喷至受喷面,施工时宜用随拌随喷的办法,以减少稠度变化。其工艺流程如图7-3所示。其主要优点是加水量容易控制,便于混凝土质量管理;喷射速度较低,由于水胶比增大,混凝土的初期强度亦较低,但回弹情况有所改善,材料配合易于控制,工作效率比干拌法为高。粉尘少,回弹率低;但施工机具复杂,费用较多;混凝土不容易远距离输送;操作不方便,适应性较差。

将预先配好的水泥、砂、石子、水和一定数量的外加剂,装入喷射机,利用高压空气将其送到喷头和速凝剂混合后,以很高的速度喷向岩石或混凝土的表面。

宜采用普通水泥,要求良好的集料,10mm以上的粗集料控制在30%以下,最大粒径小于25mm;不宜使用细砂。主要用于岩石峒库、隧道或地下工程和矿井巷道的衬砌和支护。

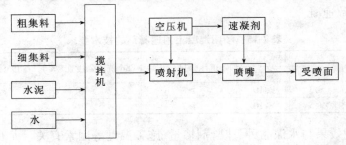

图7-3　湿式喷射法工艺流程

(3)造壳喷射法

这种方法又叫水泥裹砂喷射法,是将喷射混凝土分为湿砂浆和干集料两部分,分别用压缩空气压送至喷嘴附近的混合管处合流,再由喷嘴喷至受喷面,其工艺流程如图7-4所示。这种方法实际上是在干式法的基础上加入一台细集料湿度控制器,对砂子进行处理,使其含水率为 4% ~ 6%,然后将经过处理的砂子分成两部分,一部分作为干集料与石子混合,另一部分送入砂浆搅拌机配制成造壳砂浆。喷射机械仍然用干式喷射机。

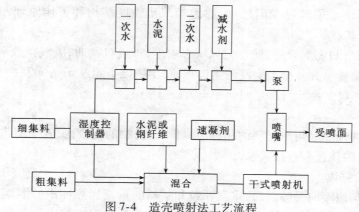

图 7-4　造壳喷射法工艺流程

造壳喷射法有如下优点:回弹率小,只有 15% ~20%;粉尘少,2 ~10mg/m³;混凝土强度稳定;可以远距离输送;生产能力高,平均 6 ~12m³/h;一次喷射厚度大,可达 10 ~40cm;可喷射钢纤维混凝土;可在受喷面涌水情况下施工。

2. 施工机具

(1)混凝土喷射机

这是喷射法施工的关键设备。目前国产喷射机主要是干式喷射机,有双罐式、转盘式、转子式三种。它们的工作过程均是由压缩空气经过不同的工作空间(或工作室,或旋转的分格盘,或有孔的旋转体等)把干混料压送至喷嘴处。喷嘴由混合室和枪筒组成,高压水由混合室的小孔射出,与干混料迅速混合后,从喷嘴中高速喷出。

(2)搅拌机

干式喷射法搅拌干混合料;湿式喷射法搅拌干硬性拌合物。无论哪一种工艺,均应使用强制式搅拌机,常用蜗轮式强制搅拌机,其出料能力应与喷射机生产能力相匹配。

(3)空气压缩机

压缩空气是喷射机输送物料与喷射拌合物的动力源。空气压缩机的风量和风压应与混凝土喷射机生产能力相匹配,风压应保持稳定。压缩空气中不得含有冷凝水和油类物质。

(4)附属设备

包括混合料输送机、水箱和水泵等。目前,已经开始使用机械手代替人工操作喷头,既保证工人安全,改善工作条件,又减少人工操作因素引起的质量问题。

3. 施工注意事项

(1)分次喷射时,复喷应在前一次混凝土终凝后进行,若终凝一小时后进行喷射时,应先用水清洗喷层表面。有超挖或裂缝低凹处,应先补喷平整,然后再正常喷射。

(2)严禁将喷头对准人员。

(3)喷射过程中,如发生堵管、停风停电等故障时,应立即关闭水门,将喷头向下放置,以防水流入输料管内;处理堵管时采用敲击法输通料管。

（4）喷射人员要配戴防尘口罩、乳胶手套和眼镜。

（5）喷射工作结束后，喷层在 7d 以内，每班洒水一次，7d 以后，每天洒水一次，持续养护 28d。

（6）喷浆机司机必须经过专门培训，熟悉喷浆机性能结构和工作原理，并能排除一般故障，进行日常维修和养护。

（7）喷浆机进气口密封良好，防止漏风吹起粉尘；排气口畅通，废气排放顺利；喷浆管接头牢固、密封良好、摆放整齐。个人配戴防尘口罩，粉尘浓度不超过 $6mg/m^3$

7.7.4　喷射混凝土特性

喷射混凝土的性能除与原材料的品种与质量、拌合物的配合比、施工工艺和施工条件有关外，还与施工人员的技艺有直接关系。

1. 抗压、抗拉强度

当拌合物以高速喷向受喷面时，水泥颗粒和集料的重复猛烈冲击使混凝土层连续受到压密。同时，喷施工艺可以采用较小的水胶比，这可以保证喷射混凝土有较高的抗压和抗拉强度。例如：采用普硅 42.5 级水泥，配合比为水泥∶砂∶石子＝1∶2∶2，不加速凝剂的喷射混凝土层中切割下来的 10cm×10cm×10cm 试件，28d 抗压（拉）强度大致是 30～40MPa，180d 是 40～50MPa。掺加速凝剂的喷射混凝土，早期强度明显提高，1d 抗压强度可达 6.0～15.0MPa；28d 强度与不掺速凝剂相比降低 10%～30%。抗拉强度和弹性模量与抗压强度的关系，与普通水泥相似。

2. 粘结强度

喷射混凝土与受喷面的粘结强度、受喷面的基材材质及基层处理质量有关。与坚硬岩层或坚固旧混凝土的粘结强度一般为 1.0～2.0MPa。高速喷射混凝土可嵌入受喷面裂缝中，增加粘结强度，喷射前对受喷面进行有效清洗。喷射时正确的操作，对提高粘结强度和与钢筋良好的握裹力有重要影响。

3. 变形性能

与普通混凝土一样，喷射混凝土的收缩包括干燥收缩、温度变化收缩和化学收缩。由于喷射混凝土的水泥用量大，砂率大而粗集料少，单位面积绝对用水量也大，以及由于回弹使粗集料中的大粒径数量减少等原因，因此，喷射混凝土的收缩值比普通混凝土大得多。我国有关单位的实测证明，360d 的标准收缩值为 0.8～1.4mm/m；自然养护的收缩值更大。美国报道的收缩值变动于 0.6～1.5mm/m。但实际工作的喷射混凝土受基材的影响，其收缩值远比自由收缩小。

收缩易引起喷射层开裂，微裂缝可能不影响安全性，但降低抗渗性。加强早期养护有力减少收缩裂缝，使用纤维混凝土是减少收缩裂缝的有效措施。

喷射混凝土的徐变早期发展很快，但稳定期较早。速凝剂的参加使喷射混凝土的徐变加大，这是因为后期水泥矿物水化受到阻碍，从而后期强度降低所引起的。

4. 耐久性

喷射混凝土有较好的抗冻性。有关实测证明，喷射混凝土试件经 200 次冻融循环后检测合格，300 次冻融循环后的试件仍无明显破坏。这是因为喷射混凝土喷射成型时混凝土中引入了 2.5% ~ 5.3% 的空气,在喷射层中形成非贯穿气孔,有利于提高混凝土抗冻性;另外,水胶比小,密实性好,也是抗冻性好的原因。但喷射混凝土的抗渗性稍差,一般抗渗标号可达到 $S_{0.7}$ 以上。对于有特殊抗渗要求的喷射混凝土除选择级配良好的集料外,还要采取掺防水剂、纤维等措施。

7.8　水下浇筑混凝土

7.8.1　概述

在陆地上拌制而在水中浇筑硬化的混凝土,称之为水下浇筑混凝土,简称水下混凝土。

当需要在水下施工混凝土工程时,普通办法是修筑围堰,然后基坑排水和防渗,使水下变为陆地来施工。显然,这种方法工程量浩大。能否把混凝土直接输送到水下进行施工呢?若简单地把混凝土拌合物倒入水中,到水底时必然成为一堆砂石和表面只有很薄的一层甚至没有水泥浆,无法满足施工要求。因此,水下混凝土应该在于环境隔离的条件下浇注。

正确的水下混凝土浇筑方法应该是混凝土拌合物到达浇筑地点以前避免与环境水接触。进入浇筑地点后,也要尽量减少与水的接触,尽可能使与水接触的混凝土保持在统一整体之内,不被冲散。浇筑过程宜连续进行,直到达到一次浇筑所需高度或高出水面为止,以减少环境水的不利影响。这样才能减少清除凝固后不符合要求的混凝土的数量。已浇筑的混凝土不宜搅动,应使它逐渐固化和硬化。19 世纪中叶已经有人进行这种尝试。后来有人用木溜槽成功地将混凝土直接浇筑于河床。20 世纪初,美国成功地应用导管法进行水下浇筑。20 世纪 30 年代以后,又发展了开底容器法、端进法和水下预埋集料灌浆法。1967 年荷兰又发明了柔性管法。最近 20 年,国内外对水下浇筑混凝土进行了广泛的研究和实践,使其理论日趋成熟,工艺日趋完善。

水下混凝土的浇筑分为两类:一是水上拌制混凝土拌合物,进行水下浇筑,采用导管法、泵压法、柔性管法、倾注法、开底容器法和装袋叠置法;二是水上拌制胶凝材料,进行水下预埋集料的压力灌浆。

7.8.2　水下浇筑混凝土原材料选择

7.8.2.1　水泥品种

为保证混凝土质量和水下压力灌浆的顺利进行,宜选用细度大、泌水少、收缩率较小的水泥。矿渣硅酸盐水泥由于泌水较大,不宜用于水下浇筑混凝土工程。硅酸盐水泥和普通硅酸盐水泥水化生成的氢氧化钙较多,在海水中易生成较多的二次钙矾石导致混凝土破坏,因此不宜用于海水中,但可以用于淡水中的工程。海水工程宜采用抗硫酸盐水泥。火山灰和粉煤灰硅酸盐水泥则可用于具有一般要求的及有侵蚀性海水、工艺废水的水下混凝土浇筑工程。水泥一般应用 52.5MPa 等级,而且应该用超细矿物掺合料代替水泥以增加拌合物的流动性和黏度。

7.8.2.2　集料

1. 细集料

为了满足流动性、密实性和耐久性的要求,细集料应采用石英含量较高、表面光滑浑圆的砂子,细度模数在 2.1 ~ 2.8 之间;砂率一般较大,为 40% ~ 50%,若用碎石,砂率还要增加 3% ~ 5%,以保证拌合物的流动性。砂的最大粒径应满足下式要求:

$$d_{max} \leqslant \frac{D_h}{15 \sim 20} \leqslant 2.5\text{mm} \tag{7-12}$$

$$d_{max} \leqslant \frac{D_{hmin}}{8 \sim 20} \tag{7-13}$$

式中　d_{max}——砂的最大粒径(mm);

　　　D_h——预埋集料的最大粒径(mm);

　　　$D_{h\ min}$——预埋集料的最小粒径(mm)。

如果采用颗粒较粗的砂,则易破坏砂浆的黏性,引起离析,还阻碍砂浆在预埋集料中的流动。

2. 粗集料

为了保证混凝土拌合物的流动性,宜采用卵石,如无卵石采用碎石。当需要增加砂浆与粗集料的粘结力时,可掺入 20% ~ 25% 的碎石,一般应采用连续级配。粗集料与填筑方法和浇筑设备的尺寸有关。可参考表 7-16。如水下结构有钢筋网,则最大粒径不能大于钢筋网净间距的四分之一。

表 7-16　粗集料填筑方法和浇筑设备的尺寸关系

水下浇筑方法	导管法		泵送法		倾注法	开底容器法	装袋法
	卵石	碎石	卵石	碎石			
允许最大粒径	导管直径的 1/4	导管直径的 1/5	灌注管直径的 1/3	灌注管直径的 1/3.5	60mm	60mm	视袋的大小而定

3. 外加剂

水下不分散性外加剂是水下浇筑混凝土的主要外加剂,其主要成分是水溶性高分子物质,有非离子型的纤维素及丙烯酸系两大类。其主要作用是增加混凝土的黏性,使混凝土受水冲洗时不分离。混凝土由于加入水下不分散剂而提高黏性,但为了确保流动度又需要增加用水量。因此水下不分散剂要与三聚氰胺系减水剂配合使用,既提高黏性,又提高流动性,而不增加用水量。但要注意水下不分散剂与减水剂的匹配性,会不会给缓凝带来影响。

7.8.3　水下浇筑混凝土的性能

7.8.3.1　新拌混凝土性能

与普通混凝土相比,水下浇筑混凝土具有如下特点:①抗水冲洗作用;②流动性大,填充性好;③缓凝;④无离析。

用导管法浇筑水下混凝土时的流动形态分为两种,分别是分层流动和隆起流动。分层流动形式的浇筑,对混凝土来说,仅是面层与水接触;而隆起流动浇筑时,每一层混凝土都与水接触,层与层之间留下水膜,接触不紧密,影响混凝土质量。达到分层浇筑的关键是低的极限剪切强度和较高的塑性黏度。

　　同样在 60cm 水中自由落下后,普通混凝土和水下浇筑混凝土的筛析实验表明,普通混凝土各组成材料明显分离,特别是水泥浆被水冲散,粗集料与水增多;而水下浇筑混凝土由于掺入水下不分散剂,组成材料不发生分离现象,浇筑前后各组成材料比例相近。

7.8.3.2　硬化混凝土性能

　　水下浇筑混凝土的强度受两方面因素影响:① 水下不分散剂;② 水下浇筑的密实程度。水下浇筑混凝土在水中制作的试件,其抗压强度与采用水下不分散剂的掺量有关,大约为空气中制作的试件的 90%。弹性模量与相同强度的普通混凝土相比稍低。钢筋粘结强度与空气中制作的混凝土相比,垂直钢筋的粘结强度稍差,而与水平钢筋大体相同。水下浇筑混凝土的抗冻性能比普通混凝土差,而且干缩大,但在水下使用问题不大。

思考题与习题

7.1　何谓特殊性能混凝土? 请列举 10 种特殊性能混凝土的品种。

7.2　与普通混凝土相比,高性能混凝土具有哪些独特的性能?

7.3　何谓纤维混凝土?

7.4　对用于混凝土的纤维的基本要求是什么?

7.5　聚合物混凝土概念? 分为哪几类?

7.6　聚合物水泥混凝土改进了普通混凝土的哪些性能? 可应用于哪些方面?

7.7　何谓轻集料混凝土?

7.8　何谓大体积混凝土? 大体积混凝土产生裂缝的原因有哪些?

7.9　与普通混凝土相比,新拌水下浇筑混凝土有哪些特点?

第8章 混凝土材料试验

8.1 混凝土原材料试验

8.1.1 水泥性能试验

8.1.1.1 水泥胶砂强度试验

（1）目的及适用范围

水泥胶砂强度检验（ISO 法）是为了确定水泥的强度等级。

（2）仪器设备

水泥胶砂搅拌机：应符合 JC/T681 的要求；抗折试模：三个 40mm × 40mm × 160mm；振实台；抗折强度试验机；抗压强度试验机：200 ~ 300kN 为宜；抗压夹具：面积为 40mm × 40mm。

（3）试验步骤

① 每锅材料数量见表 8-1。

表 8-1　每锅胶砂的材料数量

水泥品种 　　　　　材料量	水泥（g）	标准砂（g）	水（mL）
硅酸盐水泥			
普通硅酸盐水泥			
矿渣硅酸盐水泥	450 ± 2	1350 ± 5	225 ± 1
粉煤灰硅酸盐水泥			
复合硅酸盐水泥			
石灰石硅酸盐水泥			

② 搅拌

每锅胶砂用搅拌机进行机械搅拌，先使搅拌机处于待工作状态，然后按以下的程序操作：

a. 把水加入锅里，再加入水泥，把锅放在固定架上，上升至固定位置。

b. 然后立即开动机器，低速搅拌 30s 后，在第二个 30s 开始的同时均匀的将砂子加入，把机器转至高速再拌 30s。

c. 停拌 90s，在第一个 15s 内用胶皮刮具将叶片和锅壁上的胶砂刮入锅中间。再在高速下继续搅拌 60s。各个搅拌阶段时间误差控制在 ±1s 以内。

③ 用振实台成型

a. 胶砂制备后立即进行成型，将空试模和模套固定在振实台上，用一个适当勺子直接从搅拌锅里将胶砂分两层装入试模,装第一层时,每个槽里约放 300g 胶砂,用大播料器垂直架在模套顶部,沿每个模槽来回一次将料层播平,接着振实 60 次。再装入第二层胶砂,用小播料器播平,再振实 60 次,移走模套,从振实台上取下试模,用一金属直尺以近似 90°的角度架在试模顶的一端,然后沿试模长度方向以横向锯割动作慢慢向另一端移动,一次将超过试模部分的胶砂刮去,并用同一直尺以近乎水平的状态将试体表面抹平。

b. 在试模上作标记或加字条标明试件编号和试件相对于振实台的位置。

④ 脱模:一般在成型后 20 ~ 24h 之间脱模。

⑤ 养护:将做好标记的试件立即水平或竖直放在(20 ± 1)℃水中养护,水平放置时刮平面应朝上。试件放在不易腐烂的篦子上,并彼此间保持一定距离,以让水与试件的六个面接触,养护期间试件之间间隔或试体上表面的水深不得小于 5mm。

⑥ 强度试验

a. 抗折强度试验

a)将试件一个侧面放在试验机支撑圆柱上,以(50 ± 10)N/s 的速度均匀的将荷载垂直地加在棱柱体相对侧面上,直至折断。

b)保持两个半截棱柱体处于潮湿状态直至抗压试验。

c)抗折强度 R_f 按式(8-1)计算:

$$R_f = \frac{1.5 F_f L}{b^3} \tag{8-1}$$

式中　R_f——抗折强度(MPa);

　　　F_f——折断时施加于棱柱体中部的荷载(N);

　　　L——支撑圆柱之间的距离(mm);

　　　b——棱柱体正方形截面的边长(mm)。

d)抗折强度的评定:以一组三个棱柱体抗折强度结果的平均值作为试验结果。当三个强度值中有超出平均值 ±10% 时,应剔除后再取平均值作为抗折强度试验结果。

b. 抗压强度试验

a)抗折试验后的两个断块应立即进行抗压试验,抗压试验必须用抗压夹具进行,试验体受压面为 40mm × 40mm。试验时以半截棱柱体的侧面作为受压面,试体的底面靠近夹具定位销,并使夹具对准压力机压板中心。

b)压力机加荷速度应控制在(2400 ± 200)N/s,均匀的加荷直至破坏。

c)抗压强度 R_c 按式(8-2)计算:

$$R_c = \frac{F_c}{A} \tag{8-2}$$

式中　R_c——抗压强度(MPa);

　　　F_c——破坏时的最大荷载(N);

　　　A——受压部分面积(mm^2)。

d)抗压强度的评定:以一组三个棱柱体得到的六个抗压强度测定值的算术平均值作为试验结果。如六个测定值中有一个超出六个平均值的 ±10% ,就应剔除这个结果,以剩下五个的平均数为结果,如果五个测定值中再有超过它们平均数 ±10% 的,则此组结果作废。

(4)注意事项

① 试件龄期是从水泥加水搅拌开始算起,一般只检测 3d 与 28d 强度。

② 每个养护池只养护同类型的水泥试件。最初用自来水装满养护池,保持适当的恒定水位,不允许在养护期间全部换水。

③ 试件从水中取出后,在强度试验前应用湿布覆盖。

8.1.1.2 水泥细度试验

(1)目的及使用范围

检验水泥细度,评定水泥质量。水泥的细度影响水泥的技术性质,相同矿物成分的熟料,水泥细度越细强度愈高,水泥凝结时间愈快,安定性愈好。

(2)仪器设备

负压筛由圆形筛框和筛网组成,方孔为 0.08mm;水筛采用方孔边长 0.08mm;天平(最大称量 100g),感量不大于 0.05g;负压筛析仪等。

(3)试验步骤

① 手工干筛法

a. 样品处理:水泥样品应充分拌匀,通过 0.9mm 方孔筛,记录筛余物情况,要防止过筛时混进其他水泥。

b. 称取水泥试样 50g 倒入 0.08mm 方筛筛内。

c. 将水泥边筛边拍打,拍打速度每分钟约 20 次,每 40 次向同一方向转动 60°,直至每分钟通过的试样量不超过 0.05g 为止。

d. 称量筛余物 m_0。

② 负压筛析法

a. 将负压筛放在筛座上,盖上筛盖,接通电源,调节负压至 4000 ~ 6000Pa 范围内。

b. 称取试样 25g 置于洁净的负压筛中,盖上筛盖,放在筛座上,开动筛析仪连续筛析 2min。

c. 称量筛余物 m_0。

③ 水筛法

a. 筛析前调整喷头和筛网之间的距离为 35 ~ 75mm,水压为 (0.05 ± 0.02)MPa。

b. 称取水泥试样 50g 倒入水筛内用水连续冲洗 3min。

c. 筛毕,用少量水冲洗筛余物至表面皿中,烘干。

d. 称量筛余物 m_0。

(4)结果整理

计算水泥试样筛余百分率 A 按式(8-3)计算,精确至 0.1%。

$$A = \frac{m_0}{m} \times 100 \qquad (8\text{-}3)$$

式中 A——水泥试样筛余百分数(%);

m_0——水泥筛余物的质量(g);

290

m——水泥试样的质量(g)。

（5）注意事项

① 手工干筛法筛分时,使试样均匀分布在筛网上,直至每分钟通过的试样量不超过0.05g为止。

② 当三种试验方法测定的结果有异议时,以负压筛析法为准。

③ 国家标准规定:硅酸盐水泥和普通硅酸盐水泥通过0.08mm方孔筛余量不超过10%。

8.1.1.3　水泥标准稠度用水量试验

（1）目的及使用范围

① 试验目的:测定标准稠度用水量,为凝结时间和安定性试验提供标准稠度的净浆。

② 适用范围:适用于硅酸盐水泥、普通硅酸盐水泥、矿渣水泥、粉煤灰水泥、火山灰质水泥、复合水泥。

（2）仪器设备

水泥净浆搅拌机:符合JC/T 729—2005的要求;标准法维卡仪;量筒:最小刻度0.1mL,精度1%;天平:最大称量不小于1000g,分度值不大于1g。

（3）试验步骤

① 水泥净浆的的拌制

用水泥净浆搅拌机搅拌,搅拌锅和搅拌叶片先用湿布擦过,将拌合水倒入搅拌锅内,然后在5～10s内小心将称好的500g水泥加入水中,防止水和水泥溅出;拌合时,先将锅放在搅拌机的锅座上,升至搅拌位置,启动搅拌机,低速搅拌120s,停15s,同时将叶片和锅壁上的水泥浆刮入锅中间,接着高速搅拌120s停机。

② 标准稠度用水量的测定步骤

拌合结束后,立即将拌制好的水泥净浆装入已置于玻璃底板上的试模中,用小刀插捣,轻轻振动数次,刮去多余的净浆;抹平后迅速将试模和底板移到维卡仪上,并将其中心定在试杆下,降低试杆直至与水泥净浆表面接触,拧紧螺钉1～2s后,突然放松,使试杆垂直自由地沉入水泥净浆中。在试杆停止沉入或释放试杆30s时记录试杆距底板之间的距离,升起试杆后,立即擦净;整个操作应在搅拌后1.5min内完成。以试杆沉入净浆并距底板(6±1)mm的水泥净浆为标准稠度净浆,其拌合水量为该水泥的标准稠度用水量(P),按水泥质量的百分比计。

（4）注意事项

① 试验前先进行水泥净浆搅拌机、标准法维卡仪检查。

② 试验时用试模高度减去下沉深度即标尺读数来控制试杆下沉距底板的距离S。

③ 严格控制试验时间,从拌合结束到标准稠度测定整个操作应在1.5min内完成。

8.1.1.4　水泥凝结时间试验

（1）目的及使用范围

水泥凝结时间的快慢与施工关系密切,测定水泥初凝和终凝时间。

（2）仪器设备

标准法维卡仪、盛水泥净浆的试模、净浆搅拌机、湿气养护箱、天平、量水器。

（3）试验步骤

① 调整凝结时间测定仪的试针接触玻璃板时,指针对准零点。

② 以标准稠度净浆一次装满试模,振动数次刮平,立即放入湿气养护箱中。记录水泥全部加入水中的时间作为凝结时间的起始时间。

③ 初凝时间的测定:试件在湿气养护箱中养护至加水后 30min 时进行第一次测定。测定时,从湿气养护箱中取出试模放在试针下,降低试针便与水泥净浆表面接触。拧紧螺钉 1~2s 后,突然放松,试针垂直自由地沉入水泥净浆。观察试针停止下沉或释放试针 30s 时指针的读数。当试针沉至距底板 (4 ± 1) mm 时,为水泥达到初凝状态;由水泥全部加入水中至初凝状态的时间为水泥的初凝时间,用"min"表示。

④ 终凝时间的测定:在完成初凝时间测定后,将初凝试针换成终凝试针,同时立即将试模连同浆体以平移的方式从玻璃板取下,翻转 $180°$,直径大端向上,小端向下放在玻璃板上,再放入湿气养护箱中继续养护,临近终凝时间时每隔 15min 测定一次,当试针沉入试体 0.5mm 时,即环形附件开始不能在试体上留下痕迹时,为水泥达到终凝状态,由水泥全部加入水中至终凝状态的时间为水泥的终凝时间,用"min"表示。

(4)注意事项

① 测定时应注意,在最初测定的操作时应轻轻扶持金属柱,使其徐徐下降,以防试针撞弯,但结果以自由下落为准;

② 在整个测试过程中试针沉入的位置至少要距试模内壁 10mm。

③ 临近初凝时,每隔 5min 测定一次,临近终凝时每隔 15min 测定一次,到达初凝或终凝时应立即重复测一次,当两次结论相同时才能定为到达初凝或终凝状态。

④ 每次测定不能让试针落入原针孔,每次测试完毕须将试针擦净并将试模放回湿气养护箱内,整个测试过程要防止试模受振。

8.1.1.5　水泥体积安定性试验(雷氏夹法)

(1)目的及使用范围

当混凝土产生强度后,仍然继续熟化,引起混凝土体积膨胀不均匀而使建筑物开裂,测定水泥体积安定性。

(2)仪器设备

雷氏夹;雷氏夹膨胀测定仪:标尺最小刻度为 0.5mm;沸煮箱:有效容积为 410mm × 240mm × 310mm。

(3)试验步骤

① 每个试样需成型两个试件,每个雷氏夹需配备质量约 75~85g 的玻璃板两块,凡与水泥净浆接触的玻璃板和雷氏夹内表面都要稍稍涂上一层油。

② 将预先准备好的雷氏夹放在已稍擦油的玻璃板上,并立即将已制好的标准稠度净浆一次装满雷氏夹,装浆时一只手扶持雷氏夹,另一只手用宽约 10mm 的小刀插捣数次,然后抹平,盖上稍涂油的玻璃板,接着立即将试件移至湿气养护箱内养护 (24 ± 2)h。

③ 调整好沸煮箱内的水位,使能保证在整个沸煮过程中都超过试件,不需中途添补试验用水,同时又能保证在 (30 ± 5)min 内升至沸腾。

④ 脱去玻璃板取下试件,先测量雷氏夹指针尖端间的距离 (A),精确到 0.5mm,接着将试件放入沸煮箱水中的试件架上,指针朝上,然后在 (30 ± 5)min 内加热至沸并恒沸 $(180 \pm$

5）min。

⑤ 结果判别：沸煮结束后，立即放掉沸煮箱中的热水，打开箱盖，待箱体冷却至室温，取出试件进行判别。测量雷氏夹指针尖端的距离（C），准确至 0.5mm，当两试件煮后增加距离（C-A）的平均值不大于 5.0mm 时，即认为该水泥安定性合格，当两个试件的（C-A）值相差超过 4.0mm 时，应用同一样品立即重做一次试验。再如此，则认为该水泥为安定性不合格。

（4）注意事项

雷氏夹使用前需用雷氏夹膨胀测定仪标定合格后方可使用。

8.1.2　集料性能试验

8.1.2.1　石料毛体积密度及孔隙率试验（蜡封法）

（1）目的及使用范围

测定石料在干燥状态下包括孔隙在内的单位体积固体材料的质量，评定石料质量及其技术性质。其适用范围：适用于遇水崩解、溶解和干缩湿胀性松软石料的毛体积密度测定。

（2）试验设备

试件加工设备；物理天平（感量 0.01g）；烘箱；石蜡（密度一般为 0.93g/cm³）；软毛刷；细线；大烧杯等。

（3）试验步骤

① 试样制备：将石料试样锤打成粒径约 50mm 的不规则形状试件至少 3 块或将石料试样制成边长 50mm 的立方体试件（或直径与高均为 50mm 的圆柱体试件）3 个，冲洗干净，注明编号备用。

② 将试件放入烘箱，在（105 ±5）℃下烘至恒重，烘干时间一般为 12～24h，取出置于干燥器内冷却至室温。

③ 从干燥器中取出试件，放在天平上称其质量 m_0（精确至 0.01g）。

④ 将石蜡加热熔化，在石蜡温度为 55～58℃时，用软毛刷在石料试件表面涂上一层厚度不大于 1mm 的石蜡层，冷却后准确称出涂有石蜡试件空气中的质量 m_1。

⑤ 将涂有石蜡的试件放于天平上，称出其在水中的质量 m_2。

⑥ 擦干试件表面的水分，在空气中重新称取蜡封试件的质量，检查此时蜡封试件的质量是否大于浸水前的质量 m_1，如超过 0.05g 时，应取件重新测定。

（4）试验记录格式

① 计算石料毛体积密度如式（8-4）与式（8-5），精确至 0.01g/cm³：

$$\rho_h = \frac{m_0}{V} \tag{8-4}$$

$$V = \frac{m_1 - m_2}{\rho_w} - \frac{m_1 - m_0}{\rho_p} \tag{8-5}$$

式中　ρ_h——石料毛体积密度（g/cm³）；

　　　m_0——烘至恒重时的试件质量（g）；

m_1——涂石蜡后的试件在空气中的质量(g);

m_2——涂石蜡后的试件在水中的质量(g);

ρ_p——石蜡的密度(g/cm^3);

ρ_w——水的密度,计算时取 1g/cm^3。

② 组织均匀的岩石,其密度应为 3 个试件试验结果之平均值;组织不均匀的岩石,密度应记录最大与最小值。

(5)注意事项

① 蜡封时严格控制石蜡温度和试件蜡封厚度。

② 封蜡试件在水中称量后须擦干试件再称其在空气中的质量,检查其质量是否大于浸水前的质量 m_1,如超过 0.05g,说明试件封蜡不好,水已浸入试件,应取件重新测定。

③ 称封蜡试件水中质量时,切忌试件接触烧杯(网篮)内壁,同时要检查烧杯外壁不要与天平吊盘架立柱接触。

8.1.2.2　岩石单轴抗压强度试验

(1)目的和适用范围

单轴抗压强度试验是测定规则形状岩石试件单轴抗压强度的方法,主要用于岩石的强度分级和岩石的描述;本法采用饱和状态下的岩石立方体(或圆柱体)试件的抗压强度来评定岩石强度(包括碎石或卵石的原始岩石强度);在某些情况下,试件含水状态还可根据需要选择天然状态、烘干状态或冻融循环后状态;试件的含水状态要在试验报告中注明。

(2)仪器设备

压力试验机或万能试验机,钻石机、切石机、磨石机等岩石试件加工设备,烘箱、干燥器、游标卡尺、角尺及水池等。

(3)试件制备

① 建筑地基的岩石试验,采用圆柱体作为标准试件,直径为(50 ±2)mm、高径比为 2∶1。每组试件共 6 个。

② 桥梁工程用的石料试验,采用立方体试件,边长为(70 ±2)mm。每组试件共 6 个。

③ 路面工程用的石料试验,采用圆柱体或立方体试件,其直径或边长和高均为 50mm ±2mm。每组试件共 6 个。

有显著层理的岩石,分别沿平行和垂直层理方向各取试件 6 个。试件上、下端面应平行和磨平,试件端面的平面度公差应小于 0.5mm,端面对于试件轴线垂直度偏差不应超过 0.25°。对于非标准圆柱体试件,试验后抗压强度试验值按进行换算。

(4)试验步骤

① 用游标卡尺量取试件尺寸(精确至 0.1mm),对立方体试件在顶面和底面上各量取其边长,以各个面上相互平行的两个边长的算术平均值计算其承压面积;对于圆柱体试件在顶面和底面分别测量两个相互正交的直径,并以其各自的算术平均值分别计算底面和顶面的面积,取其顶面和底面面积的算术平均值作为计算抗压强度所用的截面积。

② 试件的含水状态可根据需要选用烘干状态、天然状态、饱和状态、冻融循环后状态。试件烘干和饱和状态应符合《公路工程岩石试验规程》相关条款的规定,试件冻融循环后状态应

符合《公路工程岩石试验规程》中相关条款的规定。

③ 按岩石强度性质,选定合适的压力机。将试件置于压力机的承压板中央,对正上、下承压板,注意不得偏心。

④ 以 0.5 ~ 1.0MPa/s 的速率进行加荷直至破坏,记录破坏荷载及加载过程中出现的现象。抗压试件试验的最大荷载记录以 N 为单位,精度 1%。

(5)结果整理

① 岩石的抗压强度和软化系数按式(8-6)与式(8-7)计算。

$$R = \frac{P}{A} \tag{8-6}$$

式中　R——岩石的抗压强度(MPa);

　　　P——试件破坏时的荷载(N);

　　　A——试件的截面积(mm^2)。

$$K_p = \frac{R_w}{R_d} \tag{8-7}$$

式中　K_p——软化系数;

　　　R_w——岩石饱和状态下的单轴抗压强度(MPa);

　　　R_d——岩石烘干状态下的单轴抗压强度(MPa)。

② 单轴抗压强度试验结果,应同时列出每个试件的试验值及同组岩石单轴抗压强度的平均值;有显著层理的岩石,分别报告垂直与平行层理方向的试件强度的平均值。计算精确至 0.01MPa。

8.1.2.3　粗集料磨耗试验(洛杉矶法)

(1)目的及使用范围

测定标准条件下粗集料抵抗摩擦、撞击的能力,以磨耗损失(%)表示;本方法适用于各种等级规格石料的磨耗试验。

(2)仪器设备

① 洛杉矶磨耗试验机。

② 钢球。

③ 台秤:感量 5g。

④ 标准筛:符合要求的标准筛系列,以及筛孔为 1.7mm 的方孔筛。

⑤ 烘箱:能使温度控制在(105 ±5)℃范围内。

⑥ 容器:搪瓷盘等。

(3)试验步骤

① 将不同规格的集料用水冲洗干净,置烘箱中烘干至恒重。

② 对所使用的集料,按表 8-2 选择最接近的粒级类别,确定相应的实验条件,按规定的粒级组成备料、筛分。其中水泥混凝土用集料宜采用 A 级粒度;沥青路面及各种基层、底基层的粗集料,表中的 16mm 筛孔也可用 13.2mm 筛孔代替。对非规格材料,应根据材料的实际粒度,从表 8-2 中选择最接近的粒级类别及试验条件。

表 8-2　粗集料洛杉矶试验条件

粒度类别	粒级组成（方孔筛）(g)	试样质量（g）	试样总质量（g）	钢球数量（个）	钢球总质量（g）	转动次数（转）	适用的粗集料 规格	适用的粗集料 公称粒径(mm)
A	26.5~37.5 19.0~26.5 16.0~19.0 9.5~16.0	1250±25 1250±25 1250±10 1250±10	5000±10	12	5000±25	500		
B	19.0~26.5 16.0~19.0	2500±10 2500±10	5000±10	11	4850±25	500	S6 S7 S8	15~30 10~30 15~25
C	4.75~9.5 9.5~16.0	2500±10 2500±10	5000±10	8	3330±20	500	S9 S10 S11 S12	10~20 10~15 5~15 5~10
D	2.36~4.75	5000±10	5000±10	6	2500±15	500	S13 S14	3~10 3~5
E	63~75 53~63 37.5~53	2500±50 2500±50 5000±50	10000±100	12	5000±25	1000	S1 S2	40~75 40~60
F	37.5~53 26.5~37.5	5000±50 5000±25	10000±75	12	5000±25	1000	S3 S4	30~60 25~50
G	26.5~37.5 19~26.5	5000±25 5000±25	10000±50	12	5000±25	1000	S5	20~40

注:1. 表中16mm 也可用13.2mm 代替;

　　2. A 级适用于未筛碎石混合料;

　　3. C 级中 S12 可全部采用4.75~9.5mm 颗粒5000g。S9 及 S10 可全部采用9.5~16mm 颗粒5000g;

　　4. E 级中 S2 中缺 63~75mm 颗粒可用 53~63mm 颗粒代替。

③ 分级称量(准确至5g),称取总质量(m_1),装入磨耗机的圆筒中。

④ 选择钢球,使钢球的数量及总质量符合表中规定。将钢球加入钢筒中,盖好筒盖,紧固密封。

⑤ 将计数器调整到零位,设定要求的回转次数,对水泥混凝土集料,回转次数为500转,对沥青混合料集料,回转次数应符合表8-2的要求。开动磨耗机,以 30~33r/min 的转速转动至要求的回转次数为止。

⑥ 取出钢球,将经过磨耗后的试样从投料口倒入接受容器(搪瓷盘)中。

⑦ 将试样用 1.7mm 的方孔筛过筛,筛去试样中被撞击磨碎的细屑。

⑧ 用水冲干净留在筛上的碎石,置(105±5)℃烘箱中烘干至恒重(通常不少于4h),准确称量(m_2)。

(4)结果整理

按式(8-8)计算粗集料洛杉矶磨耗损失,准确至0.1%。

$$Q = \frac{m_1 - m_2}{m_1} \times 100 \tag{8-8}$$

式中　Q——洛杉矶磨耗损失(%);

m_1——装入圆筒中的试样质量(g)；

m_2——试验后在 1.7mm(方孔筛)或 2mm(圆孔筛)筛上的洗净烘干的试样质量(g)。

(5)注意事项

① 试验报告应记录所使用的粒级类别和试验条件。

② 粗集料的磨耗损失取两次平行试验结果的算术平均值为测定值,两次试验的差值不大于 2%,否则须重做试验。

8.1.2.4　粗集料压碎值试验

(1)目的及使用范围

集料压碎值用于衡量石料在逐渐增加的荷载下抵抗压碎的能力,是衡量石料力学性质的指标,以评定其在公路工程中的适用性。

(2)仪器设备

① 压力试验机:500kN,应能在 10min 内达到 400kN。

② 石料压碎值试验仪。

③ 天平:称量 2~3kg,感量不大于 1g。

④ 标准筛:筛孔尺寸 13.2mm、9.5mm、2.36mm 方孔筛各一个。

⑤ 金属棒。

⑥ 金属筒。

(3)试验步骤

① 采用风干石料用 13.2mm 和 9.5mm 标准筛过筛,取 9.5~13.2mm 的试样 3 组各 3000g,供试验用。如过于潮湿需加热烘干时,烘箱温度不得超过 100℃,烘干时间不超过 4h。试验前,石料应冷却至室温。

② 每次试验的石料数量应满足按下述方法夯击后石料在试筒内的深度为 100mm。在金属筒中确定石料数量的方法如下:

将试样分 3 次(每次数量大体相同)均匀装入试模中,每次均将试样表面整平,用金属棒的半球面端从石料表面上均匀捣实 25 次,最后用金属棒作为直刮刀将表面仔细整平,将取量筒中试样质量(m_0),以相同质量的试样进行压碎值得平行试验。

③ 将试样安放在底板上。

④ 将要求质量的试样分 3 次(每次数量大体相同)均匀装入试模中,每次均将试样表面整平,用金属棒的半球面端从石料表面上均匀捣实 25 次,最后用金属棒作为直刮刀将表面仔细整平。

⑤ 将装有试样的试模放在压力机上,同时加压头放入试筒内石料面上,注意使压头摆平,勿�`挤试模侧壁。

⑥ 开动压力机,均匀地施加荷载,在 10min 左右的时间内达到总荷载 400kN,稳压 5s,然后卸荷。

⑦ 将试模从压力机上取下,取出试样。

⑧ 用 2.36mm 标准筛筛分经压碎的全部试样,可分几次筛分,均需筛到在 1min 无明显的筛出物为止。

⑨ 称取通过 2.36mm 筛孔的全部细料质量(m_1),准确至 1g。

(4)结果整理

碎石或砾石的压碎指标值按式(8-9)计算,准确至 0.1%。

$$Q'_a = \frac{m_1}{m_0} \times 100 \tag{8-9}$$

式中　Q'_a——压碎值(%);

　　　m_0——试验前试样质量(g);

　　　m_1——试验后通过 2.36mm 筛孔的细料质量(g)。

(5)注意事项

以三次平行试验结果的算术平均值作为压碎指标的测定值。

8.1.2.5　粗集料密度试验(网篮法)

(1)试验目的

测定碎石、砾石等各种粗集料的表观相对密度、表干相对密度、毛体积相对密度、表观密度、表干密度、毛体积密度。为水泥混凝土配合比或沥青混合料配合比设计提供数据。

(2)仪器设备

天平或浸水天平、吊篮、溢流水槽、烘箱、温度计、标准筛、盛水容器、毛巾等。

(3)试验步骤

① 准备工作

a. 将试样用 4.75mm 方孔筛过筛,用四分法缩分至要求的质量,分两份备用。

b. 经缩分后供测定密度的粗集料质量应符合表 8-3 的规定。

表 8-3　测定密度所需要的试样最小质量

公称最大粒径(mm)	4.75	9.5	16	19	26.5	31.5	37.5	63	75
每一份试样的最小质量(kg)	0.8	1	1	1	1.5	1.5	2	3	3

c. 将每份试样浸泡在水中,仔细洗去附在集料表面的尘土和石粉。

② 取试样一份装入干净的搪瓷盘中,注入洁净的水,水面至少应高出试样 2cm,轻轻搅动石料,使附在石料上的气泡逸出。在室温下保持浸水 24h。

③ 将吊篮挂在天平的吊钩上,放入溢流水槽中,向溢流水槽内注水,待水面与水槽的溢流孔水平时为止,将天平调零,并量测水温(水温控制在 15~25℃)。

④ 将试样移入吊篮中。溢流水槽中的水面高度由水槽的溢流孔控制,维持不变。称取集料在水中的质量(m_w)。

⑤ 提起吊篮,稍稍滴水后,将试样倒入浅搪瓷盘中,用拧干的湿毛巾轻轻擦干颗粒的表面水,至表面看不到发亮的水迹,即为饱和面干状态。当粗集料尺寸较大时,可逐颗擦干。整个过程中不得有集料丢失。

⑥ 立即在保持表干状态下,称取集料的表干质量(m_f)。

⑦ 将集料置于浅盘中,放入(105±5)℃的烘箱中烘干至恒重。取出浅盘,放在带盖的容器中冷却至室温,称取集料的烘干质量(m_a)。

(4)结果整理

① 表观相对密度 γ_a、表干相对密度 γ_s、毛体积相对密度 γ_b、表观密度 ρ_a、表干密度 ρ_s、毛

体积密度 ρ_b 按式(8-10)至式(8-15)计算至小数点后 3 位。

$$\gamma_a = \frac{m_a}{m_a - m_w} \tag{8-10}$$

$$\gamma_s = \frac{m_f}{m_f - m_w} \tag{8-11}$$

$$\gamma_b = \frac{m_a}{m_f - m_w} \tag{8-12}$$

$$\rho_a = \gamma_a \times \rho_T \text{ 或 } \rho_a = (\gamma_a - a_T) \times \rho_w \tag{8-13}$$

$$\rho_s = \gamma_s \times \rho_T \text{ 或 } \rho_s = (\gamma_s - a_T) \times \rho_w \tag{8-14}$$

$$\rho_b = \gamma_b \times \rho_T \text{ 或 } \rho_b = (\gamma_b - a_T) \times \rho_w \tag{8-15}$$

式中　γ_a——集料的表观相对密度,无量纲;

γ_s——集料的表干相对密度,无量纲;

γ_b——集料的毛体积相对密度,无量纲;

m_a——集料的烘干质量(g);

m_w——集料的水中质量(g);

ρ_a——粗集料的表观密度(g/cm^3);

ρ_s——粗集料的表干密度(g/cm^3);

ρ_b——粗集料的毛体积密度(g/cm^3);

m_f——集料的表干质量(g);

ρ_w——水在 4℃ 时的密度($1.000g/cm^3$);

ρ_T——试验温度 T 时水的密度,按下表取用,g/cm^3;

a_T——试验温度 T 时的水温修正系数,按表 8-4 取用。

表 8-4　不同水温时水的密度 ρ_T 及水温修正系数 a_T

水温(℃)	15	16	17	18	19	20
水的密度 ρ_T(g/cm^3)	0.99913	0.99897	0.99880	0.99862	0.99843	0.99822
水温修正系数 a_T	0.002	0.003	0.003	0.004	0.004	0.005
水温(℃)	21	22	23	24	25	
水的密度 ρ_T(g/cm^3)	0.99802	0.99779	0.99756	0.99733	0.99702	
水温修正系数 a_T	0.005	0.006	0.006	0.007	0.007	

② 集料的含水率以烘干试样为基准,按式(8-16)计算,精确至 0.01%。

$$W_x = \frac{m_f - m_a}{m_a} \times 100 \tag{8-16}$$

式中　W_x——粗集料的吸水率(%);

m_f、m_a——意义同上。

（5）注意事项

① 对沥青路面用粗集料，应对不同规格的集料分别测定，不得混杂，所取的每一份集料试样应基本上保持原有的级配。

② 清洗过程与用毛巾擦拭过程中不得散失集料颗粒。

③ 对同一规格的集料应平行试验两次，取平均值作为试验结果。两次结果之差相对密度不得超过 0.02，吸水率不得超过 0.2%。

8.1.2.6　粗集料堆积密度及空隙率试验

（1）试验目的

测定粗集料的堆积密度，包括自然堆积状态、振实状态、捣实状态下的堆积密度，以及堆积状态下的空隙率（或间隙率），为配合比设计提供数据。

（2）仪器设备

① 天平或台秤：感量不大于称量的 0.1%。

② 容量筒：适用于粗集料堆积密度测定的容量筒应符合表 8-5 的要求。

表 8-5　水泥混凝土集料容量筒的规格要求

粗集料公称最大粒径（mm）	容量筒容积（L）	容量筒规格（mm）			筒壁厚度（mm）
		内径	净高	底厚	
≤4.75	3	155 ± 2	160 ± 2	5.0	2.0
9.5 ~ 26.5	10	205 ± 2	305 ± 2	5.0	3.0
31.5 ~ 37.5	15	255 ± 5	295 ± 5	5.0	4.0
≥53	20	355 ± 5	305 ± 5	5.0	3.0

③ 平头铁锹。

④ 烘箱：能控温（105 ± 5）℃。

⑤ 振动台：频率为（3000 ± 200）次/min，负荷下的振幅为 0.35mm，空载时的振幅为 0.5mm。

⑥ 捣棒：直径 16mm，长 600mm，一端为圆头的钢棒。

⑦ 玻璃片。

（3）试验步骤

① 按粗集料的取料方法取样、缩分，质量应满足试验要求，在（105 ± 5）℃的烘箱中烘干，也可以摊在清洁的地面上风干，拌匀后分成两份备用。

② 称取容量筒的质量（m）

③ 容量筒容积的标定

a. 称取容量筒 + 玻璃片的质量（m_1）

b. 用水装满容量筒，测量水温，擦干筒外壁的水分，称取容量筒 + 玻璃片 + 水的总质量（m_w），并按水的密度对容量筒的容积作校正，计算按式（8-17）。

$$V = \frac{m_w - m_1}{\rho_w} \times 1000 \tag{8-17}$$

式中　V——容量筒的容积（L）；

　　　m_1——容量筒 + 玻璃片的质量（kg）；

　　　m_w——容量筒 + 玻璃片 + 水的总质量（kg）；

　　　ρ_w——试验温度 T 时水的密度，按粗集料密度试验表中选用（kg/m³）；

④ 自然堆积密度

取试样 1 份，置于平整干净的水泥地（或铁板）上，用平头铁锹铲起试样，使石子自由落入容量筒内。此时，从铁锹的齐口至容量筒上口的距离应保持为 50mm 左右，装满容量筒并除去凸出筒口表面的颗粒，并以合适的颗粒填入凹陷空隙，使表面稍凸起部分和凹陷部分的体积大致相等，称取试样和容量筒总质量（m_2）。

⑤ 振实密度

按堆积密度试验步骤，将装满试样的容量筒放在振动台上，振动 3min，或者将试样分三层装入容量筒：装完一层后，在筒底垫放一根直径为 25mm 的圆钢筋，将筒按住，左右交替颠击地面各 25 下；然后装入第二层，用同样的方法颠实（但筒底所垫钢筋的方向应与第一层放置方向垂直）；然后再装入第三层，如法颠实；待三层试样装填完毕后，加料填到试样超出容量筒口，用钢筋沿筒口边缘滚转，刮下高出筒口的颗粒，用合适的颗粒填平凹处，使表面稍凸起部分和凹陷部分的体积大致相等，称取试样和容量筒总质量（m_2）。

⑥ 捣实密度

将试样装入符合要求规格的容器中达 1/3 的高度，由边至中用捣棒均匀捣实 25 次。再向容器中装入 1/3 高度的试样，用捣棒均匀地捣实 25 次，捣实深度约至下层的表面。然后重复上一步骤，加最后一层，捣实 25 次，使集料与容器口齐平。用合适的集料填充表面的大空隙，用直尺大体刮平，目测估计表面凸起的部分与凹陷的部分的容积大致相等，称取容量筒与试样的总质量（m_2）。

（4）结果整理

① 堆积密度（包括自然堆积状态、振实状态、捣实状态下的堆积密度）按式（8-18）计算至小数点后 2 位。

$$\rho = \frac{m_2 - m_1}{V} \tag{8-18}$$

式中　ρ——堆积密度（kg/m³）；

　　　m_1——容量筒的质量（kg）；

　　　m_2——容量筒与相应状态下试样的总质量（kg）；

　　　V——容量筒的容积（L）。

② 水泥混凝土用粗集料的空隙率按式（8-19）计算。

$$V_c = \left(1 - \frac{\rho}{\rho_a}\right) \times 100 \tag{8-19}$$

式中　V_c——水泥混凝土用粗集料的空隙率（%）；

　　　ρ——粗集料的振实密度（kg/m³）；

　　　ρ_a——粗集料的表观密度（kg/m³）。

③ 沥青混凝土用粗集料骨架捣实状态下的间隙率按式(8-20)计算。

$$VCA_{DRC} = \left(1 - \frac{\rho}{\rho_b}\right) \times 100 \tag{8-20}$$

式中　VCA_{DRC}——捣实状态下粗集料骨架间隙率(%);

　　　　P——粗集料的捣实密度(kg/m^3);

　　　　ρ_b——粗集料的毛体积密度(kg/m^3)。

(5)注意事项

水泥混凝土配合比设计时采用空隙率 Vc,而沥青玛蹄脂碎石混合料(SMA)进行配合比设计时采用间隙率 VCA_{DRC}。

8.1.2.7　细集料表观密度试验(容量瓶法)

(1)试验目的

用容量瓶法测定细集料(天然砂、石屑、机制砂)在23℃时对水的表观相对密度和表观密度。本方法适用于含有少量大于 $\phi2.36mm$ 部分的细集料,为配合比设计提供数据。

(2)仪器设备

① 天平:称量 1kg,感量不大于 1g。

② 容量瓶:500mL。

③ 烘箱:能控温在(105±5)℃。

④ 烧杯:500mL。

⑤ 洁净水、干燥器、浅盘、铝制料勺、温度计等。

(3)试验步骤

① 将缩分至650g左右的试样在温度为(105±5)℃的烘箱中烘干至恒重,并在干燥器内冷却至室温,分成两份备用。

② 称取烘干的试样约300g(m_0),装入盛有半瓶洁净水的容量瓶中。

③ 摇转容量瓶,使试样在水中充分搅动以排除气泡,静置24h左右,然后用滴管添水,使凹液面底部与瓶颈刻度线平齐,擦干瓶外水分,称其总质量(m_1)。

④ 倒出瓶中的水和试样,将瓶的内外表面洗净,再向瓶内注入与以上水温相差不超过2℃的洁净水,使凹液面底部至瓶颈刻度线,擦干瓶外水分,称其总质量(m_2)。

(4)结果整理

砂的表观相对密度 γ_a 及表观密度 ρ_a 按式(8-21)和式(8-13)计算至小数点后3位。

$$\gamma_a = \frac{m_0}{m_0 + m_1 - m_2} \tag{8-21}$$

式中　γ_a——砂的表观相对密度,无量纲;

　　　　m_0——试样的烘干质量(g);

　　　　m_1——试样、水及容量瓶总质量(g);

　　　　m_2——水及容量瓶总质量(g)。

(5)注意事项

① 以两次平行试验结果的算术平均值作为测定值,如两次结果之差值大于 $0.01g/cm^3$ 时,

应重新取样进行试验。

② 对于沥青路面的人工砂与石屑表观密度的测定宜采用李氏比重瓶法试验。

③ 在砂的表观密度试验过程中应测量并控制水的温度,试验期间的温差不得超过 1℃。

8.1.2.8　细集料堆积密度及紧装密度试验

(1)试验目的

测定砂自然状态下堆积密度、紧装密度及空隙率。

(2)仪器设备

① 台秤:称量 5kg,感量 5g。

② 容量筒:圆筒形,容积约为 1L。

③ 标准漏斗。

④ 烘箱:能控温在(105±5)℃。

⑤ 其他:小勺、直尺、浅盘、玻璃片等。

(3)试验步骤

① 试样制备:用浅盘装来样约 5kg,在温度为(105±5)℃的烘箱中烘干至恒重,取出并冷却至室温,分成大致相等的两份备用。

② 称取容量筒质量 m_0。

③ 容量筒容积的标定。

a. 称取容量筒 + 玻璃片的质量(m_1')

b. 用水装满容量筒,测量水温,擦干筒外壁的水分,称取容量筒 + 玻璃片 + 水的总质量(m_w),并按水的密度对容量筒的容积作校正,计算按式(8-22)。

$$V = \frac{m_w - m_1'}{\rho_w} \tag{8-22}$$

式中　V——容量筒的容积(mL);

　　m_1'——容量筒 + 玻璃片的质量(g);

　　m_w——容量筒 + 玻璃片 + 水的总质量(g);

　　ρ_w——试验温度 T 时水的密度,按细集料表观密度试验表中选用(g/cm³)。

④ 堆积密度:将试样装入漏斗中,打开底部的活动门,将砂流入容量筒中,也可直接用小勺向容量筒中装试样,但漏斗出料口或料勺距容量筒筒口均应为 50mm 左右,试样装满并超出容量筒筒口后,用直尺将多余的试样沿筒口中心线向两个相反方向刮平,称取质量(m_1)。

⑤ 紧装密度:取试样 1 份,分两层装入容量筒。装完一层后,在筒底垫放一根直径为 10mm 的钢筋,将筒按住,左右交替颠击地面各 25 下,然后再装入第二层。

第二层装满后用同样方法颠实(但筒底所垫钢筋的方向应与第一层放置方向垂直)。两层装完并颠实后,添加试样超出容量筒筒口,然后用直尺将多余的试样沿筒口中心线向两个相反方向刮平,称其质量(m_2)。

(4)结果整理

① 堆积密度及紧装密度分别按式(8-23)和式(8-24)计算至 0.01g/cm³。

$$\rho = \frac{m_1 - m_0}{V} \qquad (8\text{-}23)$$

$$\rho' = \frac{m_2 - m_0}{V} \qquad (8\text{-}24)$$

式中 ρ——砂的堆积密度(g/cm^3);

ρ'——砂的紧装密度(g/cm^3);

m_0——容量筒的质量(g);

m_1——容量筒和堆积密度砂总质量(g);

m_2——容量筒和紧装密度砂的总质量(g);

V——容量筒容积(mL)。

② 砂的空隙率按式(8-25)计算至 0.1%。

$$n = \left(1 - \frac{\rho}{\rho_a}\right) \times 100 \qquad (8\text{-}25)$$

式中 n——砂的空隙率(%);

ρ——砂的堆积或紧装密度(g/cm^3);

ρ_a——砂的表观密度(g/cm^3)。

(5)注意事项

① 堆积密度或紧装密度以两次试验结果的算术平均值作为测定值。

② 制备烘干试样如有结块,应在试验前先予捏碎。

8.1.2.9　细集料筛分试验

(1)试验目的

① 测定细集料(天然砂、人工砂、石屑)的颗粒级配并确定其粗细程度。

② 为混凝土配合比设计提供依据。

(2)仪器设备

① 标准筛:孔径 9.5mm、4.75mm、2.36mm、1.18mm、0.6mm、0.3mm、0.15mm、0.075mm 的方孔筛。

② 天平:称量 1000g,感量不大于 0.5g。

③ 烘箱:能控温在(105±5)℃。

④ 摇筛机

⑤ 其他:浅盘和软毛刷等。

(3)试验步骤

① 试验准备:根据样品中最大粒径的大小,选用适宜的标准筛,对于水泥混凝土用天然砂通过为 9.5mm 筛筛除其中的超粒径材料,然后将样品在潮湿状态下充分拌匀,用分料器法或四分法缩分至每份不少于 55g 的试样两份,在(105±5)℃的烘箱中烘干至恒重,冷却至室温后备用。

② 水泥混凝土用砂(干筛法),按下列步骤筛分:

a. 准确称取烘干试样约 500g(m),准确至 0.5g。置于套筛的最上一只筛,即 5mm 筛上,将套筛装入摇筛机,摇筛约10min,然后取出套筛,再按筛孔大小顺序,从最大的筛号开始,在清洁的浅盘上逐个进行手筛,直到每分钟的筛出量不超过筛上剩余量的1%时为止,将筛出通过的颗粒并入下一号筛,和下一号筛中的试样一起过筛,这样顺序进行,直到各号筛全部筛完为止。

b. 称量各筛筛余试样的质量(m_i),精确至0.5g。所有各筛的分计筛余量和底盘中剩余量的总量与筛分前的试样总量相比,其相差不得超过1%。

(4)结果整理

① 分计筛余百分率a_i计算:

各号筛的分计筛余百分率为各号筛上的筛余量(m_i)除以试样总量(m)的百分率,准确至0.1%。

② 累计筛余百分率A_i计算:

各号筛的累计筛余百分率为该号筛及大于该号筛的各号筛的分计筛余百分率之和,准确至0.1%。

③ 质量通过百分率P_i计算:

各号筛的质量通过百分率P_i等于100减去该号筛的累计筛余百分率,准确至0.1%。

④ 细度模数M_x计算:

对水泥混凝土用砂,按式(8-26)计算细度模数,准确至0.01。

$$M_x = \frac{(A_{0.15} + A_{0.3} + A_{0.6} + A_{1.18} + A_{2.36}) - 5A_{4.75}}{100 - A_{4.75}} \tag{8-26}$$

式中　　　　　　　　M_x——砂的细度模数;

$A_{0.15}$、$A_{0.3}$、$\cdots$、$A_{4.75}$——分别为0.15mm、0.3mm、$\cdots$、4.75mm各筛上的累计筛余百分率(%)。

⑤ 绘制级配曲线

(5)注意事项

① 每次筛分应进行两次平行试验,以试验结果的算术平均值作为测定值。如两次试验所得的细度模数之差大于0.2,应重新试验。

② 此记录表与级配曲线图应根据水泥混凝土用砂填写各自的筛孔尺寸及采用的筛分参数并计算细度模数。

8.1.2.10　水泥混凝土用粗集料针片状颗粒含量试验(规准仪法)

(1)试验目的

本方法适用于测定水泥混凝土使用的4.75mm以上粗集料的针状及片状颗粒含量,以百分率计。本方法测定的针片状颗粒,是指利用专用的规准仪测定的粗集料颗粒的最小厚度(或直径)方向与最大长度(或宽度)方向的尺寸之比小于一定比例的颗粒。本方法测定的粗集料中针片状颗粒的含量,可用于评价集料的形状和抗压碎的能力,以评定其在工程中的适用性。

(2)仪器设备

① 水泥混凝土集料针、片状规准仪,尺寸应符合表8-6的要求。

表 8-6　水泥混凝土集料针、片状颗粒试验的粒级划分及其相应的规准仪孔宽或间距

粒级（圆孔筛）（mm）	4.75~9.5	9.5~16	16~19	19~26.5	26.5~31.5	31.5~37.5
针状规准仪上相对应的立柱之间的间距宽（mm）	17.1(B_1)	30.6(B_2)	42.0(B_3)	54.6(B_4)	69.6(B_5)	82.8(B_6)
片状规准仪上相对应的孔宽（mm）	2.8(A_1)	5.1(A_2)	7.0(A_3)	9.1(A_4)	11.6(A_5)	13.8(A_6)

② 天平或台秤：感量不大于称量值的 0.1%。

③ 标准筛：孔径分别为 4.75mm、9.5mm、16mm、19mm、26.5mm、31.5mm、37.5mm，试验时根据需要选用。

（3）试验步骤

① 将来样在室内风干至表面干燥，并用四分法缩分至满足表 8-7 规定的质量，称量（m_0），然后筛分成表 8-7 所规定的粒级备用。

表 8-7　针、片状试验所需的试样最小质量

公称最大粒径（mm）	9.5	16	19	26.5	31.5	37.5
试样最小质量（kg）	0.3	1	2	3	5	10

② 按表 8-7 所规定的粒级用规准仪逐粒对试样进行鉴定，凡颗粒长度大于针状规准仪上相应间距者，为针状颗粒，厚度小于片状规准仪上相应孔宽者，为片状颗粒。

③ 称量由各粒级挑出的针状和片状颗粒的总量（m_1）。

（4）结果整理

试样针、片颗粒含量计算见式（8-27）。

$$Q_e = \frac{m_1}{m_0} \times 100 \qquad (8\text{-}27)$$

式中　Q_e——试样的针、片颗粒含量（%）；

　　　m_1——试样中所含针、片状颗粒的总质量（g）；

　　　m_0——试样总质量（g）。

（5）注意事项

① 沥青路面用粗集料的细长扁平颗粒含量采用游标卡尺法进行测定。

② 沥青路面用粗集料的细长扁平颗粒厚度与长度之比为 1∶3，而水泥混凝土用粗集料针片状颗粒厚度与长度之比为 1∶6。

8.1.3　外加剂性能试验

8.1.3.1　外加剂匀质性试验

外加剂匀质性试验适用于普通减水剂、高效减水剂、早强减水剂、缓凝减水剂、引气减水剂、早强剂、缓凝剂、引气剂等混凝土外加剂的生产控制、质量检验和质量仲裁。参照采用国际标准 ISO 4316—1977《表面活性剂——水溶液的 pH 值测定——电位测定法》、ISO 304—1978《表面活性剂——用拉起液膜法测定表面张力》、ISO 672—1978《肥皂——水分的挥发物含量的测定——烘箱法》、ISO 696—1975《表面活性剂——起泡力的测量——改进罗氏法》、ISO 4323—1977《肥皂——氯化物含量测定——电位滴定法》和 ISO 6889—1982《表面活性剂——用拉起液膜法测定界面张力》。本文规定溶液浓度均为重量体积百分比浓度(即 1g 外加剂固体物溶于水中,稀释至 100mL,称为 1% 浓度溶液)。溶液均和蒸馏水配制。

1. 一般规定及取样与留样

(1)一般规定

① 试验次数与要求

a. 每项测定的试验次数规定为两次。用两次试验平均值表示测定结果。

b. 所用的水为蒸馏水或同等纯度的水(水泥净浆流动度、水泥砂浆工作性除外)。

c. 所用的化学试剂除特别注明外,均为分析纯化学试剂。

② 允许差

a. 所列允许差为绝对偏差。

b. 室内允许差:同一分析试验室同一分析人员(或两个分析人员),采用本方法分析试样时,两次分析结果应符合允许差规定。如超出允许范围,应在短时间内进行第三次测定(或第三者的测定),测定结果与前两次或任一次分析结果之差值符合允许差规定则取其平均值,否则,应查找原因,重新按上述规定进行分析。

c. 室间允许差:两个试验室采用标准方法对同一试样各自进行分析时,所得分析结果的平均值之差应符合允许差规定。如有争议应商定另一单位按标准进行仲裁分析。以仲裁单位报出的结果为准,与原分析结果比较,若两个分析结果差值符合允许差规定,则认为分析结果无误。

(2)取样及留样

① 取样及编号

a. 试样分点样和混合样。点样是在一次生产的产品所得试样,混合样是三个或更多的点样等量均匀混合而取得的试样。

b. 生产厂应根据产量和生产设备条件,将产品分批编号,掺量大于等于 1% 同品种的外加剂每一编号为 100t,掺量小于 1% 的外加剂每一编号为 50t,不足 100t 或 50t 的也可按一个批量计,同一编号的产品必须混合均匀。

c. 每一编号取样量不少于 0.2t 水泥所需用的外加剂量。

② 试样及留样

每一编号取得的试样应充分混匀,分为两等份,一份按表 8-8 中规定部分项目进行试验。另一份要密封保存半年,以备有疑问时提交国家指定的检验机关进行复验或仲裁。

表 8-8　均匀性指标

实验项目	指标
固含量或含水量	A. 对液体外加剂,应在生产厂所控制值的相对量的 3% 之内 B. 对固体外加剂,应在生产厂所控制值的相对量的 5% 之内
密度	对液体外加剂,应在生产厂所控制值的 ±0.02% 之内
氯离子含量	应在生产厂所控制值的相对量的 5% 之内
水泥净浆流动度	应不小于生产厂控制值的 95%

实验项目	指标
细度	0.315mm 筛筛余应小于15%
pH 值	应在生产厂所控制值的 ±1 之内
表面张力	应在生产厂所控制值的 ±1.5% 之内
还原糖	应在生产厂所控制值的 ±3% 之内
总碱量($Na_2O + 0.658K_2O$)	应在生产厂所控制值的相对量的 5% 之内
硫酸钠	应在生产厂所控制值的相对量的 5% 之内
泡沫性能	应在生产厂所控制值的相对量的 5% 之内
砂浆减水率	应在生产厂所控制值的 ±1.5% 之内

2. 固体含量试验

(1)目的及适用范围

将已恒量的称量瓶内放入被测试样于一定的温度下烘至恒量。固体含量是外加剂质量判定指标之一。

(2)实验设备

① 天平。不应低于四级,精确至 0.0001g。

② 鼓风电热恒温干燥箱。温度范围 0 ~ 200℃。

③ 带盖称量瓶。25mm × 65mm。

④ 干燥器。内盛变色硅胶。

(3)测定步骤

① 将洁净带盖称量瓶放入烘箱内,于 100 ~ 105℃ 烘 30min,取出置于干燥器内冷却 30min 后称量,重复上述步骤直至恒量,其质量为 m_0。

② 将被测试样装入已经恒量的称量瓶内,盖上盖称出试样及称量瓶的总质量为 m_1。试样称量:固体产品 1.0000 ~ 2.0000g;液体产品 3.0000 ~ 5.0000g。

③ 将盛有试样的称量瓶放入烘箱内,开启瓶盖,升温至 100 ~ 105℃(特殊品种除外)烘干,盖上盖置于干燥器内冷却 30min 后称量,重复上述步骤直至恒量,称其质量 m_2。

(4)试验结果及评定

① 固体含量 X 固按式(8-28)计算:

$$X_{固} = \frac{m_2 - m_0}{m_1 - m_0} \times 100 \tag{8-28}$$

式中　$X_{固}$——固体含量(%);

m_0——称量瓶的质量(g);

m_1——称量瓶加试样的质量(g);

m_2——称量瓶加烘干后试样的质量(g)。

② 允许差

室内允许差为 0.30%,室间允许差为 0.50%。

3. 密度试验

A. 比重瓶法

（1）目的及适用范围

将已校正容积（V 值）的李氏瓶，灌满被测溶液，在（20 ± 1）℃恒温，在天平上称出其质量。测试条件是：对于液体样品直接测试；固体样品溶液的浓度为 10g/L；被测溶液的温度应为（20 ± 1）℃；被测溶液必须清澈，如有沉淀应滤去。

（2）仪器设备

① 比重瓶为 25mL 或 50mL。

② 天平不应低于四级，精确至 0.0001g。

③ 干燥器内盛变色硅胶。

④ 超级恒温器或同等条件的恒温设备。

（3）测定步骤

① 比重瓶容积的校正

a. 比重瓶依次用水、乙醇、丙酮和乙醚洗涤并吹干，塞子连瓶一起放入干燥器内，冷却后取出，称量比重瓶之质量为 m_0，直至恒量。

b. 然后将预先煮沸并经冷却的水装入瓶内，塞上塞子，使多余的水分从塞子毛细管流出，用吸水纸吸干瓶外的水。注意不能让吸水纸吸出塞子毛细管里的水，水要保持与毛细管上口相平，立即在天平称出比重瓶装满水后的质量 m_1。

容积 V 按式（8-29）计算：

$$V = \frac{m_1 - m_0}{0.9982} \tag{8-29}$$

式中　V——比重瓶在 20℃时的容积（mL）；

　　　m_0——干燥的比重瓶质量（g）；

　　　m_1——比重瓶盛满 20℃水的质量（g）；

　0.9982——20℃时纯水的密度（g/mL）。

② 外加剂溶液密度 ρ 的测定

将已校正 V 值的比重瓶洗净、干燥、灌满被测溶液，塞上塞子后浸入（20 ± 1）℃恒温器内，恒温 20min 后取出，用吸水纸吸干瓶外的水及由毛细管溢出的溶液后，在天平上称出比重瓶装满外加剂溶液后的重量为 m_2。

（4）试验结果及评定

① 外加剂溶液的密度 ρ 按式（8-30）算：

$$\rho = \frac{m_2 - m_0}{V} = \frac{m_2 - m_0}{m_1 - m_0} \times 0.9982 \tag{8-30}$$

式中　ρ——20℃时外加剂溶液密度（g/mL）；

　　　m_2——李氏瓶装满 20℃外加剂溶液后的质量（g）。

② 允许差

室内允许差为 0.001g/mL，室间允许差为 0.002g/mL。

B. 液体密度天平法

(1) 目的及适用范围

在液体密度天平的一端挂有一标准体积与质量之测锤,浸没于液体之中获得浮力而使横梁失去平衡,然后在横梁的 V 形槽里放置各种定量骑码使横梁恢复平衡,所加骑码之读数 d,再乘以 0.9982g/mL 即为被测溶液的密度 ρ 值。测试条件是:对于液体样品直接测试;固体样品溶液的浓度为 10g/L;被测溶液的温度应为 (20 ± 1)℃;被测溶液必须清澈,如有沉淀应滤去。

(2) 仪器设备

① 液体密度天平构造示意见图 8-1。

② 超级恒温器或同等条件的恒温设备。

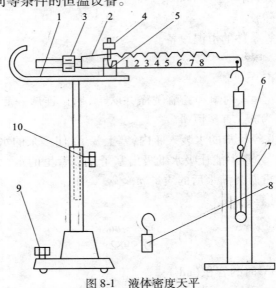

图 8-1 液体密度天平

1—托架;2—横梁;3—平衡调节器;4—灵敏度调芭器;5—玛瑙刃座;6—测锤;
7—量筒;8—等重砝码;9—水平调节;10—紧固螺钉

(3) 测定步骤

① 液体密度天平的调试

a. 将液体密度天平安装在平稳不受振动的水泥台上,其周围不得有强力磁源及腐蚀性气体,在横梁的末端钩子上挂上等重砝码,调节水平调节螺丝,使横梁上的指针与托架指针成水平线相对,天平即调成水平位置;如无法调成平衡时,可将平衡调节器的定位小螺钉松开,然后略微轻动平衡调节,直至平衡为止。仍将中间定位螺钉旋紧,防止松动。

b. 将等重砝码取下,换上整套测锤,此时天平必须保持平衡,允许有 ±0.0005 的误差存在。

如果天平灵敏度过高,可将灵敏度调节器旋低,反之旋高。

② 外加剂溶液密度 ρ 测定

a. 将已恒温的被测溶液倒入量筒内,将液体密度天平的测锤浸没在量筒中被测外加剂溶液的中央,这时横梁失去平衡。

b. 在横梁 V 形槽与小钩上加放各种砝码后使之恢复平衡,所加砝码之读数 d,再乘以

0.9982g/mL,即为被测外加剂溶液的密度 ρ 值。

（4）试验结果及评定

① 将测得的数值 d 代入式(8-31)计算密度 ρ:

$$\rho = 0.9982d \qquad (8\text{-}31)$$

式中　d——20℃时被测外加剂溶液所加砝码的数值。

② 允许差

室内允许差为 0.001g/mL,室间允许差为 0.002g/mL。

C. 精密密度计法

（1）目的及适用范围

先以波美比重计测出溶液的密度,再参考波美比重计所测的数据,以精密密度计准确测出试样的密度 ρ 值。测试条件是:对于液体样品直接测试;固体样品溶液的浓度为 10g/L;被测溶液的温度应为(20±1)℃;被测溶液必须清澈,如有沉淀应滤去。

（2）仪器设备

① 波美比重计。

② 精密密度计。

③ 超级恒温器或同等条件的恒温设备。

（3）测定步骤

① 将已恒温的外加剂倒入 500mL 玻璃量筒内,以波美比重计插入溶液中测出该溶液的密度。

② 参考波美比重计所测溶液的数据,选择这一刻度范围的精密密度计插入溶液中,精确读出溶液凹液面与精密密度计相齐的刻度即为该溶液的密度 ρ。

（4）试验结果及评定

① 测得的数据即为 20℃时外加剂溶液的密度。

② 允许差

室内允许差为 0.001g/mL,室间允许差为 0.002g/mL。

4. 细度试验

（1）目的及适用范围

采用孔径为 0.315mm 的试验筛,称取烘干试样 m_0 倒入筛内,用人工筛试样,称量筛余物质量 m_1,计算出筛余物的百分含量即为细度。

（2）仪器设备

① 药物天平:称量 100g,分度值 0.1g。

② 试验筛:采用孔径为 0.315mm 的铜丝网筛布。筛框有效直径 150mm、高 50mm。筛布应紧绷在筛框上,接缝必须严密,并附有筛盖。

（3）测定步骤

① 外加剂试样应充分拌匀并经 100~105℃(特殊品种除外)烘干。

② 称取烘干试样质量 m_0(10g)倒入筛内,用人工筛试样,将近筛完时,必须一手执筛往复摇动,一手拍打,摇动速度每分钟约 120 次。其间,筛子应向一定方向旋转数次,使试样分散在

筛布上,直至每分钟通过质量不超过 0.05g 时为止。

③ 称量筛余物质量 m_1,称准至 0.1g。

(4)试验结果及评定

① 细度用筛余百分率表示,按式(8-32)计算:

$$X = \frac{m_1}{m_0} \times 100 \tag{8-32}$$

式中　X——筛余百分率(%);

　　　m_1——筛余物质量(g);

　　　m_0——试样质量(g)。

② 允许差

室内允许差为 0.40%,室间允许差为 0.60%。

5. pH 值试验

(1)目的及适用范围

根据奈斯特(Nernst)方程 $E = E_0 + 0.05915\lg[H^+]$,$E = E_0 0.05915pH$,利用一对电极在不同 pH 值溶液中能产生不同电位差,这一对电极由测试电极(玻璃电极)和参比电极(饱和甘汞电极)组成,在 25℃时每相差一个单位 pH 值时产生 59.15mV 的电位差,pH 值可在仪器的刻度表上直接读出。测试条件是:对于液体样品直接测试;固体样品溶液的浓度为 10g/L;被测溶液的温度应为 (20 ± 3)℃。

(2)仪器设备

① 酸度计;

② 甘汞电极;

③ 玻璃电极;

④ 复合电极。

(3)测定步骤

① 校正

按仪器的出厂说明书校正仪器。

② 测量

当仪器校正好后,先用水,再用测试溶液冲洗电极,然后再将电极浸入被测溶液中,轻轻摇动试杯,使溶液均匀,待到酸度计的读数稳定 1min,记录读数。测量结束后,用水净洗电极,以待下次测量使用。

(4)试验结果及评定

① 酸度计测出的结果即为溶液的 pH 值。

② 允许差

室内允许差为 0.2,室间允许差为 0.5。

6. 表面张力试验

(1)目的及适用范围

铂环与液面接触后,在铂环内形成液膜,提起铂环时所需的力与液体表面张力相平衡,测定液膜脱离液面的力之大小。测试条件是:液体样品直接测试;固体样品溶液的浓度为 10g/L;

被测溶液的温度为 (20 ± 1) ℃；被测溶液必须清澈，如有沉淀应滤去。

（2）仪器设备

① 界面张力仪或自动界面张力仪。

② 天平。不低于四级，精确至 $0.0001g$。

（3）测定步骤

① 用比重瓶或液体密度天平测定该外加剂溶液的密度。

② 将仪器调至水平，把铂环放在吊杆臂的下末端，把一块小纸片放在铂环的圆环上，把臂的制止器打开，把放大镜调好，使臂上的指针与反射镜上的红线重合。

③ 用质量法校正。在铂圆环的小纸片上放上一定质量的砝码，使指针与红线重合时，游标指示正好与计算值一致。如果不一致时调整臂长度，保证铂环在试验中垂直地上下移动，再通过游码的前后移动达到调整结果。

④ 在测量之前，应把铂环和玻璃器皿很好地进行清洗彻底去掉油污。

⑤ 空白试验用无水乙醇作标样，测定其表面张力，测定值与理论值之差不得超过 0.5×10^{-3} N/m。

⑥ 把被测溶液倒入盛样皿中（离皿口 $5 \sim 7$ mm），并将样品座升高，使铂环浸入溶液内 $5 \sim 7$ mm。

⑦ 旋转蜗轮把手，匀速增加钢丝扭力，同时下降样品座，使向上与向下的两个力保持平衡（保持指针与反射镜上的红线重合），直至环被拉脱离开液面，记录刻度盘上的读数 P。

（注：采用自动界面张力仪测量时，试验步骤按仪器使用说明书进行。）

（4）结果计算

① 溶液表面张力 σ 按式（8-33）计算：

$$\sigma = F \times P \tag{8-33}$$

② 校正因子 F 按式（8-34）计算：

$$F = 0.7250 + \sqrt{\frac{0.01452P}{C^2(\rho - \rho_0)} + 0.04534 - \frac{1.679}{R/r}} \tag{8-34}$$

式中　σ——溶液的表面张力（mN/m）；

　　　P——游标盘上读数（mN/m）；

　　　C——铂环周长 $2\pi R$（cm）；

　　　R——铂环内半径和铂丝半径之和（cm）；

　　　d——空气密度（g/mL）；

　　　D——被测溶液密度（g/mL）；

　　　r——铂丝半径（cm）。

③ 允许差

室内允许差为 1.0×10^{-3} N/m，室间允许差 1.5×10^{-3} N/m。

7. 氯离子含量试验方法

（1）目的及适用范围

用电位滴定法，以银电极或氯电极为指示电极，其电势随 Ag^+ 浓度而变化。以甘汞电极为参比电极,用电位计或酸度计测定两电极在溶液中组成原电池的电势,银离子与氯离子反应生成溶解度很小的氯化银白色沉淀。在等当点前滴入硝酸银生成氯化银沉淀,两电极间电势变化缓慢,等当点时氯离子全部生成氯化银沉淀,这时滴入少量硝酸银即引起电势急剧变化,指示出滴定终点。

（2）试剂

① 硝酸（1 + 1）。

② 硝酸银溶液（17g/L）。准确称取约 17g 硝酸银（$AgNO_3$）,用水溶解,放入 1L 棕色容量瓶中稀释至刻度,摇匀,用 0.1000mol/L 氯化钠标准溶液对硝酸银溶液进行标定。

③ 氯化钠标准溶液（0.1000mol/L）称取约 10g 氯化钠（基准试剂）,盛在称量瓶中,于 130 ~ 150℃烘干 2h,在干燥器内冷却后精确称取 5.8443g,用水溶解并稀释至 1L,摇匀。

④ 标定硝酸银溶液（17g/L）。

a. 用移液管吸取 10mL0.1000mol/L 的氯化钠标准溶液于烧杯中,加水稀释至 200mL。

b. 加 4mL 硝酸（1 + 1）,在电磁搅拌下,用硝酸银溶液以电位滴定法测定终点。

c. 过等当点后,在同一溶液中再加入 0.1000mol/L 氯化钠标准溶液 10mL,继续用硝酸银溶液滴定至第二个终点。

d. 用二次微商法计算出硝酸银溶液消耗的体积 V'_{01}、V'_{02}

e. 计算：

a）体积 V_0 按式（8-35）计算：

$$V_0 = V'_{02} - V'_{01} \tag{8-35}$$

式中　V_0——10mL0.1000mol/L 氯化钠消耗硝酸银溶液的体积（mL）；

　　　V'_{01}——空白试验中 200mL 水,加 4mL 硝酸（1 + 1）加 10mL0.1000mol/L 氯化钠标准溶液所消耗的硝酸银溶液的体积（mL）；

　　　V'_{02}——空白试验中 200mL 水,加 4mL 硝酸（1 + 1）加 20mL0.1000mol/L 氯化钠标准溶液所消耗的硝酸银溶液的体积（mL）。

b）浓度 c 按式（8-36）计算：

$$c = \frac{c'V'}{V_0} \tag{8-36}$$

式中　c——硝酸银溶液的浓度（mol/L）；

　　　c'——氯化钠标准溶液的浓度（mol/L）；

　　　V'——氯化钠标准溶液的体积（mL）。

（3）仪器设备

① 电位测定仪或酸度仪。

② 银电极或氯电极。

③ 甘汞电极。

④ 电磁搅拌器。

⑤ 滴定管。25mL。

⑥ 移液管。10mL。

（4）测定步骤

① 准确称取外加剂试样 0.5000~5.0000g,放入烧杯中,加 200mL 水和 4mL 硝酸(1+1),使溶液呈酸性,搅拌至完全溶解,如不能完全溶解,可用快速定性滤纸过滤,并用蒸馏水洗涤残渣至无氯离子为止。

② 用移液管加入 10mL0.1000mol/L 氯化钠标准溶液,烧杯内加入电磁搅拌子,将烧杯放在电磁搅拌器上,开动搅拌器并插入银电极(或氯电极)及甘汞电极,两电极与电位计或酸度计相连接,用硝酸银溶液缓慢滴定,记录电势和对应的滴定管读数。

由于接近等当点时,电势增加很快,此时要缓慢滴加硝酸银溶液,每次定量加入 0.1mL,当电势发生突变时,表示等当点已过,此时继续滴入硝酸银溶液,直至电势趋向变化平缓。得到第一个终点时硝酸银溶液消耗的体积 V_1。

③ 在同一溶液中,用移液管再加入 10mL0.1000mol/L 氯化钠标准溶液(此时溶液电势降低),继续用硝酸银溶液滴定,直至第二个等当点出现,记录电势和对应的 0.1mol/L 硝酸银溶液消耗的体积 V_2。

④ 空白试验

在干净的烧杯中加入 200mL 水和 4mL 硝酸(1+1)。用移液管加入 0.1000mol/L 氯化钠标准溶液 10mL,在不加入试样的情况下,在电磁搅拌下,缓慢滴加硝酸银溶液,记录电势和对应的滴定管读数,直至第一个终点出现。过等当点后,在同一溶液中,再用移液管加入 0.1000mol/L 氯化钠标准溶液 10mL,继续用硝酸银溶液滴定至第二个终点,用二次微商法计算出硝酸银溶液消耗的体积 V_{01} 及 V_{02}。

（5）试验结果及评定

用二次微商法计算结果。通过电压对体积二次导数(即 $\Delta E^2/\Delta V^2$)变成零的办法来求出滴定终点。假如在邻近等当点时,每次加入的硝酸银溶液是相等的,此函数($\Delta E^2/\Delta V^2$)必定会在正负两个符号发生变化的体积之间的某一点变成零,对应这一点的体积即为终点体积,可用内插法求得。

① 外加剂中氯离子所消耗的硝酸银体积 V 按式(8-37)计算:

$$V = \frac{(V_1 - V_{01}) + (V_2 - V_{02})}{2} \tag{8-37}$$

式中　V_1——外加剂试样溶液加 10mL0.1000mol/L 氯化钠标准溶液所消耗的硝酸银溶液体积,mL;

　　　V_2——外加剂试样溶液加 20mL0.1000mol/L 氯化钠标准溶液所消耗的硝酸银溶液体积 mL。

② 外加剂中氯离子含量 X_{Cl^-} 按式(8-38)计算:

$$X_{Cl^-} = \frac{cV \times 35.45}{m \times 1000} \times 100 \tag{8-38}$$

式中　X_{Cl^-}——外加剂氯离子含量(%);

　　　m——外加剂样品质量(g)。

③ 无水氯化钙 X_{CaCl_2} 的含量按式(8-39)计算:

$$X_{CaCl_2} = 1.565 \times X_{Cl^-} \qquad (8\text{-}39)$$

式中　X_{CaCl_2}——外加剂中无水氯化钙的含量(%)。

④ 允许差:

室内允许差为 0.05%,室间允许差为 0.08%。

8. 硫酸钠含量试验方法

A. 质量法

(1)目的及适用范围

氯化钡溶液与外加剂试样中的硫酸盐生成溶解度极小的硫酸钡沉淀,称量经高温灼烧后的沉淀来计算硫酸钠的含量。

(2)试剂

① 盐酸(1+1)。

② 氯化铵溶液(50g/L)。

③ 氯化钡溶液(100g/L)。

④ 硝酸银溶液(lg/L)。

(3)仪器设备

① 电阻高温炉:最高使用温度不低于900℃。

② 天平:不应低于四级,精确至0.0001g。

③ 电磁电热式搅拌器。

④ 瓷坩埚:18~30mL。

⑤ 烧杯:400mL。

⑥ 长颈漏斗。

⑦ 慢速定量滤纸,快速定性滤纸。

(4)测定预先灼烧恒重的坩埚步骤

① 准确称取试样 m,约 0.5g,于400mL烧杯中,加入200mL水搅拌溶解,再加入氯化铵溶液50mL,加热煮沸后,用快速定性滤纸过滤,用水洗涤数次后,将滤液浓缩至200mL左右,滴加盐酸(1+1)至浓缩滤液显示酸性,再多加5~10滴盐酸,煮沸后在不断搅拌下趁热滴加氯化钡溶液10mL,继续煮沸15min,取下烧杯,置于加热板上,保持50~60℃静置2~4h或常温静置8h。

② 用两张慢速定量滤纸过滤,烧杯中的沉淀用70℃水洗净,使沉淀全部转移到滤纸上,用温热水洗涤沉淀至无氯为止(用硝酸银溶液检验)。

③ 称出预先灼烧恒重的坩埚质量 m_1。

④ 将沉淀与滤纸移入坩埚中,小火烘干,灰化。

⑤ 在800℃电阻高温炉中灼烧30min,然后在干燥器里冷却至室温(约30min),取出称量,再将坩埚放回高温炉中,灼烧20min,取出冷却至室温称量,如此反复直至恒量 m_2(连续两次称量之差小于0.0005g)。

(5)试验结果及评定

① 硫酸钠含量按式(8-40)计算:

$$X_{Na_2SO_4} = \frac{(m_2 - m_1) \times 0.6086}{m} \times 100 \qquad (8-40)$$

式中　$X_{Na_2SO_4}$——外加剂中硫酸钠含量（%）；

m——试样重（g）；

m_1——空坩埚重（g）；

m_2——灼烧后滤渣加坩埚重（g）；

0.6086——硫酸钡换算成硫酸钠的系数。

② 试样数量不应少于三个,结果取平均值,精确至 ±0.001。

B. 离子交换质量法

（1）目的及适用范围

采用质量法测定,试样加入氯化铵溶液沉淀处理过程中,发现絮凝物而不易过滤时改用离子交换质量法。

（2）试剂

① 盐酸（1 + 1）。

② 氯化铵溶液（50g/L）。

③ 氯化钡溶液（100g/L）。

④ 硝酸银溶液（1g/L）。

⑤ 预先经活化处理过的 717-OH 型阴离子交换树脂。

（3）仪器设备

同"A 质量法"。

（4）测定步骤

① 准确称取外加剂样品 0.2000 ~ 0.5000g,置于盛有 6g717-OH 型阴离子交换树脂的 100mL 烧杯中,加入 60mL 水和电磁搅拌棒,在电磁电热式搅拌器上加热至 60 ~ 65℃,搅拌 10min,进行离子交换。

② 将烧杯取下,用快速定性滤纸于三角漏斗上过滤,弃去滤液。

③ 然后用 50 ~ 60℃氯化铵溶液洗涤树脂五次,再用温水洗涤五次,将洗液收集于另一干净的 300mL 烧杯中,滴加盐酸（1 + 1）至溶液显示酸性,再多加 5 ~ 10 滴盐酸,煮沸后在不断搅拌下趁热滴加氯化钡溶液 10mL,继续煮沸 15min,取下烧杯,置于加热板上保持 50 ~ 60℃,静置 2 ~ 4h 或常温静置 8h。

9. 还原糖含里试验

（1）目的及适用范围

本方法适用于测定木质素磺酸盐外加剂还原糖含量,不适用于羟基含量测定。

利用乙酸铅试液脱色,与斐林溶液混合生成氢氧化铜,氢氧化铜与酒石酸钾钠作用生成溶解状态复盐,此复盐具氧化性。当有还原糖存在时,或用葡萄糖溶液滴定时,该复盐中的二价铜被还原为一价铜,葡萄糖氧化为葡萄糖酸,以次甲基蓝为指示剂,在氧化剂中呈蓝色,在还原剂中呈无色。

（2）试剂

① 乙酸铅溶液（200g/mL）。称量中性乙酸铅[$(CH_3COO)_2Pb \cdot 3H_2O$]20g,溶于水,稀释

至 100mL。

② 草酸钾、磷酸氢二钠混合液。称取草酸钾（$K_2C_2O_4 \cdot H_2O$）3g，磷酸氢二钠（$Na_2HPO_4 \cdot 12H_2O$）7g 溶于水，稀释至 100mL。

③ 斐林溶液 A。称取 34.6g 硫酸铜（$CuSO_4 \cdot 5H_2O$）溶于 400mL 水中，煮沸放置一天，然后再煮沸、过滤，稀释至 1000mL。

④ 斐林溶液 B。称取酒石酸钾钠（$C_4H_4O_6KNa \cdot 4H_2O$）173g，氢氧化钠 50g，溶于水中并稀释至 1000mL。

⑤ 葡萄糖溶液。称取 2.75~2.76g 葡萄糖于 1L 容量瓶中，加盐酸（密度 1.19）1mL，加水稀释至刻度。

⑥ 次甲基蓝指示剂（10g/L）。称取 1g 次甲基蓝，在玛瑙研钵中加少量水研溶后，用水稀释至 100mL。

（3）仪器设备

① 磨口具塞量筒（50mL）。

② 三角烧瓶（100mL）。

③ 移液管（5mL，10mL）。

④ 滴定管（25mL）。

⑤ 容量瓶（100mL）。

（4）测定步骤

① 准确称取固体试样 m，约 2.5g（液体试样称取换算成约 2.5g 固体的相应质量的试样）。溶于 100mL 容量瓶中，用移液管吸取 10mL 置于 50mL 具塞量筒中。

② 在 50mL 具塞量筒中加入 7.5mL 乙酸铅溶液，振动量筒使之与试液混合，然后加入 10mL 草酸钾、磷酸氢二钠溶液放置片刻，加水稀释至刻度，将量筒颠倒数次，使之混匀后，放置澄清，取上层清液作为试样。

③ 用移液管分别吸取 5mL 斐林溶液 A 及 B 于 100mL 三角烧瓶中，混合均匀后加水 20mL，然后用移液管吸取试样 10mL，置于三角烧瓶中，并加适量的葡萄糖溶液，混合均匀后在电炉上加热，待沸腾后，加一滴次甲基蓝指示剂，再沸腾 2min，继续用葡萄糖溶液滴定，并不断摇动，保持沸腾状态，直至最后一滴使次甲基蓝褪色为止，记录所消耗葡萄糖溶液的体积 V。

④ 用同样方法做空白试验，所消耗葡萄糖溶液的体积为 V_0。

（5）试验结果及评定

① 还原糖含量按式（8-41）计算：

$$X_{还原糖} = \frac{(V_0 - V) \times 12.5}{m} \tag{8-41}$$

式中　$X_{还原糖}$——外加剂中还原糖含量（%）；

V_0——空白试验所消耗葡萄糖溶液的体积（mL）；

V——外加剂试样消耗的葡萄糖溶液的体积（mL）；

m——外加剂试样质量（g）。

② 注意事项

a. 试样加乙酸铅溶液脱色是为了使还原物等有色物质与铅生成沉淀物。

b. 加草酸钾、磷酸氢二钠溶液是为了除去溶液中的铅,其用量以保证溶液中无过剩铅为准,若过量也会影响脱色。

c. 滴定时必须先加适量葡萄糖溶液,使沸腾后滴定消耗量在 0.5mL 以内,否则终点不明显。

③ 允许差

室内允许差为 0.50%,室间允许差为 1.20%。

10. 碱含量试验(火焰光度法)

(1)目的及适用范围

试样用约 80℃的热水溶解,以氨水分离铁、铝;以碳酸钙分离钙、镁。滤液中的碱(钾和钠),采用相应的滤光片,用火焰光度计进行测定。但矿物质的混凝土外加剂(如膨胀剂等),不在此范围之内。

(2)试剂与仪器设备

① 水。本方法所涉及的水为蒸馏水或同等纯度的水。

② 试剂。本方法所涉及的化学试剂除特别注明外,均为分析纯化学试剂。

③ 氧化钾、氧化钠标准溶液。精确称取已在 130~150℃烘过 2h 的氯化钾(光谱纯)。

④ 盐酸(1+1)。

⑤ 氨水(1+1)。

⑥ 碳酸铵溶液(100g/L)。

⑦ 氧化钾、氧化钠标准溶液。精确称取已在 130~150℃烘过 2h 的氯化钾(KCl 光谱纯)0.7920g 及氯化钠(NaCl 光谱纯)0.9430g,置于烧杯中,加水溶解后,移入 1000mL 容量瓶中,用水稀释至标线,摇匀,转移至干燥的带盖的塑料瓶中。此标准溶液每毫升相当于氧化钾及氧化钠 0.5mg。

⑧ 甲基红指示剂(2g/L 乙醇溶液)。

⑨ 火焰光度计。

(3)测定步骤

① 工作曲线的绘制

分别向 100mL 容量瓶中注入 0、1.00、2.00、4.00、8.00、12.00mL 的氧化钾、氧化钠标准溶液(分别相当于氧化钾、氧化钠各 0、0.50、1.00、2.00、4.00、6.00mg),用水稀释至标线,摇匀,然后分别于火焰光度计上按仪器使用规程进行测定,根据测得的检流计读数与溶液的浓度关系,分别绘制氧化钾及氧化钠的工作曲线。

② 准确称取一定量的试样置于 150mL 的瓷蒸发皿中,用 80℃左右的热水润湿并稀释至 30mL,置于电热板上加热蒸发,保持微沸 5min 后取下,冷却,加 1 滴甲基红指示剂,滴加氨水(1+1),使溶液呈黄色,加入 10mL 碳酸铵溶液,搅拌,置于电热板上加热并保持微沸 10min,用中速滤纸过滤,以热水洗涤,滤液及洗液盛于容量瓶中,冷却至室温,以盐酸(1+1)中和至溶液呈红色,然后用水稀释至标线,摇匀,以火焰光度计按仪器使用规程进行测定。称样量及稀释倍数见表 8-9。

表 8-9　称样量及稀释倍数

总碱量(%)	称样量(g)	稀释体积(mL)	稀释倍数(n)
1.00	0.2	100	1
1.00-5.00	0.1	250	2.5
5.00-10.00	0.05	250 或 500	2.5 或 5.0
>10.00	0.05	500 或 1000	5.0 或 10.0

(4)试验结果及评定

① 氧化钾含量按式(8-42)计算：

$$X_{K_2O} = \frac{c_1 n}{m \times 1000} \times 100 \tag{8-42}$$

式中　X_{K_2O}——外加剂中氧化钾含量(%)；

　　　c_1——在工作曲线上查得每 100mL 被测溶液中氧化钾的含量 mg；

　　　n——被测溶液的稀释倍数；

　　　m——试样重量,g。

② 氧化钠含量按式(8-43)计算：

$$X_{Na_2O} = \frac{c_2 n}{m \times 1000} \times 100 \tag{8-43}$$

式中　X_{Na_2O}——外加剂中氧化钠含量(%)；

　　　c_2——在工作曲线上查得每 100mL 被测溶液中氧化钠的含量(mg)。

③ 总碱量按式(8-44)计算：

$$X_{总碱量} = 0.658 \times X_{K_2O} + X_{Na_2O} \tag{8-44}$$

式中　$X_{总碱量}$——外加剂中氧化钠含量(%)。

④ 允许差：

允许差见表 8-10。

表 8-10　总碱量的允许差

总碱量(%)	室内允许差(%)	室间允许差(%)
1.00	0.10	0.15
1.00 ~ 5.00	0.20	0.30
5.00 ~ 10.00	0.30	0.50
>10.00	0.50	0.80

注:总碱量的测定亦可采用原子吸收光谱法,参见 GB/T 176—2008。

8.1.3.2　掺外加剂水泥净(砂)浆性能试验

1. 掺外加剂水泥净浆流动度试验

(1)目的及适用范围

在水泥净浆搅拌机中,加入一定量的水泥、外加剂和水进行搅拌。将搅拌好的净浆注入截锥圆模内,提起截锥圆模,测定水泥净浆在玻璃平面上自由流淌的最大直径。

（2）仪器设备

① 水泥净浆搅拌机。

② 截锥圆模:上口直径 36mm,下口直径 60mm,高度为 60mm,内壁光滑无接缝的金属制品。

③ 玻璃板（400mm×400mm×5mm）。

④ 秒表。

⑤ 钢直尺（300mm）。

⑥ 刮刀。

⑦ 药物天平（两种）:称量 100g,分度值 0.1g,称量 1000g,分度值 1g。

（3）测定步骤

① 将玻璃板放置在水平位置,用湿布抹擦玻璃板、截锥圆模、搅拌器及搅拌锅,使其表面湿而不带水渍。半截锥圆模放在玻璃板的中央,并用湿布覆盖待用。

② 称取水泥 300g,倒入搅拌锅内。加入推荐掺量的外加剂及 87g 或 105g 的水,搅拌 3min。

③ 将拌好的净浆迅速注入截锥圆模内,用刮刀刮平,将截锥圆模按垂直方向提起,同时开启秒表计时,任水泥净浆在玻璃板上流动,至 30s,用直尺量取流淌部分互相垂直的两个方向的最大直径,取平均值作为水泥净浆流动度。

（4）试验结果及评定

① 表示净浆流动度时,需注明用水量,所用水泥的强度等级、名称、型号及生产厂和外加剂掺量。

② 允许差:室内允许差为 5mm,室间允许差为 10mm。

2. 掺外加剂水泥砂浆工作性试验

（1）目的及适用范围

本方法适用于测定外加剂对水泥的分散效果,以水泥砂浆减水率表示其工作性,当水泥净浆流动度试验不明显时可用此法。先测定基准砂浆流动度的用水量,再测定掺外加剂砂浆流动度的用水量,然后,测定加入基准砂浆流动度的用水量时的砂浆流动度。以水泥砂浆减水率表示其工作性。

（2）仪器设备

① 胶砂搅拌机。

② 跳桌、截锥圆模及模套,圆柱捣棒,卡尺。

③ 抹刀。

④ 药物天平。称量 100g,分度值 0.1g。

⑤ 台秤。称量 5kg。

（3）试验步骤

① 材料准备

a. 水泥

外加剂试验必须采用统一检验混凝土外加剂性能的基准水泥,即:符合熟料与二水石膏共

同粉磨而成强度等级≥42.5级的硅酸盐水泥的品质指标,且:

　　a)铝酸三钙(C_3A)含量6%~8%;

　　b)硅酸三钙(C_3S)含量50%~55%;

　　c)游离氧化钙(f-CaO)含量≤1.2%;

　　d)碱($Na_2O + 0.658K_2O$)含量≤1.0%;

　　e)水泥比表面积$(320 \pm 20) m^2/kg$的硅酸盐水泥。

　　基准水泥必须由经国家水泥质量监督中心确认具备生产条件的工厂供给。在因故得不到基准水泥时,允许采用C_3A含量6%~8%,总碱量($Na_2O + 0.658K_2O$)≤1%的熟料和二水石膏、矿渣共同磨制的强度等级≥42.5级的普通硅酸盐水泥。但仲裁仍需用基准水泥。

　　b. ISO标准砂

　　各级配砂以每塑料袋$(1350 \pm 5) g$混合包装,但所用塑料袋材料不得影响砂浆工作性试验结果。

　　c. 水

　　采用自来水或蒸馏水。

　　d. 外加剂

　　所检测外加剂。

　　② 基准砂浆流动度用水量的测定

　　a. 先使搅拌机处于待工作状态,然后按以下程序进行操作:

　　把水加入锅里,再加入水泥450g,把锅放在固定架上,上升至固定位置,然后立即开动机器,低速搅拌30s后,在第二个30s开始的同时均匀地将砂子加入,机器转至高速再拌30s。停拌90s,在第一个15s内用一抹刀将叶片和锅壁上的胶砂刮入锅中间,在高速下继续搅拌60s,各个阶段搅拌时间误差应在1s以内。

　　b. 在拌合砂浆的同时,用湿布抹擦跳桌的玻璃台面、捣棒、截锥圆模及模套内壁,并把它们置于玻璃台面中心,盖上湿布,备用。

　　c. 将拌好的砂浆迅速地分两次装入模内,第一次装至截锥圆模的三分之二处,用抹刀在相互垂直的两个方向各划5次,并用捣棒自边缘向中心均匀捣15次;接着装第二层砂浆,装至高出截锥圆模约20mm,用抹刀划10次,同样用捣棒捣10次。在装胶砂与捣实时,用手将截锥圆模按住,不要使其产生移动。

　　d. 捣好后取下模套,用抹刀将高出截锥圆模的砂浆刮去并抹平,随即将截锥圆模垂直向上提起置于台上,立即开动跳桌,以每秒一次的频率使跳桌连续跳动30次。

　　e. 跳动完毕用卡尺量出砂浆底部流动直径,取互相垂直的两个直径的平均值为该用水量时的砂浆流动度,用mm表示。

　　f. 重复上述步骤,直至流动度达到$(180 \pm 5) mm$。此时的用水量即为基准砂浆流动度的用水量m_0。

　　③ 将水和外加剂加入锅里搅拌均匀,按前述的操作步骤测出掺外加剂砂浆流动度达$(180 \pm 5) mm$时的用水量m_1。

　　④ 将外加剂和基准砂浆流动度的用水量m_0加入锅中,人工搅拌均匀,再按前述的操作步骤,测定加入基准砂浆流动度的用水量时的砂浆流动度,以mm表示。

（4）试验结果及评定

① 按式（8-45）计算砂浆减水率：

$$W = \frac{m_0 - m_1}{m_0} \times 100 \tag{8-45}$$

式中　W——砂浆减水率（%）；

　　　m_0——基准砂浆流动度为（180 ± 5）mm 时的用水量（g）；

　　　m_1——掺外加剂的砂浆流动度为（180 ± 5）mm 时的用水量（g）。

② 允许差

室内允许差为砂浆减水率 1.0%，室间允许差为砂浆减水率 1.5%。

3. 膨胀剂限制膨胀率试验

（1）目的及适用范围

测定混凝土膨胀剂的限制膨胀率，作为使用混凝土膨胀剂的主要技术依据。本方法适用于测定混凝土膨胀剂的限制膨胀率。

（2）仪器设备

① 测量仪：由千分表和支架组成，如图 8-2，千分表刻度值最小为 0.001mm。

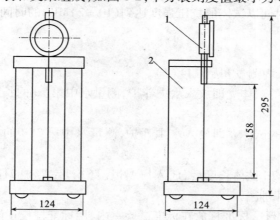

图 8-2　测量仪（尺寸单位：mm）

1—千分表；2—支架

② 纵向限制器。由纵向钢丝与钢板焊接制成，见图 8-3。钢丝采用按《冷拉碳素弹簧钢丝》（GB/T 4357—2009）规定。

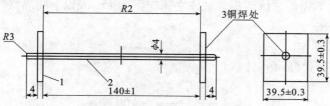

图 8-3　纵向限制器（尺寸单位：mm）

1—钢板；2—钢丝；3—铜焊处

③ 搅拌机、振动台、试模、下料漏斗:符合国家标准《水泥胶砂强度检验方法(ISO 法)》(GB/T 17671—1999)规定。

④ 恒温恒湿(箱)室。温度为(20 ± 2)℃,湿度为(60 ± 5)%。

(3)试验步骤

① 试样制备

a. 试体尺寸:试体全长158mm,其中胶砂部分尺寸为40mm×40mm×140mm。

b. 试验材料:同前。

c. 水泥胶砂配合比:每成型3条试体需称量的材料和用量如表8-11。

表8-11　限制脚胀率试验材料用量

水泥 C(g)	膨胀剂 E(g)	标准砂 S(g)	拌合水 W(g)
457.6	62.4	1040	208

注:1. $E/(C + E) = 0.12, S/(C + E) = 2.0, W/(C + E) = 0.40$;
　　2. 混凝土膨胀剂检验时的最大掺量为12%,允许小于12%。

d. 水泥胶砂搅拌、试体成型:按《公路工程水泥及水泥混凝土试验规程》(JTG E30—2005)中规定进行。

e. 试体脱模:脱模时间以试体的抗压强度达到(10 ± 2)MPa 的时间来确定。

② 测定步骤

a. 试体测长

a)试体脱模后在1h内测量初始长度(L)。

b)测量完初始长度的试体立即放入水中养护,测量水中第7d的长度(L_1)变化,即水中7d的限制膨胀率。

c)测量完初始长度的试体立即放入水中养护,测量水中第28d的长度(L_1)变化,即水中28d的限制膨胀率。

d)测量完水中养护7d试体长度后,放入恒温恒湿(箱)室养护21d,测量长度(L_1)变化,即为空气中21d的限制膨胀率。

e)测量前3h,将测量仪、标准杆放在标准试验室内,用标准杆校正测量仪并调整千分表零点。测量前,将试体及测量仪测头擦净。每次测量时,试体记有标志的一面与测量仪的相对位置必须一致,纵向限制器测头与测量仪测头应正确接触,读数应精确至0.001mm。不同龄期的试体应在规定时间±1h内测量。

b. 试体养护

养护时,应注意不损伤试体测头。试体之间应保持15mm以上间隔,试体支点距限制钢板两端约30mm。

(4)试验结果及评定

① 限制膨胀率按式(8-46)计算:

$$\varepsilon = \frac{L_1 - L}{L_0} \times 100 \qquad (8\text{-}46)$$

式中　　ε——限制膨胀率(%);

L_1——所测龄期的限制试体长度（mm）；

L——限制试体初始长度（mm）；

L_0——限制试体的基长（140mm）。

② 取相近的两条试体测量值的平均值作为限制膨胀率测量结果，计算应精确至小数点后第三位。

4. 钢筋锈蚀试验

A. 钢筋锈蚀快速试验方法（新拌砂浆法）

（1）目的及适用范围

检验掺外加剂混凝土是否对钢筋及其预埋件有锈蚀作用。钢筋锈蚀采用钢筋在新拌或硬化砂浆中阳极极化电位曲线来表示，测定方法有两种，即新拌砂浆法和硬化砂浆法。

（2）仪器设备

① 恒电位仪：专用的符合标准要求的钢筋锈蚀测量仪、恒电位/恒电流仪、恒电流仪、恒电位仪（输出电流范围不小于 0~2000μA，可连续变化 0~2V，精度≤1%）。

② 甘汞电极。

③ 绝缘涂料为石蜡：松香 =9：1。

④ 电线：铜芯塑料线。

⑤ 定时钟。

⑥ 试模：塑料有底活动模（40mm×100mm×150mm）。

（3）试验步骤

① 制作钢筋电极

将 I 级建筑钢筋加工制成直径 7mm，长度为 100mm，表面粗糙度 R_a 的最大允许值为 1.6μm 的试件，用汽油、乙醇、丙酮依次浸擦除去油脂，并在一端焊上长 130~150mm 的导线，再用乙醇仔细擦去焊油，钢筋两端浸涂热熔石蜡松香绝缘涂料，使钢筋中间暴露长度为 80mm，计算其表面积。经过处理后的钢筋放入干燥器内备用，每组试件三根。

② 拌制新鲜砂浆

在无特定要求时，采用水胶比 0.5、灰砂比 1：2 配制砂浆，水为蒸馏水，砂为检验水泥强度用的标准砂，水泥为基准水泥（或按试验要求的配合比配制）。干拌 1min，湿拌 3min，检验外加剂时，外加剂按比例随拌合水加入。

③ 砂浆及电极入模

把拌制好的砂浆浇入试模中，先浇一半（厚 20mm 左右）。将两根处理好经检查无锈痕的钢筋电极平行放在砂浆表面，间距 40mm，拉出导线，然后灌满砂浆抹平，并轻敲几下侧板，使其密实。

④ 连接试验仪器

按图 8-4 连接试验装置，以一根钢筋作为阳极接仪器的"研究"与"﹡"号接线孔，另一根钢筋为阴极（即辅助电极）接仪器的"辅助"接线孔，再将甘汞电极的下端与钢筋阳极的正中位置对准，与新鲜砂浆表面接触，并垂直于砂浆表面。甘汞电极的导线接仪器的"参比"接线孔。在一些现代新型钢筋锈蚀测量仪或恒电位/恒电流仪上，电极输入导线通常为集束导线，只须按规定将三个夹子分别接阳极钢筋、阴极钢筋和甘汞电极即可。

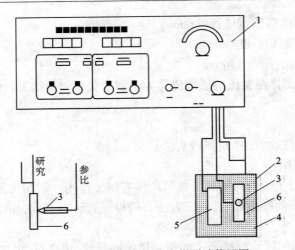

图 8-4　新鲜砂浆极化电位测试装置图

1—钢筋锈蚀测量仪或恒电位/恒电流仪；2—硬塑料模；
3—甘汞电极；4—新拌砂浆；5—钢筋阴极；6—钢筋阳极

⑤ 测试

a. 未通外加电流前，先读出阳极钢筋的自然电位 V（即钢筋阳极与甘汞电极之间的电位差值）。

b. 接通外加电流，并按电流密度 $50 \times 10^{-2} A/m^2$（即 $50\mu A/cm^2$）调整微安表至需要值。同时，开始计算时间，依次按 2、4、6、8、10、15、20、25、30、60min，分别记录阳极极化电位值。

（4）试验结果及评定

① 以三个试验电极测量结果的平均值作为钢筋阳极极化电位的测定值，以时间为横坐标，阳极极化电位为纵坐标，绘制电位 – 时间曲线。

② 根据电位-时间曲线判断砂浆中的水泥、外加剂等对钢筋锈蚀的影响。

a. 电极通电后，阳极钢筋电位迅速向正方向上升，并在 1～5min 内达到析氧电位值，经 30min 测试，电位值无明显降低，如图 8-5。表明阳极钢筋表面钝化膜完好无损，所测外加剂对钢筋是无害的。

b. 通电后，阳极钢筋电位先向正方向上升，随着又逐渐下降，说明钢筋表面钝化膜已部分受损。

c. 通电后，阳极钢筋电位随时间的变化，即电位先向正方上升至校正电位值（例如 ≥ +600mV），持续一段稳定时间，然后渐呈下降趋势，如电位值迅速下降，则属第② 项情况。如电位值缓降，且变化不多，则试验和记录电位的时间再延长30min，继续 35、40、45、50、55、60min 分别记录阳极极化电位值，如果电位曲线保持稳定不再下降，

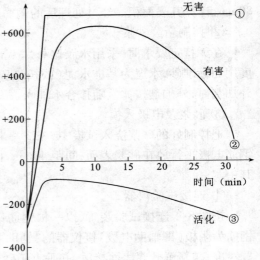

图 8-5　恒电流、电位 – 时间曲线分析图

① 钝化曲线；② 钝化膜破坏曲线；③ 活化曲线

可认为钢筋表面尚能保持完好钝化膜,所测外加剂对钢筋是无害的;如果电位曲线继续持续下降,可认为钢筋表面钝化膜已破损而转变为活化状态,对于这种情况,还必须再作硬化砂浆阳极极化电位的测量,以进一步判别外加剂对钢筋有无锈蚀危害。

B. 钢筋锈蚀快速试验方法(硬化砂浆法)

(1)目的及适用范围(同 A)

(2)仪器设备

① 恒电位仪。专用的符合标准要求的钢筋锈蚀测量仪或恒电位/恒电流仪,或恒电流仪,或恒电位仪(输出电流范围不小于 $0 \sim 2000 \mu A$,可连续变化 $0 \sim 2V$,精度 $\leq 1\%$)。

② 不锈钢片电极。

③ 甘汞电极(232 型或 222 型)。

④ 定时钟。

⑤ 电线。铜芯塑料线(型号 RVl $\times 16/0.15mm$)。

⑥ 绝缘涂料(石蜡:松香 $= 9:1$)。

⑦ 搅拌锅、搅拌铲。

⑧ 试模。长 95mm,宽和高均为 30mm 的棱柱体,模板两端中心带有固定钢筋的凹孔,其直径为 7.5mm,深 $2 \sim 3mm$,半通孔。试模用 8mm 厚硬聚氯乙烯塑料板制成。

(3)试验步骤

① 制备埋有钢筋的砂浆电极

a. 制备钢筋

采用 HPB235 级建筑钢筋经加工成直径 7mm,长度 100mm,表面粗糙度 R_a 的最大允许值为 $1.6 \mu m$ 的试件,使用汽油、乙醇、丙酮依次浸擦除去油脂,经检查无锈痕后放入干燥器中备用,每组三根。

b. 成型砂浆电极

将钢筋插入试模两端的预留凹孔中,位于正中。按配比拌制砂浆,灰砂比为 $1:2.5$,采用基准水泥、检验水泥强度用的标准砂、蒸馏水(用水量按砂浆稠度 $5 \sim 7cm$ 时的加水量而定),外加剂采用推荐掺量。将称好的材料放入搅拌锅内干拌 1min,湿拌 3min。将拌匀的砂浆灌入预先安放好钢筋的试模内,置检验水泥强度用的振动台上振 $5 \sim 10s$,然后抹平。

c. 砂浆电极的养护及处理

试件成型后盖上玻璃板,移入标准养护室养护,24h 后脱模,用水泥净浆将外露的钢筋两头覆盖,继续标准养护 2d。取出试件,除去端部的封闭净浆,仔细擦净外露钢筋头的锈斑。在钢筋的一端焊上长 $130 \sim 150mm$ 的导线,用乙醇擦去焊油,并在试件两端浸涂热石蜡松香绝缘,使试件中间暴露长度为 80mm,如图 8-6 所示。

② 测试

a. 将处理好的硬化砂浆电极置于饱和氢氧化钙溶液

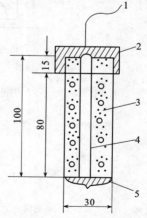

图 8-6 钢筋砂浆电极(尺寸单位:mm)
1—导线;2、5—石蜡;3—砂浆;4—钢筋

中,浸泡数小时,直至浸透试件,其表征为监测硬化砂浆电极在饱和氢氧化钙溶液中的自然电位达到电位稳定且接近新拌砂浆中的自然电位,由于存在欧姆电压降可能会使两者之间有一个电位差。试验时应注意不同类型或不同掺量外加剂的试件不得放置在同一容器内浸泡,以防互相干扰。

b. 把一个浸泡后的砂浆电极移入盛有饱和氢氧化钙溶液的玻璃缸内,使电极浸入溶液的深度为8cm,以它作为阳极,以不锈钢片作为阴极(即辅助电极),以甘汞电极作参比。按图8-7要求接好试验线路。

c. 未通外加电流前,先读出阳极(埋有钢筋的砂浆电极)的自然电位V。

d. 接通外加电流,并按电流密度$50 \times 10^{-2} A/m^2$(即$50 \mu A/cm^2$)调整微安表至需要值。同时,开始计算时间,依次按2、4、6、8、10、15、20、25、30min分别记录埋有钢筋的砂浆电极阳极极化电位值。

(4)试验结果及评定

① 取一组三个埋有钢筋的硬化砂浆电极极化电位的测量结果的平均值作为测定值,以阳极极化电位为纵坐标,时间为横坐标,绘制阳极极化电位-时间曲线。

② 根据电位-时间曲线判断砂浆中的水泥、外加剂等对钢筋锈蚀的影响。

a. 电极通电后,阳极钢筋电位迅速向正方向上升,并在1~5min内达到析氧电位值,经30min测试,电位值无明显降低,如图8-5中的曲线①,则属钝化曲线。表明阳极钢筋表面钝化膜完好无损,所测外加剂对钢筋是无害的。

b. 通电后,阳极钢筋电位先向正方向上升,随着又逐渐下降,如图8-5中的曲线②,说明钢筋表面钝化膜已部分受损。而图8-5中的曲线③活化曲线,说明钢筋表面钝化膜破坏严重。这两种情况均表明钢筋钝化膜已遭破坏,所测外加剂对钢筋是有锈蚀危害的。

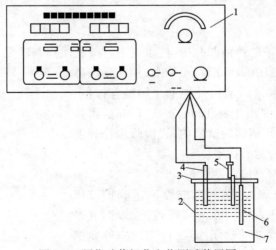

图8-7　硬化砂浆极化电位测试装置图

1—钢筋锈蚀测量仪或恒电位/恒电流仪;2—烧杯1000mL;3—有机玻璃盖;
4—不锈钢片(阴极);5—甘汞电极;6—硬化砂浆电极(阳极);7—饱和氧氧化钙溶液

5. 矿物外加剂胶砂需水量比及活性指数的测定

(1)目的及适用范围

测定磨细矿渣、硅灰、粉煤灰、磨细天然沸石等及其复合的混凝土矿物外加剂胶砂的需水量比及活性指数，作为使用混凝土矿物外加剂的主要技术依据。

（2）仪器设备

采用《公路工程水泥及水泥混凝土试验规程》（JTG E30—2005）中"水泥胶砂强度检验方法（ISO 法）"规定进行。

（3）试样制备

① 试验材料：

a. 水泥、砂、水。同前；

b. 矿物外加剂。符合《高强高性能混凝土用矿物外加剂》（GB/T 18736—2002）的矿物外加剂。

② 胶砂配比：见表 8-12。

表 8-12　胶砂配比（一次搅拌称量）

材料	基准胶砂	受检胶砂			
		磨细矿渣	磨细粉煤灰	磨细天然沸石	硅灰
水泥（g）	450 ±2	225 ±1	315 ±1	405 ±1	405 ±1
矿物外加剂（g）	—	225 ±1	135 ±1	45 ±1	45 ±1
ISO 标准砂（g）	1350 ±5	1350 ±5			
水（g）	225 ±1	使受检胶砂流动度达到基准胶砂流动度的 ±5mm			

（4）试验步骤

① 搅拌：

把水加入搅拌锅里，再加入预先混匀的水泥和矿物外加剂，把锅放置在固定架上，上升至固定位置。然后按《水泥胶砂强度检验方法（ISO 法）》（GB/T 17671—1999）进行搅拌，开动机器低速搅拌30s后，在第二个30s开始的同时均匀地将砂子加入。当各级砂是分装时，从最粗粒级开始，依次将所需的每级砂量加完，把机器转至高速再拌30s，停拌90s，在第一个15s内用一个抹刀将叶片和锅壁上的胶砂刮入锅中间，在高速下继续搅拌60s。各个搅拌阶段，时间误差应在 ±1s 以内。

② 按测定水泥胶砂流动度。

③ 试件的制备：

按《公路工程水泥及水泥混凝土试验规程》（JTG E30—2005）中"水泥胶砂强度检验方法（ISO 法）"制备试件。

④ 试件的养护：

按《公路工程水泥及水泥混凝土试验规程》（JTG E30—2005）中"水泥胶砂强度检验方法（ISO 法）"对试件进行脱模前处理和养护、脱模、水中养护。

⑤ 强度和试件龄期：

试件龄期是从水泥加水搅拌开始试验时算起，不同龄期强度试验在下列时间里进行。

a. 72h ±45min；

b. 7d ±2h；

c. ≥28d ± 8h。

（5）试验结果及评定

① 矿物外加剂的需水量之比按式（8-47）计算：

$$R_w = \frac{W_t}{225} \times 100 \tag{8-47}$$

式中　R_w——受检胶砂的需水量比（%），计算结果取整数；

　　　W_t——受检胶砂的用水量（g）；

　　225——基准胶砂的用水量（g）。

② 矿物外加剂相应龄期的活性指数按式（8-48）计算：

$$A = \frac{R_t}{R_0} \times 100 \tag{8-48}$$

式中　A——矿物外加剂的活性指数，计算结果取整数（%）；

　　　R_t——受检胶砂相应龄期的抗压强度（MPa）；

　　　R_0——基准胶砂相应龄期的抗压强度（MPa）。

8.1.3.3　掺外加剂混凝土拌合物性能试验

1. 混凝土外加剂的减水率试验

（1）目的及适用范围

减水率是指混凝土的坍落度在基本相同的条件下，掺用外加剂混凝土的用水量与不掺外加剂基准混凝土的用水量之差，与不掺外加剂基准混凝土用水量的比值。减水率检验仅在减水剂和引气剂中进行检验，它是区别高效型与普通型减水剂的主要技术指标之一。

（2）仪器设备

60L 自落式混凝土搅拌机。

（3）试样制备

① 材料准备

a. 水泥，同本章。

b. 砂：符合国家标准《建筑用砂》（GB/T 14684—2001）要求的细度模数为 2.6 ~ 2.9 的中砂。

c. 石子：符合国家标准《建筑用卵石、碎石》（GB/T 14685—2001）粒径为 4.75 ~ 19mm（方孔筛）；采用二级配，其中 4.75 ~ 9.5mm 占 40%，9.5 ~ 19mm 占 60%。如有争议，以卵石试验结果为准。

d. 水：符合《混凝土拌合用水标准》（JGJ 63—2006）要求。

e. 外加剂：所检测的外加剂。

② 配合比

a. 基准混凝土配合比：按《普通混凝土配合比设计规程》（JGJ 55—2011）进行设计。掺非引气型减水剂混凝土和基准混凝土的水泥、砂、石的比例不变。

b. 水泥用量：采用卵石时，（310 ± 5）kg/m³；采用碎石时，（330 ± 5）kg/m³。

c. 砂率：基准混凝土和掺减水剂混凝土的砂率均为 36% ~ 40%，但掺引气减水剂的混凝土砂率应比基准混凝土低 1%～3%。

d. 减水剂掺量：按科研单位或生产厂推荐的掺量。

e. 用水量：应使混凝土坍落度达（80±10）mm。

③ 搅拌

采用 60L 自落式混凝土搅拌机，全部材料及外加剂一次投入，拌合量应不少于 15L，不大于 45L，搅拌 3min，出料后在铁板上用人工翻拌 2～3 次再行试验。

注：各种混凝土材料及试验环境温度均应保持在（20±3）℃。

④ 取样数量

应符合表 8-13 的规定。

表 8-13　减水率试验取样数量

混凝土拌合批数	每批取样次数	掺外加剂混凝土总取样次数	基准混凝土总取样次数
3	1	3	3

注：试验时，检验一种外加剂的三批混凝土要在同一天内完成。

（4）测定步骤

① 按基准混凝土配合比拌制基准混凝土。

② 控制用水量，测定基准混凝土的坍落度。使基准混凝土的坍落度达（80±10）mm，记录此时的单位用水量 m_0。

③ 按掺减水剂混凝土的配合比拌制掺减水剂的混凝土。

④ 控制用水量，测定掺减水剂混凝土的坍落度。使掺减水剂混凝土的坍落度达（80±10）mm，记录此时的单位用水量 m_1。

⑤ 按上述试验步骤再重复做两批次。

（5）试验结果及评定

① 减水率按式（8-49）计算：

$$W_R = \frac{m_0 - m_1}{m_0} \times 100 \tag{8-49}$$

式中　W_R——减水率（%）；

　　　m_0——基准混凝土单位用水量（kg/m³）；

　　　m_1——掺外加剂混凝土单位用水量（kg/m³）。

② 以三批试验的算术平均值作为计算结果，精确到小数点后一位。若三批试验的最大值或最小值中有一个与中间值之差超过中间值的 ±15% 时，则把最大值与最小值一并舍去，取中间值作为该组试验的减水率。若有两个测值与中间值之差均超过 15% 时，则该批试验结果无效，应该重做。

2. 混凝土外加剂泌水率比试验

A. 压力泌水率的测试

（1）目的及适用范围

泌水率比是指掺外加剂混凝土的泌水量与不掺外加剂基准混凝土的泌水量的比值。本方法适用于测定混凝土泵送剂的压力泌水率比。

（2）仪器设备

① 试筒：内径为185mm，高为200mm的带盖筒。

② 压力泌水仪：主要由压力表、活节螺栓、筛网等部件构成。其工作活塞压强为3.5MPa，工作活塞公称直径为125mm，混凝土容积为1.66L，筛网孔径为0.335mm。

③ 60L自落式混凝土搅拌机。

（3）试样制备

① 材料

水泥、砂、石子、水、外加剂要求同前。

② 配合比

基准混凝土配合比和掺外加剂混凝土配合比按《普通混凝土配合比设计规程》（JGJ 55—2011）进行设计：

a. 水泥用量：采用卵石时，(330 ± 5) kg/m³；采用碎石时，(340 ± 5) kg/m³。

b. 砂率：42%。

c. 外加剂掺量：按外加剂生产单位推荐掺量的下限值。

d. 用水量：应使基准混凝土坍落度为(80 ± 10) mm，掺外加剂混凝土坍落度为(80 ± 10) mm。

③ 搅拌

采用60L自落式混凝土搅拌机，全部材料及外加剂一次投入，拌合量应不少于15L，不大于45L，搅拌3min，出料后在铁板上用人工翻拌2～3次再行试验。

注：各种混凝土材料及试验环境温度均应保持在(20 ±3)℃。

④ 取样数目

应符合表8-14的规定。

表8-14　泌水率比试验取样数量

混凝土拌合批数	每批取样次数	掺外加剂混凝土总取样次数	基准混凝土总取样次数
3	1	3	3

注：试验时，检验一种外加剂的三批混凝土要在同一天内完成。

（4）测定步骤

① 将混凝土拌合物装入试料筒内，用捣棒由外围向中心均匀插捣25次，将仪器按规定安装完毕。

② 称取混凝土质量 m_0，尽快给混凝土加压至3.5MPa，立即打开泌水管阀门，同时开始计时，并保持恒压，泌出的水接入1000mL量筒内。

③ 加压10s后读取泌水量 V_{10} (mL)，加压140s后读取泌水量 V_{140} (mL)。

（5）试验结果及评定

① 压力泌水率按式(8-50)计算：

$$B_P = \frac{V_{10}}{V_{140}} \times 100 \tag{8-50}$$

式中 B_p——压力泌水率(%);

V_{10}——加压10s时的泌水量(mL);

V_{140}——加压140s时的泌水量(mL)。

结果以三次试验的平均值表示,精确至0.1%。

② 压力泌水率比按式(8-51)计算:

$$R_b = \frac{B_{PA}}{B_{PO}} \times 100 \qquad (8-51)$$

式中 R_b——压力泌水率比,精确至1(%);

B_{PO}——基准混凝土的压力泌水率(%);

B_{PA}——掺外加剂混凝土的压力泌水率(%)。

B. 泌水率的测试

(1)目的及适用范围(同A)

(2)仪器设备(同A)

(3)试样制备(同A)

(4)测定步骤

① 先用湿布润湿试料筒,称得筒质量 G_0。

② 将混凝土拌合物一次装入筒内,在振动台上振动20s,然后用抹刀轻轻抹平,称得筒与试料的总质量 G_1。然后加盖以防水分蒸发。试样表面应比筒口边低约20mm。

③ 自抹面开始计算时间,在前60min,每隔10min用吸液管析出泌水一次,以后每隔20min析水一次,直至连续三次无泌水为止。每次吸水前5min,应将筒底一侧垫高约20mm,使筒倾斜,以便于吸水。吸水后,将筒轻轻放平盖好。

④ 将每次吸出的水都注入带塞的量筒,最后计算出总的泌水量 m_W,准确至1g。

(5)试验结果及评定

① 泌水率按式(8-52)计算:

$$B = \frac{m_W}{(W/M)(G_1 - G_0)} \times 100 \qquad (8-52)$$

式中 B——泌水率(%);

m_W——泌水总量(g);

W——混凝土拌合物的用水量(g);

M——混凝土拌合物的总量(g);

G_0——试筒质量(g);

G_1——试筒 + 混凝土试料质量(g)。

② 每批混凝土拌合物取一个试样,泌水率取三个试样的算术平均值。若三个试样的最大值或最小值中有一个与中间值之差大于中间值的15%,则取中间值作为该组试验的结果;若最大值和最小值与中间值之差均大于中间值的15%,则试验应重做。

③ 泌水率比按式(8-53)计算:

$$B_{\mathrm{R}} = \frac{B_{\mathrm{t}}}{B_{\mathrm{c}}} \times 100 \qquad\qquad (8\text{-}53)$$

式中　B_{R}——泌水率比,精确至 0.1(%);

　　　B_{c}——基准混凝土泌水率(%);

　　　B_{t}——掺外加剂混凝土泌水率(%)。

3. 凝结时间差试验

(1)目的及适用范围

凝结时间差是指掺用外加剂的混凝土拌合物与不掺外加剂的混凝土拌合物(基准混凝土拌合物)的凝结时间的差值。本试验介绍了测定混凝土拌合物凝结时间的方法,以控制现场施工流程,适用于各类水泥、外加剂以及不同混凝土配合比、不同气温环境下的混凝土拌合物。

(2)仪器设备

① 贯入阻力仪:如图 8-8 所示,刻度盘精度 5N。

② 测针:长约 130mm,平面针头圆面积分 100mm²,50mm² 和 20mm² 三种。

③ 试模:150mm × 150mm 铁制试模,或下口内径为 150mm,净高 150mm 的刚性不渗水的金属圆筒。

④ 钢制捣棒:直径 160mm,长 650mm,一端为半球形。

⑤ 标准筛:孔径 5mm。

⑥ 其他:铁制拌合板、吸液管和玻璃片。

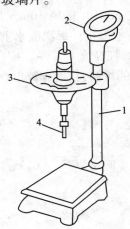

图 8-8　贯入阻力仪示意图
1—主体;2—刻度盘;3—手轮;4—测针

(3)试样制备

① 取混凝土拌合物代表样,用 5mm 筛尽快地筛出砂浆,再经人工翻拌后,装入一个试模。每批混凝土拌合物取一个试样,共取三个试样,分装三个试模。

混凝土湿筛困难时,允许按混凝土中砂浆的配合比直接称料,用人工拌成砂浆,但应按砂石吸水率扣除含水量。

② 砂浆装入试模后,用捣棒均匀插捣(平面尺寸为 150mm × 150mm 的试模插捣 35 次),然后轻击试模侧面以排除在捣实过程中留下的空洞。进一步整平砂浆的表面,使其低于试模上沿约 10mm。也可用振动台代替人工插捣。

③ 试件静置于温度尽可能与现场相同的环境中,盖上玻璃片或湿布。约 1h 后,将试件一侧稍微垫高约 20mm,使倾斜静置约 2min,用吸管吸去泌水。以后每次测试前约 5min,重复上述步骤,用吸管吸去泌水(低温或缓凝的混凝土拌合物试样,静置与吸水间隔时间可适当延长),若在贯入测试前还泌水,也应吸干。

(4)试验步骤

① 将试件放在贯入阻力仪底座上,记录刻度盘上显示的砂浆和容器总质量。

② 根据试样的贯入阻力大小选择适宜的测针。一般测定初凝时间用截面积为 100mm² 的试针,测定终凝时间用 20mm² 的试针,当砂浆表面测孔边出现微裂缝时,应立即改换小截面积的测针。测针选用可参考表 8-15。

表 8-15　测针选用参考表

贯入阻力(MPa)	0.2 ~ 3.5	3.5 ~ 20.0	20.0 ~ 28.0
测针针头截面积(mm²)	100	50	20

③ 测定时,测针应距试模边缘至少 25mm,测针贯入砂浆各点间净距至少为所用测针直径的两倍。三个试模每次各测 1 ~ 2 点,取其算术平均值为该时间的贯入阻力值。

④ 每个试样做贯入阻力试验不小于 6 次,最后一次的单位面积贯入阻力应不低于 28MPa。

从加水拌合时算起,常温下基准混凝土 3h 后开始测定,以后每间隔 1h 测一次;掺早强剂混凝土,则宜在成型后 1 ~ 2h 开始测定,以后每隔 0.5h 测一次;掺缓凝剂混凝土在成型后 4 ~ 6h 开始测定,以后每 0.5h 或 1h 测定一次,但在临近初、终凝时,可以缩短测定间隔时间。

注:每次测点应避开前一次测孔,其净距为试针直径的 2 倍,但至少不小于 15mm,试针与容器边缘之距离不小于 25mm。

(5)计算结果及评定

① 单位面积贯入阻力按式(8-54)计算

$$R = \frac{P}{A} \tag{8-54}$$

式中　R——贯入阻力值(MPa);

　　　P——测针贯入深度达 25mm 时的贯入压力(N);

　　　A——贯入仪测针的截面面积(mm²)。

② 凝结时间从水泥与水接触时开始计算。每批混凝土拌合物取一个试样,凝结时间取三个试样的平均值。但初凝时间误差不大于 30min,如果三个数值中最大值或最小值之中有一个与中间值之差超过 30min 时,则把最大值与最小值一并舍去,取中间值作为该组试验的凝结时间;如果最大值和最小值与中间值之差大于 30min,则该组试验结果无效,试验应重做。

③ 以贯入阻力为纵坐标,测试时间为横坐标,绘制贯入阻力与测试时间关系曲线。求出贯入阻力值达 3.5MPa 时对应的时间作为初凝时间及贯入阻力值达 28MPa 时对应的时间作为

终凝时间。

④ 凝结时间差按式(8-55)计算:

$$\Delta T = T_t - T_c \tag{8-55}$$

式中　ΔT——凝结时间之差(min);

T_t——掺外加剂混凝土的初凝或终凝时间(min);

T_c——基准混凝土的初凝或终凝时间(min)。

8.1.3.4　掺外加剂硬化混凝土性能试验

1. 混凝土试件的制备

(1)目的及适用范围

制备基准混凝土及掺外加剂混凝土试件,便于抗压强度比、收缩率比、相对耐久性等的测试。

(2)仪器设备

① 60L 自落式混凝土搅拌机。

② 插入式高频振捣器:ϕ25mm,14000 次/min。

③ 振动台。

④ 捣棒:直径 16mm,长约 650mm,一端为半圆形。

⑤ 其他:铁锹、馒刀等。

(3)试验步骤

① 试件尺寸

试件尺寸应根据混凝土中集料的最大粒径按表8-16选择。

表 8-16　混凝土试件尺寸选用表

实验内容	集料最大粒径(mm)	试件尺寸(mm)		尺寸换算系数
抗压强度	40	标准尺寸	150×150×150 或 ϕ150×300	1.00
	30	非标准尺寸	100×100×100 或 ϕ100×200	0.95
	60		200×200×200 或 ϕ200×400	1.05
轴心抗压强度	40	标准尺寸	150×150×300 或 ϕ150×300	1.00
	30	非标准尺寸	100×100×300 或 ϕ100×200	0.95
	60		200×200×200 或 ϕ200×400	1.05
劈裂抗拉强度	40	标准尺寸	150×150×150 或 ϕ150×300	1.00
	30	非标准尺寸	100×100×100 或 ϕ100×200	0.85
	—		200×200×200 或 ϕ200×400	—
抗折强度	40	标准尺寸	150×150×600(或 150×150×550)	1.00
	30	非标准尺寸	100×100×400	0.85
收缩试验	30	标准尺寸	100×100×515	—
	40	非标准尺寸	150×150×515	—
	60		200×200×515	—

② 试件成型

a. 成型前,在试模内表面涂一薄层矿物油或其他不与混凝土发生反应的脱模剂。

b. 称取材料,然后拌合。材料称量精度:水泥、掺合料、水、外加剂为 ±0.5%;集料为 ±1%。

c. 根据混凝土拌合物的稠度确定混凝土成型方法:

a)坍落度不大于 70mm 的混凝土宜采用振动振实:

ⓐ 将混凝土拌合物一次装入试模,装料时应用抹刀沿各试模壁插捣,并使混凝土拌合物高出试模口。

ⓑ 将试模放置在振动台上,振动至表面出浆为止,不得过振。

b)坍落度大于 70mm 的混凝土宜采用捣棒人工捣实:

ⓐ 将混凝土拌合物分两层装入模内,每层的装料厚度大致相等。

ⓑ 按螺旋方向从边缘向中心均匀插捣。在插捣底层混凝土时,捣棒应达到试模底部;插捣上层时,捣棒应贯穿上层后插入下层 20~30mm;插捣时捣棒应保持垂直,不得倾斜。然后用抹刀沿试模内壁插拔数次。

ⓒ 每层插捣次数按在 10000mm² 截面积内不得少于 12 次。

ⓓ 插捣后用橡皮锤轻轻敲击试模四周,直至插捣棒留下的空洞消失为止。

c)检验现浇混凝土或预制构件的混凝土,试件成型方法宜与实际采用的方法相同。如用插入式振捣棒振实:

ⓐ 将混凝土拌合物一次装入试模,装料时应用抹刀沿各试模壁插捣,并使混凝土拌合物高出试模口。

ⓑ 用插入式振捣棒振捣,振捣棒距试模底板 10~20mm 且不得触及试模底板,振动至表面出浆为止,不得过振,以免混凝土离析。一般振捣时间为 20s。振捣棒拔出时要缓慢,拔出后不得留有孔洞。

d. 刮除试模上口多余的混凝土,待混凝土临近初凝时,用抹刀抹平。

③ 试件养护

a. 试件成型后立即用不透水的薄膜覆盖表面,在(20±5)℃的环境中静置一至二昼夜,然后编号、拆模。

b. 拆模后立即放入温度为(20±2)℃、相对湿度为 95% 以上的标准养护室中养护,或在温度为(20±2)℃的不流动的 Ca(OH)₂ 饱和溶液中养护。标准养护室内的试件应放在支架上,彼此间隔 10~20mm,试件表面应保持潮湿,并不得被水直接冲淋。

c. 同条件养护试件的拆模时间可与实际构件的拆模时间相同,拆模后,试件仍需保持同条件养护。

d. 标准养护龄期为 28d(从搅拌加水开始计时)。

2. 抗压强度比试验

(1)目的及适用范围

抗压强度比是指掺外加剂的混凝土抗压强度与不掺外加剂混凝土(基准混凝土)同龄期抗压强度的比值。

(2)仪器设备

① 压力试验机或万能试验机。

a. 能够满足混凝土加载吨位的要求,即试件破坏荷载应大于压力机全量程的20%,且小于压力机全量程的80%,测量精度为±1%;

b. 应具有加荷速度指示装置或加荷速度控制装置,并能均匀、连续地加荷;

c. 球座应材质坚硬,转动灵活。

② 金属直尺。

(3)取样数量

应符合表8-17的规定。

表8-17　混凝土抗压强度比试验取样数量

混凝土拌合批数	每批取样数目	掺外加剂混凝土总取样数目	基准混凝土总取样次数
3	9 或 12	27 或 36	27 或 36

注:1. 试验时,检验一种外加剂的三批混凝土要在同一天内完成;
　　2. 试验龄期见表5-1。

(4)试验步骤

见"混凝土强度试验"部分。

(5)试验结果及评定

① 按式(8-56)计算抗压强度比:

$$R_s = \frac{R_t}{R_c} \times 100 \qquad (8\text{-}56)$$

式中　R_s——抗压强度比(%);

　　　R_t——掺外加剂混凝土的抗压强度(MPa);

　　　R_c——基准混凝土的抗压强度(MPa)。

② 试验结果以三批试验测值的平均值表示,若三批试验中有一批的最大值或最小值与中间值的差值超过中间值的±15%,则把最大及最小值一并舍去,取中间值作为该批的试验结果;如有两批测值与中间值的差均超过中间值的±15%,则试验结果无效,应该重做。

3. 收缩率比试验

(1)目的及适用范围

收缩率比是指掺外加剂混凝土与不掺外加剂混凝土(基准混凝土)28d 干缩率的比值。

(2)仪器设备

① 混凝土收缩仪:测量标距为540mm,装有精度为0.01mm 的百分表或测微器;应具有殷钢或石英玻璃制作的标准杆。

② 测头:见图8-9,由不锈纲或其他不锈材料制成。

③ 试模:内部尺寸为 100mm×100mm×515mm,有能固定测头或预留凹槽的端板。

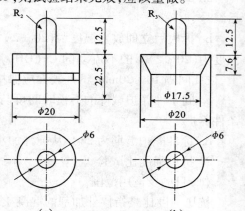

图 8-9　收缩测头
(a)预理测头;(b)后埋测头

338

④ 标准养护室:温度(20±2)℃,相对湿度 95% 以上。

⑤ 恒温恒湿室:保持室温在(20±2)℃,相对湿度在(60±5)%。

（3）取样数量

应符合表 8-18 的规定。

表 8-18　混凝土收缩率比试验取样数量

混凝土拌合批数	每批取样数目	掺外加剂混凝土总取样数目	基准混凝土总取样次数
3	1	3	3

注:试验时,检验一种外加剂的三批混凝土要在同一天内完成。

（4）试验步骤

① 试件带模养护 1~2d(视当时混凝土实际强度而定)。拆模后立即粘或埋好测头或测钉,送至(20±3)℃、相对湿度 90% 以上的标准养护室养护。

② 养护 3d 后(从搅拌混凝土加水时算起),将试件从标准养护室中取出,立即移入恒温恒湿室测定其初始长度 L_0。然后在恒温恒湿室中继续养护。

③ 试件应放置在恒温恒湿室内不吸水的搁架上,底面架空,其总支承面积不应大于试件截面边长(mm)的 100 倍,每个试件之间应至少留有 30mm 的间隙。

④ 测出混凝土试件 28d 时的长度 L_{28}(混凝土试件的收缩率试验则是从移入恒温恒湿室算起,测定试件在 1、3、7、14、28、45、60、90、120、150、180d 时间间隔的长度),计算混凝土试件的收缩率。

⑤ 对非标准养护试件如果需移入恒温恒湿室进行试验,应先在该室内预置 4h,再测其初始值,以使试件具有相同的温度基准,同时记录试件的初始干湿状态。

⑥ 测量前,先用标准杆校正仪表的零点,并应在半天的测定过程中至少再复核 1~2 次(其中一次在全部试件测读完后)。如复核时发现零点与原值的偏差超过 ±0.01mm,调零后应重新测定。

注:试件上应标明相应的记号,每次在收缩仪上放置的位置、方向均应保持一致。放置和取出试件时应轻稳仔细,不要碰撞表架及表杆,如发生碰撞,则应取下试件,重新以标准杆复核零点。

（5）试验结果及评定

① 按式(8-57)计算收缩率比:

$$R_\varepsilon = \frac{\varepsilon_t}{\varepsilon_c} \times 100 \qquad (8\text{-}57)$$

式中　R_ε——收缩率比(%);

　　ε_t——掺加外加剂的混凝土 28d 的收缩值(mm/mm);

　　ε_c——基准混凝土 28d 的收缩值(mm/mm)。

② 混凝土的收缩值按式(8-58)计算:

$$\varepsilon = \frac{L_0 - L_{28}}{L - L_d} \qquad (8\text{-}58)$$

式中　ε——相应为 28d 时的收缩值(mm/mm);

L_0——试件成型后 3d 的长度即初始长度(mm);

L_{28}——相应为 28d 时的长度(mm);

L——试件的长度,550mm;

L_d——两个收缩头埋入砂浆中长度之和,即 25mm。

③ 每批混凝土拌合物取一个试样,以三个试样收缩值的算术平均值表示。

4. 相对耐久性试验

(1)目的及适用范围

相对耐久性是检验掺用引气剂和引气减水剂混凝土的耐久性能的特殊指标,它采用两种表示方法:

① 28d 龄期的外加剂混凝土试件,冻融循环 200 次后,动弹模量保留值≥80%。

② 28d 龄期的外加剂混凝土试件,经冻融后动弹模量保留值等于 80% 时,掺外加剂混凝土与基准混凝土冻融次数的比值≥300%。

(2)试验步骤

① 取样数量应符合表 8-19 的规定。

② 试件采用振动台成型时,振动 15~20s;采用插入式高频振捣器时,应距两端 120mm 各垂直插捣 8~12s。

表 8-19　混凝土相对耐久性试验取样数量

混凝土拌合批数	每批取样数目	掺外加剂混凝土总取样数目	基准混凝土总取样次数
3	1	3	3

注:试验时,检验一种外加剂的三批混凝土要在同一天内完成。

③ 标准养护 28d 后进行冻融循环试验。

(3)试验结果及评定

① 每批混凝土拌合物取一个试样,冻融循环次数以三个试件动弹性模量的算术平均值表示。

② 相对耐久性指标是以掺外加剂混凝土冻融 200 次后的动弹性模量降至 80% 或 60% 以上评定外加剂质量。

5. 混凝土防水剂渗透高度比试验

(1)目的及适用范围

测定混凝土防水剂的渗透高度比,作为使用混凝土防水剂的重要技术依据。

(2)仪器设备

① 混凝土搅拌机。

② 混凝土抗渗仪。

(3)试样制备

① 试验材料应符合《混凝土外加剂》(GB 8076—2008)的规定。

② 取样数量应符合表 8-20 的规定。

表 8-20　混凝土防水剂渗透高度比试验取样数量

混凝土拌合批数	每批取样数目	掺外加剂混凝土总取样数目	基准混凝土总取样次数
3	2	6	6

注:试验时,检验一种外加剂的三批混凝土要在同一天内完成。

③ 配合比

基准混凝土与掺外加剂混凝土的配合比、防水剂掺量应符合《混凝土外加剂》(GB 8076—2008)规定,混凝土坍落度(180±10)mm,砂率宜为 38%～42%。

(4)试验步骤

① 参考"水泥混凝土抗渗性试验",但初始压力为 0.4MPa。

② 若基准混凝土在 1.2MPa 以下的某个压力透水,则掺外加剂混凝土也加到这个压力,并保持相同时间,然后劈开,在底边均匀取 10 点,测定平均渗透高度。

③ 若基准混凝土与掺外加剂混凝土在 1.2MPa 时都未透水,则停止升压。劈开,如上所述测定平均渗透高度。

(5)试验结果及评定

按式(8-59)计算渗透高度比:

$$H_r = \frac{H_t}{H_c} \times 100 \tag{8-59}$$

式中 H_r——渗透高度比,精确至 1(%);

H_t——掺外加剂混凝土的渗透高度(mm);

H_c——基准混凝土的渗透高度(mm)。

8.2 混凝土拌合物性能试验

8.2.1 混凝土拌合物和易性试验

8.2.1.1 坍落度与坍落扩展度试验

(1)目的及适用范围

新拌混凝土拌合物,必须具备有一定流动性、均匀不离析、不泌水、容易抹平等性质,以适合运送、灌筑、捣实等施工要求。这些性质总称为工作性(也称为和易性),通常用稠度表示。测定稠度的方式有坍落度和维勃稠度。

坍落度试验方法适用于集料最大粒径不大于 40mm,坍落度值不小于 10mm 的混凝土拌合物稠度测定,维勃稠度试验方法适用于最大粒径不大于 40mm、维勃稠度在 5～30s 的混凝土拌合物稠度测定。

(2)试验仪具

① 坍落度筒:构造和尺寸如第三章。坍落度筒为铁板制成的截头圆锥筒,厚度应不小于 1.5mm,内侧平滑,没有铆钉头之类的凸出物,在筒上方约 2/3 高度处安装两个把手,近下端两侧焊两个踏脚板,以保证坍落度筒可以稳定操作。

② 捣棒:为直径 16mm、长约 650mm,并具有半球形端头的钢质圆棒。

③ 其他:小铲、钢尺、喂料斗、镘刀和钢平板等。

(3)试验方法

① 湿润坍落度筒及底板,在坍落度筒内壁和底板上应无明水。底板应放置在坚实水平

面上,并把筒放在底板中心,然后用脚踩住两边的脚踏板,坍落度筒在装料时应保持固定的位置。

② 把按要求取得的混凝土试样用小铲分三层均匀地装入筒内,使捣实后每层高度为筒高的三分之一左右。每层用捣棒插捣 25 次。插捣应沿螺旋方向由外向中心进行,各次插捣应在截面上均匀分布。插捣筒边混凝土时,捣棒可以稍稍倾斜。插捣底层时,捣棒应贯穿整个深度,插捣第二层和顶层时,捣棒应插透本层至下一层的表面;浇灌顶层时,混凝土应灌到高出筒口。插捣过程中,如混凝土沉落到低于筒口,则应随时添加。顶层插捣完后,刮去多余的混凝土,并用抹刀抹平。

③ 清除筒边底板上的混凝土后,垂直平稳地提起坍落度筒。坍落度筒的提离过程应在5～10s内完成;从开始装料到提坍落度筒的整个过程应不间断地进行,并应在150s内完成。

④ 提起坍落度筒后,测量筒高与坍落后混凝土试体最高点之间的高度差,即为该混凝土拌合物的坍落度值;坍落度筒提离后,如混凝土发生崩坍或一边剪坏现象,则应重新取样另行测定;如第二次试验仍出现上述现象,则表示该混凝土和易性不好,应予记录备查。

⑤ 观察坍落后的混凝土试体的黏聚性及保水性。黏聚性的检查方法是用捣棒在已坍落的混凝土锥体侧面轻轻敲打,此时如果锥体逐渐下沉,则表示黏聚性良好,如果锥体倒塌、部分崩裂或出现离析现象,则表示黏聚性不好。保水性以混凝土拌合物稀浆析出的程度来评定,坍落度筒提起后如有较多的稀浆从底部析出,锥体部分的混凝土也因失浆而集料外露,则表明此混凝土拌合物的保水性能不好;如坍落度筒提起后无稀浆或仅有少量稀浆自底部析出,则表示此混凝土拌合物保水性良好。

⑥ 当混凝土拌合物的坍落度大于 220mm 时,用钢尺测量混凝土扩展后最终的最大直径和最小直径,在这两个直径之差小于 50mm 的条件下,用其算术平均值作为坍落扩展度值;否则,此次试验无效。

如果发现粗集料在中央集堆或边缘有水泥浆析出,表示此混凝土拌合物抗离析性不好,应予记录。

混凝土拌合物坍落度和坍落扩展度值以毫米为单位,测量精确至1mm,结果修约至5mm。

8.2.1.2　维勃稠度试验

(1)目的及适用范围

维勃稠度试验方法适用于最大粒径不大于40mm、维勃稠度在5～30s的混凝土拌合物稠度测定。

(2)试验仪具

① 维勃稠度计;

② 其他:秒表、捣棒、镘刀等。

(3)试验方法

① 将容器牢固地用螺母固定在振动台上,放入坍落度筒,把漏斗转到坍落度筒上口,拧紧螺丝,使坍落度筒不能漂离容器底面。

② 按坍落度试验方法,分三层装拌合物,每层捣 25 次,抹平筒口,提取筒模,仔细地放下圆盘,读出滑棒上刻度,即坍落度。

③ 拧紧螺丝,使圆盘顺利滑向容器,开动振动台和秒表,通过透明圆盘观察混凝土的振实

情况,一到圆盘底面为水泥浆所布满时,即刻停表和关闭振动台,秒表所记时间,即表示混凝土混合料的维勃时间。时间精确至1s。

④ 仪器每测试一次,必须将容器、筒模及透明盘洗净擦干,并在滑棒等处涂簿层黄油,以便下次使用。

8.2.1.3　凝结时间试验

(1)目的及适用范围

本方法适用于从混凝土拌合物中筛出的砂浆用贯入阻力法来确定坍落度值不为零的混凝土拌合物凝结时间的测定。

(2)试验仪具

贯入阻力仪应由加荷装置、测针、砂浆试样筒和标准筛组成,可以是手动的,也可以是自动的。贯入阻力仪应符合下列要求:

① 加荷装置:最大测量值应不小于1000N,精度为±10N;

② 测针:长为100mm,承压面积为100mm²、50mm²和20mm²三种测针;在距贯入端25mm处刻有一圈标记;

③ 砂浆试样筒:上口径为160mm,下口径为150mm,净高为150mm刚性不透水的金属圆筒,并配有盖子;

④ 标准筛:筛孔为5mm的符合现行国家标准《试验筛　金属丝编织网、穿孔板和电成型薄板筛孔》GB/T 6005—2008规定的金属圆孔筛。

(3)凝结时间试验

① 按要求制备或现场取样的混凝土拌合物试样中,用5mm标准筛筛出砂浆,每次应筛净,然后将其拌合均匀。将砂浆一次分别装入三个试样筒中,做三个试验。取样混凝土坍落度不大于70mm的混凝土宜用振动台振实砂浆;取样混凝土坍落度大于70mm的宜用捣棒人工捣实。用振动台振实砂浆时,振动应持续到表面出浆为止,不得过振;用捣棒人工捣实时,应沿螺旋方向由外向中心均匀插捣25次,然后用橡皮锤轻轻敲打筒壁,直至插捣孔消失为止。振实或插捣后,砂浆表面应低于砂浆试样筒口约10mm;砂浆试样筒应立即加盖。

② 砂浆试样制备完毕,编号后应置于温度为20±2℃的环境中或现场同条件下待试,并在以后的整个测试过程中,环境温度应始终保持20±2℃。现场同条件测试时,应与现场条件保持一致。在整个测试过程中,除在吸取泌水或进行贯入试验外,试样筒应始终加盖。

③ 凝结时间测定从水泥与水接触瞬间开始计时。根据混凝土拌合物的性能,确定测针试验时间,以后每隔0.5h测试一次,在临近初、终凝时可增加测定次数。

④ 在每次测试前2min,将一片20mm厚的垫块垫入筒底一侧使其倾斜,用吸管吸去表面的泌水,吸水后平稳地复原。

⑤ 测试时将砂浆试样筒置于贯入阻力仪上,测针端部与砂浆表面接触,然后在10±2s内均匀地使测针贯入砂浆25±2mm深度,记录贯入压力,精确至10N;记录测试时间,精确至1min;记录环境温度,精确至0.5℃。

⑥ 各测点的间距应大于测针直径的两倍且不小于15mm,测点与试样筒壁的距离应不小于25mm。

⑦ 贯入阻力测试在 0.2～28MPa 之间应至少进行 6 次,直至贯入阻力大于 28MPa 为止。

⑧ 在测试过程中应根据砂浆凝结状况,适时更换测针,更换测针宜按表 8-21 选用。

表 8-21　测针选用规定表

贯入阻力(MPa)	0.2～3.5	3.5～20	20～28
测针面积(mm²)	100	50	20

(4)贯入阻力的结果计算以及初凝时间和终凝时间的确定

① 贯入阻力应按下式计算:

$$f_{PR} = \frac{P}{A} \tag{8-60}$$

式中　f_{PR}——贯入阻力(MPa);

　　　p——贯入压力(N);

　　　A——测针面积(mm²)。

计算应精确至 0.1MPa。

② 凝结时间宜通过线性回归方法确定,是将贯入阻力 f_{PR} 和时间 t 分别取自然对数 $\ln(f_{PR})$ 和 $\ln(t)$,然后把 $\ln(f_{PR})$ 当做自变量,$\ln(t)$ 当做因变量作线性回归得到回归方程式:

$$\ln(t) = A + B\ln(f_{PR}) \tag{8-61}$$

式中　t——时间(min);

　　　f_{PR}——贯入阻力(MPa);

　　　A、B——线性回归系数。

当贯入阻力为 3.5MPa 时为初凝时间 t_s,贯入阻力为 28MPa 时为终凝时间 t_e:

$$t_s = e^{(A+B\ln(3.5))} \tag{8-62}$$

$$t_e = e^{(A+B\ln(28))} \tag{8-63}$$

式中　t_s——初凝时间(min);

　　　t_e——终凝时间(min);

　　　A、B——式(8-61)中的线性回归系数。

凝结时间也可用绘图拟合方法确定,是以贯入阻力为纵坐标,经过的时间为横坐标(精确至 1min),绘制出贯入阻力与时间之间的关系曲线,以 3.5MPa 和 28MPa 划两条平行于横坐标的直线,分别与曲线相交的两个交点的横坐标即为混凝土拌合物的初凝和终凝时间。

③ 用三个试验结果的初凝和终凝时间的算术平均值作为此次试验的初凝和终凝时间。如果三个测值的最大值或最小值中有一个与中间值之差超过中间值的 10%,则以中间值为试验结果;如果最大值和最小值与中间值之差均超过中间值的 10% 时,则此次试验无效。

凝结时间用 h(min)表示,并修约至 5min。

(5)其他

① 每次做贯入阻力试验时所对应的环境温度、时间、贯入压力、测针面积和计算出来的贯

入阻力值。

②　据贯入阻力和时间绘制的关系曲线。

③　混凝土拌合物的初凝和终凝时间。

④　其他应说明的情况。

8.2.2　混凝土拌合物毛体积密度试验

（1）目的与使用范围

测定水泥混凝土拌合物的毛体积密度。

（2）仪器设备

①　量筒：其内径应不小于集料最大公称粒径的 4 倍，如最大粒径为 40mm 时，量筒容积 $V=5L$，即 $\phi186mm\times186mm$，精确至 2mm（或其他合适量筒）。量筒为刚性金属圆筒，两侧装有把手，筒壁坚固且不漏水，也可用混凝土试模进行试验。

②　弹头形捣棒：同坍落度试验捣棒。

③　磅秤：称量 100kg，感量 50g。

④　其他：振动台、金属直尺、馒刀、玻璃板等。

（3）试验步骤

①　试验前用湿布将量筒内外擦拭干净，称出质量（m_1），精确至 50g。

②　捣固方法应与现场施工同。如用人工捣固（一般当坍落度不小于 70mm 时），将代表样分三层装入量筒，每层高度约为 1/3 筒高，用捣棒从边缘到中心沿螺旋线均匀插捣。捣棒应垂直压下，不得冲击，捣底层时应至筒底，捣上两层时，须插入其下一层约 20～30mm。每捣毕一层，应在量筒外壁拍打 10～15 次，直至拌合物不出现气泡为止。每层插捣 25 次。

如用振动台振实时（一般当坍落度小于 70mm 时），应将量筒在振动台上夹紧，一次将拌合物装满量筒，立即开始振动，直至拌合物出现水泥浆为止。如在实际生产振动时尚须加压，则试验时也应在相应压力下予以振实。

③　用金属直尺齐筒口刮去多余的混凝土，仔细用馒刀抹平表面，并用玻璃板检验，而后擦净量筒外部并称其质量（m_2）。精确至 50g。

（4）试验结果计算

①　按下式（8-64）计算拌合物毛体积密度，精确至 $10kg/m^3$。

$$\rho_h=\frac{m_2-m_1}{V}\tag{8-64}$$

式中　ρ_h——拌合物毛体积密度（kg/L）；

　　　m_1——量筒质量（kg）；

　　　m_2——捣实或振实后混凝土和量筒总质量（kg）；

　　　V——量筒容积（L）。

②　以两次试验结果的算术平均值作为测定值。试样不得重复使用。

注：应经常校正量筒容积：将干净的量筒和玻璃板合并称其质量，再将量筒加满水，盖上玻璃板，勿使筒内存有气泡，擦干外部水分，称出水的质量，即为量筒容积。

8.2.3 混凝土拌合物含气量试验

（1）目的及适用范围

含气量是指混凝土拌合物中加入适量具有引气功能的外加剂后，混凝土拌合物中引入部分微小的气泡，从而阻止集料颗粒的沉降和水分上升而减小泌水率，改善混凝土拌合物的和易性，提高抗冻性。

（2）仪器设备

① 含气量测定仪：见图8-10，包括容器和盖体，容器及盖体之间应设密封垫圈，用螺栓连接，连接处不得有空气存留，保证密闭。

a. 容器：由硬质、不易被水泥浆腐蚀的金属制成，其内表面积粗糙度不应大于 $3.2\mu m$，内径应与深度相等，容积为7L；

b. 盖体：应用与容器相同的材料制成，包括气室、水找平室、加水阀、排水阀、操作阀、进气阀、排气阀及压力表；

c. 压力表：量程为 $0\sim0.25MPa$，精度为 $0.01MPa$。

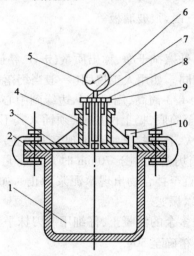

图8-10　含气量测定仪
1—容器；2—盖体；3—水找平室；4—气室；5—压力表；
6—排气阀；7—操作阀；8—排水阀；9—进气阀；10—加水阀

② 捣棒。
③ 振动台。
④ 台秤。称量50kg，感量50g。
⑤ 橡皮锤。应带有质量约250g的橡皮锤头。
⑥ 其他。刮尺、馒刀、玻璃板（250mm×250mm）。

（3）试样制备

① 材料准备

水泥、砂、石子、水、外加剂要求同"混凝土外加剂的减水率试验"。

② 配合比

按《普通混凝土配合比设计规程》(JGJ 55—2011)进行设计。

③ 搅拌

采用 60L 自落式混凝土搅拌机,全部材料及外加剂一次投入,拌合量应不少于 15L,不大于 45L,搅拌 3min,出料后在铁板上用人工翻拌 2 ~ 3 次再行试验。注意:各种材料及试验温度均应在 20 ± 3℃。

④ 取样数量

应符合表 8-22 的规定。

表 8-22　含气量试验取样数量

混凝土拌合批次	每批取样次数	掺外加剂混凝土总取样次数	基准混凝土总取样次数
3	1	3	3

注:试验时,检验一种外加剂的三批混凝土要在同一天内完成。

(4)实验步骤

① 在进行拌合物含气量测定之前,应先按下列步骤测定拌合物所用集料的含气量:

a. 应按下式计算每个试样中粗、细集料的质量:

$$m_g = \frac{V}{1000} \times m'_g \tag{8-65}$$

$$m_s = \frac{V}{1000} \times m'_s \tag{8-66}$$

式中　m_g、m_s——分别为每个试样中的粗、细集料质量(kg);

　　　m'_g、m'_s——分别为每立方米混凝土拌合物中粗、细集料质量(kg);

　　　V——含气量测定仪容器容积(L)。

b. 在容器中先注入 1/3 高度的水,然后把通过 40mm 网筛的质量为 m_g、m_s 的粗、细集料称好、拌匀,慢慢倒入容器。水面每升高 25mm 左右,轻轻插捣 10 次,并略予搅动,以排除夹杂进去的空气,加料过程中应始终保持水面高出集料的顶面;集料全部加入后,应浸泡约 5min,再用橡皮锤轻敲容器外壁,排净气泡,除去水面泡沫,加水至满,擦净容器上口边缘;装好密封圈,加盖拧紧螺栓;

c. 关闭操作阀和排气阀,打开排水阀和加水阀,通过加水阀,向容器内注入水;当排水阀流出的水流不含气泡时,在注水的状态下,同时关闭加水阀和排水阀;

d. 开启进气阀,用气泵向气室内注入空气,使气室内的压力略大于 0.1MPa,待压力表显示值稳定;微开排气阀,调整压力至 0.1MPa,然后关紧排气阀;

e. 开启操作阀,使气室里的压缩空气进入容器,待压力表显示值稳定后记录示值 P_{g1},然后开启排气阀,压力仪表示值应回零;

f. 重复以上步骤,对容器内的试样再检测一次记录表值 P_{g2};

g. 若 P_{g1} 和 P_{g2} 的相对误差小于 0.2% 时,则取 P_{g1} 和 P_{g2} 的算术平均值,按压力与含气量关系曲线查得集料的含气量(精确 0.1%);若不满足,则应进行第三次试验。测得压力值 P_{g3}(MPa)。当 P_{g3} 与 P_{g1}、P_{g2} 中较接近一个值的相对误差不大于 0.2% 时,则取此二值的算术平均值。当仍大于 0.2% 时,则此次试验无效,应重做。

② 混凝土拌合物含气量试验应按下列步骤进行:

a. 用湿布擦净容器和盖的内表面,装入混凝土拌合物试样。

b. 捣实可采用手工或机械方法。当拌合物坍落度大于 70mm 时,宜采用手工插捣,当拌合物坍落度不大于 70mm 时,宜采用机械振捣,如振动台或插入或振捣器等;用捣棒捣实时,应将混凝土拌合物分 3 层装入,每层捣实后高度约为 1/3 容器高度;每层装料后由边缘向中心均匀地插捣 25 次,捣棒应插透本层高度,再用木锤沿容器外壁重击 10~15 次,使插捣留下的插孔填满;最后一层装料应避免过满。采用机械捣实时,一次装入捣实后体积为容器容量的混凝土拌合物,装料时可用捣棒稍加插捣,振实过程中如拌合物低于容器口,应随时添加;振动至混凝土表面平整、表面出浆即止,不得过度振捣;若使用插入式振动器捣实,应避免振动器触及容器内壁和底面;在施工现场测定混凝土拌合物含气量时,应采用与施工振动频率相同的机械方法捣实。

c. 捣实完毕后立即用刮尺刮平,表面如有凹陷应予填平抹光。

如需同时测定拌合物表观密度时,可在此时称量和计算。

然后在正对操作阀孔的混凝土拌合物表面贴一小片塑料薄膜,擦净容器上口边缘,装好密封垫圈,加盖并拧紧螺栓。

d. 关闭操作阀和排气阀,打开排水阀和加水阀,通过加水阀,向容器内注入水;当排水阀流出的水流不含气泡时,在注水的状态下,同时关闭加水阀和排水阀。

e. 然后开启进气阀,用气泵注入空气至气室内压力略大于 0.1MPa,待压力示值仪表示值稳定后,微微开启排气阀,调整压力至 0.1MPa,关闭排气阀。

f. 开启操作阀,待压力示值仪稳定后,测得压力值 P_{01}(MPa)。

g. 开启排气阀,压力仪示值回零;重复上述 e.~f. 的步骤,对容器内试样再测一次压力值 P_{02}(MPa)。

h. 若 P_{01} 和 P_{02} 的相对误差小于 0.2% 时,则取 P_{01}、P_{02} 的算术平均值,按压力与含气量关系曲线查得含气量 A_0(精确至 0.1%);若不满足,则应进行第三次试验,测得压力值 P_{03}(MPa)。当 P_{03} 与 P_{01}、P_{02} 中较接近一个值的相对误差不大于 0.2% 时,则取此二值的算术平均值查得 A_0;当仍大于 0.2%,此次试验无效。

③ 混凝土拌合物含气量应按下式计算:

$$A = A_0 - A_g \tag{8-67}$$

式中　A——混凝土拌合物含气量(%);

　　A_0——两次含气量测定的平均值(%);

　　A_g——集料含气量(%)。

计算精确至 0.1%。

④ 含气量测定仪容器容积的标定及率定应按下列规定进行:

a. 容器容积的标定按下列步骤进行:

(a)擦净容器,并将含气量仪全部安装好,测定含气量仪的总质量,测量精确至 50g。

(b)往容器内注水至上缘,然后将盖体安装好,关闭操作阀和排气阀,打开排水阀和加水阀,通过加水阀,向容器内注入水;当排水阀流出的水流不含气泡时,在注水的状态下,同时关闭加水阀和排水阀,再测定其总质量;测量精确至 50g。

（c）容器的容积应按下式计算:

$$V = \frac{m_2 - m_1}{\rho_w} \times 1000 \tag{8-68}$$

式中　V——含气量仪的容积(L);

m_1——干燥含气量仪的总质量(kg);

m_2——水、含气量仪的总质量(kg);

ρ_w——容器内水的密度(kg/m^3)。

计算应精确至 0.01L。

b. 含气量测定仪的率定按下列步骤进行:

（a）按上述操作步骤测得含气量为 0 时的压力值。

（b）开启排气阀,压力示值器示值回零;关闭操作阀和排气阀,打开排水阀,在排水阀口用量筒接水;用气泵缓缓地向气室内打气,当排出的水恰好是含气量仪体积的 1% 时。按上述步骤测得含气量为 1% 时的压力值。

（c）如此继续测取含气量分别为 2%、3%、4%、5%、6%、7%、8% 时的压力值。

（d）以上试验均应进行两次,各次所测压力值均应精确至 0.01MPa。

（e）对以上的各次试验均应进行检验,其相对误差均应小于 0.2%;否则应重新率定。

（f）据此检验以上含气量 0、1% 、…、8% 共 9 次的测量结果,绘制含气量与气体压力之间的关系曲线。

⑤ 气压法含气量试验报告还应包括以下内容:

a. 粗集料和细集料的含气量。

b. 混凝土拌合物的含气量。

8.3　硬化混凝土性能试验

8.3.1　抗压强度试验

8.3.1.1　水泥混凝土抗压强度试验

（1）目的及使用范围

水泥混凝土抗压强度是按标准方法制作的 150mm × 150mm × 150mm 立方体试件,在温度为 20 ± 3℃ 及相对湿度 90% 以上的条件下,养护 28d 后,用标准试验方法测试,并按规定计算方法得到的强度值。

（2）试验仪具

① 压力试验机:压力试验机的上、下承压板应有足够的刚度,其中一个承压板上应具有球形支座,为了便于试件对中,球形支座最好位于上承压板上。压力机的精确度(示值的相对误差)应在 ±2% 以内,压力机应进行定期检查,以确保压力机读数的准确性。

根据预期的混凝土试件破坏荷载,选择压力机的量程,要求试件破坏时的读数不小于全量程的 20%,也不大于全量程的 80%。

② 钢尺:精度 1mm。

③ 台秤:称量 100kg,分度值为 1kg。

(3)试验方法

① 按标准成型试件,经标准养护条件下养护到规定龄期。

② 试件取出,先检查其尺寸及形状,相对两面应平行,表面倾斜偏差不得超过 0.5mm。量出棱边长度,精确至 1mm。试件受力截面积按其与压力机上下接触面的平均值计算。试件如有蜂窝缺陷,应在试验前 3d 用浓水泥浆填补平整,并在报告中说明。在破型前,保持试件原有湿度,在试验时擦干试件,称出其质量。

③ 以成型时侧面为上下受压面,试件妥放在球座上,球座置压力机中心,几何对中(指试件或球座偏离机台中心在 5mm 以内,下同),以 0.3~0.8MPa/s 的速度连续而均匀地加荷,小于 C30 的低强度等级混凝土取 0.3~0.5MPa/s 的加荷速度,强度等级不低于 C30 时取 0.5~0.8MPa/s 的加荷速度,当试件接近破坏而开始变形时,应停止调整试验机油门,直至试件破坏,记下破坏极限荷载。

④ 试验结果计算

a. 混凝土立方体试件抗压强度 f_{cu}(以 MPa 表示)按式(8-69)计算:

$$f_{cu} = \frac{F}{A} \tag{8-69}$$

式中　F——极限荷载(N);

　　　A——受压面积(mm^2)。

b. 以 3 个试件测值的算术平均为测定值。如任一个测值与中值的差超过中值的 15% 时,则取中值为测定值;如有两个测值的差值均超过上述规定,则该组试验结果无效。试验结果计算至 0.1MPa。

c. 混凝土抗压强度以 150mm × 150mm × 150mm 的方块为标准试件,其他尺寸试件抗压强度换算系数如表 8-23,并应在报告中注明。

表 8-23　抗压强度尺寸换算系数表

试件尺寸	100mm × 100mm × 100mm	150mm × 150mm × 150mm	200mm × 200mm × 200mm
换算系数 K	0.95	1.00	1.05
集料最大粒径(mm)	30	40	60

8.3.1.2　水泥混凝土轴心抗压强度试验

(1)目的及适用范围

测定混凝土棱柱体轴心抗压强度,以提出设计参数和抗压弹性模量试验荷载标准。

(2)试验仪具

试模尺寸为 150mm × 150mm × 300mm 卧式棱柱体试模,其他所需设备与抗压强度试验相同。

（3）试验方法

① 按规定方法制作 150mm × 150mm × 300mm 棱柱体试件 3 根，在标准养护条件下，养护至规定龄期。

② 取出试件，清除表面污垢，擦干表面水分，仔细检查后，在其中部量出试件宽度（精确至 1mm），计算试件受压面积。在准备过程中，要求保持试件湿度无变化。

③ 在压力机下压板上放好棱柱体试件，几何对中；球座最好放在试件顶面并凸面朝上。

④ 以立方抗压强度试验相同的加荷速度，均匀而连续地加荷，当试件接近破坏而开始迅速变形时，应停止调整试验机油门，直至试件破坏，记录最大荷载。

⑤ 混凝土轴心抗压强度 f_{cp}（以 MPa 表示）按式（8-70）计算：

$$f_{cp} = \frac{F}{A} \tag{8-70}$$

式中　F——破坏荷载（N）；

　　　A——试件承压面积（mm^2）。

⑥ 取 3 根试件试验结果的算术平均值作为该组混凝土轴心抗压强度。如任一个测定值中值的差值超过中值的 15% 时，则取中值为测值；如有 2 个测定值与中值的差值均超过上述规定时，则该组试验结果无效，结果计算至 0.1MPa。

⑦ 采用非标准尺寸试件测得的轴心抗压强度，应乘以尺寸系数，对 200mm × 200mm 截面试件为 1.05，对 100mm × 100mm 截面试件为 0.95。

（4）试验记录

水泥混凝土轴心抗压强度试验记录见试验报告册。

8.3.1.3　混凝土劈裂抗拉强度试验

（1）目的和适用范围

本试验规定了测定混凝土立方体试件的劈裂抗拉强度方法，本试验适用于各类混凝土的立方体试件。

（2）试件制备

① 采用边长 150mm 方块作为标准试件，其最大集料粒径应为 40mm。

② 本试件应同龄期者为一组，每组为 3 个同条件制作和养护的混凝土试块。

（3）仪器设备

劈裂钢垫条和三合板垫层（或纤维板垫层）。

钢垫条顶面为直径 150mm 弧形，长度不短于试件边长。木质三合板或硬质纤维板垫层的宽度为 15 ~ 20mm，厚为 3 ~ 4mm，垫层不得重复使用。

（4）试验步骤

① 试件从养护地点取出后，擦拭干净，测量尺寸，检查外观，在试件中部划出劈裂面位置线。劈裂面与试件成型时的顶面垂直，尺寸测量精确至 1mm。

② 试件放在球座上，几何对中，放妥垫层垫条，其方向与试件成型时顶面垂直。

③ 当混凝土强度等级低于 C30 时，以 0.02 ~ 0.05MPa/s 的速度连续而均匀地加荷；当混凝土强度等级不低于 C30 时，以 0.05 ~ 0.08MPa/s 的速度连续而均匀地加荷，当上压板与试

件接近时,调整球座使接触均衡,当试件接近破坏时,应停止调整油门,直至试件破坏,记下破坏荷载,准确至 0.01kN;

（5）试验结果计算

① 混凝土劈裂抗拉强度 R_t,按下式（8-71）计算:

$$R_t = \frac{2P}{\pi A} \tag{8-71}$$

式中　R_t——混凝土劈裂抗拉强度（MPa）;

　　　P——极根荷载（N）;

　　　A——试件劈裂面面积（mm^2）

② 劈裂抗拉强度测定值的计算及异常数据的取舍原则,同混凝土抗压强度测定值的取舍原则相同。

③ 采用本试验法测得的劈裂抗拉强度值,如需换算为轴心抗拉强度,应乘以换算系数 0.9。

采用 100mm×100mm×100mm 非标准试件时,取得的劈裂抗拉强度值应乘以换算系数 0.85。

8.3.2　抗折强度试验

（1）目的及使用范围

水泥混凝土抗折强度是水泥混凝土路面设计的重要参数。在水泥混凝土路面施工时,为了保证施工质量,也必须按规定测定抗折强度。

水泥混凝土抗折强度是以 150mm×150mm×550mm 的梁形试件,在标准养护条件下达到规定龄期后,在净跨 450mm、双支点荷载作用下的弯拉破坏,并按规定的计算方法得到强度值。

（2）试验仪具

① 试验机:50～300kN 抗折试验机或万能试验机;

② 抗折试验装置:即三分点处双点加荷和三点自由支承式混凝土抗折强度与抗折弹性模量试验装置。

（3）试验方法

① 试验前先检查试件,如试件中部 1/3 长度内有蜂窝（大于 $\phi7mm×2mm$）,该试件应即作废。

② 在试件中部量出其宽度和高度,精确至 1mm。

③ 调整两个可移动支座,使其与试验机下压头中心距离为 225mm,并旋紧两支座. 将试件妥放在支座上,试件成型时的侧面朝上,几何对中后,缓缓加一初荷载,约 1kN,而后以 0.5～0.7MPa/s 的加荷速度,均匀而连续地加荷（低标号时用较低速度）;当试件接近破坏而开始迅速变形,应停止调整试验机油门,直至试件破坏,记下最大荷载。

④ 试验结果计算

a. 当断面发生在两个加荷点之间时,抗折强度 f_{cf}（以 MPa 计）按式（8-72）计算:

$$f_{\text{cf}} = \frac{FL}{bh^2} \tag{8-72}$$

式中　F——极限荷载(N)；

　　　L——支座间距离，$L = 450\text{mm}$；

　　　b——试件宽度(mm)；

　　　h——试件高度(mm)。

b. 以 3 个试件测值的算术平均值作为该组试件的抗折强度值。3 个测值中的最大值或最小值中如有一个与中间值的差值超过中间值的 15%，则把最大值或最小值一并舍除，取中间值为该组试件的抗折强度。如有两个测值与中间值的差均超过中间值的 15%，则该组试件的试验结果无效。

c. 如断面位于加荷点外侧，则该试件之结果无效；如有两根试件之结果无效，则该组结果作废。

注：断面位置在试件断块短边一侧的底面中轴线上量得。

d. 采用 100mm × 100mm × 400mm 非标准试件时，在三分点加荷的试验方法同前，但所取得的抗折强度值应乘以尺寸换算系数 0.85。

（4）试验记录

混凝土抗折强度试验记录见试验报告册。

8.3.3　弹性模量试验

8.3.3.1　混凝土抗压弹性模量试验

（1）目的和适用范围

本试验规定了测定混凝土抗压弹性模量(简称弹性模量)的方法，混凝土的弹性模量取应力为轴心抗压强度 1/3 时的加荷模量，本试验适用于各类混凝土的直角棱柱体试件。

（2）试件制备

① 试件尺寸与轴心抗压强度试件相同。

② 每组为同龄期同条件制作和养护的试件 6 根，其中 3 根用于测定轴心抗压强度，提出弹性模量试验的加荷标准，另 3 根则作弹性模量试验。

（3）仪器设备

① 变形测量仪表：千分表 2 个(0 级或 1 级)，或精度不低于 0.001mm 的其他仪表。

注：使用镜式引伸仪时，允许精度不低于 0.002mm。

② 千分表座：两对，铝合金(或钢)制成，如图 8-11 和图 8-12，图 8-11 型表座还可在桥梁结构试验中应用。

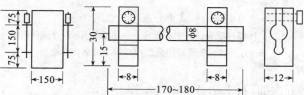

图 8-11　千分表座示意图(一对)(单位：mm)

③ 502 胶水、钢尺、铅笔等。

（4）试验步骤

① 试件取出后，用湿毛巾覆盖并及时进行试验，保持试件干湿状态不变。

② 擦净试件，量出尺寸并检查外形，尺寸量测至 1mm。试件不得有明显缺损，端面不平时须预先抹平。

③ 取 3 根试件作轴心抗压强度试验，求出其算术平均值 R_a；取 $1/3f_{cp}$ 作为抗压弹性模量试验的加荷标准。

④ 取另 3 根作抗压弹性模量试件，在其两侧（成型时两侧面）划出中线，标出标距 L，$L = 150mm$，或者不大于试件高度的 $1/2$，同时不小于 100mm 及最大粒径的 3 倍。

⑤ 滴 502 胶水于标距点处，并洒微量水泥粉于其上，立即粘上千分表座或用框式千分表座，几分钟内可凝固。

⑥ 将试件移于压力机球座上，几何对中，而后装妥千分表。

⑦ 开动压力机，当上压板与试件接近时，调整球座，使接触均衡。以 0.2～0.3MPa/s 的速度连续而均匀地加荷到（即 $P_A \approx 1/3f_{cp} \cdot A$），然后以同样速度卸荷至零，如此反复预压 3 次。在预压过程中，观察压力机及千分表运转是否正常。试件两侧千分表变形之差，不得大于变形平均值的 15%，更不能正负异向，当采用 100mm × 100mm 截面的非标准尺寸试件时，其两侧读得变形之差，不得大于变形平均值的 20%，否则，可用硬木棒轻轻敲击球座以调整之，或调整试件位置。

⑧ 预压三次后，用上述同样速度进行第四次加荷。先加荷到应力约为 0.5MPa 的初荷载 P_0，保持约 30s，分别读取两侧千分表读数 Δ_0，然后加荷至 P_A，保持约 30s，分别读取两侧千分表读数 Δ_A，分别计算两侧变形增量 $\Delta_A - \Delta_0$，并算出其平均值，设为 Δ_4；读取千分表读数后 Δ_A，即以同样速度卸荷至 P_0。保持约 30s，分别读取两侧千分表读数 Δ_0。

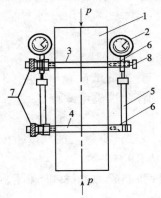

图 8-12　框式千分表座示意图（一对）

1—试件；2—量表；3—上金属环；4—下金属环；5—接触杆；

6—刀口；7—金属环固定螺丝；8—千分表固定螺丝

同上步骤，进行第五次加荷，求出 Δ_5；如图 8-13 所示。

Δ_5 与 Δ_4 之差应不大于 0.00002L，否则，应重复上述步骤，直至两次相邻加荷变形值之差符合上述要求为止,以最后一次变形值为准。然后卸去千分表,以同样速度继续加荷直至试件破坏,记下循环后轴心抗压强度 R'_a。

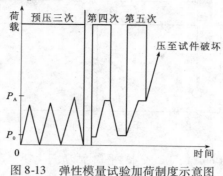

图 8-13　弹性模量试验加荷制度示意图

（5）试验结果计算

① 混凝土抗压弹性模量 E_C 按下式（8-73）计算:

$$E_C = \frac{P_A - P_0}{F} \times \frac{L}{\Delta_n} \tag{8-73}$$

式中　E_C——混凝土抗压弹性模量（MPa）;

　　　P_A——终荷载（N）;

　　　P_0——初荷载（N）;

　　　Δ_n——第五次或最后一次加荷时,试件两侧在 P_A 及 P_0 作用下变形差平均值（mm）;

　　　L——标距（mm）;

　　　A——试件断面积（mm^2）。

② 以 3 根试件试验结果的算术平均值为测定值。如果其中任一根试件的循环后轴心抗压强度 R'_a 与轴心抗压强度平均值 R_a 之差超过 R_a 的 20% 时,则弹性模量值按另两根试件试验结果的算术平均值计算;如有两根试件试验结果超出规定,则试验结果无效。

结果计算精确至 100MPa。

8.3.3.2　混凝土抗折弹性模量试验

（1）目的和适用范围

测定混凝土抗折弹性模量,此值乃取抗折强度 50% 时的加荷模量。本试验适用于道路混凝土直角小梁试件。

（2）试件制备

① 试件尺寸与抗折强度试件同。

② 每组为同龄期、同条件制作的试件 6 根,其中 3 棍用于测定抗折强度,以提出弹性模量试验的加荷标准,另 3 根则用作抗折弹性模量试验。

（3）仪器设备

① 压力机、抗折试验装置:与抗折强度试验相同。

② 千分表:一个,精度 0.001mm,0 级或 1 级。

③ 千分表架:一个,如图 8-14,为金属刚性框架,正中为千分表插座,两端有 3 个圆头长螺

杆,可以调整高度。

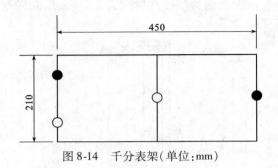

图 8-14　千分表架(单位:mm)

④ 毛玻璃片(每片约 $1.0cm^2$)、502 胶水、平口刮刀、丁字尺、直尺、钢卷尺、铅笔等。

(4)试验步骤

① 检查试件与抗折强度试验同。

② 清除试件表面污垢,修平与装置接触的试件部分(对抗折强度试件即可进行试验),在其上下面,即成型时两侧面,划出中线和装置位置线,在千分表架共 4 个脚点处,用干毛巾先擦干水分,再用 502 胶水粘牢小玻璃片,量出试件中部的宽度和高度,精确至 1mm。

③ 妥放在支座上,使成型时的侧面朝上,千分表架放在试件上,压头及支座线垂直于试件中线且无偏心加载情况,而后缓缓加上约 1kN 压力,停机检查支座等各接缝处有无空隙(必要时需加金属薄垫片),应确保试件不扭动,而后安装千分表,其脚点及表架脚点稳立在小玻璃片上。

④ 抗折极限荷载平均值的 50% 为抗折弹性模量试验的荷载标准(即 $P_{0.5}$),进行 5 次加卸荷载循环,由 1kN 起,以 0.15~0.25kN/s 的速度加荷,至 3kN 刻度处停机(设为 P_0),保持约 30s(在此段加荷时间中,千分表指针应能起动,否则应提高 P_0 至 4kN 等),记下千分表读数 Δ_0,而后继续加至 $P_{0.5}$,保持约 30s,记下千分表读数 $\Delta_{0.5}$;再以同样速度卸荷至 1kN,保持约 30s,为第一次循环,如图 8-15。

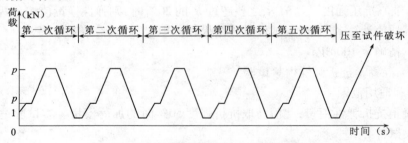

图 8-15　抗折弹性模量试验加荷制度示意图

临近 P_0 及 $P_{0.5}$ 时,放慢加荷速度,以求测值准确。

⑤ 同第一次循环,共进行 5 次循环,取第五次循环的挠度值为准。如第五次与第四次循环挠度值相差大于 0.5μm 时须进行第六次循环,直到两次相邻循环挠度值之差符合上述要求为止,取最后一次挠度值为准。

⑥ 当最后一次循环完毕,检查各读数无误后,立即去掉千分表,继续加荷直至试件折断,记下循环后抗折强度 R'_b,观察断裂面形状和位置。如断面在三分点外侧,则此根试件结果无

效,如有两根试件结果无效,则该组试验作废。

(5)试验结果计算

① 混凝土抗折弹性模量 E_b 按简支梁在三分点各加荷载 $P/2$ 的跨中挠度式(8-74)、式(8-75)反算求得:

$$E_b = \frac{12PL^3}{1296fJ} \tag{8-74}$$

$$E_b = \frac{23L^3(P_{0.5} - P_0)}{1296J|\Delta_{0.5} - \Delta_0|} \tag{8-75}$$

式中　E_b——混凝土抗折弹性模量(MPa);

　　$P_{0.5}$、P_0——终荷载及初荷载(N);

　　$\Delta_{0.5}$、Δ_0——对应 $P_{0.5}$ 及 P_0 的千分表读数(mm);

　　L——试件支座间距离($L = 450$mm);

　　J——试件断面转动惯量 $J = \frac{1}{12}bh^3$(mm^4);

　　f——跨中挠度(mm)。

② 抗折弹性模量测定值的计算及异常数据的取舍原则,同混凝土抗压强度测定值取舍原则的规定。结果计算精确至 100MPa。

8.3.3.3　混凝土动弹性模量试验(共振仪法)

(1)目的和适用范围

测定混凝土的动弹性模量,以检验混凝土在经受冻融或其他侵蚀作用后遭受破坏的程度,并确定混凝土的抗冻标号,评定它们的耐久性能。

(2)仪器设备

① 共振法混凝土动弹性模量测定仪(简称共振仪):输出频率可调范围为 100～20000Hz,输出功率应能激励试件产生受迫振动,以便能用共振的原理定出试件的基频振动频率。

在无专用仪器的情况下,可将各类仪器组合进行试验。其输出频率的可调范围应与所测试件的尺寸、表观密度及混凝土品种相匹配,一般为 100～20000Hz,输出功率也应能激励试件产生受迫振动,其基本原理示意如图8-16所示。

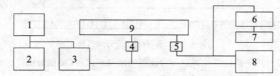

图8-16　共振法混凝土动弹性模量测定工作原理图

1—振荡器;2—频率计;3—放大器;4—振荡换能器;5—接受换能器;
6—放大器;7—电表;8—示波器;9—试件

② 试件支承件:硬橡胶韧型支座或约20mm厚的软泡沫塑料垫。

③ 台秤:称量10kg,感量5g;或称量20g,感量10g。

(3)试件制备

本试验采用截面为 100mm × 100mm 的棱柱体试件,其高宽比一般为 3 ~ 5。

(4)试验步骤

① 试验前测定试件的质量和尺寸。3 个试件质量与平均允许偏差为 ±0.5%,尺寸与平均值的允许偏差为 ±1% 以内。每个试件的长度和截面尺寸均取 3 个部位测量的平均值。

② 将试件安放在支承体上,并定出以共振法测量试件横向基频振动频率时,激振换能器和接受换能器的位置,如图 8-17 所示。将激振器和接受器的测杆轻轻地压在试件的表面上(测杆与试件接触面一般涂一薄层黄油或凡士林),测杆压力的大小以不出现噪声为宜。

③ 共振仪进行测定时,可根据试件共振频率的大小,选择相应的频率测量范围。调整激振功率和接受增益旋钮至适当位置,以粗调迅速找到试件的共振点后,再进行细调。当微安表和示波器指示的幅度值一致增加,达到最大的幅度时即为共振。此时,从数字计数器上读出的频率,就是试件的自振频率。

④ 用组合仪器进行测定时,采用示波器作显示仪器,示波器的图形调成一个正圆时的频率作为共振频率。当仪器同时具有指示电表和示波器时,以电表指针达到最大值时的频率作为共振频率。

⑤ 观测时,应重复测试两次,测试结果的波动范围,以小于 ±0.5% 为宜。以两次试验的平均值作为该试件的测值。

注:在测试过程中,如发现两个以上的峰值时,建议采用以下方法找出真实共振峰:将输出功率固定,反复调整仪器输出频率从微安表上比较幅值的大小,幅值最大者为真实的共振峰;可把接受器测杆移至节点处(距端部 0.224 倍的试件长度),如微安表指针为零,即为真实共振峰。

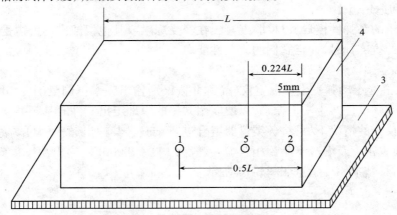

图 8-17　测示位置示意图

1—激振换能器位置;2—接受换能器位置;3—泡沫塑料垫;4—试件(测试时试件成型面朝上);5—节点

(5)试验结果计算

混凝土动弹性模量应按下式(8-76)计算:

$$E_d = 9.46 \times 10^{-4} \frac{WL^3 f^2}{\alpha^4} \times K \tag{8-76}$$

式中　E_d——混凝土动弹性模量(MPa);

　　　α——正方形截面试件的边长(mm);

　　L——试件的长度；

　　W——试件的质量(kg)；

　　f——试件横向振动时的基振频率(Hz)；

　　K——试件尺寸修正系数：$L/\alpha = 3$ 时，$K = 1.68$；$L/\alpha = 4$ 时，$K = 1.40$；$L/\alpha = 5$ 时，

　　　　$K = 1.26$；

混凝土动弹性模量以 3 个试件的平均值作为试验结果，结果计算精确到 100MPa。

参 考 文 献

[1]　文梓芸,钱春香,杨长辉.混凝土工程与技术[M].武汉:武汉理工大学出版社,2004.

[2]　陈志源,李启令.土木工程材料[M].武汉:武汉理工大学出版社,2003.

[3]　胡曙光,王发洲.轻集料混凝土[M].北京:化学工业出版社,2006.

[4]　[加]西德尼.明德斯,[美]J 弗朗西斯.杨,戴维.达尔文.混凝土[M].北京:化学工业出版社,2005.

[5]　何廷树.混凝土外加剂[M].西安:陕西科学技术出版社,2003.

[6]　马保国,刘军.建筑功能材料[M].武汉:武汉理工大学出版社,2004.

[7]　冯乃谦,邢锋.混凝土与混凝土结构的耐久性[M].北京:机械工业出版社,2009.

[8]　汪澜.水泥混凝土——组成·性能·应用[M].北京:中国建材工业出版社,2005.

[9]　刘军.土木工程材料[M].北京:中国建筑工业出版社,2009.

[10]　田文玉.建筑材料实验指导书[M].北京:人民交通出版社,2005.

[11]　中华人民共和国国家标准.普通混凝土长期性能和耐久性能试验方法标准(GB/T 50082—2009).

[12]　中华人民共和国国家标准.普通混凝土拌合物性能试验方法标准(GB/T 50080—2002).

[13]　中华人民共和国行业标准.混凝土耐久性检验评定标准(JGJ/T 193—2009).

[14]　中华人民共和国行业标准.普通混凝土配合比设计规程(JGJ 55—2011).

[15]　中华人民共和国国家标准.普通混凝土力学性能试验方法标准(GB/T 50081—2002).

[16]　袁润章.胶凝材料学[M].武汉:武汉理工大学出版社,1996.

[17]　(美)库马.梅塔(P. KumarMehata),(美)保罗.J. M.蒙特罗(PauloJ. M. Monteiro).混凝土微观结构、性能和材料[M].北京:中国电力出版社,2008.

[18]　A. E. 谢依金,Ю. B. 契霍夫斯基,M. И. 勃鲁谢尔.水泥混凝土的结构与性能[M].北京:中国建筑工业出版社,1984.

[19]　吴中伟,廉慧珍.高性能混凝土[M].北京:中国铁道出版社,1999.

[20]　张巨松.混凝土学[M].哈尔滨:哈尔滨工业大学出版社,2011.

[21]　申爱琴.水泥与水泥混凝土[M].北京:人民交通出版社,2000.

[22]　苏达根.水泥与混凝土工艺[M].北京:化学工业出版社,2004.

[23]　张誉,蒋利学,张伟平,屈文俊.混凝土结构耐久性概论[M].上海:上海科学技术出版社,2003.